国家自然科学基金项目(编号:41402308)
深部煤炭安全开采与环境保护全国重点实验室开放基金(编号:HNKY2024YB402)
陕西省重点研发计划项目(编号:2023-YBSF-458)　　联合资助
陕西省煤炭绿色开发地质保障重点实验室重点基金(编号:DZBZ2022-03)
陕西省水利科技揭榜挂帅攻关突破项目(编号:2025SLKJ-07)

黄河中游陕北矿区采煤沉陷对土壤微生物与侵蚀特性的影响

宋世杰　贾　哲　杜　麟　孙　涛　张玉玲
左　靖　冯泽煦　王　艺　郑贝贝　彭芮思　著

中国矿业大学出版社
·徐州·

内 容 提 要

本书运用地质、生态、水土保持、采矿等学科理论和方法，聚焦黄河中游陕北黄土沟壑采煤沉陷区及其特性，立足“地下控制地表”，沿着“地下采动引起采煤沉陷—采煤沉陷控制沉陷区坡面形态和形变—沉陷坡面形态与形变程度影响土壤微生物特性和侵蚀特性”的新的逻辑主线，研究并揭示了“地表黄土坡面自然形态＋地下采厚”耦合作用下地表坡面形态的变化过程和规律，阐明了沉陷、采动地裂缝对土壤微生物特性和可蚀特性的损害效应，构建了考虑地下采厚、地表自然坡面形态的坡面土壤侵蚀模数增幅测算方法以及小空间尺度下采动地裂缝周围土壤可蚀性 K 值的预测模型，对指导黄河流域陕西段黄土沟壑区采煤沉陷生态损害的“采前防损—采中减损—采后止损”具有重要的实践意义和借鉴意义。

本书可供地质工程、矿山生态环境修复、水土保持等学科研究人员、大专院校师生参考使用。

图书在版编目(CIP)数据

黄河中游陕北矿区采煤沉陷对土壤微生物与侵蚀特性的影响/宋世杰等著. —徐州：中国矿业大学出版社，2025. 3. —ISBN 978-7-5646-6669-9

Ⅰ. S154. 3；S157

中国国家版本馆 CIP 数据核字第 2025YB8962 号

书　　名　黄河中游陕北矿区采煤沉陷对土壤微生物与侵蚀特性的影响
著　　者　宋世杰　贾　哲　杜　麟　孙　涛
　　　　　　张玉玲　左　靖　冯泽煦　王　艺
　　　　　　郑贝贝　彭芮思
责任编辑　周　红
出版发行　中国矿业大学出版社有限责任公司
　　　　　　(江苏省徐州市解放南路　邮编 221008)
营销热线　(0516)83885370　83884103
出版服务　(0516)83995789　83884920
网　　址　http://www.cumtp.com　**E-mail**：cumtpvip@cumtp.com
印　　刷　苏州市古得堡数码印刷有限公司
开　　本　787 mm×1092 mm　1/16　**印张** 16　**字数** 409 千字
版次印次　2025 年 3 月第 1 版　2025 年 3 月第 1 次印刷
定　　价　88.00 元
(图书出现印装质量问题，本社负责调换)

—— 持续深化采煤沉陷生态损害研究 全面推动黄河中游生态保护修复 ——

“缺油、少气、相对富煤”的能源禀赋格局决定了煤炭资源在我国能源安全中的压舱石地位。“双碳”目标的深入推进不仅加快了我国煤炭生产重心战略西移的步伐，也提高了我国西部煤炭资源绿色开发的要求。黄河中游作为战略西移的首要接续地也自然成为煤炭资源绿色开发的主战场。2021 年 10 月 22 日，习近平总书记在深入推动黄河流域生态保护和高质量发展座谈会上发表的重要讲话中再次强调“要抓好上中游水土流失治理和荒漠化防治，推进流域综合治理”。同年，中共中央、国务院印发的《黄河流域生态保护和高质量发展规划纲要》也明确指出“黄河中游要突出抓好水土保持工作”。然而，地下大规模煤炭开采造成一系列生态环境损害问题，尤以开采沉陷衍生的土壤贫瘠、水土流失最为普遍、最为长期，以致黄河中游煤炭资源的高效开采与水土保持之间的矛盾非常尖锐，如果解决不好，势必影响黄河中游乃至全流域的生态保护与高质量发展。2024 年 9 月 12 日，习近平总书记在全面推动黄河流域生态保护和高质量发展座谈会上明确指出了“采煤沉陷区综合治理是黄河流域亟须重点突破的难题”。

陕北煤炭基地作为黄河中游重要的煤炭主产区，资源和区位优势得天独厚。2023 年，陕北煤炭基地原煤产量突破 6 亿 t，占全国煤炭生产总量的 12% 以上，成为陕西省勇担国家能源保供责任的核心力量。但受煤炭地质赋存条件的制约，煤炭大规模开采使得陕北煤炭基地的开采沉陷及其衍生水土流失问题突出，采煤沉陷区土壤侵蚀模数普遍达到 4 000～5 000 t/(km^2 · a)，是区域土壤侵蚀允许值的 4～5 倍。这一问题在国家新时代水土保持战略规划要求下已经成为制约陕北煤炭基地高质量发展的关键因素。因此，深化陕北采煤沉陷区土壤损害与水土流失基本规律的科学认识，提升采煤沉陷区土壤修复与水土保持的精准化水平，不仅是实现黄河中游煤炭资源高效、安全、绿色开采的重要基础，更是促进黄河流域生态环境保护与高质量发展的迫切需要。

西安科技大学宋世杰同志专注从事我国西部煤矿区开采沉陷及其衍生生态损害特征、规律与机理研究，先后主持实施了国家自然科学基金、深部煤炭安全开采与环境保护全国重点实验室开放基金、陕西省重点研发计划项目、陕西省煤炭绿色开发地质保障重点实验室重点基金等多项科研课题，形成了一批创新性理论成果，揭示了“地表黄土坡面自然形态＋地下覆岩层状结构＋地下采厚”耦合作用下采煤沉陷区地表坡面形态的变化过程和规律；阐明了坡面沉陷、采动地裂缝对土壤微生物特性和侵蚀特性的损害效应；提出了考虑地下采厚、地表自然坡面形态的坡面土壤侵蚀模数增幅测算方法；构建了小空间尺度下采动地裂缝周围土壤可蚀性变化的预测模型和土壤抗蚀性综合指数模型。

作者围绕主要成果还取得了一批知识产权和科技成果奖，促进了西部特别是黄河中游煤矿区生态环境保护与水土保持的科技进步。正值此书出版之际，我非常高兴地阅读了书稿，并乐意将此书推荐给有关学者和工程科技人员，希望为我国西部矿山的绿色发展做出更大的贡献！

中国工程院院士

2024 年 10 月

前　言

在“双碳”目标的驱动下，煤炭在我国未来能源生产消费结构中的地位由主体能源逐渐转变为主要能源。2023 年，我国原煤总产量达 47.1 亿 t，同比增长 3.4%，占能源生产总量的 65%，创历史新高，同年煤炭消费量也占到全国消费总量的 55.3%。即使到 2030 碳达峰当年，煤炭在我国能源生产消费结构中的占比也不会低于 40%，继续为我国的能源安全发挥兜底保障的重要作用。随着国家煤炭生产重心“战略西移”的持续推进，黄河流域已经成为我国煤炭生产的核心区。截至目前，黄河流域煤炭资源量占全国总储量的 70.9%，2023 年黄河流域煤炭总产量超过 37 亿 t，占全国总产量的 78.6%，其中黄河上中游煤炭总产量超过 35 亿 t，在支撑国民经济发展和保障国家能源安全方面发挥着举足轻重的作用。

继 2019 年、2021 年两次黄河流域生态保护和高质量发展座谈会之后，2024 年 9 月 12 日，习近平总书记又在甘肃省兰州市召开了全面推动黄河流域生态保护和高质量发展座谈会，并发表重要讲话。他强调要持续完善黄河流域生态大保护大协同格局，筑牢国家生态安全屏障，并明确指出采煤沉陷区综合治理是黄河流域亟须重点突破的难题之一。而科学阐释采煤沉陷区土壤环境的损害特征与规律是破解这一难题的重要基础。

因此，作者聚焦黄河中游陕北国家级煤炭基地采煤沉陷对土壤微生物特性和侵蚀特性的影响规律研究，先后依托国家自然科学基金项目（编号：41402308）、深部煤炭安全开采与环境保护全国重点实验室开放基金（编号：HNKY2024YB402）、陕西省重点研发计划项目（编号：2023-YBSF-458）、陕西省煤炭绿色开发地质保障重点实验室重点基金（编号：DZBZ2022-03）、陕西省水利科技揭榜挂帅攻关突破项目（编号：2025SLKJ-07）等多项纵向课题，历经 5 年，潜心研究，取得了一批创新性理论成果，主要包括：① 揭示了地表黄土坡面自然形态、地下覆岩层状结构、地下采厚耦合作用下采煤沉陷区地表坡面形态的变化过程和规律；② 揭示了小空间尺度下采煤沉陷区不同采动损害类型对土壤微生物和土壤酶的影响规律；③ 阐明了采煤沉陷致因下地表黄土坡面形变的土壤侵蚀效应，提出了考虑地下采厚、地表自然坡面形态的坡面土壤侵蚀模数增幅测算方法；④ 揭示了小空间尺度下采煤沉陷区不同采动损害类型对土壤可蚀性的影响规律，构建了采动地裂缝周围土壤可蚀性变化的预测模型，厘定了采动地裂缝影响土壤可蚀性的作用范围；⑤ 筛选了采动地裂缝发育区土壤抗蚀性的关键指标，构建了采动地裂缝发育区土壤抗蚀性综合指数计算模型，揭示了小空间尺度下采动地裂缝对土壤抗蚀性的影响规律。

本书是集体智慧的结晶，全书由西安科技大学宋世杰提出总体思路和基本框架，由西安科技大学贾哲负责具体分工与组织协调。各章节的主要执笔人是：前言宋世杰；第一章宋世杰、贾哲；第二章宋世杰、贾哲；第三章宋世杰、张玉玲、王艺、贾哲；第四章宋世杰、杜麟、郑贝贝；第五章宋世杰、左靖、彭芮思；第六章宋世杰、孙涛、冯泽煦、贾哲；第七章贾哲。全书由宋世杰统稿、审定。

在取得这些成果的过程中，得到了西安科技大学、陕西省水利厅、深部煤炭安全开采与环境保护全国重点实验室、陕西省煤炭绿色开发地质保障重点实验室、自然资源陕西省卫星应用技术中心、榆林市水土保持生态工程建设中心以及柠条塔煤矿、香水河煤矿等矿山企业的大力支持，西安科技大学王双明院士，王生全教授、段钊教授、杜华栋副教授，西北大学王春梅教授，长安大学申艳军教授，陕西省水利发展调查与引汉济渭工程协调中心张勇教授级高级工程师，中煤科工集团西安研究院常青高级工程师等专家对本项工作给予了大力支持与帮助，在此一并表示衷心感谢！

黄河中游煤矿区采煤沉陷损害土壤环境的精准防控是一项繁杂的系统工程，也是我国西部煤炭资源绿色开采面临的重大课题之一，需要长期研究和实践，作者与相关同行也在不断致力于开展进一步深入研究。

限于作者水平，书中难免存在不妥和错误，恳请读者批评指正！

宋世杰

2024 年 10 月 10 日

目 录

第一章 绪论 …… 1

第一节 研究背景与意义 …… 1

第二节 国内外研究进展与评述 …… 5

第三节 研究内容与方法 …… 11

第二章 研究区地质生态环境与地表采动损害特征 …… 15

第一节 地质生态环境特征 …… 15

第二节 主采煤层赋存与地表采动损害特征 …… 30

本章小结 …… 35

第三章 陕北黄土沟壑区采煤沉陷对土壤微生物特性的影响 …… 36

第一节 采煤沉陷对土壤微生物的影响 …… 36

第二节 采煤沉陷对土壤酶的影响 …… 49

第三节 采煤沉陷影响土壤微生物及酶的原因 …… 59

本章小结 …… 64

第四章 陕北黄土沟壑区采煤沉陷对土壤可蚀性的影响 …… 66

第一节 地表沉陷对土壤可蚀性的影响 …… 66

第二节 采动地裂缝对土壤可蚀性的影响 …… 74

本章小结 …… 119

第五章 陕北黄土沟壑区采动地裂缝对土壤抗蚀性的影响 …… 122

第一节 采动地裂缝对土壤抗蚀性主要指标的影响 …… 122

第二节 采动地裂缝发育区土壤抗蚀性综合指数模型 …… 183

第三节 采动地裂缝对土壤抗蚀性综合指数的影响 …… 187

本章小结 …… 190

第六章　陕北黄土沟壑区地表沉陷对土壤侵蚀模数的影响 …… 192
第一节　采煤沉陷对地表坡面形态的影响 …… 192
第二节　采煤沉陷对地表坡面土壤侵蚀模数的影响 …… 209
第三节　采煤沉陷区坡面土壤侵蚀效应精准防治思路 …… 216
本章小结 …… 219

第七章　结论 …… 221
第一节　主要结论 …… 221
第二节　创新点 …… 226

参考文献 …… 227

第一章 绪 论

第一节 研究背景与意义

一、研究背景

2019年9月18日，习近平总书记在河南省郑州市召开的黄河流域生态保护和高质量发展座谈会上发表重要讲话，指明了黄河流域的重要生态屏障地位，强调了黄河流域的资源经济特色，部署了黄河流域生态分区保护的关键要点，即“上游加强水源涵养能力建设、中游突出做好水土保持、下游推进保护湿地和生态治理”，拉开了黄河流域生态保护与高质量发展这一国家重大战略的序幕[1]。2021年10月22日，习近平总书记在山东省济南市召开的深入推动黄河流域生态保护和高质量发展座谈会上发表重要讲话，着重指出了“十四五”是推动黄河流域生态保护和高质量发展的关键时期，要抓好重大任务贯彻落实，力争尽快见到新气象，再次强调了“要抓好上中游水土流失治理和荒漠化防治，推进流域综合治理”，亲自启动了高效实施黄河流域生态保护与高质量发展战略的新进程[2]。2024年9月12日，习近平总书记在甘肃省兰州市召开的全面推动黄河流域生态保护和高质量发展座谈会上发表重要讲话，强调要持续完善黄河流域生态大保护大协同格局，筑牢国家生态安全屏障，更加突出黄河治理的系统性、整体性、协同性，推动构建上下游贯通一体的生态环境治理体系，深入实施重要生态系统保护和修复重大工程，提升流域生态系统稳定性。他还明确指出了“采煤沉陷区综合治理等是黄河流域亟须重点突破的难题”[3]。

2021年10月，中共中央、国务院印发了《黄河流域生态保护和高质量发展规划纲要》，要求：黄河中游突出抓好黄土高原水土保持，加大水土流失综合治理力度，改善中游地区生态面貌；强化生产矿山边开采、边治理举措，及时修复生态和治理污染，停止对生态环境造成重大影响的矿产资源开发，统筹推进采煤沉陷区综合治理，开展黄河流域矿区污染治理和生态修复试点示范；落实绿色矿山标准和评价制度，2021 年起新建矿山全部达到绿色矿山要求，加快生产矿山改造升级[4]。2022 年 6 月，生态环境部等 4 部委联合印发了《黄河流域生态环境保护规划》，提出：以陕北等为主的水土保持区要创新黄土高原地区水土流失治理模式[5]；2022 年 8 月，生态环境部等 12 部委联合印发了《黄河生态保护治理攻坚战行动方案》，要求：加强中游水土流失治理，以小流域为单元，大力推进水土保持重点工程建设，因地制宜推进林草植被建设，打造一批生态清洁小流域，到 2025 年新增水土流失治理 200 万 hm^2[6]；2022 年 10 月，科技部印发了《黄河流域生态保护和高质量发展科技创新实施方案》，要求：到 2025 年，在山水林田湖草沙冰一体化保护与修复机制等方面取得理论突破，在水土保持与水沙调控、生态系统修复与功能提升等方面取得技术突破，通过实施生态保护关键技术攻坚行动，构建中游多沙粗沙区水土保持协同治理技术模式，通过实施环境污染防治关键技术攻坚行动，开展能源化工基地等重点区域土壤污染监测评估、治理与修复技术装备研发与工程示范，形成产业化修复模式并推广应用[7]；2023 年 4 月实施的《中华人民共和国黄河保护法》，提出：国家鼓励、支持开展黄河流域生态保护与修复、水土保持等方面的重大科技问题研究，加强黄河流域多沙粗沙区等生态脆弱区域保护和治理，开展土壤侵蚀和水土流失状况评估，实施重点防治工程。

陕西省作为黄河中游大省和煤炭资源开发大省，肩负着黄河中游生态保护与煤炭资源高效开发的双重责任。因此，2021 年 12 月，陕西省人民政府印发了《陕西省黄河流域生态保护和高质量发展规划》，要求：以陕北丘陵沟壑区、陕北风沙区、渭北黄土塬区为重点，以减少入黄泥沙为目标，加大水土流失综合治理力度，实施国家水土保持重点工程等项目，提高水土流失治理标准，推动水土保持区域综合治理由面到点的精细化建设，实现立体防护，提升水土保持率，改善黄土高原生态面貌；以采煤沉陷区为重点开展矿区生态治理修复，全面实施土地复垦、生态恢复等综合治理，强化生产矿山边开采、边治理举措，及时修复生态和治理污染，停止对生态环境造成重大影响的矿产资源开发，加快神府、榆神、榆横等矿产资源集中开采区绿色矿山建设[8]。

"缺油、少气、相对富煤"的能源禀赋格局决定了煤炭在我国能源安全保障中的压舱石地位[9]，即使到 2050 年，煤炭占我国一次能源消费比例也不会低于 40%[10]。2023 年，我国原煤总产量达 47.1 亿 t，同比增长 3.4%，煤炭消费量同比增长 4.3%，占全国能源消费总量的 65%[11]。邹才能院士预测[12]，在"双碳"目标的推动下，2030 年我国煤炭消费占比为 42.8%～44.0%。由此可见，煤炭的生产和消费比重虽然进入下行通道，但不可替代，煤炭的地位将由主体能源转变为主要能源[13]，为国家能源安全继续发挥兜底保障性的作用。在我国"西部多、中部富、东部少"的煤炭资源分布格局下，我国煤炭开发重心的战略西移日益明显[14]。其中，黄河中游因煤炭资源丰富、开采条件优越等特点已经成为西移战略的重要接续地。截至目前，我国规划建设的 14 个大型煤炭基地中有 9 个分布在黄河流域[15-16]，其中神东、陕北、晋北、晋中、晋东、黄陇等 6 个煤炭基地密集分布在黄河中游。最新统计数据显示，2023 年，黄河流域煤炭产量已超过 37 亿 t[17]，占全国煤炭生产总量的 78.6%。由此可见，黄河流域特别是中游的煤炭资源安全、高效、绿色开采对于保障国家能源安全具有非常重要的意义。

陕北煤炭基地因资源储量大、煤炭品质好、开采条件简单，在黄河中游煤炭生产和全国能源保供方面具有重要地位。2023 年，陕北煤炭基地原煤产量达到 6.06 亿 t[18]，占全国煤炭生产总量的 12.7%，成为陕西省勇担国家能源保供责任的核心力量。但受煤炭资源地质赋存条件和区域生态环境脆弱的制约，大规模煤炭开采已经使得陕北煤炭基地出现了严重的采煤沉陷及衍生生态损害问题[19-20]。据最新的统计数据，陕北煤炭基地采空面积已超过 1 200 km^2，其中沉陷面积已超过 650 km^2[21]，平均沉陷率在 0.24 hm^2/万 t 左右。采煤沉陷导致的地表变形[图 1-1(a)]、水资源破坏[图 1-1(b)]、植被退化[图 1-1(c)]等一系列衍生生态损害问题屡见不鲜，而采煤沉陷对土壤这一生态环境系统关键要素[22-23]的损害更是深刻影响着矿区生态环境的稳定性。尤其重要的是，陕北煤炭基地在空间上与黄河多沙粗沙国家级水土流失重点治理区高度重叠[24]，以致煤炭开采与水土保持的矛盾更加凸显，黄土沟壑地貌类型区尤甚[图 1-1(d)]。这不仅违背了习近平总书记对黄河流域生态保护与高质量发展的重要指示，更不符合《黄河流域生态保护和高质量发展规划纲要》中“黄河中游突出抓好水土保持工作”的要求。因此，如何科学认识和防控陕北煤炭基地采煤沉陷的土壤损害效应和水土流失效应已经成为陕北煤炭基地乃至黄河中游生态环境保护与高质量发展的重大科学问题！

(a) 采煤沉陷导致地表变形

(b) 采煤沉陷导致水资源破坏

图 1-1　陕北煤炭基地采煤沉陷对地表生态的损害

(c) 采煤沉陷导致植被退化

(d) 采煤沉陷加剧水土流失

图 1-1 (续)

鉴于此，作者针对黄河流域中游陕北煤炭基地采煤沉陷区的特殊性，沿着“地下采动引起采煤沉陷—采煤沉陷改变沉陷区地表微地形(坡面)的形态及土壤生物和侵蚀特性—影响和加剧坡面尺度上的水土流失”这一思路，着力解决 3 个基础性问题，即：

(1) 陕北黄土沟壑区采煤沉陷对土壤微生物特性的影响规律；

(2) 陕北黄土沟壑区采煤沉陷对地表黄土坡面形态的影响规律；

(3) 陕北黄土沟壑区采煤沉陷对土壤侵蚀特性的影响规律。

二、研究意义

聚焦黄河中游陕北黄土沟壑采煤沉陷区及其特性，立足“地下控制地表”，沿着“地下采动引起采煤沉陷—采煤沉陷控制沉陷区坡面形态和形变—沉陷坡面形态与形变程度影响土壤微生物特性和侵蚀特性”的新的逻辑主线，研究并揭示“地表黄土坡面自然形态＋地下采厚”耦合作用下地表坡面形态的变化过程和规律，阐明沉陷坡面不同形变类型对土壤微生物特性和侵蚀特性的损害效应，构建考虑地下采煤厚度、地表自然坡面形态的坡面土壤侵蚀模数增量测算方法以及小空间尺度下采动地裂缝周围土壤可蚀性 K 值的预测模型，不仅对于丰富和深化陕北黄土沟壑区采煤沉陷生态损害效应的科学认识，拓展采煤沉陷区水土流失及土壤生态损害特征和规律的系统研究具有重要的科学意义和理论意义，而且对于指导黄河流域陕西段黄土沟壑区采煤沉陷生态损害的“采前防损-采中减损-采后止损”具有重要的实践意义和借鉴意义。

第二节 国内外研究进展与评述

一、西部黄土沟壑区采煤沉陷相关研究进展

（一）开采沉陷影响因素与预计原理研究

在研究影响开采沉陷主要因素及其作用规律方面：由于采矿活动是开采沉陷发生发展的直接动因，采矿因素对开采沉陷的影响及其作用规律首先受到关注，相关研究成果主要集中在采厚[25]、开采方法与顶板管理办法[26-30]、工作面几何尺寸[31]等方面。随着开采沉陷监测工作的大量开展以及对岩移观测资料的深入分析，发现在采矿因素相同而地质因素不同的情况下开采沉陷的发展程度会截然不同。因此，研究地质因素对开采沉陷的影响及其作用规律逐步成为研究热点。目前，相关的研究成果主要集中于采深[32]、褶皱[33]、断层[34]、节理[35]、构造应力[36]、岩土比[37-38]、覆岩岩性与力学性质[39-41]、覆岩层状结构及特征[42-43]。

在研究开采沉陷预计原理方面：随着人们对开采沉陷形成机理与规律认识的不断深入和现代数学方法的迅速发展，预计原理与方法也经历了从简单的经验公式法，到剖面函数法[44]、影响函数法[45-46]，再到今天发展最快、分支最多的理论模型法[47]。近几十年，徐良骥[48]、杨帆[49]、邹友峰[50]、郭文兵[51]、Kim Kidong[52]、尹光志[53]、曹丽文[54]、朱建军[55]等学者尝试应用非线性方法及高精度监测技术来研究开采沉陷这一复杂的系统问题。

（二）西部黄土层对开采沉陷的影响研究

李春意等[56]研究了不同黄基比条件下采动地表沉陷规律，基于双指数函数模型建立了黄基比与下沉系数和最大下沉角的量化关系，发现当黄基比大于5.8时，下沉系数与最大下沉角趋于稳定。张志鹏等[57]开展了地表开采沉陷背景下黄土及其垂直节理在受挤压、受拉、抗剪与塑性破坏状态的模拟研究，发现了黄土节理的性状对整体黄土覆盖层沉陷量具有显著的影响作用，而含水率是黄土节理形状改变的主要驱动因素。汤伏全等[58]研究发现，地表附近土体单元变形由水平向附加应力所主导，在移动盆地边缘附近产生明显的体积膨胀变形，在移动盆地中央充分下沉区的体积变形接近为零，地表土体单元的体积变形、水平变形、竖直变形具有相同的分布特征。芦家欣等[59]提出黄土在开采沉陷过程中发生的附加变形是构成西部黄土矿区开采沉陷基本特征与规律的重要因素，并分别阐述了黄土主要附加变形的形成机理。白光宇等[60]研究发现了黄土山区沉陷后的下沉曲线拐点位置会向山坡上升方向偏移，地表裂缝大小和分布特征与地表凹凸变化有关，地面坡度、表土层厚度和性质决定地表移动变形的大小和剧烈程度。宋世杰等[38]基于数值模拟研究发现超过100 m的巨厚黄土层具有降低下沉系数的效应。余学义等[61]通过对比分析，发现西部黄土矿区的开采沉陷往往具有黄土层中垂直裂隙发育程度高、基岩顶面拉伸变形量大、非均匀下沉量较大、地表水平移动量和移动范围增加的特点，这也是地表裂缝产生的基本条件。

刘辉等[62]研究发现，西部黄土矿区采动过程中产生的临时性地裂缝会随着工作面的推进呈现“增大—减小—闭合”的动态规律，地裂缝发育深度与宽度之间存在线性增大的正比例关系，深度与落差之间存在对数关系。

（三）西部黄土沟壑区沉陷预计方法研究

为了提高现有预计方法对西部黄土沟壑区地质条件及开采沉陷特征的适用性，有些学者尝试对较为成熟的预计方法及模型加以修正改进。胡海峰等[63]将山区地表移动变形特征叠加在山区开采滑移影响函数中，构建了顾及山区地形与平原因素的山区地表移动变形预计模型；汤伏全等[58-59]根据基岩等效荷载与开采充分程度的量化关系，导出了适合黄土矿区的概率积分法改进模型；赵兵朝等[64]引入地形变化修正参数并构建了影响函数法改进模型；余学义等[61]结合彬长矿区厚黄土层的采矿地质条件，发现了下沉曲线具有关于拐点反对称的特性，并依据分层传递的思想修正了概率积分理论模型。还有些学者则根据岩土介质的差异构建新的预计方法及模型，如宋世杰等[65]从变形传递叠加的角度构建了基于覆岩层状结构特征的开采沉陷分层传递预计方法及模型；顾伟等[66]基于岩土力学和开采沉陷学理论建立了土、岩双层介质下沉空间逐层传递的开采沉陷模型。康建荣等[67]尝试将数字地形分析用于开采沉陷的预计中，在山区采动地表数字地面模型的基础上推导出了地表移动变形参量的预计模型。王文波等[68]利用实测数据获得适用于高原沟壑地区特厚煤层开采时地表移动变形的基本参数及概率积分法的 5 个预计参数，满足了实际的需要。

二、采煤沉陷影响土壤微生物特性的研究进展

（一）采煤沉陷对土壤微生物的影响研究

土壤微生物作为最敏感的土壤生物特性指标之一，不仅可以指示土壤肥力状况、生物化学活性及其动态变化特征，更重要的是对人为干扰响应灵敏。因此，国内外相关学者试图从土壤微生物的角度研究煤炭开采对土壤质量的影响。Mummey 等[69]在研究露天矿区复垦区域微生物时发现，开采干扰区域土壤中的微生物量、细菌和真菌生物标志物、土壤有机质平均仅为未受干扰区域土壤中的 16％、28％、44％和 36％，土壤的生物多样性和土壤功能受到较为严重的影响。Anderson 等[70]探讨了长期影响下矿区土壤微生物种群对地表采矿和复垦干扰的响应机理，发现了原生土壤比复垦土壤有着更大的土壤有机碳浓度。Helingerová 等[71]研究发现煤矿复垦区的土壤微生物活性要远高于未复垦区域，说明采煤活动对土壤微生物的影响已然成为一个明确的问题。郭晓明等[72]、Wang 等[73]对煤矿区不同沉陷部位微生物特性的研究发现，沉陷区土壤微生物数量均小于对照组，且微生物类群组成比例发生了明显变化，说明采煤沉陷改变了土壤生物赖以生存的微环境，以致土壤微生物数量减少。侯颖等[74]发现采煤沉陷后土壤微环境的变化改变了土壤微生物的数量和种类分布。王瑾[75]的研究结果表明，矿区开采造成的地表沉陷会导致 0～180 cm 土层微生物丰富度和群落多样性发生改变。张振佳等[76]研究发现黄土露天矿复垦区表层土壤的容重、粒径、有机质含量、速效钾含量对土壤微生物的数量影响很大。尹宁宁等[77]研究发现土壤理化性质中对微生物生长造成限制的因子最有可能是土壤中的有机碳。

（二）采煤沉陷对土壤酶活性的影响研究

土壤酶作为最敏感的另一个土壤生物特性指标，也被国内外相关学者用于研究煤炭开采对土壤质量的影响。Finkenbein 等[78]研究表明酸性磷酸酶的活性可能是一个表征露天煤矿生态重建质量的有效生物指标。许传阳等[79]研究发现煤矿沉陷区地裂缝对土壤特性影响表现为距裂缝越近，土壤含水率和养分含量越低，土壤酶损失量越大，反之亦然。Zhang 等[80]研究发现河南焦作赵固煤矿塌陷区不同宽度裂缝降低两侧土壤中脲酶活性的影响范围不同，宽度越大，影响范围越广。Qiu 等[81]研究发现采煤沉陷区域的土壤酶含量及活性普遍低于未扰动区域和复垦区域。范书凯等[82]研究发现煤矿沉陷区土壤脲酶和磷酸酶的活性在不同采样深度差异显著，而土壤脱氢酶、蔗糖酶、多酚氧化酶和过氧化氢酶活性则差异不明显。张发旺等[83]研究结果表明煤炭开采造成的地表沉陷和地裂缝在破坏土壤有机质、速效养分、全氮、全钾含量的同时也会导致土壤酶活性的降低。张丽娟等[84]研究发现采煤沉陷区土壤酶活性和土壤养分会随土壤深度的增加而减少，其中，土壤中过氧化氢酶、多酚氧化酶、蔗糖酶活性与土壤中碱解氮之间存在着显著的相关关系，脲酶、多酚氧化酶与全氮含量显著相关，蔗糖酶活性和有机质间显著相关。

三、煤炭开采的水土流失效应相关研究进展

（一）煤矿区水土流失效应研究

煤炭开采产生的水土流失效应是一种人为因素诱发或加剧的特殊的工程侵蚀现象，造成的侵蚀程度和侵蚀方式与自然侵蚀有很大区别[85]，因此受到国内外相关学者的关注。Valentin 等[86]研究了煤炭开采对土壤侵蚀抵抗力的破坏性。Housman 等[87]深入研究了矿区土壤有机质的改变会造成土壤侵蚀的改变。Mathys 等[88]从宏观角度讨论了煤炭开采后土地利用变化与当地水文特征之间的关系，这是控制矿区土壤侵蚀的一项创新。

国内学者针对煤矿区水土流失效应开展了不同空间尺度的研究与探索。在大空间尺度方面：汪炜等[89]基于 GIS（地理信息系统）和 RS（遥感影像）技术研究了淮南矿区大尺度的土壤侵蚀，发现 1987—2000 年该矿区土壤侵蚀以微度侵蚀、轻度侵蚀和中度侵蚀为主，2000 年后则由低强度侵蚀逐渐向高强度侵蚀转化。白中科等[90]以山西大同塔山矿为研究对象，采用类比法和专家咨询法等，根据 RS、GIS 等地理信息技术提取的空间数据，研究了采煤沉陷导致的土壤侵蚀和土地利用的变化，指出矿区土壤侵蚀引发的水土流失现象是由于人为扰动地表或堆置废弃物，导致岩土、废弃物的混合搬运、迁移和沉积，最终造成土地、水资源的损毁，使土地生产力下降或丧失。周伟等[91]以东露天矿为研究对象，将比较法和趋势外推法结合起来，利用地理信息技术获取基础数据，分析了矿区 2005—2080 年的水土流失和土地利用变化，并预测在没有采取生态重建措施的情况下，矿区土地的水土保持性能会逐渐变差。黄翌等[92]基于数字地形图和遥感影像，以概率积分法和开采沉陷模型为基础，运用 DEM（数字高程模型）反演的方式推出矿区开采前的高程数据，研究了黄土高原丘陵区采煤沉陷引起的地表和植被等因子的时空变化以及矿区土壤侵蚀变化量，并分析了水土流失的变化机制。李云鹏[93]利用水力侵蚀预测模型（GEOWEPP）研究了沉陷对矿区水

土流失的影响规律。尘福艳等[94]运用遥感与 GIS 技术在大空间尺度下估算了陕北煤矿区水土流失量,并以此为重要参数评价了矿区生态环境质量。刘英等[95]研究发现神东矿区的侵蚀状况主要为微度和轻度侵蚀,占比超过 60%,且东部破碎性比西部大;中度和强度侵蚀次之,极强度侵蚀和剧烈侵蚀最少,均点状分布在矿区东南部。在小空间尺度方面:倪含斌等[96]采用模拟降雨技术、模拟风化试验技术与 GIS 技术,对不同堆积年限矿区弃土堆积物进行土壤侵蚀量估算,并确定了影响土壤侵蚀的主要因子。郭明明等[97]研究了神府矿区弃土弃渣体的侵蚀特征,发现土体因具有结构疏松、稳定性差等特点而导致侵蚀速率是撂荒地的 43.6～239.2 倍。李建明等[98]通过野外模拟降雨试验,对比分析了神府矿区典型弃土弃渣堆积区、煤矸石山产流产沙的基本特征与规律。何金军等[99]在大柳塔采煤沉陷区使用多元统计的方法研究了表层土壤的含水量,研究发现煤炭开采对该地区的土壤机械组成产生一定的负面影响,并造成土壤含水量减少。张发旺等[100]提出煤炭开采后对土壤质量产生的负效应应该实行一定的保护措施,以降低土壤侵蚀。陈孝杨等[101]以淮北砂姜黑土区煤矿塌陷坡耕地为研究对象,研究了在不同开采方式下表层土壤黏粒含量的时空变化特征,并通过人工模拟降雨试验测定了不同降雨强度和坡度处理下的坡面径流含沙量与土壤剥蚀率,阐述了坡耕地水蚀输沙过程特征。张耀方等[102]围绕重庆煤矿矸石山和塌陷区2 个典型侵蚀地貌单元,研究并揭示了矸石山土壤侵蚀程度随堆积年限增加而减小、山体稳定性随坡度减缓而增强的土壤侵蚀特征,塌陷区则表现出过程缓慢、破坏作用强、影响范围大等土壤侵蚀特征。张合兵等[103]利用^{137}Cs 示踪技术研究了焦作矿区具有 15 年沉陷历史的采煤沉陷坡土壤侵蚀特征及其对土壤养分的影响,发现沉陷坡从坡顶到下坡均表现为土壤侵蚀,且侵蚀强烈的坡位土壤中的有效态碳、氮、磷养分存在较大的潜在侵蚀风险。宋世杰等[104-105]通过数值模拟实验得出井下采煤对矿区坡面形态的影响,发现地表坡面坡度会随采厚增加而呈现增大的趋势,且自然坡度越大,坡度变化量越大,并给出了不同自然坡度条件下,采深与地表坡面径流模数对应关系的拟合方程。

(二) 土壤可蚀性的相关研究

1930 年,Middleton[106]首先提出了土壤可蚀性(soil erodibility)的概念,即外界侵蚀应力影响下土壤的敏感程度。Baver[107]利用观测方法研究了土壤分散-渗透性指数与可蚀性的关系。Bouyoucos[108]提出了土壤黏粒率计算公式,并建议用作土壤可蚀性的表征指标。Wischmeier[109-110]用人工降雨法测定了 55 种土壤的可蚀性指数,选定 13 个土壤特征指标与土壤可蚀性进行回归分析,得出了计算土壤可蚀性因子的方程,编制了土壤可蚀性因子诺莫图。Amezketa[111]研究认为土壤结构、团聚体稳定性、剪切强度等可作为土壤可蚀性的指标。Bowker[112]研究了美国犹他州南部生物结皮土壤可蚀性因子和土壤抗侵蚀性,认为生物结皮对土壤可蚀性的影响主要是覆盖作用。

我国在 20 世纪 50 年代开始研究土壤可蚀性。朱显谟院士[113]提出土壤膨胀系数和分散率可以较好地反映土壤可蚀性。杨玉盛[114]研究认为侵蚀率、分散率、结构体破坏率等指标能较好地反映紫色土壤的可蚀性。赵晓光等[115]研究认为在考虑容重影响的条件下抗剪强度能合理地表征土壤可蚀性。王彬等[116]、宋阳[117]分别总结了国内外关于水蚀过程中的土壤可蚀性研究进展，指出了针对土壤可蚀性需要进一步研究的方向。缪驰远等[118]利用WEPP方法计算了土壤可蚀性 K 值，分析了土壤剖面的颗粒分布特征。史长婷等[119]研究指出增加较大颗粒在土壤中的占比可以显著降低土壤可蚀性。朱冰冰等[120]分析研究了黄土高原土地退化(恢复)过程中的土壤侵蚀动态，并利用EPIC模型计算土壤可蚀性 K 值，结果表明开垦后的土壤可蚀性 K 值增加，退耕后的土壤可蚀性 K 值降低，土壤有机质含量则是影响该值最重要的因素。朱明勇等[121]利用EPIC公式计算了丹江口水库库区的土壤可蚀性 K 值，指出土壤可蚀性 K 值具有一定的空间变异性，根据 K 值的大小得出该地土壤易被侵蚀的结论。郑海金等[122]通过在典型的红壤坡地区建立15个标准径流小区进行连续5年的定点观测，运用诺谟公式和EPIC公式计算土壤可蚀性 K 值，发现 K 值与地表覆盖/土地利用相关。张孝存等[123]得出土壤有机质、全氮含量的变化会造成土壤侵蚀速率发生变化，且土壤有机质、全氮含量越多，土壤可蚀能力越弱。胡克志[124]以丹江源区鹦鹉沟小流域为研究对象，采用EPIC模型计算了不同地类的土壤可蚀性，研究了土壤可蚀性空间变异特征和不同植被类型对土壤可蚀性 K 值的影响。林芳等[125]采用3种土壤可蚀性 K 值估算方法对延河流域土壤可蚀性进行对比研究，发现Torri. D模型更加适用于延河流域土壤侵蚀敏感性评价和土壤流失量预测。饶良懿等[126]选用EPIC模型、Shirazi公式和Torri公式对砒砂岩覆土区二老虎沟小流域土壤可蚀性 K 值进行了估算和比较研究。此外，目前在国际上关于土壤可蚀性 K 值的计算方法主要有EPIC模型[127]、几何平均粒径模型[128]、Torri模型[129]、Shirazi公式[130]、诺谟及修正诺谟方程[131]，使用的核心参数为土壤的机械组成、有机质含量等。

（三）土壤抗蚀性的相关研究

土壤抗蚀性(soil anti-erodibility)是评价土壤抵抗侵蚀能力的重要参数[132]，指土壤对侵蚀营力剥离、分散和搬运作用的抵抗能力[133]。土壤抗蚀性不是一个物理或化学的定量可测指标，而是一个综合因子[134]，其强弱主要由土壤与水的亲和力及土粒间的胶合力来决定[135]，但受到植被覆盖、人为活动等多种因素的影响[136]，目前还没有普遍通用的评价指标。朱显谟院士[137]将土壤抗蚀性与土壤可蚀性视为对立统一的有机整体，用于从内因视角全面反映土壤被侵蚀的难易程度。因此，在水土保持领域，土壤抗蚀性经常作为刻画土壤内在属性的重要因素而被研究。

国外于20世纪30年代开始进行土壤抗蚀性的研究。Woodburn等[138]研究发现分散率与土壤团聚体稳定性可作为土壤抗蚀性的评价指标。Wiesmeier等[139]研究发现土壤中团聚体和有机质对于保持土壤结构与质量的稳定性有重要意义。Denef[140]发现土壤黏粒含量增加对于有机质的富集有积极作用，还能够间接提高团聚体的稳定性。Plaza等[141]研究发现土壤有机质与团聚体两者之间相互促进，土壤中的腐殖质等还会使团聚体形成良好结构。Middleton[142]通过室内外观测与实验，发现土壤受侵蚀的难易状况可以用侵蚀率大小来判定。Bouyoucos[143]发现黏粒率可用来直接衡量土壤的侵蚀状况。国内对土壤抗蚀性的研究始于20世纪60年代，主要研究成果集中在土壤抗蚀性的影响因素和评价方法两个方面。Zhang等[144]在辽河保护区选取了14个指标参数评价土壤抗蚀性，结果表明粉土和粉质黏土、团聚体状态、土壤黏聚力、有机质和植物根系对于影响土壤可蚀性具有重要意义。吕宸等[145]将康定折多山高寒山地灌丛草甸土壤作为研究目标，采用主成分分析对土壤抗蚀性进行了综合评价，发现土壤理化性质对土壤抗蚀性的影响显著，且土壤团聚体含量和团聚体稳定性对抗蚀性的影响最明显。王针针等[16]利用主成分分析法对紫色土坡地植物篱前淤积带与篱下土坎土壤抗蚀性进行分析，发现水稳性团聚体指标能够更好地表现紫色土坡地土壤抗蚀性能力的大小。成艳红等[147]在湖南、湖北、四川、江西等地进行研究，发现>0.25 mm 水稳性团聚体含量、>0.5 mm 水稳性团聚体含量和结构体破坏率能够在一定程度上反映苎麻坡耕地土壤抗蚀性能力的强弱。谈正鑫等[148]将盱眙火山岩丘陵区五种不同类型的人工林作为研究对象，采用主成分分析和相关性分析的方法筛选了土壤>0.5 mm水稳性团聚体含量、>0.25 mm 水稳性团聚体的含量、团聚体稳定性指数、有机质作为林地土壤抗蚀性评价指标。王珊珊等[149]应用主成分分析方法发现土壤密度、有机质含量、分散系数和平均质量直径等是评价晋西黄土区刺槐林土壤抗蚀性强弱的关键指标。温晓兰等[150]研究发现有机硅功能肥会使果园、荒草地和农田土壤平均重量直径、分形维数和分散率等发生变化，能够提高团聚体的稳定性和抗蚀性。刘旦旦等[151]通过静水崩解方法，采用土壤崩解量大小来反映土壤抗蚀性强弱，同时分析了土壤理化性质和抗蚀性之间的相关性，结果表明农耕地及荒草地的土壤抗侵蚀能力明显低于林地，原因主要是土壤理化性质得到了改善。杨超等[152]对攀枝花龙蟒矿山废弃排土场可蚀性的研究指出在人为采矿活动影响后，矿区土壤抗蚀性会明显下降，进而加剧水土流失。

四、国内外相关研究评述

通过上述研究文献综述可以发现，当前针对黄河中游大型煤炭基地黄土沟壑采煤沉陷区的土壤环境损伤与水土流失效应研究领域还存在如下几点不足：

(1) 采煤沉陷对地表黄土微地形(坡面)形态的影响规律研究有待完善

地表厚黄土层及其特性显著影响着黄河中游采煤沉陷区地表移动变形的基本特征与规律。黄河中游煤炭开采区地表的黄土层不仅厚度大(一般可占开采深度的 30%～70%)，而且具有垂直节理发育、湿陷性、高孔隙比等属性。这些属性使得黄土层在地下采动中表现出独特的变形特性，进而也使得黄土矿区的地表移动与变形表现出独特的规律。黄土层在地表的自然形态(坡面)作为黄土沟壑区复杂地形的直接体现，不仅是影响采煤沉陷的重要地质因素，也是塑造沉陷后地表最终形态的重要地形基础，以致“黄土坡面的形态及形变”与“采煤沉陷的特征及规律”二者之间存在明显的互馈效应。然而，从反馈的角度研究并揭示采煤沉陷对地表黄土坡面形态的影响尚不充分。因此，研究并揭示采煤沉陷对地表黄土坡面形态的影响规律是本书的第一个重点。

(2) 采煤沉陷区土壤微生物特性的损害效应研究有待深入

土壤作为地表生态系统的关键构成要素，具有维持生态系统代谢循环的重要作用，不仅深刻影响着地表生态系统的稳定性，还在沉陷过程中作为地下采煤扰动破坏效应向地表生态系统传播扩散的起点。因此，研究采煤沉陷对土壤特性的影响规律和机理逐渐成为煤矿区生态修复领域的研究热点。土壤微生物和土壤酶作为最敏感的土壤生物特性指标，不仅可以指示土壤肥力状况、生物化学活性及其动态变化特征，更重要的是对人为干扰响应灵敏，能在较短时间内反映出土壤质量的变化，在一定程度上比静态的土壤理化指标更有实际意义。然而，从土壤理、化、生三大特性相互作用的角度，研究黄河中游大型煤炭基地采煤沉陷对土壤微生物特性的影响规律还不充分，有待深化。因此，研究并揭示小空间尺度下采煤沉陷区不同采动损害类型对土壤微生物和土壤酶的影响规律是本书的第二个重点。

（3）采煤沉陷区小空间尺度下的水土流失效应研究亟须开展

目前针对煤矿区水土流失效应的研究成果主要集中在大空间尺度上的水土流失量估算和小空间尺度上的弃土弃渣及煤矸石堆积区土壤侵蚀规律两个方面。而针对煤炭开采损害最集中、影响范围最大的采煤沉陷区的水土流失效应研究鲜有报道。特别是立足采煤沉陷区的区域特性（即：地下高强度采动在短时间内就可引起沉陷区大范围的岩层移动，并波及地表，显著改变着原始地形，进而对沉陷区坡面土壤侵蚀的特征和基本规律产生深刻影响），以“地下采动引起采煤沉陷—采煤沉陷控制沉陷区坡面形态—沉陷区坡面形态影响土壤侵蚀特征及规律”为逻辑，研究采煤沉陷导致地表黄土坡面形变而产生的土壤侵蚀效应尚处于空白状态，亟须开展研究。此外，对于采煤沉陷区土壤可蚀性和抗蚀性等水土流失效应的基础研究也处于空白状态，亟待填补。因此，研究并揭示采煤沉陷致因下地表黄土坡面形变的土壤侵蚀效应以及小空间尺度下采煤沉陷区不同采动损害类型对土壤可蚀性和抗蚀性的影响规律是本书的第三个重点。

第三节 研究内容与方法

一、研究内容

针对当前黄河中游大型煤炭基地采煤沉陷对地表黄土微地形（坡面）形态的影响规律及采煤沉陷区土壤微生物特性损害与水土流失效应研究领域的不足，以陕北煤炭基地典型黄土沟壑采煤沉陷区为研究区，主要开展如下研究：

（1）分析“地下开采扰动、覆岩层状结构、地表坡面原态”相互耦合条件下采煤沉陷对地表黄土坡面形态的影响过程与规律。

以陕北黄土沟壑煤矿区 2^{-2} 主采煤层及其地质赋存条件和开采条件为原型，首先基于数值模拟软件构建多个不同类型的数值模型；第二，通过数值模拟试验，分别揭示“地下开采扰动＋地表坡面原态”、“覆岩层状结构＋地表坡面原态”耦合下，采煤沉陷对地表黄土坡面形态的影响过程与规律；第三，建立黄土坡面坡度与地下开采扰动、覆岩层状结构、地表坡面原态的量化关系。

（2）揭示小空间尺度下采煤沉陷区不同采动损害类型对土壤微生物和土壤酶的影响规律。

以陕北黄土沟壑煤矿区沉陷和采动地裂缝 2 种采煤沉陷区损害类型为研究对象，首先按照“坡面部位＋垂直深度”、“水平距离＋垂直深度”分别采集黄土沉陷坡面和采动地裂缝周围土壤样品；第二，测定土壤主要物理化学特性指标和土壤微生物（细菌、真菌、放线菌）的数量以及土壤酶（过氧化氢酶、蔗糖酶、脲酶、磷酸酶）活性；第三，对照未损害区，分析并揭示沉陷、采动地裂缝对土壤微生物数量和土壤酶活性的影响规律；第四，基于线性和非线性分析原理及方法，筛选沉陷坡面和采动地裂缝发育区影响土壤微生物和土壤酶的主控理化因素。

(3) 阐明采煤沉陷致因下地表黄土坡面形变的土壤侵蚀效应，构建黄土沉陷坡面土壤侵蚀模数增量的测算方法。

以研究内容(1)为基础，首先分别揭示“地下开采扰动＋地表坡面形态”、“覆岩层状结构＋地表坡面形态”耦合下，沉陷变形对地表黄土坡面土壤侵蚀模数的影响过程与规律；第二，建立黄土沉陷坡面土壤侵蚀模数与地下开采扰动、覆岩层状结构、地表坡面原态的量化关系；第三，构建考虑地下采厚、地表自然坡面形态的黄土沉陷坡面土壤侵蚀模数增量的测算方法。

(4) 揭示小空间尺度下采煤沉陷区不同采动损害类型对土壤可蚀性的影响规律。

以陕北黄土沟壑煤矿区沉陷和采动地裂缝 2 种采煤沉陷区损害类型为研究对象，首先按照“坡面部位＋垂直深度”、“水平距离＋垂直深度”分别采集黄土沉陷坡面和采动地裂缝周围土壤样品；第二，测定土壤机械组成和有机质含量；第三，对照未损害区，分析并揭示沉陷、采动地裂缝对土壤机械组成和土壤有机质含量的影响规律；第四，基于 EPIC 模型计算沉陷坡面和采动地裂缝周围土壤可蚀性 K 值，揭示沉陷、采动地裂缝对土壤可蚀性 K 值的影响规律；第五，构建小空间尺度下采动地裂缝周围土壤可蚀性 K 值的预测模型。

(5) 揭示小空间尺度下采动地裂缝对土壤抗蚀性的影响规律。

以陕北黄土沟壑煤矿区采动地裂缝为研究对象，首先采集不同宽度（0～10 cm、10～20 cm、20～30 cm）采动地裂缝周围土壤样品；第二，测定 14 种最典型、最常用的土壤抗蚀性量化表征指标；第三，对照未损害区，分析并揭示采动地裂缝对 14 种土壤抗蚀性指标的影响规律；第四，综合运用主成分分析法和因子分析法，筛选适用于表征采动地裂缝发育区土壤抗蚀性的关键指标；第五，基于多元线性回归原理，构建黄河中游陕北采动地裂缝发育区土壤抗蚀性综合指数计算模型；第六，基于计算结果分析采动地裂缝对周围土壤抗蚀性综合指数的影响规律。

二、研究方法

(1) 资料收集与野外调研法

检索国内外关于西部及黄河中游采煤沉陷影响地形、土壤特性的相关研究文献；收集整理黄河中游陕北黄土沟壑区地形地貌、气象水文、土壤植被、水土流失、煤炭赋存与开采等基础数据资料；现场调研典型黄土沟壑采煤沉陷区及其采动损害类型的基本特征，布点采集各类土壤样品。

(2) 数值模拟实验法

利用 $FLAC^{3D}$ 软件对“地下开采扰动、覆岩层状结构、地表坡面原态”相互耦合构建的数值模型进行地下开采及沉陷发育全过程的数值模拟实验，提取与保存各开采阶段的下沉、水平移动、倾斜、曲率、水平变形等地表移动变形实验数据。

(3) 室内外实验法

在实验室对采集的各类土壤样品进行预处理，分别测定土壤样品的物理特性主要指标（包括土壤机械组成、土壤水稳性团聚体、土壤微团聚体、土壤含水率、土壤容重等）、土壤化学特性主要指标（包括土壤pH、土壤有机质、土壤速效氮、土壤速效磷、土壤速效钾等）、土壤微生物特性主要指标（包括土壤微生物、土壤酶），每个实验设置3组平行，记录、分类、整理各类实验数据。

（4）数理处理与分析法

使用SPSS、Origin、AutoCAD、Excel等软件对各类实验数据进行综合处理与分析；采用中国土壤流失方程（CSLE）和区域经验公式计算土壤侵蚀模数；采用EPIC模型计算土壤可蚀性K值；采用线性和非线性分析原理及方法筛选沉陷坡面和采动地裂缝发育区影响土壤微生物和土壤酶的主控理化因素和采动地裂缝发育区土壤抗蚀性的关键指标；采用一元线性原理及方法建立小空间尺度下采动地裂缝周围土壤可蚀性K值的预测模型；采用多元线性和非线性原理及方法分别构建陕北采动地裂缝发育区土壤抗蚀性综合指数计算模型和构建考虑地下采厚、地表自然坡面形态的黄土沉陷坡面土壤侵蚀模数增量的测算方法。

三、技术路线

技术路线图见图1-2。聚焦黄河中游陕北黄土沟壑采煤沉陷区及其特性，立足“地下控

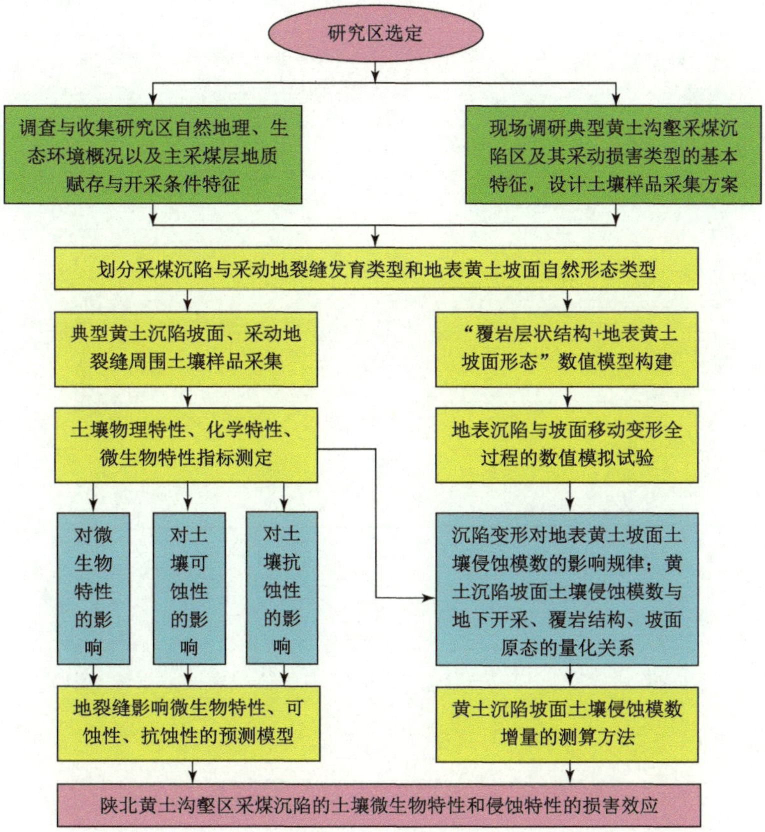

图1-2　技术路线图

制地表”，沿着“地下采动引起采煤沉陷—采煤沉陷控制沉陷区坡面形态和形变—沉陷坡面形态与形变程度影响土壤微生物特性和侵蚀特性”的新的逻辑主线，综合运用资料收集与野外调研、数值模拟实验、室内外实验、数理处理与分析等多种方法，研究并揭示了“地表黄土坡面自然形态＋地下采厚”耦合作用下地表坡面形态的变化过程和规律，阐明了沉陷、采动地裂缝对土壤微生物特性和可蚀特性的损害效应，构建考虑地下采厚、地表自然坡面形态的坡面土壤侵蚀模数增量测算方法以及小空间尺度下采动地裂缝周围土壤可蚀性 K 值的预测模型。

第二章 研究区地质生态环境与地表采动损害特征

第一节 地质生态环境特征

一、自然地理特征

（一）地理位置

陕北煤炭基地（陕北矿区）位于鄂尔多斯高原的东南、毛乌素沙漠和陕北高原的接壤地带，横跨陕西省北部榆林市榆阳区、神木市、府谷县，东临黄河与山西省隔河相望，西连宁夏，北与鄂尔多斯相连，东西宽约 50 km，南北长约 20～60 km，面积约 2 359.5 km^2[153]。

（二）地形地貌

陕北矿区内地形整体呈北高南低、西高东低之势，海拔大部分在 1 200 m 左右[154]，最高海拔为 1 448.7 m，最低海拔为 932 m；榆溪河、秃尾河、窟野河等河谷呈条带状镶入区内，河谷地势较低，自分水岭地形向两侧河谷倾斜，其地形高程一般为 1 100～1 300 m 左右，地表分水岭高程一般为 1 300～1 350 m[21]，见图 2-1。

研究区内地貌可划分为风沙地貌、黄土地貌和河谷地貌三个一级地貌类型。又可依据微地貌形态特征进一步划分为 7 个二级微地貌类型，即风沙地貌划分为沙地地貌和滩地地貌；黄土地貌划分为黄土梁峁地貌、沙盖黄土梁峁地貌、黄土丘陵地貌；河谷地貌划分为宽浅河谷地貌和深切河谷地貌[155]。研究区地貌分布特征见图 2-2、图 2-3、表 2-1。

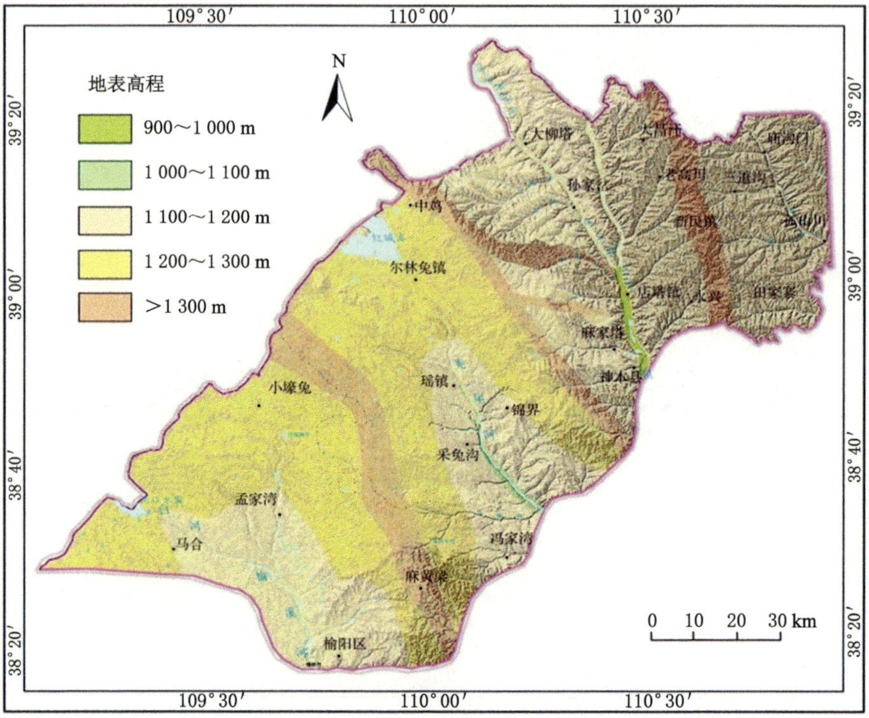

图 2-1 研究区地势图[155]

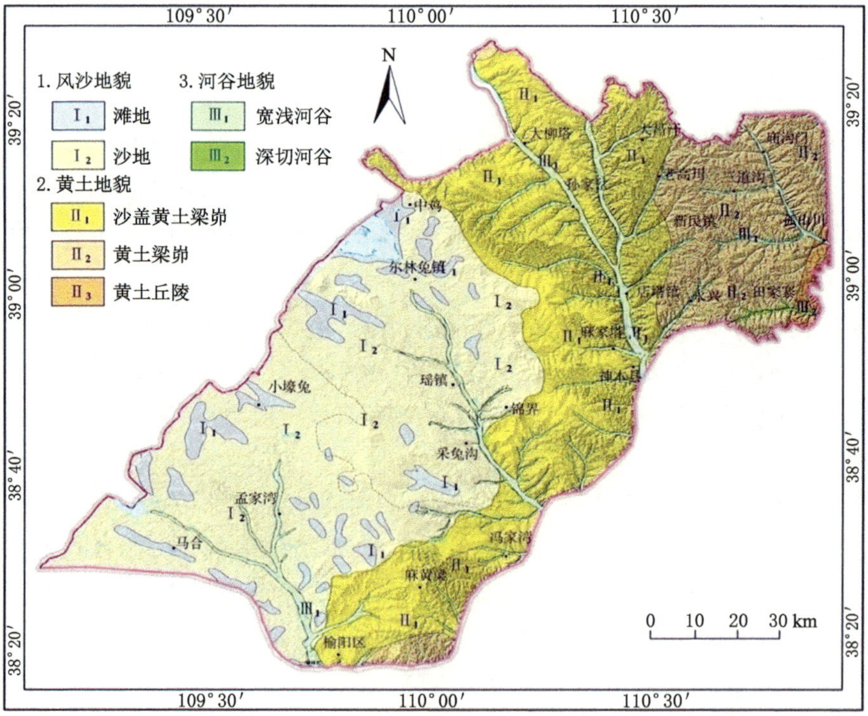

图 2-2 研究区地貌分布图[155]

（a）风沙地貌

（b）黄土地貌

（c）河谷地貌

图 2-3　研究区典型地貌

表 2-1　研究区地貌类型及主要特征一览表[156]

类型		主要特征
风沙地貌Ⅰ	滩地（$Ⅰ_1$）	由沙丘沙地和湖盆滩地组成。沙丘沙地环抱湖盆草滩，沙丘高度一般 3～5 m，多为固定、半固定沙丘。地形较平坦，低洼处形成湖泊海子
	沙地（$Ⅰ_2$）	各种流动、半固定的新月形沙丘及新月形沙丘链、长条形沙垄和沙丘，沙垄一般长几十米至几百米，底宽几十米，高度一般 10～30 m
黄土地貌Ⅱ	沙盖黄土梁峁（$Ⅱ_1$）	呈条带状分布于风沙滩地与黄土梁峁过渡地带，表现为在黄土梁峁坡面上有薄层片沙或低缓流动沙丘覆盖。地形较平缓，沟谷、梁峁相间
	黄土梁峁（$Ⅱ_2$）	分布于榆溪河以东，峁梁起伏，沟壑发育。梁地延伸长度一般 1 000～2 000 m，宽 100～400 m。“V”形冲沟发育，呈树枝状
	黄土丘陵（$Ⅱ_3$）	沿黄河呈带状分布，由于强烈侵蚀切割，地貌呈不连续分布的黄土丘陵，沿沟底部出露二叠系和三叠系砂岩等，沟谷形态多呈“V”形

表 2-1(续)

类型		主要特征
河谷地貌Ⅲ	宽浅河谷（Ⅲ$_1$）	分布于沙地区和府谷县境内黄河支流中上游地带。水流侵蚀作用较弱，河谷深度在 10～50 m，宽度一般 50～200 m，河谷形态呈箱形及宽“U”形，漫滩和一、二级阶地发育，三级以上阶地断续分布
	深切河谷（Ⅲ$_2$）	河流切割作用较强，河谷断面形态呈“V”形或窄“U”形，狭窄且深。切割深度 50～100 m 左右。断续发育漫滩和一、二级阶地，高阶地不发育，主要发育于府谷田家寨一带

（三）气象水文

研究区属中温带大陆半干旱性气候。冬季长而寒冷，春季风沙频繁，夏季炎热，秋季凉爽；四季冷热多变，昼夜温差悬殊，年最高气温 38.4 ℃，最低气温－29 ℃，年均 9 ℃；霜冻期为每年 10 月至次年 4 月，冰冻深度 1.2 m，解冻期为每年 4 月；冬春季多西北风和北风，春季风力最大，最大风速可达 25.7 m/s。研究区干旱少雨，且降水量四季分配明显不均。据多年统计数据，研究区年均降雨量仅为 402.7 mm，主要集中在 6～9 月份(图 2-4)，多年平均蒸发量高达 1 600～2 300 mm，蒸发量年内各月分配随气温、湿度、风度等气象因素而变化[157]，见图 2-5。

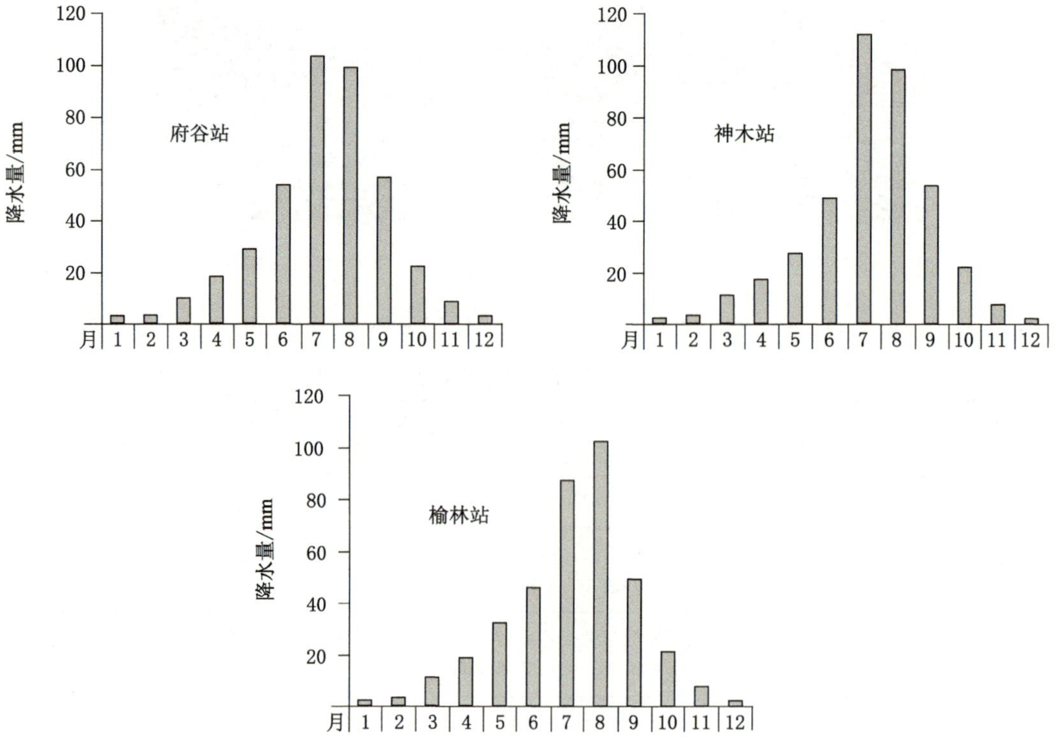

图 2-4　研究区多年平均降雨量年内分配图[157]

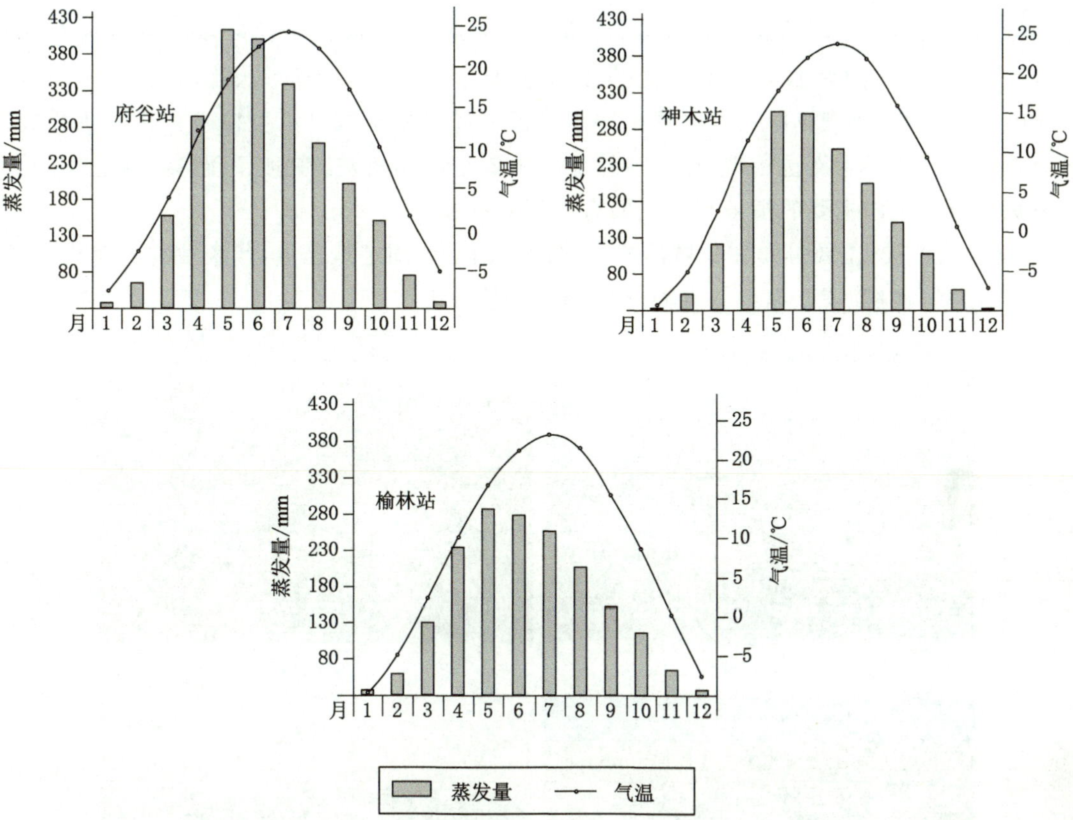

图 2-5　研究区多年平均蒸发量及气温变化图[157]

研究区内地表水包括外流河和内流河两大流域，外流河全部属黄河水系，其中集水面积在 100 km^2 以上的河流有几十条，主要是：无定河、窟野河、榆溪河、秃尾河、皇甫川、孤山川、佳芦河、清水川。内流河主要是流入红碱淖的河流，另外还有一些较小的内陆海子。其特征是：① 河流普遍短小，流域面积不大；② 水系网北疏南密；③ 河流流向比较一致，大部分河流从西北向东南汇入黄河；④ 河流切割剧烈；⑤ 内陆海子多与滩地相依傍，多为滩地区凹陷处聚沙侧渗水或天然降水而形成。

（四）土壤植被

研究区土壤分为两大带，长城沿线以北为草原土壤地带，以南为森林草原地带。草原土壤地带的变化情况：由于风蚀沙化严重，沙丘、沙梁、滩地相间分布，在滩地区，分布规律大致以滩中心为圆心，从内向外变化；在栗钙土区依次为沼泽土、草甸沼泽土、盐化沼泽土、固定风沙土、半固定风沙土、流动风沙土；在灰钙土区依次为沼泽盐土、草甸盐土、盐化潮土、新积土、风沙土；在风沙黄土梁地，黄绵土和风沙土相间分布。森林草原地带变化情况：因黑垆土侵蚀殆尽，以黄绵土为主，从梁峁顶到沟谷底，依次为黄绵土、紫色土、红黏土、新积土，黄河沿岸还有石质土，西部梁涧区有涧绵黄土。总的来看，研究区土壤轻壤质居多，质地较好，输供养分能力强，但保肥性能差，普遍肥力低下[158]。

研究区属欧亚大陆温带草原生态系统，半干旱区旱生的地带性植被控制着区内植被生态的格局。大致以长城沿线为界，以南为森林草原地带，是暖温带落叶阔叶林带向草原带的过渡地带；以北为典型草原地带，沙生植被发育。从黄土梁经沙地、滩地到湖泊，植被的变化顺序大体是：典型草原—沙生草原—草垫植被或盐生植被—水生植被。在黄土丘陵地区分布的主要是旱生灌丛植被；在风沙滩地区主要是沙生植被；在河谷、湖盆洼地主要是滩地植被。研究区内主要的植被类型主要有以下 8 种：

① 沙生植被：主要分布在长城沿线以北的半固定和固定沙丘上，代表性物种有白沙蒿、黑沙蒿、沙蓬、沙柳[图 2-6(a)]、臭柏[图 2-6(b)]等。

(a) 沙柳　(b) 臭柏　(c) 芨芨草　(d) 柠条　(e) 小叶杨　(f) 旱柳

图 2-6　研究区代表性植被类型与物种[155]

② 沼泽性植被：主要分布在沙地滩地区沙丘间积水洼地、海子浅滩、水库边缘、小河沟道、沙丘边缘、低缓沙丘，代表性物种有香蒲、芦苇、醉马草等。

③ 盐生植被：主要分布在滩地的低洼部分，特别是湖滨一带的草甸盐土和结皮盐土上，代表性植物有碱蓬群系、芨芨草[图 2-6(c)]、白刺等。

④ 干草原：广泛分布在黄土丘陵沟壑地区的梁峁顶、沟坡以及少量覆沙的沙区黄土梁上，代表性植物有长芒草、冷蒿、甘草、铁杆蒿、艾蒿等。

⑤ 落叶阔叶灌丛：主要分布在黄土丘陵和沙丘黄土梁地，代表性物种有柠条[图 2-6(d)]、沙樱桃、酸枣、紫穗槐等。

⑥ 草甸：主要分布在低湿的沙地(滩地)，代表性物种有寸草苔、芨芨草等。

⑦ 乔木林：主要分布在黄土丘陵区，多为人工栽培，代表性物种有小叶杨[图 2-6(e)]、旱柳[图 2-6(f)]、榆树、刺槐、油松、侧柏等。

⑧ 水生植被：主要分布于水域，例如红碱淖等内流淡碱湖和部分外流水体。

二、地质条件特征

(一) 地层与煤层

1. 地层

根据地表出露和钻孔揭露资料，区内地层自下而上发育有上三叠统永坪组(T_{3y})、上三叠统瓦窑堡组(T_{3w})、中下侏罗统延安组(J_{1-2y})、中侏罗统直罗组(J_{2z})、中侏罗统安定组(J_{2a})、第三系上新统(N_2)和第四系(Q)。其中中生代侏罗系中下统延安组为含煤地层，见表 2-2。各地层基本特征如下[21,159]：

① 上三叠统永坪组(T_{3y})：灰绿色巨厚层状中至细粒长石石英砂岩，富含黑云母及绿泥石，分选中等，次圆状，大型交错层理发育，局部含少量石英砾及绿色泥质包体，夹灰绿色薄层泥岩及煤线。地表基本无出露，钻孔揭露厚度 80.0～200.0 m。

② 下侏罗统富县组(J_{1f})：由两个沉积旋回构成，主要分布于榆神矿区及孟家湾区，神北矿区及新民矿区仅有不完整的上旋回。两旋回特征类似。旋回下部为灰白色石英砂岩，分选磨圆中等，底部有石英砾。旋回上部为灰底紫斑，绿色的泥岩、粉砂岩及砂质泥岩，坚硬，夹煤线。厚 0～147.86 m，平均 30.76 m。与下伏地层呈平行不整合接触。

③ 下中侏罗统延安组(J_{2y})：该组为一套陆源碎屑岩沉积，乃本区唯一含煤地层。岩性以灰色至灰白色中细粒长石砂岩、灰色至灰黑色粉砂岩、砂质泥岩为主，泥岩、煤层次之，夹少量碳质泥岩，偶见蒙脱石黏土岩及泥灰岩透镜体。上部受直罗期和新生代河流冲刷剥蚀而有不同程度的缺失。厚 0～230 m。多整合于富县组之上，在榆神矿区中部和榆北矿区北部可见平行不整合于三叠系之上。主要出露于研究区东南边缘和河谷、冲沟之中。延安组含煤岩系的岩性在横向上变化很大，垂向上具有明显的层序韵律结构。依据煤层层位、煤岩层组合特征、物性特征、古生物和孢粉组合旋回结构等，自下而上可划分为五个中级旋回岩段，含五个煤组，自下而上依次编为 1～5 煤组，煤层上分层位于各岩段顶部。

延安组第Ⅰ段(J_{2y}^1)：由延安组底部至 5^{-2} 煤层顶部，厚度 0～75.83 m，平均 31 m。下部岩性以灰白色中至细粒砂岩为主，夹灰白色粗粒砂岩，主要成分为石英、长石，分选差，棱角至次棱角状。底部含石英砾和泥砾，由粉砂岩和泥岩包体。以板状交错层理和槽状交错层理为主，有波状层理。泥、钙质胶结，多呈空隙式或接触式。上部以灰至深灰色粉砂岩为主，夹薄层细砂岩、泥岩、碳质泥岩及煤层，可见波状及缓波状层理。含植物化石碎片。含5号煤组，5^{-1}煤层位于顶部，5^{-2}、5^{-3}为区内大部可采煤层之一。

延安组第Ⅱ段(J_{2y^2})：由5^{-2}煤层顶板砂、泥岩至4^{-1}煤层顶部，厚度0至83.46 m，平均51 m。下部岩性以灰色至灰白色中粗粒砂岩为主，夹灰色细粒砂岩、粉砂岩和砂质泥岩，局部夹灰色泥岩。中部岩性以浅灰色至深灰、灰黑色粉砂岩、砂质泥岩和泥岩为主，夹灰色细粒砂岩、灰黑色碳质泥岩、泥灰岩透镜体和灰色至青灰色薄层黏土岩。上部以灰色中至细粒砂岩较丰，夹灰白色粗粒砂岩、灰色粉砂岩和砂质泥岩。该段发育缓波状层理、似水平层理及小型交错层理。含多层薄煤层构成的4号煤组，其中4^{-1}煤层位于该段顶部，4^{-2}、4^{-3}煤层为区内主要可采煤层之一。

延安组第Ⅲ段(J_{2y^3})：由4^{-1}煤层顶板至3^{-1}煤层顶部，厚度0～60.92 m，平均47 m。该旋回为单一旋回。下部为浅灰色粉砂岩或砂质泥岩，夹薄至中厚层状细粒砂岩，中部以灰白色厚层状中至细粒长石砂岩，岩屑长石砂岩为主，上部为粉砂岩及泥岩，偶见泥灰岩透镜体。具缓波状层理和小型交错层理。含3号煤组，3^{-1}煤层位于其顶部，其下常含有一层不可采薄煤层。

延安组第Ⅳ段(J_{2y^4})：由3^{-1}煤层顶板至2^{-2}煤层顶部，厚度0～58.76 m，平均38 m，以浅灰白色中、厚层状中至细粒长石砂岩及岩屑长石砂岩为主。下部为浅灰色中细粒砂岩、粉砂岩、泥岩不等厚互层。上部以灰色泥岩或粉砂岩为主，夹不等厚浅灰、灰色细粒砂岩。局部地段在2^{-2}煤层底板之下5～15 m处常见一层厚蒙脱石泥岩。该段发育水平层理、波状层理和块状层理。含2号煤组，其中位于顶部的2^{-2}煤层为全区最主要的可采煤层。

延安组第Ⅴ段(J_{2y^5})：由2^{-2}煤层顶板至直罗组底界，厚度0～94.71 m，平均60 m。以白色、灰白色中粒，乃至粗粒长石石英或长石岩屑砂岩为主，多呈巨厚层状，夹浅灰色泥岩、砂质泥岩，富含炭化、菱铁质树干化石及镜煤包体。含1号煤组，顶部为1^{-2}煤层。

④ 中侏罗统直罗组(J_{2z})：该组上部以紫杂色、灰绿色的粉砂岩为主，夹黄绿色、紫灰色泥岩和细砂岩，水平和缓波状层理；中部为灰绿色粉砂岩，局部夹有紫斑色粉砂岩。下部为灰白色、灰绿色巨厚层状中、粗粒的长石石英砂岩，分选甚差，棱角至次棱角状，富含炭屑及泥砾，交错层理发育，局部夹灰色细砂岩、粉砂岩、砂质泥岩和灰绿色泥岩；底部含砾，局部发育为砾岩，成分为石英岩、硅质岩，粒径1～10 cm，浑圆状。厚度0～124.89 m，平均51 m。假整合于延安组之上。主要出露于神北矿区的沟谷之中。

⑤ 中侏罗统安定组(J_{2a})：本组大致可分两个旋回，均以中粗粒砂岩开始，粉砂岩、泥岩互层结束，上旋旋回含介形虫及瓣鳃化石。岩性以砖红色、紫红色、紫灰色砂岩和泥岩为主，局部为灰绿色和紫杂色，含大量的铁泥质包体及菱铁质结核，块状层理或隐水平层理。粗碎屑岩多为紫红色长石石英砂岩，含泥砾及硅质胶结的砂岩，豆状结构，巨厚层理。厚度0～169.17 m。出露神北矿区主要沟谷及河流上游。与下伏地层平行不整合接触。

⑥ 下白垩统洛河组(K_{1l})：该组岩性单一，是一套砖红色中细粒砂岩，成分以石英为主，长石少量，分选良好，次圆状，铁泥质胶结，大型板状交错层理，质地疏松，局部地段底部有砾岩，砾石成分为硅质岩、石英岩、花岗岩及片麻岩。厚度0～65.40 m。主要出露于尔林

兔—活鸡兔一带。与下伏地层不整合接触。

⑦ 新近系上新统三趾马组(N_2)：为樱红色至棕红色黏土，含多层钙质结核，出露于梁茆地带，可见三趾马化石。厚度变化较大，0～175.00 m。与下伏地层不整合接触。

⑧ 第四系中更新统离石组(Q_{21})：浅褐红色亚黏土，含分散状钙质结核，大孔隙，垂直节理发育。厚度 0～109.49 m。出露于长城以东，并以该处最厚。与下伏地层不整合接触。

⑨ 第四系上更新统萨拉乌素组(Q_{3s})：上部是灰色黏土质粉细砂，下部是浅褐至灰褐色的沙层，在区内西部零星出露。厚度变化甚大，为 0～160.00 m，平均 50 m。与下伏地层不整合接触。

⑩ 第四系上更新统马兰组(Q_{3m})：为土黄色、浅灰色沙质黏土，具垂直节理。厚度为0～30.50 m，出露于区内西南部及考考乌素沟北山。

⑪ 第四系全新统(Q_4)：上部为浅黄色、褐黄色中粒、细粒风积沙，分选良好，磨圆度较差，覆盖全区大部分地区，尤其是区内西部，地表为新月形固定、半固定沙丘及风沙滩地。厚度 0～15.00 m。平均 10 m。与下伏地层不整合接触。下部为灰黄色、灰褐色粉细沙和亚沙土、亚黏土等构成的冲积层，含少量腐殖土和钙质结核，底部常含砾石层。厚度变化较大，为 0～65 m，平均厚 20 m。与下伏地层不整合接触。

表 2-2 研究区地层一览表[21,159]

地层			岩性特征	厚度/m	分布范围
系	统	组			
第四系	全新统 Q_4		以现代风积沙为主，在草滩地区有洪积、湖积层，为亚砂土和细砂层夹黑垆土，在一些宽阔河谷还有洪积、冲积层	0～60	榆林、神木广大地区
	上更新统	马兰组 Q_{3m}	灰黄、灰褐色亚砂土，均质疏松，大孔隙度	0～30	榆林、神木零星分布
		萨拉乌苏组 Q_{3s}	上部为灰黄、褐灰色粉、细砂及亚砂土，具层状构造，顶部有白垩土及泥炭薄层，下部为浅灰、黑褐色亚沙土夹沙质亚黏土，底部有砾石，含螺及脊椎动物化石	0～145	榆林、神木西北部广泛分布
	中更新统	离石组 Q_{21}	浅棕黄、褐黄色亚黏土及亚沙土，夹粉土质沙层，薄层褐色古土壤层及钙质结核层，底部具有砾石层	20～165	神木以北河谷及分水岭
	下更新统	三门组 Q_{1s}	上部褐红色亚黏土，均质、致密，夹钙质结核层，下部为浅肉红色、灰褐色砂砾岩，半胶结，砾石成分以砂岩及泥岩块为主，还有少量石英岩及燧石	0～50	大柳塔井田内分布
第三系	上新统	三趾马组 N_2	红棕色紫红色黏土或沙质黏土，夹钙质结核层，偶夹黄灰色泥质透镜体，底部时有半胶结砂砾岩层，含脊椎动物化石	0～110	出露于河谷上游及分水岭

表 2-2(续)

地层			岩性特征	厚度/m	分布范围
系	统	组			
白垩系	下统	洛河组 K_{11}	紫红、棕红色巨厚层状、中粗粒长石砾岩，胶结疏松，巨型板斜层理甚发育，底部有几米至几十米厚砾岩层，成分为石英岩、硅质岩、硅灰岩及片岩等	237～350	神木的红碱地，榆林的小壕兔以西等地
侏罗系	中统	安定组 J_{2a}	上部以紫红、暗紫色泥岩，紫杂色泥质岩为主，与粉砂岩及细砂岩互层，含叶肢介、介形虫及鱼化石，下部以紫红色中至粗粒长石砂岩为主，夹沙质泥岩	55～144	神木窝兔采当，榆林的刀兔
		直罗组 J_{2z}	上旋回，其上部以紫杂、灰绿色泥岩、沙泥岩为主，夹灰绿色细中粒砂岩与粉砂岩，泥岩互层，下旋回，上部为灰绿、蓝灰色粉砂岩与细砂岩互层，下部为灰白色中、粗粒长石砂岩，夹灰绿色沙质泥岩，底部时有砂砾岩	70～134	神北矿区、榆神矿区广泛分布
		延安组 J_{2y}	浅灰、深灰色砂岩及泥岩，夹有泥灰岩及菱铁矿透镜体。植物化石是膜叶锥叶蕨、锹叶似刺葵组合。动物化石有费尔干蚌、图吐砚、延安蚌及鱼化石，是主要含煤地层，为浅水湖泊及三角洲沉积，含可采煤层 13 层，一般 3～6 层，可采总厚最大 27 m，单层最大厚度 12 m	150～280	府谷、神木、榆林广大地区
	下统	富县组 J_{1f}	上部以紫红、灰紫、灰绿色泥岩，沙质泥岩为主，与灰黄灰白色中厚层状长石石英砂岩不等互层，夹黑色泥岩、油页岩、石英砂岩及煤线。下部以灰白浅灰黄色，巨厚层状，中至粗粒石英砂岩为主，底部为细-巨砾岩	0～142	广泛分布于矿区东部
三叠系	上统	永坪组 T_{3y}	灰白、灰绿色巨厚层状、细中粒长石石英砂岩为主，夹灰黑、蓝灰色泥岩及砂质泥岩，含薄煤线	88～200	窟野河、秃尾河

2. 煤层

延安组是区内唯一的含煤岩系，厚度为 180.00～316.36 m，一般可为 270.00 m 左右，含煤层 8～20 层，平均 16 层，其中可采及局部可采煤层 12 层，自上而下编号为 $1^{-2上}$、1^{-2}、$2^{-2上}$、2^{-2}、3^{-1}、3^{-2}、4^{-1}、4^{-2}、4^{-3}、5^{-2}、5^{-3}和 5^{-4}煤层，见表 2-3。目前，该区主要可采煤层为 5^{-2}、4^{-2}、3^{-1}、2^{-2}、1^{-2}。

2^{-2}煤为基本全区可采的主采煤层，呈北东—南西向展布，按厚度可分三个带，西北沿陕蒙交界的石圪台、活鸡兔、小壕兔一线分布，煤厚一般多在 5～7 m，最厚达 9.26 m。东南自孙家岔南的柠条塔、瑶镇、大保当、金鸡滩之间为厚煤-特厚煤带，煤厚一般多在 6～9 m，最厚达 12 m，是研究区厚煤中心[21,159]。

表 2-3　研究区主要可采煤层特征一览表[21,159]

煤层编号	煤层厚度/m / 平均厚度/m	煤层结构	煤层间距/m / 平均间距/m	煤层稳定性	可采性
$1^{-2\text{上}}$	0～2.50 / 1.75	多数不含夹矸，个别含 1 层夹矸，厚度 0.09～0.32 m	—	较稳定	局部可采
			3.22～16.27 / 12.00		
1^{-2}	0～3.68 / 2.73	多数不含夹矸，个别含 1 层夹矸，厚度 0.15～0.18 m		较稳定	局部可采
			13.11～38.77 / 25.00		
$2^{-2\text{上}}$	0～3.85 / 1.57	个别含 1 层夹矸，厚度 0.15～0.63 m		较稳定	大部可采
			10.04～44.12 / 18.00		
2^{-2}	0.26～12.16 / 6.50	一般含 1～2 层夹矸		稳定	大部可采
			20.52～41.08 / 30.00		
3^{-1}	0.18～4.01 / 2.48	一般不含夹矸，少数钻孔含 1 层夹矸		稳定	大部可采
			0.95～16.31 / 8.76		
3^{-2}	0～2.46 / 1.27	一般不含夹矸，个别含 2 层夹矸，厚度 0.29～0.71 m，结构简单		较稳定	局部可采
			16.01～42.42 / 25.15		
4^{-1}	0.18～2.55 / 1.05	不含夹矸		较稳定	局部可采
			10.31～32.80 / 18.00		
4^{-2}	0.14～3.56 / 1.59	不含夹矸，个别含 1 层夹矸，厚度 0.01 m		较稳定	局部可采
			13.74～28.32 / 20.00		
4^{-3}	0.10～3.67 / 1.90	一般不含夹矸		稳定	局部可采
			34.06～50.05 / 40.00		
5^{-2}	0.30～5.38 / 1.55	个别含 1～2 层夹矸		较稳定	局部可采
			11.45～20.79 / 16.29		
5^{-3}	0.18～6.97 / 1.30	不含夹矸，结构简单		稳定	大部可采
			4.06～34.37 / 17.00		
5^{-4}	0.21～4.65 / 1.34	个别含 1 层夹矸，厚度 0.16～0.39 m，结构简单		较稳定	局部可采

（二）地质构造

研究区位于鄂尔多斯向斜宽缓东翼北部的陕北斜坡之上，地处构造稳定的盆地内部。地质历史时期的历次构造运动对该区的影响很小，在本区主要表现为升降运动所造成的沉积间断平行不整合面。区内地质构造十分简单，无岩浆活动；整体呈略向北偏斜的西倾单斜构造，最大倾角 5°～10°，一般在 1°左右，地层坡降 5%～17%，相当平坦；褶皱亦仅表现为宽缓的地层起伏；仅有小型鼻状构造与小型断裂[21,159]。

（三）工程地质

1. 岩土体工程地质类型[155,159]

按覆岩的组成成分即按主采煤层（2^{-2}煤层）上赋岩层的组成成分来划分，研究区大致被划分为四大类六大岩层组，分别属于四个岩体结构类型，如表 2-4 所示。

表 2-4　岩土体工程地质分类表[155,159]

工程地质分类	岩层组	空间分布	岩体结构
土质岩类	松散沙层组	广布地表	散体结构
	土层组	沟谷零星出露	
软弱岩类	风化岩组	基岩顶部	碎裂结构
	煤岩组	可采不可采煤层	
坚硬-半坚硬	粉砂岩、泥岩及互层岩组	煤层直接顶底板	层状结构
岩类	砂岩组	煤层基本顶	块状结构

(1) 沙层组

松散沙层在矿区广泛分布，厚度 0～172.10 m，一般厚度 20.0 m 左右，主要为第四系风积、湖积、冲洪积沙层，局部为砾石层，矿物成分以石英、长石为主，黏土矿物质含量较低，粒径以 0.075～2.00 mm 粉、细粒沙占绝对优势，属级配不良的均粒沙。密度 1.37～2.22 g/cm^3，含水率 0.3%～88.4%，相对密度 2.67～2.70，饱和度 1%～100%，渗透系数 0.01～0.239 cm/s。

(2) 土层组

主要指第四系中更新统离石组黄土及新近系红土，榆神矿区广泛分布，局部于梁峁区及沟谷一带出露地表。黄土厚度 0～154.00 m，一般厚度 15.0 m 左右，黄土以粉土为主，孔隙比 0.456～0.890，孔隙比小于 0.75 占绝对优势，密实度以密实为主，含水率 6.6%～26.6%，土质疏松垂直节理较发育，透水性较好。湿陷性系数小于 0.075，黄土不具湿陷性。红土厚度 0～129.02 m，一般厚度 25.0 m 左右，空间分布不连续，在矿区东部及北部黄土梁峁区出露，红土以黏土为主，红土液性指数－0.64～0.77，多处于硬塑-可塑状态，湿陷性系数小于 0.075，红土不具湿陷性，颗粒细小致密，具有较强的隔水性。

(3) 风化岩组

基岩顶部风化带各种岩石分布于整个矿区，风化带发育深度在地表及浅埋区，剥蚀残留厚度 7.52～41.89 m，一般厚度 30 m 左右。一般基岩顶面高处厚度较大，基岩顶面低凹处厚度较小，岩体连续性差，结构面粗糙，岩块大小不一，形状各异，常有许多隐形微裂隙发育，地下水对其稳定性有一定的诱发作用。

(4) 煤岩组

区内各可采及不可采煤层，属层状软岩类岩石，具脆性而不具韧性，易于软化，宜冲击破碎。区内各主要可采煤层饱和抗压强度 4.89～24.36 MPa，平均 14.80 MPa；内摩擦角 25.68°～39.30°，凝聚力 0.75～5.95 MPa，软化系数 0.36～0.88，含水率 2.81%～11.12%。

(5) 烧变岩组

烧变岩组是一类工程地质性质独特的岩石组合，在榆神矿区内主要沿东部各大沟谷两侧呈条带状分布，厚度 30～50 m。自上而下，一个完整的烧变岩剖面由三类典型的烧变岩石组成，依次为烘烤岩、烧变岩及烧熔岩（类熔岩）三类，但实际上有其二或其三。岩石烧变自燃所形成的裂隙杂乱无章，空洞十分发育，形成的陡峭山壁常崩塌落石，岌岌可危。烧变岩体，单块岩石较硬，表面一般较光滑，水理性较好不易泥化，块体形态呈板状、片状、不规则柱状、方体状等，复杂多样。裂隙以开放型为主，杂乱无序。整体力学强度差，岩体质量差。该岩组稳定性及岩体完整性较差，属碎裂结构。

(6) 粉砂岩及泥岩组

主要指区内延安组地层中泥岩、砂质泥岩、粉砂岩，多以互层状产出，泥质胶结，局部钙质胶结，含有较高的黏土矿物和有机质。本岩组一般与煤层开采有直接关系，它多出现于煤层直接顶、底板，是煤系地层的主要岩组，为典型的层状结构，多具水平层理、缓波状层理及小型斜层理，有时节理、裂隙等结构面较发育。岩石遇水多易发生泥化、崩解、碎裂，泥岩类岩石由于黏土矿物含量高，表现出更强的亲水性，故泥岩水稳定性较砂岩类差，一般新鲜岩石水稳定性比已遭受风化的岩石水稳定性要高得多。

(7) 砂岩组

本岩组以中粒砂岩和细粒砂岩为主，次为粗粒砂岩，岩性以石英、长石为主，含云母及暗色矿物。岩石一般泥质胶结，局部钙质胶结，多形成煤层的基本顶或基本底。原生结构面一般有块状层理、槽状层理、大型板状交错层理，单层厚度大，构造结构面不太发育。砂岩类的岩石多属硬脆性的岩石，在外力作用下易碎裂、崩塌或垮落，同时其隔水性能将大大减弱或完全丧失，垮裂带发育较好，裂隙的导水性能好。

2. 岩土体结构类型[155,159]

根据表 2-4 可将研究区岩土体结构划分为“散体结构、碎裂结构、层状结构和整体块状结构”四大岩体结构类型。

① 散体结构：指土质岩类、风化岩中最上部的强风化岩体。其中的各种原生和次生结构面均呈无序状，沙土体呈松散或半固结状松散状态，岩土体无强度或强度极弱，是工程地质特征最差的岩体结构，近似松散介质，容易引起较多的工程地质问题。

② 碎裂结构：由烧变岩、风化岩组成。此类岩体结构面间距一般小于 0.5 m，且互相切割。结构体为大小不等、形态不同的岩块，且呈不规则状，或岩块的孔隙度增大并隐藏微小风化裂隙网络，反映出组成岩体的岩块内部物质结构和机械力学性质的变化。

③ 层状结构：是粉砂岩、(砂质)泥岩岩组的典型结构，为薄-中厚层结构，夹一些软弱夹层，如泥岩、煤、碳质泥岩等。此种岩体结构特点是岩体分层多，受沉积因素影响，剖面上厚度和平面上的分布变化也大。受各种结构面的相互影响，结构体形态以长方体、板状体为主，为相对隔水层，但却易受地下水对岩石的软化、崩解、离层等作用。

④ 块状结构：主要指砂岩岩组之岩体结构，包括厚度较大、层理不甚发育的粉砂岩。岩体分层厚度一般大于 1.5 m，大部分呈中厚-巨厚层状。层理特征是不连续的交错层理或波状层理、平行层理。岩石受地下水的影响较层状结构岩体小，为孔隙-裂隙含水层，水稳定性较好。此种岩体是各种结构中岩体完整性和稳定性最好的。

3. 煤系覆岩组合类型

若按主采煤层的上赋岩层分布空间及组合形态特征来划分，榆神府矿区将被划分成五大类即砂土基型、砂基型、土基型、基岩型、烧变岩型，组成以上五类上赋岩层的覆岩主要是砂(砂层，包括风积沙及萨拉乌苏组)、土(黏土隔水层，主要指离石黄土及三趾马红土)、基(指主采煤层上赋基岩)。

(四) 水文地质

依据含水介质、赋存条件、水力特征及分布规律，研究区内地下水分为第四系松散岩类孔隙潜水与裂隙孔洞潜水、中生界碎屑岩类裂隙孔隙裂隙潜水和中生界侏罗系基岩裂隙承压水三大类。具体而言：

第四系松散岩类孔隙潜水与裂隙孔洞潜水又可分为河谷区孔隙潜水、沙漠滩地区孔隙潜水和黄土梁岗梁峁区裂隙孔洞潜水三类。河谷区孔隙潜水主要分布于榆溪河、秃尾河及窟野河的一级阶地和河漫滩中，主要接受大气降水补给，以泉、渗流排泄补给河水。沙漠滩地区孔隙潜水广泛分布于尔林兔、小壕兔、大保当、马合、巴拉素等地区，含水层平均厚52 m，呈从东向西趋势、从北向南递增趋势。萨拉乌苏组作为研究区最重要的地下水含水层广布于研究区，埋深多较浅，单井出水量 1 000～2 500 m^3/d，主要受大气降水补给。萨拉乌苏组地下水总的径流方向为从西北、东北方向向榆溪河、秃尾河、窟野河及红碱淖各流域最低基准点排泄，形成了水流系统。黄土梁岗梁峁区裂隙孔洞潜水主要分布于中鸡、青草界以东，巴拉素、芹河、榆林、双山、大保当以南的黄土梁峁、梁岗区，含水层主要为中更新统离石黄土。

中生界碎屑岩类裂隙孔隙裂隙潜水可分为白垩系洛河组砂岩裂隙孔隙潜水和侏罗系基岩裂隙潜水两类。白垩系洛河组砂岩裂隙孔隙潜水分布于研究区西北部，除零星裸露区能直接得到大气降水渗入补给外，绝大多数是通过上覆松散层潜水的下渗间接得到大气降水补给。径流以水平向下游侧向径流为主，流向表现为由北东向南西，于沟谷切割出露地带以泉或渗流方式排泄。侏罗系基岩裂隙潜水分布于雷龙湾、长城则、小纪汗、大营盘、尔林兔、中鸡一线以东以南地区，其赋存条件主要受地貌、含水层岩性及其组合和裂隙发育程度的控制[161]。

中生界侏罗系基岩裂隙承压水分布于雷龙湾、长城则、大营盘、尔林兔一线以东以南基岩风化带以下，其赋存主要受地层岩性及其组合、构造和地貌控制[161]。

三、水土流失特征

研究区地形支离破碎、沟壑纵横，土壤侵蚀类型以风力侵蚀和水力侵蚀为主，自然水土流失十分严重。根据《土壤侵蚀分类分级标准》(SL 190—2007)，研究区属于水力侵蚀类型一级分区的西北黄土高原二级分区，区域土壤流失允许值为 1 000 $t/(km^2 \cdot a)$。煤炭开采等人类活动导致地形显著改变、植被土壤持续恶化，以致研究区出现自然水土流失与人为水土流失相互叠加的现象，多年土壤侵蚀模数超过 5 000 $t/(km^2 \cdot a)$。因此，研究区面临着巨大的水土保持任务和压力。1999 年，陕西省人民政府发布了《关于划分水土流失重点防治区的公告》(陕政发〔1999〕6 号),明确指出研究区隶属神府榆黑三角水土流失重点监督区和陕北风沙区及丘陵沟壑重点治理区。2013 年,水利部发布了《全国水土保持国家级水土流失重点预防区和重点治理区复核划分成果》(办水保〔2013〕188 号),明确指出研究区隶属黄河多沙粗沙国家级水土流失重点治理区。近年来,随着退耕还林还草、生态文明建设等政策的实施,研究区的水土流失问题呈现好转趋势,见表 2-5。

表 2-5　2022 年榆林市不同水土流失强度等级下面积及相应占比[162]

轻度 (1 000～2 500)		中度 (2 500～5 000)		强烈 (5 000～8 000)		极强烈 (8 000～15 000)		剧烈 (>15 000)	
面积/km^2	占比/%	面积/km^2	占比/%	面积/km^2	占比/%	面积/km^2	占比/%	面积/km^2	占比/%
8 235.26	45.64	5 374.03	29.79	2 518.22	13.96	1 565.85	8.68	347.96	1.93

注:数据源于《2022 年陕西省水土保持公报》;水土流失强度等级单位为 t/(km^2 · a)。

四、社会经济特征

2023 年,榆林市生产总值为 7 091.44 亿元,同比增长 4.4%。其中第一产业增加值 314.54 亿元,增长 3.8%;第二产业增加值 5 118.36 亿元,增长 5.1%;第三产业增加值 1 658.54亿元,增长 2.9%。全市规模以上工业企业总产值下降 7.0%,实现利润 2 033.8 亿元,下降 24.3%。全市原煤产量达 6.06 亿 t,同比增长 3.4%。全市总人口为 360.73 万人,人均可支配收入为 31 891 元,同比增长 7.1%[163]。

2023 年,榆阳区生产总值为 1 853.28 亿元,同比增长 5.0%。其中第一产业增加值 51.62亿元,增长 3.7%;第二产业增加值 1 310.12 亿元,增长 5.7%;第三产业增加值 491.54亿元,增长 3.8%。全区规模以上工业企业总产值 1 775.65 亿元,同比下降 5.0%,实现利润 633.50 亿元,同比下降 20.1%。全区原煤产量达 1.59 亿 t,同比增长 5.5%。全区总人口为 644 908 人,人均可支配收入 39 433 元,同比增长 6.6%[164]。

2023 年,神木市生产总值为 2 347.10 亿元,同比增长 4.1%。其中第一产业增加值 29.34亿元,增长 3.7%;第二产业增加值 1 954.22 亿元,增长 5.7%;第三产业增加值 363.53亿元,下降 1.4%。全市规模以上工业企业总产值 3 654.53 亿元,同比下降 6.6%,实现利润总额 1 086.45 亿元,下降 24.2%。全市原煤总产量达 3.31 亿 t,同比增长 0.9%。全市总人口为 467 573 人,人均可支配收入为 38 824 元,同比增长 6.4%[165]。

2023 年,府谷县生产总值为 1 002.08 亿元,同比增长 5.4%,其中第一产业增加值 12.05亿元,增长 4.1%;第二产业增加值 786.11 亿元,增长 5.1%;第三产业增加值 203.92 亿元,增长 6.4%。全县规模以上工业企业增加值 1 285.72 亿元,同比下降 12.3%。全县原煤总产量达 9 930 万 t,同比增长 6.5%。全县总人口为 250 730 人,人均可支配收入 36 915元,同比增长 6.9%[166]。

2023 年,横山区生产总值为 407.83 亿元,同比增长 2.8%,其中第一产业实现增加值 28.18 亿元,增长 4.0%;第二产业实现增加值 291.99 亿元,增长 1.6%;第三产业实现增加值 87.67 亿元，增长 6.1%。全区规模以上工业企业总产值 459.10 亿元，同比下降 5.6%。全区原煤总产量达 2 078.01 万 t，同比增长 7.9%。全区总人口为 384 663 人，人均可支配收入 28 327 元，同比增长 7.7%[167]。

第二节　主采煤层赋存与地表采动损害特征

一、主采煤层地质赋存特征

研究区含煤地层为延安组，含煤 20 多层，其中可采及局部可采煤层 3～8 层，2^{-2}、3^{-1}、5^{-1}、5^{-2}、5^{-3}为主采煤层。以 2^{-2} 主采煤层为例，其地质赋存特征如下。

（一）煤层厚度特征

2^{-2}煤层位于延安组第四段顶部，厚度 0.26～12.16 m，平均 6.5 m，沟谷沿岸均遭受剥蚀并发生自燃，北部为剥蚀边界，南部为自燃边界。该煤层最厚为 12.50 m，煤层厚度大于 5.0 m 面积为 2 393 km^2[154]。

（二）煤层埋深特征

2^{-2}煤层埋藏深度总体特征为东浅西深，最浅小于 40 m，最深大于 580 m。神木北部矿区的煤层埋深大部分小于 100 m，榆神矿区埋深普遍大于 200 m。神府矿区的规律性较差，榆神矿区煤层埋深变化规律较明显[154]。

（三）基岩厚度特征

2^{-2}煤层上覆基岩厚度整体自东向西逐渐增厚。煤层上覆基岩厚度小于 50 m 的区域主要分布在神木北部矿区和新民矿区；厚度 50～100 m 的区域分布于中鸡镇—瑶镇乡一带；厚度 100～250 m 的区域分布于尔林兔镇—金鸡滩镇一带；厚度大于 250 m 的区域分布于尔林兔镇—小保当镇—孟家湾一线以西[154]。

（四）覆岩层状结构特征

2^{-2}煤层覆岩结构类型可分为 3 类，其中“沙层—土层—风化层—基岩层”类型是主要类型，其分布面积占全区的 65%，主要集中于榆神矿区。沙层包括风积沙及萨拉乌苏组；土层指离石黄土及三趾马红土；风化层指基岩顶面风化带；基岩层为主采煤层上覆未风化基岩岩层[154]。2^{-2}煤层上覆基岩层段主要由砂岩和泥岩组成，其中砂岩占优势。研究区岩性构成见表 2-6。煤层上覆基岩以砂岩、粉砂岩和少量泥岩互层为主，厚度含沙率一般为 60%～80%。2^{-2}煤层上覆岩层均属中硬岩类，工程地质特性的变化主要取决于厚度变化。2^{-2}煤层上覆基岩中砂岩层数整体表现为东部少西部多的特点，且在西部存在层数局部密集增多的区域，埋深愈大的区域砂岩层数越多，榆神矿区比神木北部矿区砂岩层分布多且厚。2^{-2}煤层上覆基岩中砂岩层数一般 5～10 层，泥岩一般 4～12 层[154]。2^{-2}煤层上覆基岩岩石物理力学性质主要指标见表 2-7，地表土层物理力学性质主要指标见表 2-8。

表 2-6　2^{-2} 煤层上覆基岩砂岩、泥岩所占比例统计表

统计段厚度/m	泥岩/%	砂质泥岩/%	粉砂岩/%	细砂岩/%	中粒砂岩/%	粗粒砂岩/%	泥岩类/%	砂岩类/%
100	3	15	41	6	10	25	18	82

表 2-7　2^{-2} 煤层上覆基岩岩石物理力学性质参数

岩性	天然容重/(g/cm³)	相对密度	孔隙率/%	饱和单轴极限抗压强度/MPa	抗拉强度/MPa	抗剪强度		弹性模量/10^4 MPa	泊松比
						C/MPa	Φ/(°)		
泥岩	2.51～2.54	2.59～2.60	3.50～4.89	16.70～37.70	1.57～1.68	—	—	0.12	0.24
砂质泥岩	2.51	2.56	2.70	30.40	3.13	—	—	0.24	0.24
粉砂岩	2.41～2.70	2.51～2.72	0.40～9.34	13.30～67.20	0.55～5.06	2.80～14.00	26.60～43.40	0.08～19.4	0.11～0.27
细粒砂岩	2.43～2.77	2.52～2.78	0.80～10.20	22.20～67.80	1.20～4.01	2.40～9.30	35.70～43.80	0.14～3.68	0.12～0.24
中粒砂岩	2.31～2.52	2.46～2.71	4.90～13.00	14.60～55.60	1.29～4.73	2.80～7.17	40.40～43.00	0.17～1.89	0.14～0.29
粗粒砂岩	2.39～2.50	2.62～2.67	7.50～9.58	20.40～23.50	0.86～1.75	3.70～5.30	41.50～42.00	0.24～0.30	0.20～0.23

表 2-8　2^{-2} 煤层上覆土层物理、力学性质参数

类型	物理性质					力学性质				
	含水量 W/%	密度 r/(g/cm³)	相对密度 G_s	孔隙比 e	孔隙度 n/%	黏聚力 c/kPa	内摩擦角 Φ/(°)	压缩系数/MPa^{-1}	压缩模量 E_s/MPa	无侧限抗压强度 q_n/kPa
离石黄土	11.9～17.3	1.63～1.86	2.69～2.71	0.62～0.88	38.3～46.9	38～101	27.9～33.8	0.08～0.25	7.0～22.1	119～159
三趾马红土	12.4～18.7	1.54～1.87	2.71～2.72	0.72	41.0～42.0	76～96	28.2～32.9	0.06～0.11	15.5～28.3	182～212

二、地表采动损害特征

研究区内主采煤层的开采方法以长壁式综合机械化开采和综合机械化放顶煤开采为主，顶板管理普遍采用全部垮落法，采煤工作面宽度以 300～450 m 为主，年推进距离一般为 2 000～7 500 m。长壁式综合机械化开采法的采厚一般在 5 m 左右，但随着煤矿机械升级发展，7 m 以上的超大采厚工作面陆续出现。综合机械化放顶煤开采法的实际采厚一般在 10 m 以上。近年来，研究区开始普及“三超”工作面采煤方法与采煤工艺，实现超长工作

面、超大采高、超长回采距离工作面设计与布设，同时引入切顶卸压无煤柱开采新方法，实现浅埋厚煤层“三超”工作面无煤柱开采[168]。这些开采方法和条件使得研究区地表采动损害非常严重且类型多样，大体可分为连续移动变形和非连续移动变形两大类。对于研究区，当采深与采厚比大于 40～80 时，地表采动损害多以连续、均匀的沉陷盆地为主；当采深与采厚比小于 40～80 时，地表采动损害多以非连续、不均匀的塌陷坑、塌陷槽、地裂缝等为主[158]。

（一）地表沉陷

研究区主采煤层采用的开采方法和顶板管理办法使得煤层覆岩及地表松散层向下移动而形成沿采空区分布的向下沉降的“盆状”微地貌，见图 2-7。随着工作面的不断推进，沉陷盆地范围逐渐扩大，深度不断增大，直至达到充分开采阶段时，地表下沉稳定，沉陷区地表整体表现为连续变形特征。通过对研究区典型煤矿及其工作面地表沉陷区的调查结果（表 2-9）可知：采煤沉陷区地表下沉系数在 0.6 左右，水平移动系数在 0.24～0.35 之间，主要影响角正切值在 1.08～3.35 之间，拐点偏移距在 $0.13H_0$～$0.33H_0$ 之间，边界角在47°～75°之间，移动角在 65°～83°之间。

图 2-7　地表沉陷盆地

表 2-9　研究区典型煤矿及其工作面地表沉陷区地表移动特征参数[169]

典型煤矿及工作面	YSW 20101	HJW 2304	XJH 11203	NTT N1201	HLG 22407	FJT 2201	DLT 1203
下沉系数	0.50	0.56	0.60	0.51	0.62	0.60	0.59
主要影响角正切值	3.35	1.97	1.60	1.72	1.63	1.08	2.65
开采影响传播角/(°)	90.0	72.70	90.0	82.0	89.0	61.0	90.0
水平移动系数	0.35	0.28	0.30	0.24	0.24	0.26	0.29
拐点偏移距	$0.22H_0$	$0.07H_0$	$0.13H_0$	$0.40H_0$	$0.22H_0$	$0.23H_0$	$0.33H_0$
边界角/(°)	50.00	58.70	—	60.00	47.00	75.20	56.00
移动角/(°)	83.00	62.50	—	65.00	65.00	80.20	57.50

（二）采动地裂缝

研究区采动地裂缝密集发育，多条成群出现，展布方式一般为直线形或弧形，其主要几何特征如下：

（1）裂缝宽度。研究区采动地裂缝宽度自几厘米到数米，跨度范围较大，但以 0～1.0 m 最为普遍。对实地调查结果进行统计分析[155]，发现：宽度为 0～0.2 m 的采动地裂缝数量占 30.36%；宽度为 0.2～0.4 m 的采动地裂缝数量占 36.19%；宽度为 0.4～0.6 m 的采动地裂缝数量占 25.52%；宽度>0.6 m 的采动地裂缝数量占 7.93%，见图 2-8。

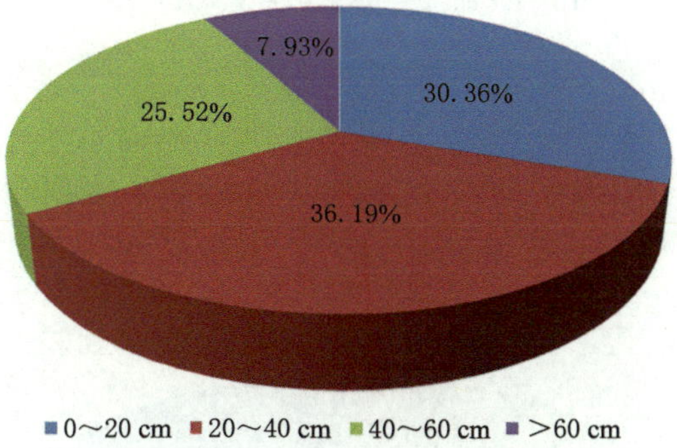

图 2-8　采动地裂缝宽度统计图

（2）裂缝长度。研究区采动地裂缝长度自十几米到上千米，跨度范围较大，但以 0～50 m 最为普遍。对实地调查结果进行统计分析[155]，发现：长度为 0～50 m 的采动地裂缝数量占 62.40%；长度为 50～100 m 的采动地裂缝数量占 15.9%；长度为 100～500 m 的采动地裂缝数量占 17.80%；长度>500 m 的采动地裂缝数量占 3.90%，见图 2-9。

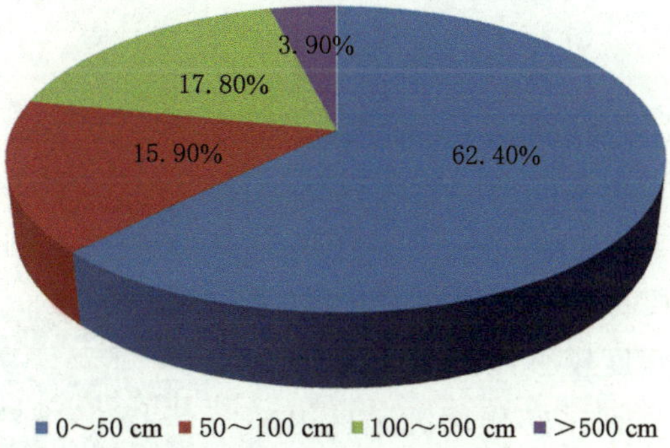

图 2-9　采动地裂缝长度统计图

（3）裂缝深度。研究区采动地裂缝深度自数米到数百米，跨度范围较大，但以 0～1.0 m 最为普遍。对实地调查结果进行统计分析[155]，发现：深度为 0～1.0 m 的采动地裂缝数量占 67.30%；深度为 1.0～10 m 的采动地裂缝数量占 27.10%；深度>10 m 的采动地裂缝数量占 5.60%，见图 2-10。

（4）裂缝台阶高度。研究区采动地裂缝台阶高度以 0～1.0 m 最为普遍。对实地调查

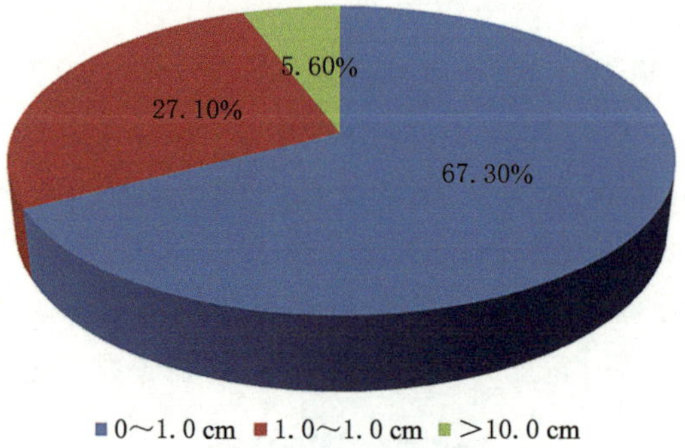

图 2-10　采动地裂缝深度统计图

结果进行统计分析[155]，发现：台阶高度为 0～0.3 m 的采动地裂缝数量占 42.18%；台阶高度为 0.3～0.6 m 的采动地裂缝数量占 37.65%；台阶高度>0.6 m 的采动地裂缝数量占 20.27%，见图 2-11。

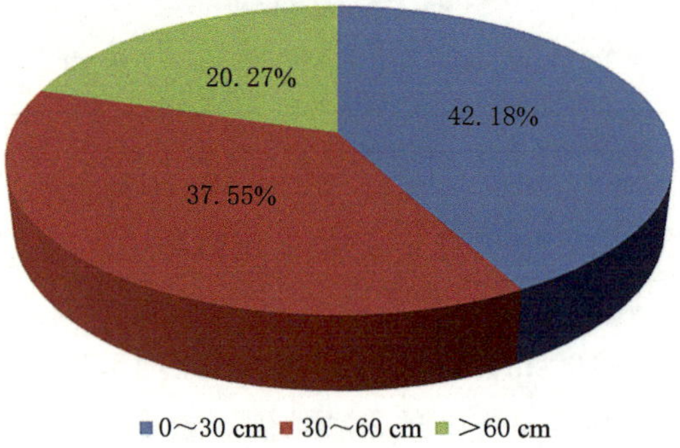

图 2-11　采动地裂缝台阶高度统计图

(5) 裂缝形态。实地调查结果显示，研究区采动地裂缝因发育空间位置不同而呈现不同的外在形态特征，根据地裂缝的形态将研究区地表裂缝分为"平开式"裂缝、"台阶式"裂缝、"组合式"裂缝。

① "平开式"裂缝主要特征为地表横向开裂，表现为不同的宽度和长度，深度较小，裂缝两侧无明显高程差，其发育位置一般在回采工作面沉陷区内部的地形平坦区域，呈直线形或弧形展布，裂缝间具有较规律的间隔。通过实地调查，发现"平开式"裂缝宽度以 0～60 cm 居多，见图 2-12。

图 2-12　"平开式"裂缝实景照片

② "台阶式"裂缝主要特征为地表横向开裂的同时伴有垂向不均匀沉降，表现为不同的宽度和长度，深度较大，裂缝两侧有明显的高程差，其发育位

置一般在回采工作面沉陷区边缘(开切眼、停采线、顺槽处等)和内部的地形起伏区域,一般也呈直线形或弧形展布,且密集程度高。通过实地调查,发现“台阶式”裂缝台阶高度以 0～1 m 居多,见图 2-13。

③ “组合式”裂缝由多条裂缝多向交错展布,其发育位置一般在回采工作面沉陷区边缘与黄土坡面坡脚连接处,该部位的裂缝由于坡脚黄土重力下沉,土体散开移动而发育为“组合式”裂缝,密集程度最高。通过实地调查,发现“组合式”裂缝大多由宽度为 0～40 cm 的“平开式”裂缝与台阶高度＜60 cm 的“台阶式”裂缝交错组合而成,地表横向开裂及垂向不均匀沉降明显,见图 2-14。

图 2-13　“台阶式”裂缝实景照片

图 2-14　“组合式”裂缝实景照片

本章小结

本章以文献资料收集和现场调研为手段,总结分析了陕北矿区的地质生态环境特征、主采煤层赋存特征和地表采动损害特征。

(1) 总结分析了研究区自然地理条件,包括:地理位置、地形地貌、气象水文、土壤植被特征。

(2) 总结分析了研究区地质条件,包括:地层、煤层、地质构造、工程地质特征、水文地质特征。

(3) 总结分析了研究区水土流失和社会经济条件,包括:各区县土壤侵蚀面积及程度、社会、经济、人口、产业特征。

(4) 重点分析了主采煤层(2^{-2})地质赋存特征,包括:煤层厚度与分布、埋藏深度、上覆基岩厚度、基岩中砂岩层数、覆岩结构与岩性、覆岩(土)物理力学性质。

(5) 重点分析了主采煤层开采对地表的损害特征,包括:地表沉陷及发育特征、采动地裂缝及发育特征。

第三章 陕北黄土沟壑区采煤沉陷对土壤微生物特性的影响

第一节 采煤沉陷对土壤微生物的影响

一、地表沉陷对土壤微生物的影响

（一）野外采样

将柠条塔井田北翼主采煤层典型工作面范围作为采样区域，选取形成时间为1～2年的沉陷坡面进行采样，中心坐标为E110.38°，N39.09°，区内坡面平均坡度为22°，平均坡长为50 m，坡型为均匀坡，坡向为西南方向，植被类型大多为草地植被，包括黑沙蒿、蒙古莸等，植被覆盖度约为43%。根据采动损害部位分区性特征将沉陷坡上部10 m划分为坡顶，中间部分30 m划分为坡中，下部10 m划分为坡脚。地表沉陷坡面采样示意如图3-1所示。

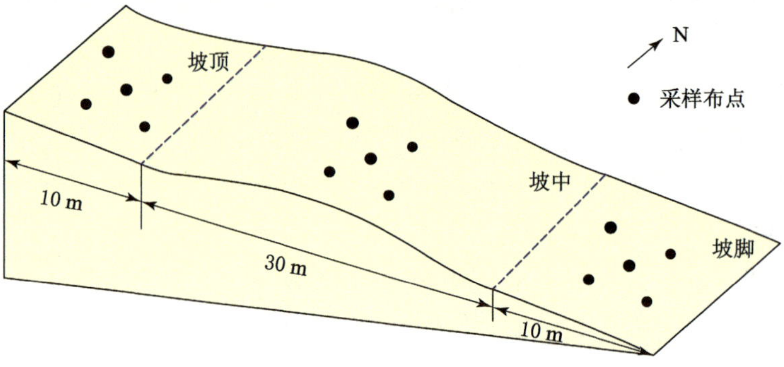

图3-1 地表沉陷坡面采样示意图

根据采样区的实际情况，设计如下采样方案：第一，采样区内选取形态相似的 5 个沉陷坡面，分别在沉陷坡面坡顶、坡中、坡脚三个部位随机布设 3 个 1 m×1 m 的采样方进行采样，并按照五点采样法在每个样地采集土壤样品，且使用土钻取土法分层采集垂直深度为 0～10 cm、10～20 cm、20～40 cm 和 40～60 cm 等 4 个深度的土壤样品混合相同垂直深度的土壤；第二，在采样工作面 500 m 以外的未开采区内选择坡度、坡长、坡形、坡向、植被覆盖度及群落类型相似的 3 个自然坡面作为对照，按照上述方法采集土壤样品；第三，共采集 144 个土壤样品，所有土壤样品装入干净的聚乙烯采样袋，标记编号，带回实验室后立即置于－80 ℃冰箱内保存，每个土壤样品各取一半用于测定土壤微生物的数量指标，另一半用于测定土壤主要理化指标。

（二）室内测试

采用绝对定量 PCR 分析土壤样品细菌、真菌和放线菌的基因拷贝数。先用目的基因引物进行 PCR 扩增(引物序列见表 3-1)，扩增程序为：95 ℃预变性 5 min，30 个循环(94 ℃变性 30 s，55 ℃退火 30 s，72 ℃延伸 30 s)，最后再 72 ℃延伸 10 min。用浓度为 1%的琼脂糖凝胶电泳检查扩增结果，目的片段进行琼脂糖凝胶回收。回收的 PCR 产物进行 TA 连接，22 ℃连接约 4 h，转化至大肠杆菌 DH5α 感受态中，筛选阳性克隆，并提取质粒作为绝对定量的标准品。再将标准品进行 10 倍梯度稀释，每个梯度取 2 μL 做模板建立标准曲线。测定样品时，标准品与未知样品同时进行 PCR 循环，PCR 反应体系配置如下：2×Taq Master Mix 10 μL，10 mmol/L 的上下游引物各 0.5 μL，加水至 18 μL。加入 2 μL DNA 后，按以下程序进行 PCR：95 ℃，30 s；40 个 PCR 循环(95 ℃，5 s；60 ℃，40 s(收集荧光))。结合标准曲线计算获得待测样品中细菌、真菌和放线菌的基因拷贝数。

表 3-1　荧光定量 PCR 引物序列

扩增基因	上游引物序列(5′ to 3′)	下游引物序列(5′ to 3′)
细　菌	GTACTCCTACGGGAGGCAGCA	GTGGACTACHVGGGTWTCTAAT
真　菌	CTTGGTCATTTAGAGGAAGTAA	TGCGTTCTTCATCGATGC
放线菌	TACGGCCGCAAGGCTA	TCRTCCCCACCTTCCTCCG

采用烘干法测定土壤含水率；采用环刀法测定土壤容重；采用 Mastersizer 2000 型激光粒度仪测定土壤机械组成；采用 PHS-2 型酸度计测定土壤 pH 值；采用燃烧氧化-非分散红外法测定土壤有机质；采用半微量凯氏定氮法测定土壤速效氮；采用 $NaHCO_3$ 浸提-钼锑抗比色法测定土壤速效磷；采用乙酸铵浸提-火焰光度计法测定土壤速效钾。每个样品的各项指标平均测定 3 次。

（三）数据处理

实验数据使用 SPSS22.0 软件进行数理统计分析，采用单因素方差分析进行显著性检验，利用 Person 相关性系数进行相关性分析。相关图件采用 ArcMap10.2、CorelDRAW、Origin2021 软件绘制。

（四）实验结果

研究区采煤沉陷坡面 0～60 cm 土壤微生物数量、主要理化指标测定结果见表 3-2。

表 3-2　沉陷坡面不同部位土壤微生物数量和主要理化指标检测结果

部位坡面	土壤深度/cm	细菌/(10^4 cfu/g)	放线菌/(10^4 cfu/g)	真菌/(10^4 cfu/g)	含水率/%	黏粒/%	pH	有机质/(g/kg)	速效氮/(mg/kg)	速效磷/(g/kg)	速效钾/(mg/kg)	容重/(g/cm^3)
坡顶	0～10	4.58±0.72^{a}	6.65±0.63^{a}	6.99±0.29^{a}	7.89±0.45^{ab}	9.06±0.46^{a}	8.42±0.41^{a}	2.08±0.22^{a}	44.87±10.02^{a}	1.29±0.08^{a}	113.23±11.96^{a}	1.37±0.29^{a}
	10～20	3.40±0.32^{b}	6.12±0.35^{a}	4.66±0.36^{b}	7.53±0.37^{b}	8.79±0.42^{a}	8.55±0.37^{a}	1.77±0.16^{ab}	38.12±9.91^{ab}	0.90±0.12^{b}	101.52±11.28^{ab}	
	20～40	3.02±0.53^{b}	4.81±0.51^{b}	3.66±0.28^{c}	8.62±0.78^{ab}	7.27±0.36^{b}	8.62±0.29^{a}	1.54±0.18^{bc}	25.31±7.22^{b}	0.67±0.05^{c}	92.34±10.58^{ab}	
	40～60	1.90±0.44^{c}	3.49±0.27^{c}	2.91±0.41^{d}	9.19±0.81^{a}	6.96±0.29^{b}	8.71±0.27^{a}	1.37±0.09^{c}	23.37±6.54^{b}	0.53±0.10^{c}	83.45±10.64^{b}	
坡中	0～10	3.49±0.38^{ab}	5.72±0.42^{a}	4.9±0.43^{b}	7.13±0.42^{b}	8.96±0.41a	8.06±0.31^{a}	1.76±0.22^{a}	35.76±8.89^{a}	1.15±0.13^{a}	97.45±9.81^{a}	1.32±0.26^{a}
	10～20	3.06±0.34^{b}	4.43±0.72^{b}	2.29±0.33^{c}	6.62±0.38^{b}	8.50±0.36^{ab}	8.16±0.28^{a}	1.46±0.16^{ab}	31.46±4.53^{ab}	0.77±0.16^{b}	88.73±10.21^{ab}	
	20～40	1.63±0.17^{c}	3.19±0.39^{b}	1.81±0.36^{c}	7.34±0.47^{b}	8.38±0.38^{ab}	8.29±0.35^{a}	1.31±0.18^{b}	19.21±6.72^{b}	0.56±0.05^{bc}	80.36±8.43^{ab}	
	40～60	7.61±0.41^{a}	10.65±1.01^{a}	9.23±0.44^{a}	8.70±0.45^{a}	7.81±0.34^{b}	8.34±0.37^{a}	1.14±0.19^{b}	16.72±3.22^{b}	0.43±0.08^{c}	73.12±7.31^{b}	
坡脚	0～10	6.43±0.15^{b}	8.82±0.91^{b}	7.51±0.29^{b}	8.57±0.61^{a}	9.24±0.45^{a}	8.79±0.35^{a}	2.33±0.27^{a}	54.89±9.92^{a}	1.52±0.22^{a}	129.98±12.67^{a}	1.36±0.34^{a}
	10～20	5.53±0.23^{c}	7.54±0.66^{bc}	7.22±0.37^{b}	8.36±0.49^{a}	8.94±0.37^{a}	8.68±0.28^{a}	2.05±0.21^{ab}	45.13±8.43^{ab}	1.01±0.15^{b}	118.78±11.59^{ab}	
	20～40	4.21±0.11^{d}	6.29±0.36^{c}	4.73±0.29^{c}	9.22±0.70^{a}	7.95±0.33^{b}	8.28±0.31^{a}	1.78±0.26^{b}	32.76±4.78^{b}	0.76±0.18^{bc}	108.33±10.62^{ab}	
	40～60	6.95±1.21^{a}	8.96±0.97^{a}	11.81±0.26^{a}	9.79±0.99^{a}	7.22±0.34^{b}	8.33±0.36^{a}	1.58±0.18^{b}	30.98±6.29^{b}	0.62±0.11^{c}	99.34±10.33^{b}	
坡顶CK	0～10	4.89±0.89^{b}	8.25±0.89^{a}	7.48±0.38^{b}	9.48±0.49^{ab}	12.32±0.59^{a}	8.36±0.35^{a}	2.97±0.33^{a}	60.33±11.15^{a}	1.69±0.37^{a}	161.46±11.86^{a}	1.53±0.24^{a}
	10～20	4.04±0.78^{bc}	6.19±0.58^{b}	5.64±0.26^{c}	8.76±0.52^{b}	11.63±0.56^{ab}	8.33±0.28^{a}	2.34±0.18^{b}	48.85±6.69^{a}	1.13±0.25^{b}	132.89±11.13^{b}	
	20～40	2.53±0.26^{c}	4.32±0.31^{c}	4.44±0.28^{d}	10.18±0.97^{ab}	11.12±0.52^{bc}	8.41±0.31^{a}	1.91±0.25^{bc}	31.37±9.94^{b}	0.81±0.14^{bc}	119.78±10.73^{bc}	
	40～60	6.47±0.76^{a}	8.36±1.27^{a}	11.86±0.37^{a}	10.88±1.06^{a}	10.35±0.48^{c}	8.40±0.36^{a}	1.63±0.11^{c}	28.54±4.66^{b}	0.62±0.17^{c}	103.62±10.57^{c}	

表 3-2(续)

部位坡面	土壤深度/cm	细菌/(10^4 cfu/g)	放线菌/(10^4 cfu/g)	真菌/(10^4 cfu/g)	含水率/%	黏粒/%	pH	有机质/(g/kg)	速效氮/(mg/kg)	速效磷/(g/kg)	速效钾/(mg/kg)	容重/(g/cm^3)
坡中CK	0～10	5.24±0.21^{b}	8.12±0.36^{a}	8.59±0.50^{b}	8.81±0.62^{ab}	13.83±0.63^{a}	8.62±0.38^{a}	2.65±0.16^{a}	52.28±6.65^{a}	1.61±0.16^{a}	148.97±10.54^{a}	1.46±0.28^{a}
	10～20	4.41±0.17^{b}	5.99±0.63^{b}	4.01±0.40^{c}	7.89±0.58^{b}	13.02±0.57^{ab}	8.70±0.27^{a}	2.02±0.15^{b}	43.36±8.72^{a}	1.02±0.12^{b}	123.92±11.21^{b}	
	20～40	2.17±0.58^{c}	4.27±0.18^{c}	2.99±0.44^{d}	8.95±0.77^{ab}	12.58±0.53^{bc}	8.75±0.36^{a}	1.66±0.22^{c}	25.51±4.43^{b}	0.70±0.14^{c}	106.23±13.24^{bc}	
	40～60	10.21±1.11^{a}	14.03±1.42^{a}	13.18±0.36^{a}	9.86±0.91^{a}	11.62±0.51^{c}	8.81±0.29^{a}	1.38±0.16^{c}	21.89±5.21^{b}	0.53±0.09^{c}	92.87±11.33^{c}	
坡脚CK	0～10	9.01±0.61^{a}	11.18±0.95^{b}	10.22±0.38^{b}	9.98±0.76^{a}	12.63±0.61^{a}	8.98±0.34^{a}	3.11±0.33^{a}	69.29±9.91^{a}	1.88±0.19^{a}	173.85±16.72^{a}	1.49±0.29^{a}
	10～20	7.21±0.19^{b}	9.02±0.59^{c}	9.72±0.50^{b}	9.54±0.63^{a}	11.47±0.56^{b}	8.83±0.29^{a}	2.62±0.26^{b}	55.43±8.28^{a}	1.21±0.16^{b}	149.99±13.46^{ab}	
	20～40	5.41±0.22^{c}	7.11±0.92^{d}	6.33±0.46^{c}	10.66±0.92^{a}	10.84±0.53^{bc}	8.39±0.26^{a}	2.16±0.22^{bc}	38.64±7.78^{b}	0.89±0.19^{bc}	131.30±18.57^{b}	
	40～60	4.58±0.72^{a}	6.65±0.63^{a}	6.99±0.29^{a}	11.34±1.02^{a}	10.03±0.49^{c}	8.41±0.36^{a}	1.81±0.31^{c}	35.87±5.33^{b}	0.71±0.08^{c}	117.29±15.43^{b}	

注:同一指标同列数据后不同字母表示在 0.05 的水平上差异显著。

(五)规律分析

根据表 3-2 绘制了采煤沉陷坡面不同坡面部位、不同土壤垂直深度的土壤微生物数量对比图,见图 3-2。

根据表 3-2、图 3-2 可知:

第一,相对于对照组,黄土沉陷坡面坡顶部位土壤细菌、放线菌、真菌数量在 0～10 cm 土层依次减少了 34.10%($P<0.05$)、25.78%($P<0.05$)、40.81%($P<0.05$),在10～20 cm 土层依次减少了 30.47%($P<0.05$)、25.82%($P<0.05$)、37.71%($P<0.05$),在 20～40 cm 土层依次减少了 25.25%、22.29%、35.11%($P<0.05$),在 40～60 cm 土层依次减少了 24.90%、19.21%、34.46%($P<0.05$);坡中部位土壤细菌、放线菌、真菌数量在 0～10 cm 土层依次减少了 36.48%($P<0.05$)、30.02%($P<0.05$)、45.95%($P<0.05$),在 10～20 cm 土层依次减少了 33.40%($P<0.05$)、29.56%($P<0.05$)、42.96%($P<0.05$),在20～40 cm 土层依次减少了 30.61%($P<0.05$)、26.04%($P<0.05$)、42.89%($P<0.05$),在 40～60 cm 土层依次减少了 24.88%、25.29%、39.46%($P<0.05$);坡脚部位土壤细菌、放线菌、真菌数量在 0～10 cm 土层依次减少了 25.47%($P<0.05$)、24.09%($P<0.05$)、29.97%($P<0.05$),在 10～20 cm 土层依次减少了 28.63%($P<0.05$)、21.11%($P<0.05$)、26.52%($P<0.05$),在 20～40 cm 土层依次减少了 23.30%($P<0.05$)、16.41%、25.72%($P<0.05$),在

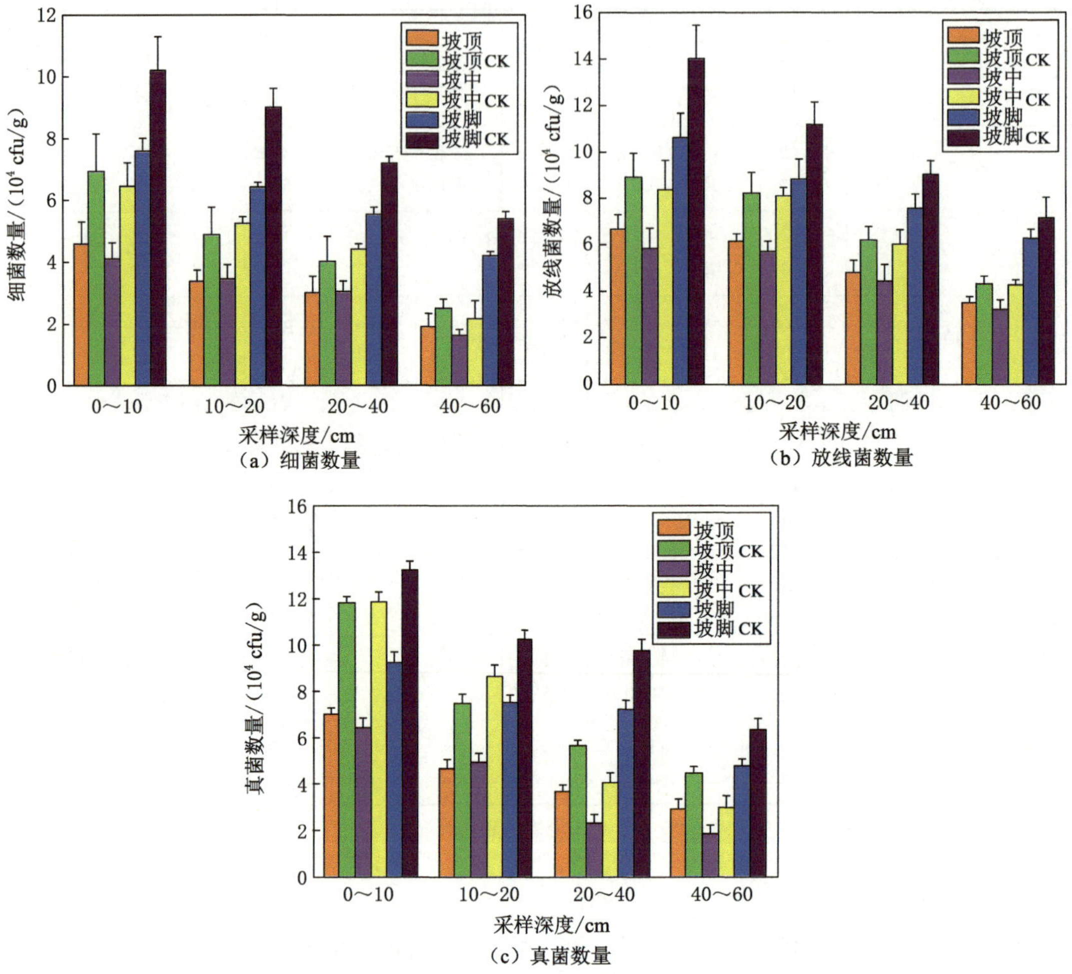

图 3-2　采煤沉陷坡面不同部位及深度土壤微生物数量对比图[170]

40～60 cm 土层依次减少了 22.18%(P<0.05)、11.53%、25.28%(P<0.05)。由此可见：① 随着黄土坡面部位由坡顶到坡中再到坡脚的转换，采煤沉陷导致黄土坡面土壤中细菌、放线菌、真菌数量下降的效应均呈现先增大后减小的变化特征；② 黄土沉陷坡面土壤中细菌数量在坡顶 0～10 cm、坡中 0～10 cm、坡脚 10～20 cm 土层降幅明显，放线菌数量在坡顶 10～20 cm、坡中 0～10 cm、坡脚 0～10 cm 土层降幅明显，真菌数量在坡顶 0～10 cm、坡中 0～10 cm、坡脚 0～10 cm 土层降幅明显，三种土壤微生物数量降幅均在坡中 0～10 cm 土层最为显著；③ 在任意坡面部位，采煤沉陷降低土壤真菌数量的作用最为显著，降幅达到 37.02%～42.82%；④ 当土壤垂直深度超过 40 cm 时，采煤沉陷对黄土全坡面土壤中放线菌数量的降低效应基本消失。

第二，黄土沉陷坡面 0～60 cm 土壤细菌、放线菌、真菌数量的平均降幅在坡顶部位依次为 28.68%(P<0.05)、23.28%(P<0.05)、37.02%(P<0.05)，在坡中部位依次为31.34%

($P<0.05$)、27.73%($P<0.05$)、42.82%($P<0.05$),在坡脚部位依次为 24.90%($P<0.05$)、18.29%($P<0.05$)、26.87%($P<0.05$)。由此可见,不同坡面部位的土壤细菌数量降幅由大到小排序为:坡中>坡顶>坡脚;放线菌与真菌数量降幅由大到小排序均为:坡中>坡顶>坡脚;采煤沉陷对黄土坡面土壤中细菌、放线菌、真菌数量降低的效应均在坡中部位最显著。

二、采动地裂缝对土壤微生物的影响

(一) 野外采样

将柠条塔井田北翼主采煤层典型工作面范围作为采样区域,中心坐标为 E110.38°,N39.09°,区内坡面平均坡度为 22°,平均坡长为 50 m,坡型为均匀坡,坡向为西南方向,植被类型大多为草地植被,包括黑沙蒿、蒙古莸等,植被覆盖度约为 43%。区内黄土坡面上发育多组弧形采动地裂缝,近似垂直于地下工作面推进方向(西南方向)展布,形成时间约为 3 个月,裂缝平均间距 10 m。采动地裂缝的宽度由坡顶向坡脚逐渐变小,坡顶处裂缝宽度一般大于 40 cm,坡脚处裂缝宽度一般小于 20 cm。采动地裂缝发育区采样示意图如图 3-3 所示。

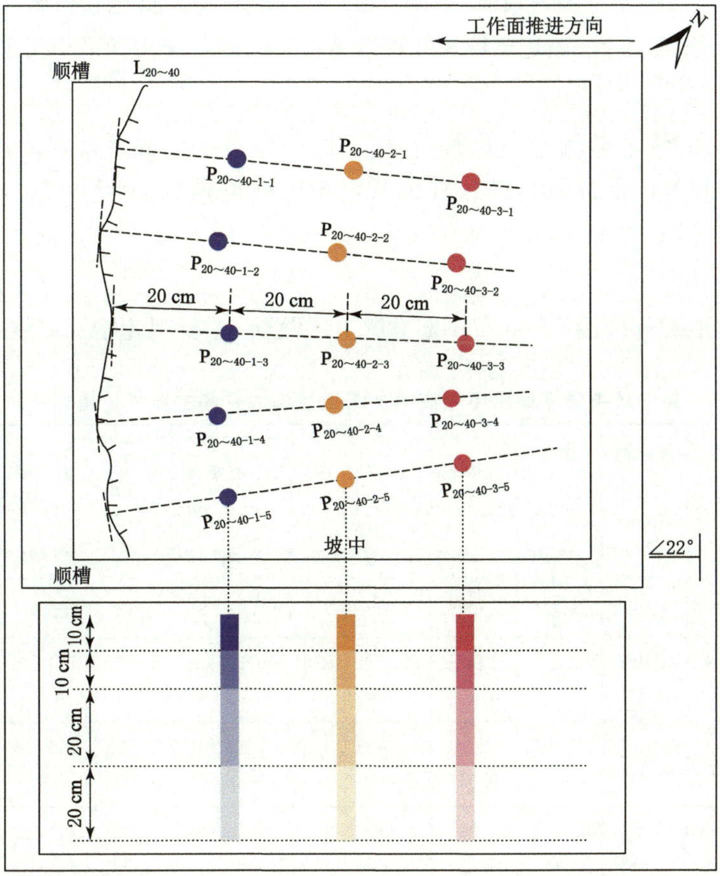

图 3-3　采动地裂缝发育区采样示意图[171-172]

根据采样区实际情况，设计如下采样方案：首先，在坡面上随机选择宽度为 20～40 cm、深度为 20～30 cm 的 3 条采动地裂缝作为采样目标；第二，在每条裂缝上布设间距为 10 m 的 5 个采样断面，每个断面上沿裂缝法向方向布置水平距离为 20 cm、40 cm、60 cm 等 3 个采样点；每个采样点用土钻分层采集垂直深度为 0～10 cm、10～20 cm，20～40 cm、40～60 cm 等 4 层土壤，并将每条采动地裂缝所有断面上相同水平距离和垂直深度的土壤混合后装入干净的聚乙烯采样袋，做好标记，立即放于便携冷藏箱内；第三，在采样工作面西北方向 500 m 以外的未开采区内选择坡度、坡长、坡形、坡向、植被盖度及群落类型相似的黄土坡面作为对照，随机布置 3 个采样点采集各层土壤，将相同垂直深度的土壤混合后装入干净的聚乙烯采样袋，做好标记，立即放于便携冷藏箱内；第四，共计采集土壤样品 64 个，所有土壤样品带回实验室后立即置于－80 ℃冰箱内保存，每个土壤样品各取一半用于测定土壤微生物数量指标，另一半用于测定土壤主要理化指标。

（二）室内测试

采用绝对定量 PCR 分析土壤 DNA 样品细菌、真菌和放线菌的基因拷贝数。用烘干法测定土壤含水率；采用环刀法测定土壤容重；采用 Mastersizer 2000 型激光粒度仪测定土壤机械组成；采用 PHS-2 型酸度计测定土壤 pH 值；采用燃烧氧化-非分散红外法测定土壤有机质；采用半微量凯氏定氮法测定土壤速效氮；采用 $NaHCO_3$ 浸提-钼锑抗比色法测定土壤速效磷；采用乙酸铵浸提-火焰光度计法测定土壤速效钾。每个样品的各项指标平均测定 3 次。

（三）数据处理

实验数据使用 SPSS22.0 软件进行数理统计分析，采用单因素方差分析进行显著性检验，利用 Person 相关性系数进行相关性分析。相关图件采用 ArcMap10.2、CorelDRAW、Origin2021 软件绘制。

（四）实验结果

研究区采动地裂缝周围 0～60 cm 土壤微生物数量、主要理化指标测定结果见表 3-3。

表 3-3　采动地裂缝不同水平距离的土壤微生物数量和主要理化指标检测结果

水平距离/cm	土壤深度/cm	细菌/(10^4 cfu/g)	放线菌/(10^4 cfu/g)	真菌/(10^4 cfu/g)	含水率/%	黏粒/%	pH	有机质/(g/kg)	速效氮/(mg/kg)	速效磷/(g/kg)	速效钾/(mg/kg)	孔隙度/%
20	0～10	3.75±0.51^{a}	7.75±1.56^{a}	1.91±0.36^{a}	8.60±0.08^{b}	9.97±0.39^{a}	8.98±0.11^{a}	1.61±0.17^{a}	3.26±0.06^{a}	0.29±0.01^{a}	121.99±2.63^{ab}	56.23±5.89^{a}
	10～20	2.18±0.42^{b}	4.98±0.89^{b}	1.33±0.29^{ab}	8.68±0.16^{b}	9.52±0.38^{a}	8.90±0.34^{a}	1.52±0.04^{a}	2.99±0.12^{a}	0.24±0.01^{b}	99.65±0.53^{c}	/
	20～40	1.46±0.31^{bc}	3.75±0.64^{b}	1.19±0.14^{b}	9.80±0.51^{a}	9.39±0.33^{a}	8.87±0.22^{a}	1.19±0.05^{b}	2.52±0.22^{b}	0.21±0.01^{c}	113.76±10.93^{bc}	/
	40～60	1.03±0.25^{c}	2.57±0.58^{b}	0.93±0.18^{b}	10.76±0.97^{a}	7.83±0.18^{b}	8.89±0.42^{a}	0.76±0.03^{c}	2.14±0.06^{c}	0.18±0.01^{d}	136.11±9.78^{a}	/

表 3-3(续)

水平距离/cm	土壤深度/cm	细菌/(10^4 cfu/g)	放线菌/(10^4 cfu/g)	真菌/(10^4 cfu/g)	含水率/%	黏粒/%	pH	有机质/(g/kg)	速效氮/(mg/kg)	速效磷/(g/kg)	速效钾/(mg/kg)	孔隙度/%
40	0～10	4.38±0.39^{a}	9.33±1.39^{a}	2.13±0.29^{a}	8.70±0.19^{c}	10.07±0.39^{a}	9.05±0.50^{a}	2.51±0.03^{a}	3.41±0.12^{a}	0.30±0.01^{a}	127.19±6.24^{a}	49.26±3.78^{b}
	10～20	2.92±0.27^{b}	5.46±0.77^{b}	1.87±0.17^{ab}	9.04±0.20^{c}	9.78±0.11^{a}	9.01±0.38^{a}	1.83±0.12^{b}	3.14±0.11^{b}	0.26±0.01^{b}	98.50±1.79^{b}	/
	20～40	1.89±0.16^{c}	4.08±0.76^{b}	1.60±0.16^{bc}	9.77±0.31^{b}	8.28±0.70^{b}	8.95±0.71^{a}	1.20±0.07^{c}	2.64±0.16^{c}	0.23±0.01^{c}	117.76±14.20^{ab}	/
	40～60	1.75±0.15^{c}	3.45±0.61^{b}	1.25±0.14^{c}	10.70±0.37^{a}	7.98±0.69^{b}	8.90±0.68^{a}	0.78±0.02^{d}	2.24±0.04^{d}	0.20±0.01^{d}	135.42±18.53^{a}	/
60	0～10	4.97±0.42^{a}	10.48±1.49^{a}	2.71±0.22^{a}	8.75±0.08^{d}	10.23±0.17^{a}	9.12±0.12^{a}	3.16±0.01^{a}	3.61±0.10^{a}	0.30±0.01^{a}	125.63±4.28^{a}	41.67±4.34^{c}
	10～20	3.01±0.36^{b}	6.88±0.86^{b}	2.08±0.16^{b}	9.06±0.25^{c}	9.95±0.34^{b}	9.04±0.27^{ab}	2.19±0.15^{b}	3.31±0.08^{b}	0.26±0.01^{b}	99.61±6.16^{b}	/
	20～40	2.01±0.33^{c}	4.56±0.73^{c}	1.53±0.13^{c}	9.84±0.06^{b}	8.97±0.41^{b}	8.99±0.36^{ab}	1.21±0.06^{c}	2.66±0.08^{c}	0.23±0.01^{c}	121.22±15.08^{a}	/
	40～60	1.82±0.24^{c}	3.47±0.54^{c}	1.28±0.14^{c}	10.92±0.12^{a}	8.24±0.78^{b}	8.92±0.26^{b}	0.78±0.04^{d}	2.29±0.04^{d}	0.21±0.01^{d}	136.32±6.76^{a}	/
CK	0～10	5.10±0.25^{a}	11.27±1.25^{a}	3.31±0.25^{a}	8.99±0.18^{d}	11.21±0.57^{a}	9.35±0.66^{a}	3.45±0.06^{a}	5.52±0.08^{a}	0.31±0.01^{a}	142.90±2.57^{a}	33.02±3.01^{d}
	10～20	3.83±0.38^{b}	8.11±0.86^{b}	2.55±0.16^{b}	9.23±0.17^{c}	9.85±0.47^{b}	9.28±0.57^{ab}	2.48±0.04^{b}	5.18±0.12^{b}	0.30±0.01^{b}	108.03±3.16^{b}	/
	20～40	2.75±0.38^{c}	5.17±0.44^{c}	1.92±0.14^{c}	9.98±0.11^{b}	9.36±0.51^{b}	9.15±0.44^{b}	1.34±0.05^{c}	3.19±0.07^{c}	0.28±0.01^{c}	114.43±4.83^{a}	/
	40～60	2.19±0.37^{c}	3.82±0.37^{c}	1.47±0.17^{d}	11.32±0.22^{a}	8.84±0.71^{b}	9.02±0.58^{c}	0.85±0.03^{d}	2.46±0.04^{d}	0.25±0.01^{d}	139.81±5.89a	/

注:同一指标同列数据后不同字母表示在 0.05 的水平上差异显著。

(五) 规律分析

根据表 3-3,绘制了采动地裂缝周围不同水平距离、不同土壤垂直深度的土壤微生物数量对比图,见图 3-4。

根据表 3-3、图 3-4 可知:

采动地裂缝的发育会显著降低周围土壤(水平距离 60 cm 以内、垂直深度 60 cm 以浅)中细菌、放线菌、真菌的数量,而且越靠近采动地裂缝,降幅越大。随着距采动地裂缝水平距离的增加,垂直深度 60 cm 以浅土壤中细菌、放线菌、真菌数量的平均降幅依次由 36.68%、32.50%、41.22%(水平距离为 20 cm)减小到 10.21%、10.92%、17.45%(水平距

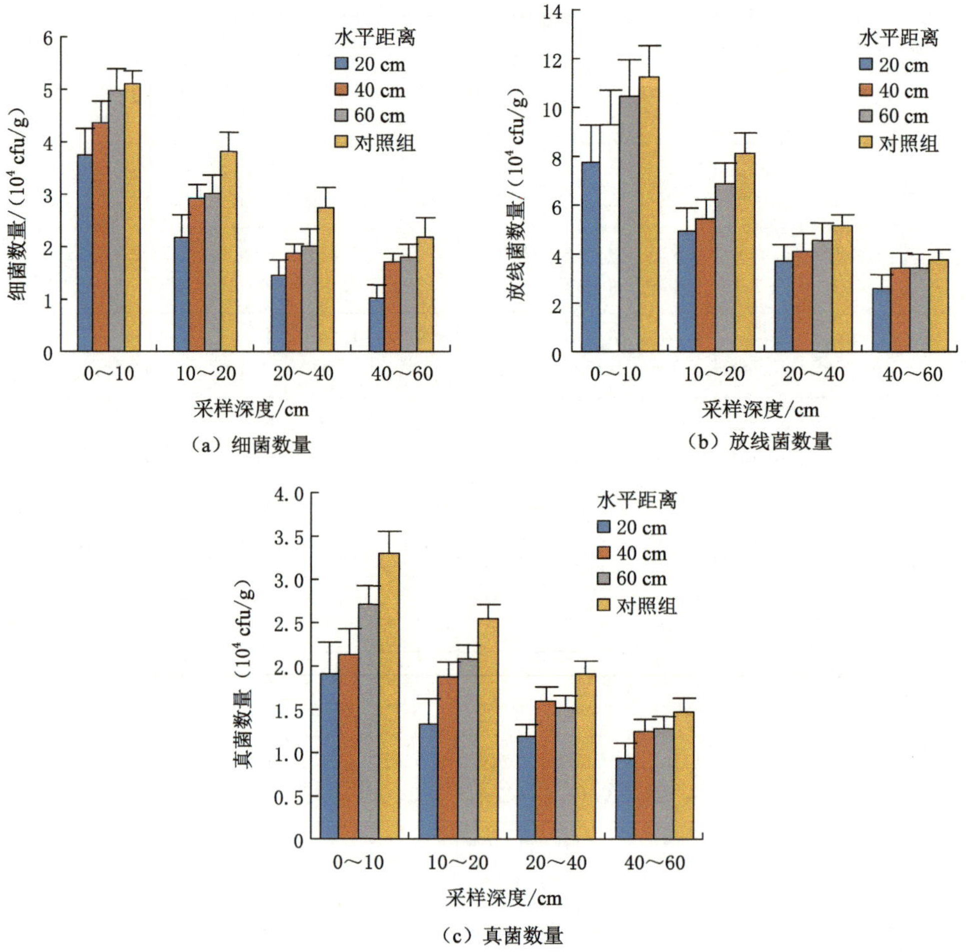

图 3-4　采动地裂缝不同水平距离部位及深度土壤微生物数量对比图[172]

离为 60 cm)，前者分别是后者的 3.59、2.98、2.36 倍；随着垂直深度的增加，水平距离 60 cm 以内各层土壤中细菌、放线菌数量的平均降幅差异不大，均在 20%～25%左右，真菌数量的平均降幅差异较大，由 32.03%(垂直深度为 0～10 cm)减小到 21.54%(垂直深度为 40～60 cm)，前者是后者的 1.49 倍。上述结果与王锐等研究结果基本一致[173]。由此可见，采动地裂缝对周围土壤中细菌、放线菌数量的负效应主要表现出水平差异特征，且随着水平距离的增加而明显减弱；采动地裂缝对土壤真菌数量的负效应则表现出水平、垂直双向差异特征，且随着水平距离、垂直深度的增加而明显减弱。基于线性回归模型，预测当水平距离分别超过 75 cm、79 cm、91 cm 时，采动地裂缝对周围土壤中细菌、放线菌、真菌数量的负效应基本消失[见式(3-1)、式(3-2)、式(3-3)]；当垂直深度大于 135 cm 时，采动地裂缝不再对土壤真菌数量产生负影响[见式(3-4)]。

$$\delta_{\text{细菌数量}} = -0.662d + 49.73 \quad R^2 = 0.999 \tag{3-1}$$

$$\delta_{\text{放线菌数量}} = -0.540d + 42.78 \quad R^2 = 0.993 \tag{3-2}$$

$$\delta_{真菌数量1} = -0.592d + 53.67 \quad R^2 = 0.992 \tag{3-3}$$

$$\delta_{真菌数量2} = -0.250h + 33.62 \quad R^2 = 0.963 \tag{3-4}$$

式中：$\delta_{细菌数量}$为采动地裂缝水平方向周围土壤细菌数量相对于自然土壤的降幅，%；$\delta_{放线菌数量}$为采动地裂缝水平方向周围土壤放线菌数量相对于自然土壤的降幅，%；$\delta_{真菌数量1}$为采动地裂缝水平方向周围土壤真菌数量相对于自然土壤的降幅，%；$\delta_{真菌数量2}$为采动地裂缝垂直深度周围土壤真菌数量相对于自然土壤的降幅，%；d 为距采动地裂缝的水平距离，cm；h 为距采动地裂缝的垂直深度，cm。

三、采煤沉陷影响下土壤微生物变化的指示因素

（一）相关性分析

基于 Person 相关性系数相关性分析方法，分别针对地表沉陷和采动地裂缝两种采动损害类型，计算了土壤细菌、放线菌、真菌数量与土壤理化性质的相关性，结果分别见表 3-4、表 3-5。

表 3-4　采煤沉陷坡面不同部位土壤微生物数量与土壤理化性质的相关系数[170]

部位	微生物种类	土壤理化性质						
		含水率	黏粒	pH	有机质	速效氮	速效磷	速效钾
坡顶	细　菌	−0.326	0.892**	0.044	0.976**	0.898**	0.945**	0.946**
	放线菌	−0.535	0.963**	−0.059	0.944**	0.886**	0.918**	0.896**
	真　菌	−0.444	0.886**	−0.187	0.938**	0.841**	0.994**	0.855**
坡中	细　菌	−0.641*	0.931**	−0.060	0.900**	0.875**	0.897**	0.896**
	放线菌	−0.589*	0.917**	0.055	0.904**	0.949**	0.862**	0.923**
	真　菌	−0.562	0.806**	−0.223	0.876**	0.911**	0.956**	0.853**
坡脚	细　菌	−0.509	0.953**	0.663*	0.897**	0.871**	0.933**	0.858**
	放线菌	−0.326	0.932**	0.698*	0.968**	0.957**	0.983**	0.945**
	真　菌	−0.448	0.914**	0.606*	0.868**	0.810**	0.890**	0.838**

注："**"表示在 0.01 的水平上显著相关；"*"表示在 0.05 的水平上显著相关。

表 3-5　采动地裂缝周围土壤微生物数量与土壤理化性质的相关系数[171]

微生物种类	土壤理化性质						
	含水率	黏粒	pH	有机质	速效氮	速效磷	速效钾
细　菌	0.196	0.925**	0.618*	0.876**	0.780**	0.964**	0.746*
放线菌	0.097	0.908**	0.602*	0.857**	0.742**	0.969**	0.679*
真　菌	0.111	0.902**	0.586*	0.831**	0.709**	0.971**	0.690*

注："**"表示在 0.01 的水平上显著相关；"*"表示在 0.05 的水平上显著相关。

由表 3-3、表 3-4、表 3-5 可知：在地表沉陷的影响下，沉陷坡面不同部位土壤（垂直深度

60 cm 以浅)主要理化性质会发生恶化,对土壤微生物造成显著的负影响。

在坡顶部位,0～10 cm、10～20 cm、20～40 cm、40～60 cm 土层土壤含水率相对于 CK 的降幅依次为 16.77%、14.04%、15.32%、15.53%;土壤黏粒含量相对于 CK 的降幅依次为 26.46%、24.42%、34.62%、32.75%;土壤 pH 相对于 CK 的降幅依次为 −0.07%、−2.64%、2.50%、3.69%;土壤有机质含量相对于 CK 的降幅依次为 29.97%、24.36%、19.37%、15.95%;土壤速效氮含量相对于 CK 的降幅依次为 25.63%、21.97%、19.32%、18.12%;土壤速效磷含量相对于 CK 的降幅依次为 23.67%、20.35%、17.28%、14.52%;土壤速效钾含量相对于 CK 的降幅依次为 29.87%、23.61%、22.91%、19.47%。

在坡中部位,0～10 cm、10～20 cm、20～40 cm、40～60 cm 土层土壤含水率相对于 CK 的降幅依次为 19.07 %、16.10%、18.00%、11.77%;土壤黏粒含量相对于 CK 的降幅依次为 35.21%、34.72%、33.37%、32.79%;土壤 pH 相对于 CK 的降幅依次为 6.50%、6.21%、5.26%、5.34%;土壤有机质含量相对于 CK 的降幅依次为 33.59%、27.72%、21.08%、17.39%;土壤速效氮含量相对于 CK 的降幅依次为 31.60%、27.45%、24.70%、23.62%;土壤速效磷含量相对于 CK 的降幅依次为 28.57%、24.51%、20.00%、18.87%;土壤速效钾含量相对于 CK 的降幅依次为 34.58%、28.40%、24.35%、21.27%。

在坡脚部位,0～10 cm、10～20 cm、20～40 cm、40～60 cm 土层土壤含水率相对于 CK 的降幅依次为 14.13%、12.37%、13.51%、13.67%;土壤黏粒含量相对于 CK 的降幅依次为 26.84%、22.06%、26.66%、28.02%;土壤 pH 相对于 CK 的降幅依次为 2.12%、1.70%、1.31%、0.10%;土壤有机质含量相对于 CK 的降幅依次为 20.78%、15.58%、15.22%、13.63%;土壤速效磷含量相对于 CK 的降幅依次为 19.15%、16.53%、14.61%、12.77%;土壤速效钾含量相对于 CK 的降幅依次为 25.23%、20.81%、17.49%、15.30%。

经相关性检验,沉陷坡面土壤中细菌、放线菌、真菌数量与土壤黏粒、有机质、速效氮、速效磷、速效钾含量的相关系数均超过 0.8,达到极显著正相关水平($P<0.01$)。其中,坡顶、坡中、坡脚部位的土壤细菌数量分别与土壤有机质、黏粒、黏粒含量相关系数最高,依次为 0.976、0.931、0.953;坡顶、坡中、坡脚部位的土壤放线菌数量分别与土壤黏粒、速效氮、有机质含量相关系数最高,依次为 0.963、0.949、0.968;坡顶、坡中、坡脚部位的土壤真菌数量分别与土壤速效磷、速效磷、黏粒含量相关系数最高,依次为 0.994、0.956、0.914。由此可见,土壤微生物数量与土壤速效养分、细颗粒和有机质含量在坡面空间尺度上存在高度的一致性,其中有机质、速效磷含量与土壤微生物数量在不同的坡面部位上均具有较强的相关性,具有良好的指示作用。

在采动地裂缝的影响下,其周围土壤(水平距离 60 cm 以内、垂直深度 60 cm 以浅)主要理化性质会发生恶化,对土壤微生物造成显著的负影响。随着距采动地裂缝水平距离的增加,垂直深度 60 cm 以浅土壤中速效氮、有机质、速效磷、速效钾、黏粒、含水率、pH 的平均降幅和孔隙度的平均增幅依次由 29.31%、28.46%、19.86%、6.51%、6.46%、4.26%、3.14%、70.29%(水平距离为 20 cm)减小到 24.31%、9.51%、12.61%、4.11%、4.93%、2.36%、1.98%、26.20%(水平距离为 60 cm),前者分别是后者的 1.21、2.99、1.57、1.58、1.31、1.81、1.56、2.68 倍;随着垂直深度的增加,水平距离 60 cm 以内各层土壤速效氮、有机质、黏粒的平均降幅依次由 29.66%、38.92%、10.17%(垂直深度为 0～10 cm)减小到 25.54%、9.62%、1.45%(垂直深度为 40～60 cm),前者分别是后者的 1.16、4.04、7.01 倍,速效磷、速效钾、pH、含水率的平均降幅均不大,依次在 15%、8%、2.5%、3%左右。上述结果与许传阳等研究结果基本一致[174]。

经相关性检验,土壤黏粒含量、有机质含量、速效氮含量、速效磷含量与细菌数量的相关系数依次为 0.925、0.876、0.780、0.964,与放线菌数量的相关系数依次为 0.908、0.857、0.742、0.969,与真菌数量的相关系数依次为 0.902、0.831、0.709、0.971,均达到极显著正相关水平($P<0.01$);而土壤速效钾、pH、含水率与土壤真菌、细菌、放线菌数量相关性均不显著。该结果中土壤含水率、pH 与微生物数量的相关性与前人结果不一致[175],可能是本研究中的采动地裂缝因产生时间短使得土壤水分、酸碱度变化不大所致。由此可见,采动地裂缝周围土壤中真菌、细菌、放线菌数量空间变化特征与土壤有机质、速效氮、速效磷及黏粒含量存在高度的一致性,在不同的水平距离上均具有较强的相关性,具有良好的指示作用。

(二) 灰色关联分析

基于灰色关联分析方法,分别针对地表沉陷和采动地裂缝两种采动损害类型,计算了土壤细菌、放线菌、真菌数量与土壤理化性质的灰色关联度[171],结果分别见表 3-6、表 3-7。

表 3-6　采煤沉陷坡面土壤微生物数量与土壤理化性质的灰色关联度

微生物种类	土壤理化性质						
	含水率	黏粒	pH	有机质	速效氮	速效磷	速效钾
细　菌	0.744	0.597	0.662	0.554	0.861	0.773	0.781
放线菌	0.831	0.714	0.565	0.680	0.911	0.848	0.851
真　菌	0.799	0.669	0.534	0.631	0.893	0.820	0.825

表 3-7　采动地裂缝周围土壤微生物数量与土壤理化性质的灰色关联度

微生物种类	土壤理化性质						
	含水率	黏粒	pH	有机质	速效氮	速效磷	速效钾
细　菌	0.718	0.565	0.468	0.520	0.845	0.751	0.760
放线菌	0.850	0.698	0.439	0.663	0.905	0.838	0.842
真　菌	0.843	0.731	0.528	0.698	0.917	0.858	0.860

由表 3-6 可知:在地表沉陷的影响下,土壤理化性质与土壤细菌数量的灰色关联度由大到小的排序为:速效氮含量>速效钾含量>速效磷含量>含水率>pH>黏粒含量>有机质含量。其中,速效氮含量与细菌数量的灰色关联度最高,为 0.861;速效钾含量、速效磷含量、含水率与细菌数量的灰色关联度在 0.7 以上;pH、黏粒含量、有机质含量与细菌数量的灰色关联度在 0.5～0.7 之间。

土壤理化性质与土壤放线菌数量的灰色关联度由大到小的排序为:速效氮含量>速效

钾含量＞速效磷含量＞含水率＞黏粒含量＞有机质含量＞pH。其中，速效氮含量与放线菌数量的灰色关联度最高，为0.911；速效钾含量、速效磷含量、含水率与放线菌数量的灰色关联度在0.8以上；黏粒含量与放线菌数量的灰色关联度在0.7以上；pH、有机质含量与细菌数量的灰色关联度在0.5～0.7之间。

土壤理化性质与土壤真菌数量的灰色关联度由大到小的排序为：速效氮含量＞速效钾含量＞速效磷含量＞含水率＞黏粒含量＞有机质含量＞pH。其中，速效氮含量与真菌数量的灰色关联度最高，为0.893；速效钾含量、速效磷含量与真菌数量的灰色关联度在0.8以上；含水率与真菌数量的灰色关联度在0.7以上；黏粒含量、pH、有机质含量与真菌数量的灰色关联度在0.5～0.7之间。

由表3-7可知：在采动地裂缝的影响下，土壤理化性质与土壤细菌数量的灰色关联度由大到小的排序为：速效氮含量＞速效钾含量＞速效磷含量＞含水率＞黏粒含量＞有机质含量＞pH。其中，速效氮含量与细菌数量的灰色关联度最高，为0.845；速效钾含量、速效磷含量、含水率与细菌数量的灰色关联度在0.7以上；pH、黏粒含量、有机质含量与细菌数量的灰色关联度在0.5～0.6之间。

土壤理化性质与土壤放线菌数量的灰色关联度由大到小的排序为：速效氮含量＞含水率＞速效钾含量＞速效磷含量＞黏粒含量＞有机质含量＞pH。其中，速效氮含量与放线菌数量的灰色关联度最高，为0.905；速效钾含量、速效磷含量、含水率与放线菌数量的灰色关联度在0.8以上；黏粒含量、pH、有机质含量与细菌数量的灰色关联度在0.5～0.7之间。

土壤理化性质与土壤真菌数量的灰色关联度由大到小的排序为：速效氮含量＞速效钾含量＞速效磷含量＞含水率＞黏粒含量＞有机质含量＞pH。其中，速效氮含量与真菌数量的灰色关联度最高，为0.917；速效钾含量、速效磷含量、含水率与真菌数量的灰色关联度在0.8以上；黏粒含量与真菌数量的灰色关联度在0.7以上；pH、有机质含量与真菌数量的灰色关联度在0.5～0.7之间。

（三）综合分析

结合相关性分析结果与灰色关联分析结果，得到表3-8。

表3-8　两种方法综合对比

采动损害类型	微生物种类	相关性分析结果	灰色关联分析结果
地表沉陷	细　菌	黏粒、有机质、速效磷	速效氮、速效钾、速效磷、含水率
	放线菌	黏粒、速效氮、有机质、速效磷	速效氮、速效钾、速效磷、含水率
	真　菌	黏粒、有机质、速效磷	速效氮、速效钾、速效磷、含水率
采动地裂缝	细　菌	黏粒、有机质、速效磷	速效氮、速效钾、速效磷、含水率
	放线菌	黏粒、有机质、速效磷	速效氮、速效钾、速效磷、含水率
	真　菌	黏粒、有机质、速效磷	速效氮、速效钾、速效磷、含水率

综合两种方法的结果得出：对于地表沉陷坡面土壤和采动地裂缝周围土壤而言，黏粒、速效氮、有机质、速效磷是土壤微生物变化的重要指示因素。

第二节　采煤沉陷对土壤酶的影响

一、地表沉陷对土壤酶的影响

（一）野外采样

将柠条塔井田北翼主采煤层典型工作面范围作为采样区域，选取形成时间为1～2年的沉陷坡面进行采样，中心坐标为E110.38°，N39.09°，区内坡面平均坡度为22°，平均坡长为50 m，坡型为均匀坡，坡向为西南方向，植被类型大多为草地植被，包括黑沙蒿、蒙古莸等，植被覆盖度约为43%。根据采动损害部位分区性特征将沉陷坡上部10 m划分为坡顶，中间部分30 m划分为坡中，下部10 m划分为坡脚。根据采样区的实际情况，设计如下采样方案（图3-1）：第一，采样区内选取形态相似的5个沉陷坡面，分别在沉陷坡面坡顶、坡中、坡脚三个部位随机布设3个1 m×1 m的采样方进行采样，并按照五点采样法在每个样地采集土壤样品，且使用土钻取土法分层采集垂直深度为0～10 cm、10～20 cm、20～40 cm和40～60 cm等4个深度的土壤样品混合相同垂直深度的土壤；第二，在采样工作面500 m以外的未开采区内选择坡度、坡长、坡形、坡向、植被覆盖度及群落类型相似的3个自然坡面作为对照，按照上述方法采集土壤样品；第三，共采集144个土壤样品，所有土壤样品装入干净的聚乙烯采样袋，标记编号，带回实验室后立即置于−80 ℃冰箱内保存，每个土壤样品各取一半用于测定土壤酶活性指标，另一半用于测定土壤主要理化指标。

（二）室内测试

室内实验测定土壤蔗糖酶、脲酶、过氧化物酶、磷酸酶等4种土壤酶。其中蔗糖酶为土壤生物体提供充分能源，其活性反映了土壤有机碳累积与分解转化的规律，可用来表征土壤的碳素状况；脲酶能够促进土壤尿素水解，可用来表征土壤的氮素状况；过氧化物酶用于分解生物呼吸及有机物分解过程产生的过氧化氢，可以表征土壤总的生物学活性和肥力状况；磷酸酶用于有机磷脱P反应，可提高土壤中速效磷含量，可以表征土壤的肥力状况。土壤细菌、真菌和放线菌等作为土壤酶的重要来源之一，特定的土壤酶活性与土壤微生物的类群密切相关，比如放线菌能释放降解腐殖质和木质素的过氧化物酶、氧化酶等。真菌的木霉属和腐霉属可释放酸性和碱性磷酸酶、脲酶、纤维素分解酶等。

土壤酶活性采用酶标仪进行检测，过氧化氢酶的活性采用高锰酸钾滴定法测定；蔗糖酶（又名转化酶）的活性采用3,5-二硝基水杨酸比色法测定；脲酶的活性采用苯酚钠比色法测定；碱性磷酸酶的活性采用磷酸苯二钠比色法测定。土壤理化性质测定方法与本章第一节“地表沉陷对土壤微生物的影响”中“室内测试”一致，不再赘述。

（三）数据处理

实验数据使用SPSS22.0软件进行数理统计分析，采用单因素方差分析进行显著性检验，利用Person相关性系数进行相关性分析。相关图件采用ArcMap10.2、CorelDRAW、Origin2021软件绘制。

（四）实验结果

研究区采煤沉陷坡面 0～60 cm 土壤酶活性测定结果见表 3-9。

表 3-9 沉陷坡面不同部位土壤酶活性检测结果

部位坡面	土壤深度/cm	蔗糖酶/[mg/(g·d)]	脲酶/[mg/(g·d)]	过氧化氢酶/[mg/(g·d)]	磷酸酶/[mg/(g·d)]
坡顶	0～10	19.04±1.20^{a}	0.84±0.11^{a}	2.58±0.21^{a}	1.71±0.22^{a}
	10～20	8.21±0.79^{b}	0.68±0.22^{ab}	2.48±0.01^{a}	1.49±0.09^{a}
	20～40	2.90±0.21^{c}	0.55±0.11^{bc}	2.43±0.05^{a}	1.04±0.16^{b}
	40～60	2.00±0.06^{c}	0.34±0.08^{c}	2.38±0.04^{a}	0.87±0.11^{b}
坡中	0～10	16.34±1.61^{a}	0.76±0.02^{a}	2.45±0.01^{a}	1.39±0.11^{a}
	10～20	9.50±0.95^{b}	0.66±0.05^{b}	2.36±0.06^{ab}	1.21±0.14^{a}
	20～40	1.46±0.07^{c}	0.43±0.06^{c}	2.31±0.02^{bc}	0.85±0.06^{b}
	40～60	1.41±0.16^{c}	0.29±0.02^{d}	2.22±0.08^{c}	0.64±0.01^{c}
坡脚	0～10	24.81±2.55^{a}	1.29±0.20^{a}	2.57±0.03^{a}	2.19±0.04^{a}
	10～20	13.04±1.03^{b}	1.11±0.07^{a}	2.45±0.11^{ab}	1.67±0.14^{b}
	20～40	4.11±0.11^{c}	0.89±0.05^{b}	2.40±0.15^{ab}	1.50±0.15^{bc}
	40～60	2.94±0.03^{c}	0.52±0.09^{c}	2.31±0.11^{b}	1.22±0.20^{c}
坡顶 CK	0～10	26.94±2.01^{a}	1.29±0.07^{a}	2.89±0.14^{a}	2.53±0.13^{a}
	10～20	11.98±1.66^{b}	1.05±0.08^{ab}	2.81±0.15^{a}	2.10±0.02^{b}
	20～40	4.02±0.16^{c}	0.81±0.22^{b}	2.67±0.20^{a}	1.49±0.15^{c}
	40～60	2.76±0.09^{c}	0.51±0.11^{c}	2.62±0.04^{a}	1.24±0.06^{d}
坡中 CK	0～10	23.87±1.47^{a}	1.32±0.14^{a}	2.81±0.06^{a}	2.13±0.07^{a}
	10～20	13.69±0.79^{b}	1.12±0.14^{a}	2.66±0.02^{b}	1.77±0.20^{b}
	20～40	1.98±0.07^{c}	0.74±0.13^{b}	2.57±0.03^{c}	1.23±0.07^{c}
	40～60	1.91±0.01^{c}	0.49±0.14^{b}	2.46±0.01^{d}	0.95±0.07^{d}
坡脚 CK	0～10	34.12±2.52^{a}	1.84±0.01^{a}	2.91±0.20^{a}	2.91±0.11^{a}
	10～20	18.21±0.72^{b}	1.57±0.01^{b}	2.77±0.04^{ab}	2.17±0.04^{b}
	20～40	5.46±0.20^{c}	1.31±0.01^{c}	2.69±0.01^{ab}	1.92±0.05^{c}
	40～60	3.92±0.09^{c}	0.75±0.03^{d}	2.59±0.20^{b}	1.56±0.06^{d}

注：同一指标同列数据后不同字母表示在 0.05 的水平上差异显著。

（五）规律分析

根据表 3-9，绘制了采煤沉陷坡面不同坡面部位、不同土壤垂直深度的土壤酶活性对比图，见图 3-5。

根据表 3-9、图 3-5 可知：

第一，相对于对照组，黄土沉陷坡面坡顶部位土壤蔗糖酶、脲酶、过氧化氢酶、磷酸酶活性在 0～10 cm 土层依次减少了 29.31%（$P<0.05$）、34.88%（$P<0.05$）、10.73%（$P<$

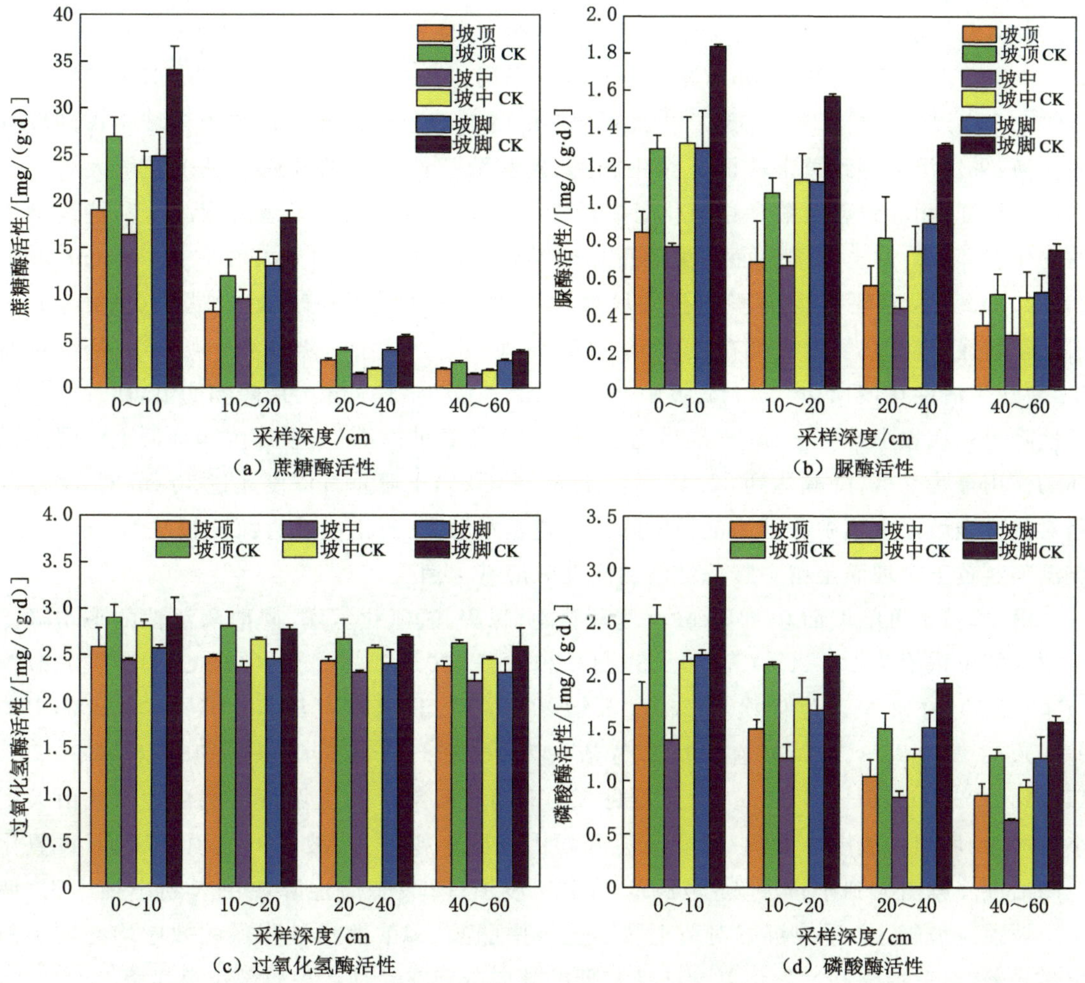

(a) 蔗糖酶活性　(b) 脲酶活性　(c) 过氧化氢酶活性　(d) 磷酸酶活性

图 3-5　采煤沉陷坡面不同部位及深度土壤酶活性对比图[170]

0.05)、32.41%(P<0.05)，在 10～20 cm 土层依次减少了 31.47%(P<0.05)、35.24%(P<0.05)、11.70%(P<0.05)、29.05%(P<0.05)，在 20～40 cm 土层依次减少了 27.86%、32.10%(P<0.05)、9.09%(P<0.05)、30.20%(P<0.05)，在 40～60 cm 土层依次减少了 27.54%、33.33%、9.16%(P<0.05)、29.84%(P<0.05)；坡中部位土壤蔗糖酶、脲酶、过氧化氢酶、磷酸酶活性在 0～10 cm 土层依次减少了 31.53%(P<0.05)、42.42%(P<0.05)、12.81%(P<0.05)、34.74%(P<0.05)，在 10～20 cm 土层依次减少了 30.61%(P<0.05)、41.07%(P<0.05)、11.28%(P<0.05)、31.64%(P<0.05)，在 20～40 cm 土层依次减少了 26.22%、41.89%(P<0.05)、10.21%(P<0.05)、30.89%(P<0.05)，在 40～60 cm 土层依次减少了 26.16%、40.82%、9.76%(P<0.05)、32.63%(P<0.05)；坡脚部位土壤蔗糖酶、脲酶、过氧化氢酶、磷酸酶活性在 0～10 cm 土层依次减少了 27.29%(P<0.05)、29.89%(P<0.05)、11.68%(P<0.05)、24.74%(P<0.05)，在 10～

20 cm 土层依次减少了 28.37%($P<0.05$)、29.30%($P<0.05$)、11.55%($P<0.05$)、23.04%($P<0.05$),在 20～40 cm 土层依次减少了 24.72%、32.06%($P<0.05$)、10.78%($P<0.05$)、21.88%($P<0.05$),在 40～60 cm 土层依次减少了 25.00%、30.67%、10.81%($P<0.05$)、21.79%($P<0.05$)。由此可见:① 随着黄土坡面部位由坡顶到坡中再到坡脚的转换,采煤沉陷导致黄土坡面土壤中脲酶、磷酸酶活性下降的效应均呈现先增大后减小的变化特征,而导致蔗糖酶和过氧化氢酶活性下降的效应却分别呈现持续减小和持续增大的变化特征;② 黄土沉陷坡面土壤中蔗糖酶活性在坡顶 10～20 cm、坡中 0～10 cm、坡脚 10～20 cm 土层降幅明显,脲酶活性在坡顶 10～20 cm、坡中 0～10 cm、坡脚 20～40 cm 土层降幅明显,过氧化氢酶活性在坡顶 10～20 cm、坡中 0～10 cm、坡脚 0～10 cm 土层降幅明显,磷酸酶活性在坡顶 0～10 cm、坡中 0～10 cm、坡脚 0～10 cm 土层降幅明显,四种土壤酶活性降幅均在坡中 0～10 cm 土层最为显著;③ 在任意坡面部位,采煤沉陷降低土壤脲酶活性的作用最为显著,降幅达到 30.48%～41.55%;④ 当土壤垂直深度超过 20 cm 时,采煤沉陷对黄土全坡面土壤中蔗糖酶活性的降低效应基本消失,当土壤垂直深度超过 40 cm 时,采煤沉陷对黄土全坡面土壤中脲酶活性的降低效应基本消失。

第二,黄土沉陷坡面 0～60 cm 土壤蔗糖酶、脲酶、过氧化氢酶、磷酸酶活性的平均降幅在坡顶部位依次为 29.04%($P<0.05$)、33.89%($P<0.05$)、10.17%($P<0.05$)、30.37%($P<0.05$),在坡中部位依次为 28.63%($P<0.05$)、41.55%($P<0.05$)、10.99%($P<0.05$)、32.48%($P<0.05$),在坡脚部位依次为 26.35%($P<0.05$)、30.48%($P<0.05$)、11.21%、22.86%($P<0.05$)。由此可见:① 不同坡面部位的土壤蔗糖酶活性降幅由大到小排序为:坡顶>坡中>坡脚;脲酶活性降幅由大到小排序为:坡中>坡顶>坡脚;过氧化氢酶活性降幅由大到小排序为:坡脚>坡中>坡顶;磷酸酶活性降幅由大到小排序为:坡中>坡顶>坡脚;② 采煤沉陷对黄土坡面土壤中脲酶、磷酸酶活性降低的效应均在坡中部位最显著,对蔗糖酶和过氧化氢酶活性降低的效应分别在坡顶和坡脚部位最显著。

二、采动地裂缝对土壤酶的影响

(一)野外采样

将柠条塔井田北翼主采煤层典型工作面范围作为采样区域,中心坐标为 E110.38°,N39.09°,区内坡面平均坡度为 22°,平均坡长为 50 m,坡型为均匀坡,坡向为西南方向,植被类型大多为草地植被,包括黑沙蒿、蒙古莸等,植被覆盖度约为 43%。区内黄土坡面上发育多组弧形采动地裂缝,近似垂直于地下工作面推进方向(西南方向)展布,形成时间约为 3 个月,裂缝平均间距 10 m。采动地裂缝的宽度由坡顶向坡脚逐渐变小,坡顶处裂缝宽度一般大于 40 cm,坡脚处裂缝宽度一般小于 20 cm。根据采样区实际情况,设计如下采样方案(图 3-3):首先,在坡面上随机选择宽度为 20～40 cm、深度为 20～30 cm 的 3 条采动地裂缝作为采样目标;第二,在每条裂缝上布设间距为 10 m 的 5 个采样断面,每个断面上沿裂缝法向方向布置水平距离为 20 cm、40 cm、60 cm 等 3 个采样点;每个采样点用土钻分层采集垂直深度为 0～10 cm、10～20 cm、20～40 cm、40～60 cm 等 4 层土壤,并将每条采动地裂缝所有断面上相同水平距离和垂直深度的土壤混合后装入干净的聚乙烯采样袋，做好标记，立即放于便携冷藏箱内；第三，在采样工作面西北方向 500 m 以外的未开采区内选择坡度、坡长、坡形、坡向、植被盖度及群落类型相似的黄土坡面作为对照，随机布置 3 个采样点采集各层土壤，将相同垂直深度的土壤混合后装入干净的聚乙烯采样袋，做好标记，立即放于便携冷藏箱内；第四，共计采集土壤样品 64 个，所有土壤样品带回实验室后立即置于－80 ℃冰箱内保存，每个土壤样品各取一半用于测定土壤酶活性指标，另一半用于测定土壤主要理化指标。

（二）室内测试

土壤酶活性采用酶标仪进行检测，过氧化氢酶的活性采用高锰酸钾滴定法测定；蔗糖酶（又名转化酶）的活性测定采用 3,5-二硝基水杨酸比色法测定；脲酶的活性采用苯酚钠比色法测定；碱性磷酸酶的活性采用磷酸苯二钠比色法测定。土壤理化性质测定方法与本章第一节“地表沉陷对土壤微生物的影响”中“室内测试”一致，不再赘述。

（三）数据处理

实验数据使用 SPSS22.0 软件进行数理统计分析，采用单因素方差分析进行显著性检验，利用 Person 相关性系数进行相关性分析。相关图件采用 ArcMap10.2、CorelDRAW、Origin2021 软件绘制。

（四）实验结果

研究区采动地裂缝周围 0～60 cm 土壤酶活性测定结果见表 3-10。

表 3-10 采动地裂缝不同水平距离的土壤酶活性检测结果

水平距离/cm	土壤深度/cm	蔗糖酶/[mg/(g·d)]	脲酶/[mg/(g·d)]	过氧化氢酶/[mg/(g·d)]	磷酸酶/[mg/(g·d)]
20	0～10	2.95±0.50[a]	0.31±0.08[a]	2.15±0.56[a]	0.83±0.16[a]
	10～20	1.11±0.39[b]	0.19±0.05[b]	2.07±0.39[a]	0.67±0.09[b]
	20～40	0.86±0.24[bc]	0.16±0.04[b]	1.95±0.24[a]	0.57±0.04[b]
	40～60	0.25±0.10[c]	0.13±0.02[b]	1.90±0.28[a]	0.45±0.08[c]
40	0～10	3.16±0.59[a]	0.36±0.09[a]	2.31±0.39[a]	1.17±0.09[a]
	10～20	1.52±0.47[b]	0.27±0.07[ab]	2.29±0.17[a]	0.93±0.07[b]
	20～40	0.98±0.26[bc]	0.21±0.03[b]	2.19±0.16[a]	0.72±0.10[c]
	40～60	0.38±0.11[c]	0.15±0.01[b]	2.16±0.11[a]	0.54±0.06[d]
60	0～10	3.76±0.49[a]	0.42±0.05[a]	2.39±0.49[a]	1.58±0.21[a]
	10～20	2.52±0.36[b]	0.26±0.06[b]	2.30±0.36[a]	1.17±0.16[b]
	20～40	1.05±0.23[c]	0.23±0.03[b]	2.23±0.33[a]	0.94±0.09[b]
	40～60	0.42±0.14[c]	0.19±0.04[b]	2.15±0.24[a]	0.61±0.09[c]
CK	0～10	4.27±0.55[a]	0.56±0.05[a]	2.59±0.25[a]	1.88±0.25[a]
	10～20	2.95±0.36[b]	0.35±0.06[b]	2.49±0.16[a]	1.30±0.16[b]

表 3-10(续)

水平距离/cm	土壤深度/cm	蔗糖酶/[mg/(g·d)]	脲酶/[mg/(g·d)]	过氧化氢酶/[mg/(g·d)]	磷酸酶/[mg/(g·d)]
CK	20～40	1.16±0.24[c]	0.28±0.04[bc]	2.44±0.14[a]	1.01±0.06[b]
	40～60	0.46±0.17[d]	0.23±0.03[c]	2.41±0.17[a]	0.66±0.07[c]

注：同一指标同列数据后不同字母表示在 0.05 的水平上差异显著。

（五）规律分析

根据表 3-10，绘制了采煤沉陷坡面不同坡面部位、不同土壤垂直深度的土壤酶活性对比图，见图 3-6。

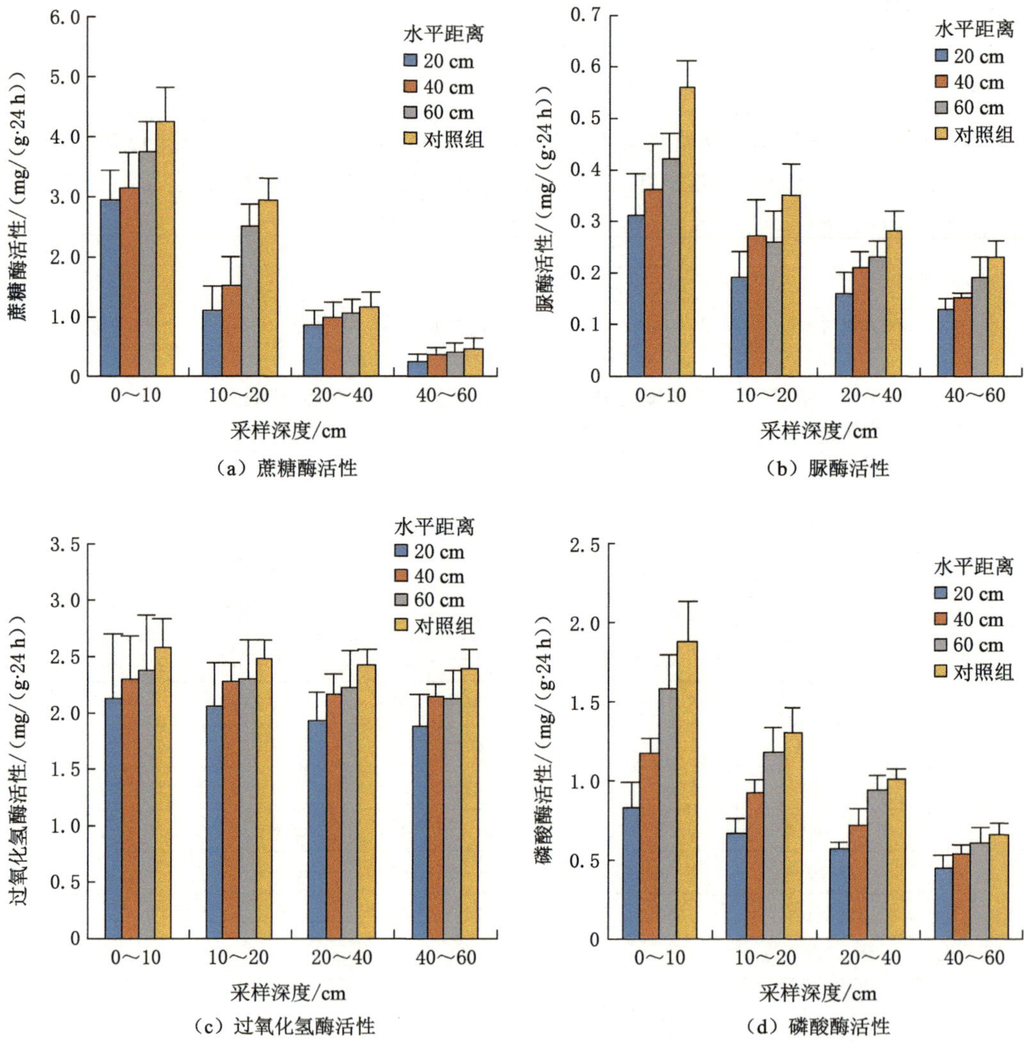

图 3-6　采动地裂缝周围不同水平距离及深度土壤酶活性对比图[172]

根据表 3-10、图 3-7 可知：

相对于对照组，采动地裂缝的发育会显著降低周围土壤（水平距离 60 cm 以内、垂直深度 60 cm 以浅）中蔗糖酶、过氧化氢酶、脲酶、磷酸酶的活性，而且越靠近采动地裂缝，降幅越大。随着距采动地裂缝水平距离的增加，垂直深度 60 cm 以浅土壤中蔗糖酶、过氧化氢酶、脲酶、磷酸酶活性的平均降幅依次由 41.20%、18.78%、44.17%、44.92%（水平距离为 20 cm）减小到 14.90%、8.69%、21.49%、10.12%（水平距离为 60 cm），前者分别是后者的 2.76、2.16、2.05、4.44 倍；随着垂直深度的增加，水平距离 60 cm 以内土壤中蔗糖酶、过氧化氢酶、脲酶活性的平均降幅差异不大，均在 12%～30%左右（10～20 cm 土层蔗糖酶活性除外），磷酸酶活性的平均降幅由 36.53%（垂直深度为 0～10 cm）减小到 19.19%（垂直深度为 40～60 cm），前者是后者的 1.90 倍。上述结果与王锐、毕银丽等研究结果基本一致[173,176]。由此可见，采动地裂缝对周围土壤中蔗糖酶、过氧化氢酶、脲酶活性的负效应主要表现出水平差异特征，且随着水平距离的增加而明显减弱；采动地裂缝对土壤磷酸酶活性的负效应表现出水平、垂直双向差异特征，且随着水平距离、垂直深度的增加而明显减弱。基于线性回归模型，预测当水平距离分别超过 72 cm、82 cm、89 cm、96 cm 时，采动地裂缝对周围土壤中磷酸酶、蔗糖酶、过氧化氢酶、脲酶活性的负效应基本消失[见式(3-5)、式(3-6)、式(3-7)、式(3-8)]；当垂直深度大于 103 cm 时，采动地裂缝不再对土壤磷酸酶活性产生负影响[见式(3-9)]。

$$\delta_{磷酸酶活性1} = -0.87d + 62.573 \quad R^2 = 0.999 \tag{3-5}$$

$$\delta_{蔗糖酶活性} = -0.658d + 53.95 \quad R^2 = 0.997 \tag{3-6}$$

$$\delta_{过氧化氢酶活性} = -0.2523d + 22.537 \quad R^2 = 0.836 \tag{3-7}$$

$$\delta_{脲酶活性} = -0.567d + 54.53 \quad R^2 = 0.974 \tag{3-8}$$

$$\delta_{磷酸酶活性2} = -0.3553h + 36.654 \quad R^2 = 0.945 \tag{3-9}$$

式中：$\delta_{磷酸酶活性1}$为采动地裂缝水平方向土壤磷酸酶活性相对于自然土壤的降幅，%；$\delta_{蔗糖酶活性}$为采动地裂缝水平方向土壤蔗糖酶活性相对于自然土壤的降幅，%；$\delta_{过氧化氢酶活性}$为采动地裂缝水平方向土壤过氧化氢酶活性相对于自然土壤的降幅，%；$\delta_{脲酶活性}$为采动地裂缝水平方向土壤脲酶活性相对于自然土壤的降幅，%；$\delta_{磷酸酶活性2}$为采动地裂缝垂直深度土壤磷酸酶活性相对于自然土壤的降幅，%；d 为距采动地裂缝的水平距离，cm；h 为采动地裂缝周围土壤的垂直深度，cm。

三、采煤沉陷影响下土壤酶变化的指示因素

（一）相关性分析

基于 Person 相关性系数相关性分析方法，分别针对地表沉陷和采动地裂缝两种采动损害类型，计算了土壤蔗糖酶、过氧化氢酶、脲酶、磷酸酶活性与土壤理化性质的相关性，结果分别见表 3-11、表 3-12。

由表 3-10、表 3-11、表 3-12 可知：

表 3-11 采煤沉陷坡面不同部位及深度土壤酶活性与土壤理化性质的相关系数[170]

部位	土壤酶种类	土壤理化性质						
		含水率	黏粒	pH	有机质	速效氮	速效磷	速效钾
坡顶	蔗糖酶	−0.488	0.851**	−0.270	0.894**	0.789**	0.970**	0.777**
	脲酶	−0.308	0.909**	0.169	0.958**	0.940**	0.912**	0.961**
	过氧化氢酶	−0.085	0.742**	0.329	0.852**	0.837**	0.732**	0.846**
	磷酸酶	−0.462	0.986**	−0.012	0.972**	0.937**	0.949**	0.921**
坡中	蔗糖酶	−0.503	0.749**	−0.292	0.842**	0.870**	0.954**	0.803**
	脲酶	−0.538	0.867**	−0.014	0.897**	0.877**	0.892**	0.880**
	过氧化氢酶	−0.477	0.923**	0.021	0.931**	0.848**	0.935**	0.913**
	磷酸酶	−0.626*	0.861**	−0.177	0.891**	0.926**	0.851**	0.890**
坡脚	蔗糖酶	−0.475	0.870**	0.761**	0.851**	0.885**	0.951**	0.803**
	脲酶	−0.420	0.976**	0.730**	0.921**	0.890**	0.905**	0.899**
	过氧化氢酶	0.039	0.850**	0.873**	0.935**	0.876**	0.875**	0.942**
	磷酸酶	−0.292	0.908**	0.741**	0.923**	0.901**	0.966**	0.899**

注:“**”表示在 0.01 的水平上显著相关;“*”表示在 0.05 的水平上显著相关。

表 3-12 采动地裂缝周围土壤酶活性与土壤理化性质的相关系数[171]

土壤酶种类	土壤理化性质						
	含水率	黏粒	pH	有机质	速效氮	速效磷	速效钾
蔗糖酶	−0.140	0.718**	0.371	0.614*	0.663*	0.884**	0.448
脲酶	0.392	0.972**	0.736**	0.952**	0.879**	0.958**	0.874**
过氧化氢酶	0.425	0.957**	0.753**	0.953**	0.924**	0.951**	0.867**
磷酸酶	0.325	0.943**	0.683**	0.905**	0.830**	0.975**	0.824**

注:“**”表示在 0.01 的水平上显著相关;“*”表示在 0.05 的水平上显著相关。

在地表沉陷的影响下,沉陷坡面不同部位土壤(垂直深度 60 cm 以浅)主要理化性质会发生恶化,对土壤酶造成显著的负影响。经相关性检验,沉陷坡面土壤中蔗糖酶、脲酶、过氧化氢酶、磷酸酶活性与土壤黏粒、有机质、速效氮、速效磷、速效钾含量的相关系数均超过 0.7,达到极显著正相关水平($P<0.05$)。坡顶、坡中、坡脚部位的土壤蔗糖酶活性均与土壤速效磷含量相关系数最高,依次为 0.970、0.954、0.951;坡顶、坡中、坡脚部位的土壤脲酶活性分别与土壤速效钾、有机质、黏粒含量相关系数最高,依次为 0.961、0.897、0.976;坡顶、坡中、坡脚部位的土壤过氧化氢酶活性分别与土壤有机质、速效磷、速效钾含量相关系数最高,依次为 0.852、0.935、0.942;坡顶、坡中、坡脚部位的土壤磷酸酶活性分别与土壤黏粒、速效氮、速效磷含量相关系数最高,依次为 0.986、0.926、0.966。由此可见,黄土沉陷坡面土壤酶活性与土壤速效养分、细颗粒和有机质含量在坡面空间尺度上存在高度的一致性,其中有机质、速效磷含量与土壤酶活性在不同的坡面部位上均具有较强的相关性,具有良

好的指示作用。

在采动地裂缝的影响下，其周围土壤（水平距离 60 cm 以内、垂直深度 60 cm 以浅）主要理化性质会发生恶化，对土壤酶活性造成显著的负影响。经相关性检验，土壤黏粒含量、速效磷含量与蔗糖酶活性的相关系数依次为 0.718、0.884；土壤黏粒含量、pH、有机质含量、速效氮含量、速效磷含量、速效钾含量与脲酶活性的相关系数依次为 0.972、0.736、0.952、0.879、0.958、0.874，与过氧化氢酶活性的相关系数依次为 0.957、0.753、0.953、0.924、0.951、0.867，与磷酸酶活性的相关系数依次为 0.943、0.683、0.905、0.830、0.975、0.824，均达到极显著正相关水平（$P<0.01$）；而土壤速效钾、pH、含水率与土壤蔗糖酶活性，土壤含水率与脲酶、过氧化氢酶、磷酸酶活性相关性均不显著。该结果没有发现土壤含水率与土壤酶活性之间具有显著的相关性，与前人结果不一致[174,175]，可能与本研究中的采动地裂缝产生时间短有关。由此可见，采动地裂缝周围土壤中蔗糖酶、过氧化氢酶、脲酶和磷酸酶活性的空间变化特征与土壤有机质、速效氮、速效磷及黏粒含量存在高度的一致性，在不同的水平距离上均具有较强的相关性，具有良好的指示作用。

（二）灰色关联分析

基于灰色关联分析方法，分别针对地表沉陷和采动地裂缝两种采动损害类型，计算了土壤蔗糖酶、过氧化氢酶、脲酶、磷酸酶活性与土壤理化性质的灰色关联度[171]，结果分别见表 3-13、表 3-14。

表 3-13　采煤沉陷坡面土壤酶活性与土壤理化性质的灰色关联度

土壤酶种类	土壤理化性质						
	含水率	黏粒	pH	有机质	速效氮	速效磷	速效钾
蔗糖酶	0.934	0.878	0.716	0.861	0.966	0.939	0.936
脲　酶	0.647	0.482	0.392	0.435	0.800	0.690	0.704
过氧化氢酶	0.638	0.476	0.749	0.430	0.790	0.681	0.695
磷酸酶	0.677	0.502	0.468	0.459	0.755	0.812	0.724

表 3-14　采动地裂缝周围土壤酶活性与土壤理化性质的灰色关联度

土壤酶种类	土壤理化性质						
	含水率	黏粒	pH	有机质	速效氮	速效磷	速效钾
蔗糖酶	0.949	0.903	0.674	0.890	0.974	0.952	0.950
脲　酶	0.674	0.428	0.835	0.453	0.822	0.701	0.755
过氧化氢酶	0.666	0.494	0.500	0.424	0.816	0.668	0.715
磷酸酶	0.633	0.472	0.855	0.426	0.784	0.676	0.689

由表 3-13 可知：在地表沉陷的影响下，土壤理化性质与土壤蔗糖酶活性的灰色关联度由大到小的排序为：速效氮含量＞速效磷含量＞速效钾含量＞含水率＞黏粒含量＞有机质含量＞pH。其中，速效氮含量与蔗糖酶活性的灰色关联度最高，为 0.966；速效钾含量、速

效磷含量、含水率与蔗糖酶活性的灰色关联度在 0.9 以上；黏粒含量、有机质含量与蔗糖酶活性的灰色关联度在 0.8 以上；pH 与蔗糖酶活性的灰色关联度在 0.7 以上。

土壤理化性质与土壤脲酶活性的灰色关联度由大到小的排序为：速效氮含量＞速效钾含量＞速效磷含量＞含水率＞黏粒含量＞有机质含量＞pH。其中，速效氮含量与脲酶活性的灰色关联度最高，为 0.800；速效钾含量、速效磷含量、含水率与脲酶活性的灰色关联度在 0.6 以上；黏粒含量、pH、有机质含量与脲酶活性的灰色关联度在 0.5 以下。

土壤理化性质与土壤过氧化氢酶活性的灰色关联度由大到小的排序为：速效氮含量＞pH ＞速效钾含量＞速效磷含量＞含水率＞黏粒含量＞有机质含量。其中，速效氮含量与过氧化氢酶活性的灰色关联度最高，为 0.790；pH 与过氧化氢酶活性的灰色关联度在 0.7 以上；速效钾含量、速效磷含量、含水率与过氧化氢酶活性的灰色关联度在 0.6 以上；黏粒含量、有机质含量与过氧化氢酶活性的灰色关联度在 0.5 以下。

土壤理化性质与土壤磷酸酶活性的灰色关联度由大到小的排序为：速效磷含量＞速效氮含量＞速效钾含量＞含水率＞黏粒含量＞pH ＞有机质含量。其中，速效磷含量与磷酸酶活性的灰色关联度最高，为 0.812；速效氮含量、速效磷含量与磷酸酶活性的灰色关联度在 0.7 以上；含水率与磷酸酶活性的灰色关联度在 0.6 以上；pH、黏粒含量、有机质含量与磷酸酶活性的灰色关联度在 0.4～0.5 之间。

由表 3-14 可知：在采动地裂缝的影响下，土壤理化性质与土壤蔗糖酶活性的灰色关联度由大到小的排序为：速效氮含量＞速效磷含量＞速效钾含量＞含水率＞黏粒含量＞有机质含量＞pH。其中，速效氮含量与蔗糖酶活性的灰色关联度最高，为 0.974；速效钾含量、速效磷含量、含水率、黏粒含量与蔗糖酶活性的灰色关联度在 0.9 以上；有机质含量与蔗糖酶活性的灰色关联度在 0.8 以上；pH 与蔗糖酶活性的灰色关联度在 0.6 以上。

土壤理化性质与土壤脲酶活性的灰色关联度由大到小的排序为：pH＞速效氮含量＞速效钾含量＞速效磷含量＞含水率＞有机质含量＞黏粒含量。其中，pH 与脲酶活性的灰色关联度最高，为 0.835；速效氮含量与脲酶活性的灰色关联度在 0.8 以上；速效钾含量、速效磷含量与脲酶活性的灰色关联度在 0.7 以上；含水率与脲酶活性的灰色关联度在 0.6 以上；黏粒含量、有机质含量与脲酶活性的灰色关联度在 0.5 以下。

土壤理化性质与土壤过氧化氢酶活性的灰色关联度由大到小的排序为：速效氮含量＞速效钾含量＞速效磷含量＞含水率＞pH ＞黏粒含量＞有机质含量。其中，速效氮含量与过氧化氢酶活性的灰色关联度最高，为 0.816；速效钾含量与过氧化氢酶活性的灰色关联度在 0.7 以上；速效磷含量、含水率与过氧化氢酶活性的灰色关联度在 0.6 以上；pH、黏粒含量、有机质含量与过氧化氢酶活性的灰色关联度在 0.5 以下。

土壤理化性质与土壤磷酸酶活性的灰色关联度由大到小的排序为：pH＞速效氮含量＞速效钾含量＞速效磷含量＞含水率＞黏粒含量＞有机质含量。其中，pH 与磷酸酶活性的灰色关联度最高，为 0.855；速效氮含量与磷酸酶活性的灰色关联度在 0.7 以上；速效磷含量、速效磷含量、含水率与磷酸酶活性的灰色关联度在 0.6 以上；黏粒含量、有机质含量与磷酸酶活性的灰色关联度在 0.5 以下。

（三）综合分析

结合相关性分析结果与灰色关联分析结果，得到表 3-15。

表 3-15　两种方法综合对比

采动损害类型	土壤酶种类	相关性分析结果	灰色关联分析结果
地表沉陷	蔗糖酶	黏粒、有机质、速效氮、速效磷	速效氮、速效磷、速效钾、含水率
	脲　酶	黏粒、有机质、速效磷、速效钾	速效氮、速效磷、速效钾、含水率
	过氧化氢酶	黏粒、有机质、速效钾、速效磷	速效氮、速效磷、速效钾、pH
	磷酸酶	黏粒、有机质、速效氮、速效磷	速效氮、速效磷、速效钾、含水率
采动地裂缝	蔗糖酶	黏粒、有机质、速效氮、速效磷	速效氮、速效磷、速效钾、含水率
	脲　酶	黏粒、有机质、速效氮、速效磷	速效氮、速效磷、速效钾、pH
	过氧化氢酶	黏粒、有机质、速效氮、速效磷	速效氮、速效磷、速效钾、含水率
	磷酸酶	黏粒、有机质、速效氮、速效磷	速效氮、速效磷、速效钾、pH

综合两种方法的结果得出：对于地表沉陷坡面土壤和采动地裂缝周围土壤而言，黏粒、速效氮、有机质、速效磷是土壤酶活性的重要指示因素。

第三节　采煤沉陷影响土壤微生物及酶的原因

一、地表沉陷影响土壤微生物及酶的原因

由于地貌外在形态和土体内在结构的差异，陕北黄土地貌微地形（坡面）在采煤沉陷过程中表现出截然不同的移动变形特征，以致坡面土壤的机械组成、水、肥、气、热条件以及植被性状发生差异化的改变，并最终深刻影响着土壤微生物和酶活性。黄土地貌的地表形态以梁峁起伏、沟壑纵横为特征，加之黄土的垂直节理发育、湿陷性、高孔隙比等属性，使得地表在采煤沉陷过程中表现出鲜明的非连续移动变形特征，尤以坡面沉陷变形最为明显。在采煤沉陷过程中，黄土坡面的坡顶部位不仅会发生垂直下沉和水平变形，还会受到地表倾斜的影响，产生沿着坡面倾向的移动变形，导致坡顶部位土壤的“拉张效应”非常显著；坡中部位的地表坡度呈现增大的趋势，造成坡中部位出现明显的“变陡效应”；坡脚部位在沟谷土体和对面坡体下沉移动的双重挤压条件下，出现地表抬升现象，导致坡脚部位土壤的“挤压效应”明显[177]。

沉陷坡面坡顶部位“拉张效应”一方面使得土壤孔隙增多，提高了土壤通气性，增强了土壤空气与大气的交换能力，在导致厌氧型微生物数量锐减的同时，也为好氧型微生物提供了良好环境条件，促进其生长繁殖，而好氧型微生物约为土壤微生物总量的 60%～80%[178]，以致部分抵消了采煤沉陷对微生物数量的负影响，且土壤氧气含量通过直接影响微生物数量而间接影响酶活性，并与蔗糖酶活性呈正相关[179]；另一方面使得土壤孔隙度增大，土壤质地疏松，加快了壤中流的形成，促进了地表径流的入渗作用，扩大了土壤水分的

蒸发面积，导致土壤水分“双向”流失，以致微生物的代谢活性和呼吸底物的扩散受到限制，微生物活性下降甚至死亡，进而影响到土壤微生物对各类土壤酶的分泌功能，加之土壤水分减少会抑制土壤酶活性[180]，二者均会造成酶活性降低。温度也是影响土壤微生物和酶的重要因素之一，强烈的拉伸作用使得土层开裂，改变了原有土壤孔隙特征，降低了土壤的热传导性能，以致土壤温度不均衡，出现局部温度“过高”或“过低”的现象。土壤温度过高会破坏微生物细胞中的蛋白质或核酸[177]，使得土壤酶钝化或失活[181]，过低则会减弱微生物的呼吸作用[170]，不利于微生物生长繁殖，土壤酶因失去重要来源而降低其活性。但有研究发现，土壤含水量较低时，温度变化对微生物的影响较弱，且微生物对温度适应范围较广，温度对微生物的影响可能会被自身通过调节所降低[182]，进而减弱部分采煤沉陷对微生物数量的降低效应。在“拉张效应”作用下，植物根系严重机械拉伤，部分根系因裸露在外而干枯死亡[177]，导致植物根系分泌功能降低，根际微生物因缺少生存繁殖必需的营养物质而大量死亡[170]，而土壤微生物和植物根系均是土壤酶的重要来源[183]，其受损程度必然对土壤酶活性有抑制作用。但有研究表明，土壤疏松使得植物根系细胞的呼吸作用和对养分的吸收能力增强，植被因其抗沉陷干扰能力不同逐渐演变形成新物种[184]，导致植被受损程度降低，减弱了采煤沉陷对土壤微生物和酶的负效应。与此同时，“拉张效应”还使得植物根系对土壤养分的拦截和保护功能降低，土壤中有机质、氮、磷、钾元素大量流失。土壤有机质不仅是土壤微生物的重要的碳源和氮源，对土壤微生物的繁殖、代谢起关键作用，也是土壤微生物和酶的有机载体，影响土壤酶的稳定性[185]。绝大部分微生物均参与土壤的氮循环[186]，土壤速效氮的流失不仅导致微生物生长繁殖所需的氮源减少，抑制微生物生长繁殖，也使得参与氮素转化、循环的脲酶活性降低[170]。速效磷是影响土壤微生物生长和酶活性的另一重要养分因子，其含量降低会对土壤微生物的群落结构产生不利影响[187]，也使得与土壤磷素转化密切相关的磷酸酶的活性下降[188]。速效钾作为驱动土壤真菌群落结构变化的重要因子，对土壤微生物也有显著影响[189]。此外，土壤有机质和黏粒以复合形式形成土壤团聚体，且土壤有机质作为主要胶结物质维持土壤团聚体的稳定性[190]，土壤黏粒对微生物在团聚体上的分布和活性有较大影响[191]，而采煤沉陷加剧了土壤颗粒的聚沉效应，导致土壤有机质和黏粒含量减少，土壤团聚体破坏崩解，以致各类土壤微生物和酶因失去生存场所和养分来源大量死亡[170]。但有研究表明，随着土壤黏粒含量降低，土壤通气透水性增强，土壤有机质积累的时间更短，更有利于土壤微生物的生长[192]，而土壤微生物是土壤酶的主要来源，进而抵消部分采煤沉陷对土壤酶活性的负影响。“拉张效应”使得坡顶部位土壤受到强烈的拉伸作用，土壤孔性结构变化最为明显，土壤孔隙度增幅达到最大，导致采煤沉陷对土壤微生物和酶的正负效应均十分显著，以致正负效应相互叠加，部分负效应被正效应冲抵，这可能是黄土坡面坡顶部位土壤微生物数量和酶活性虽然整体呈现下降趋势，但不是受采煤沉陷影响最显著的部位的重要原因。

沉陷坡面坡中部位“变陡效应”使得原有土壤孔隙特征改变，加剧了空气、热量对土壤的侵入，土壤微生物和酶的生存繁殖条件改变，引起了土壤微生物的生理胁迫，以致部分微生物由于不能适应生存环境的改变而停止繁殖甚至死亡[180]，而土壤酶也因失去主要来源而降低其活性。与此同时，地表坡度增大使得土壤受垂直坡面的压力减小，而受沿坡面倾向方向的力增大[193]，导致土壤水分、黏粒大量流失。但坡顶部位流失的土壤水分、黏粒等会对坡中部位进行补给，从而减弱部分采煤沉陷对土壤的负影响。此外，"变陡效应"还会严重破坏坡面植被的生境，导致植被对土壤养分的拦截与保护功能受损[177]。"变陡效应"使得坡中部位地表整体移动和倾斜作用增强，土壤孔性结构变化最为明显，土壤孔隙度的增幅较大，但小于坡顶部位，叠加上坡顶部位的"补给效应"，二者共同导致采煤沉陷对土壤微生物和酶的正负效应不同程度地有所减弱，但考虑到坡顶部位的"补给效应"主要体现在土壤机械组成、水分、养分条件上，而对土壤气、热、植被状况的影响不大，且土壤的孔性结构改变对其他理化特性的影响呈非线性特征，正效应的降幅可能比负效应更大，以致采煤沉陷对土壤微生物和酶的正效应被大大削弱，而负效应产生的结果被放大，最终导致采煤沉陷对土壤微生物数量和酶活性的负效应占主导地位，这可能是采煤沉陷整体上对黄土坡面坡中部位土壤微生物数量和酶活性的降低效应最大的重要原因。

"挤压效应"使得坡脚部位土壤形成堆积体形态[177]，土壤孔隙度的增幅最小，土壤温度的局部差异性减小，且大量在坡顶和坡中部位流失的土壤水分、养分、黏粒等在坡脚处汇集，以致采煤沉陷对土壤的机械组成、水、肥、气、热条件及植被性状的负影响显著降低。由于坡脚部位土壤孔隙度的增幅小于坡顶、坡中部位，采煤沉陷对坡脚部位土壤的损害程度最低，进而导致采煤沉陷对土壤微生物和酶的正效应和负效应均不同程度地降低。考虑到坡顶、坡中部位均会对坡脚部位进行补给，坡脚部位的补给作用显著提高，土壤机械组成、水分、养分条件有明显改善，且采煤对坡脚部位土壤气、热、植被状况等因素的负影响均最小，以致正效应减弱的强度比负效应小，最终导致采煤沉陷对土壤微生物和酶的正效应被强化，负效应产生的影响被削弱，这可能是采煤沉陷整体上对黄土坡面坡脚部位土壤微生物数量和酶活性的降低效应最小的重要原因。

二、采动地裂缝影响土壤微生物及酶的原因

采动地裂缝产生后，一方面使得裂缝处及附近土壤的孔性特征发生改变，孔隙度显著增大，为土壤空气、水分等流体组分的迁移转化提供了更多更大的空间，以致土壤的水、肥、气、热及机械组成等条件发生变化，进而引起土壤微生物的生理胁迫和酶活性的下降[184]；另一方面，使得裂缝周围土壤中植物根系的自然性状严重受损，进而引起土壤微生物和酶的损害[194]。

土壤水分作为半干旱气候条件下控制土壤微生物数量和活性的重要环境因子，对微生物的细胞结构以及吸收、代谢水分养分等生理功能都会产生重要影响[195]。采动地裂缝的发育使得土壤孔隙增多、增大，不仅降低了土壤的持水能力，增强了降水和地表径流的入渗作用，而且扩大了土壤与空气的接触面积，加剧了土壤水分的蒸发，最终导致土壤水分大量损失，已有研究表明采动地裂缝会造成土壤水分损失 60%左右[196]。土壤水分产生的"双向"大量流失会明显提升土壤溶液的浓度，引发土壤微生物细胞与微生境间的水势增高，使得微生物细胞膜的渗透压增大，细胞内水分向微生境扩散，造成细胞因大量脱水而发生质壁分离，吸收、转运、代谢养分的功能减弱，最终导致微生物活性下降甚至死亡。该效应对于喜湿环境的真菌和依赖土壤水移动的细菌则更加明显[197]。这与本研究中采动地裂缝导

致土壤真菌数量平均下降幅度最大、细菌次之的结果较为吻合。土壤微生物作为土壤酶的重要来源之一，其受损程度必然影响各类土壤酶的分泌功能，加之土壤水分减少对土壤酶活性的抑制作用[185]，二者共同导致土壤酶的数量逐渐降低。这与本研究中采动地裂缝周围土壤中蔗糖酶、脲酶、过氧化氢酶、磷酸酶都出现明显减少的结果相一致。需要说明的是，本研究结果显示采动地裂缝周围土壤的含水率较对照组仅平均下降了 6％，且与细菌、真菌、放线菌、蔗糖酶、脲酶、过氧化氢酶、磷酸酶活性的相关性均未达到显著性水平，这可能与裂缝形成时间短，对土壤水分及土壤微生物、酶活性的损害效应尚未充分显现有关。

土壤温度作为影响微生物和酶的重要环境因子之一，对土壤微生物的存活、繁殖、呼吸状态以及酶活性都具有显著的控制作用。采动地裂缝的发育不仅提高了空气、热量向土壤的侵入强度，而且减弱了土壤热传导功能，以致热量在局部土壤的异常聚集或消散，引起局部土壤温度的"过高"或"过低"，这种现象在昼夜、季节温差大的研究区则更加突出。土壤温度的增高一般有利于土壤微生物的生长代谢和酶活性的提升，但在缺水的条件下反而对微生物、酶产生消极影响[198]。"过高"的土壤温度会导致微生物细胞中蛋白质、核酸等发生不可逆的破坏，土壤酶发生钝化甚至完全失活，进而造成土壤微生物死亡和土壤酶活性降低；"过低"的土壤温度则会减弱微生物的呼吸作用，降低微生物氧化分解反应的速率，导致停止繁殖的现象[199]。因此，由于采动地裂缝发育导致的土层移动变形程度往往在裂缝处最大，越向两侧越小，以致因土壤孔隙度、水分变化而产生的温度异常在裂缝处最为明显，对土壤微生物和酶的负影响也最大。这可能是导致越靠近采动地裂缝，土壤微生物和酶活性下降幅度越大的原因之一。

土壤团聚体和黏粒含量对土壤微生物及酶也具有重要影响。土壤团聚体不仅为土壤微生物及酶提供生存活动的场所，而且还为土壤微生物的繁殖、代谢提供丰富的养分[200]。有研究表明，土壤中约 80％～90％的细菌和大量的真菌孢子都附着在土壤团聚体表面，土壤团聚体的结构越稳定，土壤酶的活性越高[201]。土壤黏粒不仅是土壤团聚体形成的关键成分，更会直接影响土壤微生物和酶。研究发现土壤微生物和酶集中存在于团聚状的黏粒中[202]，且粒径越小，微生物多样性越大，酶活性越高[201]。采动地裂缝的发育造成土壤孔隙度增大、含水率下降，引起或加剧了水、气侵蚀效应和土壤颗粒的聚沉效应，导致土壤黏粒含量明显减少，破坏了土壤团聚体的稳定结构，促进了土壤团聚体的崩解。这不仅造成附着在土壤团聚体或黏粒表面的好氧兼厌氧类土壤微生物、各类土壤酶因失去生存场所和养分来源大量死亡，也使得土壤团聚体内部的厌氧类土壤微生物暴露于外部空气中而活性锐减。

土壤有机质作为土壤微生物的重要能源和营养源[203]，对微生物的生存、繁殖、代谢都具有非常重要的作用。采动地裂缝的发育使得有机质在地表径流作用下沿土壤孔隙和地裂缝向深层土壤迁移流失，同时孔隙度的增大还会提高有机质的氧化分解速率，导致有机质含量显著降低[204]。本研究结果显示采动地裂缝的出现使得周围土壤有机质含量平均下降约 34％。由于土壤中细菌、真菌的绝大部分菌属都与碳循环密切相关，因此裂缝区土壤有机质的流失会导致微生物碳源缺少，土壤对微生物的能量和营养供应能力随之下降，抑制了土壤微生物的生长繁殖，以致细菌、真菌的相对丰度降低[205]。与此同时，土壤有机质的减少也使得参与有机质转化、分解的蔗糖酶、过氧化氢酶[175,184]的活性大大降低。此外，由于绝大部分土壤微生物是黏附在土壤有机质或矿物-有机物复合体表面，以单个微生物群落或生物膜的形式存在，因此土壤有机质的减少就意味着微生物生存载体的减少，从而导致土壤微生物酶分泌功能的下降，甚至加剧了土壤微生物的死亡。这可能是导致越靠近采动地裂缝，土壤有机质含量越低，土壤微生物及蔗糖酶、过氧化氢酶活性下降幅度越大的原因之一。

土壤氮、磷、钾养分也显著影响着土壤微生物数量及酶活性。铵态氮作为土壤微生物的另一重要营养源，对微生物的生存繁殖也产生显著影响[206]。有效磷、有效钾对于土壤细菌网络的扩展和群落稳定性的提升具有重要意义[207]。采动地裂缝造成土壤孔隙变多、增大，为土壤养分的氧化和挥发提供了更多的通道，从而导致土壤氮、磷、钾的大量淋失和流失[208]。本研究结果显示采动地裂缝的发育使得周围土壤铵态氮、有效磷、有效钾含量分别平均下降约30%、20%和8%。由于绝大部分微生物均参与土壤的氮循环，因此裂缝区土壤氮素的流失造成微生物生长繁殖所需的氮源减少，从而导致土壤微生物的养分供给不足，抑制了土壤微生物的生长繁殖能力，使得微生物数量减少[209]。与此同时，土壤铵态氮的减少使得深度参与氮素转化、循环的脲酶[210]的活性大大降低，有效磷含量的减少也使得与土壤磷素转化密切相关的磷酸酶的活性降低[188]。这可能是导致越靠近采动地裂缝，土壤铵态氮、有效磷、有效钾含量越低，土壤微生物及脲酶、磷酸酶活性下降幅度越大的原因之一。

土壤中的植物根系与微生物及酶具有非常密切的关系。一方面，植物根系通过与土壤微生物形成稳定的“根菌群落”，对土壤微生物和酶活性产生重要的影响。在植物根系分泌的糖、氨基酸、有机酸等有机物的趋化作用下，土壤中的细菌、真菌等微生物向根际土壤大量聚集、繁殖[211]。同时植物根系又是土壤酶的另一重要来源，通过根系分泌物向土壤中释放各种土壤酶[183]。采动地裂缝使得裂缝处及附近土层发生开裂、错位等严重的移动变形，造成植物水平根系的机械拉伤或拉断，甚至会使部分根系裸露在外干枯死亡，以致植物根系的分泌功能大大降低甚至丧失，进而引起根际微生物生存繁殖必需的碳源、氮源等营养物质的短缺和群落结构的破坏[194]，最终导致根际微生物数量和活性降低。植物根系分泌功能的减弱叠加上根际微生物数量的降低，二者共同导致土壤酶活性的下降。另一方面，植物根系通过穿插等物理加固[212]和分泌根系物生化黏结[213]，形成更加稳定的“根-土复合体”，具有更好的抗侵蚀能力[214]。采动地裂缝对植物根系的损伤引起“根-土复合体”结构的破坏，不仅造成游离态氮、磷、钾等养分的流失[212]，威胁到土壤微生物及酶的能源和养分供应，而且导致土壤黏粒含量的降低，减少了土壤微生物及酶的生存载体[200,202]，最终导致土壤微生物数量和酶活性的下降。由于裂缝处土层的移动变形程度往往最大，越向两侧越小，裂缝处植被根系及“根菌群落”、“根-土复合体”的破坏程度最为严重，对土壤微生物和酶的损害也最大。这可能是导致越靠近采动地裂缝，土壤微生物和酶活性下降幅度越大的原因之一。

综上所述，越靠近采动地裂缝，土壤的物理特性、养分特性、植被质量越差，自我修复潜力越低，土壤微生物和酶活性受胁迫程度越大，其数量及活性越低。因此，在进行采动地裂缝发育区土壤精准修复时，对于靠近裂缝处的区域，建议采用微生物引种、土壤改良、施肥等人工修复措施，对于远离裂缝处的区域，建议采用封育保护等自然恢复措施。

本章小结

本章针对陕北黄土采煤沉陷区沉陷坡面、采动地裂缝两种不同的采动损害类型对土壤微生物和酶的影响作用，以柠条塔井田北翼主采煤层典型工作面范围作为采样区域，分别采集黄土沉陷坡面不同坡面部位（垂直深度60 cm以浅）的土壤样品和宽度为20～40 cm的采动地裂缝周围（水平距离60 cm以内、垂直深度60 cm以浅）土壤样品，分别采用绝对定量PCR方法和酶标仪法测定土壤细菌、放线菌、真菌的数量和蔗糖酶、过氧化氢酶、脲酶、磷酸酶的活性，细致分析土壤微生物数量和酶活性在沉陷坡面上和采动地裂缝周围的空间变化特征，综合土壤主要理化特性，揭示地表沉陷、采动地裂缝在小空间尺度上对土壤微生物和酶的影响规律。研究结果发现：

(1) 地表沉陷会导致沉陷坡面土壤微生物数量和酶活性显著降低，土壤微生物数量的降幅分别达到8.27%～42.39%和11.53%～45.95%，土壤酶活性的降幅分别达到6.52%～39.83%和9.09%～42.42%；随坡面部位由坡顶到坡中再到坡脚的转换，该效应对于土壤细菌、放线菌、真菌数量和土壤脲酶、磷酸酶活性均呈现出先增大后减小的变化特征，对于黄土沉陷坡面土壤中的过氧化氢酶呈现持续增大的变化特征。

(2) 地表沉陷对“坡中部位+0～10 cm土层+各类土壤微生物数量和酶活性”的降低效应最为显著，其可作为陕北采煤沉陷区坡面土壤微生物修复的靶向区域。

(3) 土壤真菌数量和脲酶活性对地表沉陷最为敏感，其降幅分别达到23.28%～45.95%和22.78%～42.42%，二者可作为分析陕北矿区采煤沉陷损害土壤微生物特性的标志物。

(4) 黄土沉陷坡面土壤有机质、速效氮、速效磷、速效钾含量的平均降幅分别为22.21%、21.71%、19.23%、23.61%，与土壤微生物数量及酶活性在坡面尺度上存在高度的一致性，相关系数分别超过0.8和0.7，达到极显著正相关水平($P<0.01$)，其中速效磷、有机质含量与土壤微生物和酶活性的相关系数最高，可作为地表沉陷影响土壤微生物特性的关键指示性因素。

(5) 采动地裂缝对土壤微生物和酶活性的负效应主要表现为水平差异特征，且随着水平距离的增加而明显减弱，当水平距离分别超过75 cm、79 cm、91 cm、72 cm、82 cm、89 cm、96 cm时，采动地裂缝对土壤细菌、放线菌、真菌、磷酸酶、蔗糖酶、过氧化氢酶、脲酶的负影响基本消失，土壤微生物特性的损害主要集中在水平距离1 m以内，可作为陕北煤炭开采损害区土壤微生物精准修复的靶向区域；土壤微生物特性的损害主要集中在水平距离1 m以内，可作为陕北煤炭开采损害区土壤微生物精准修复的靶向区域。

(6) 采动地裂缝周围土壤中有机质、铵态氮、有效磷、有效钾、黏粒、含水率、pH的平均降幅依次为9.51%～28.46%、24.31%～29.31%、12.61%～19.86%、4.11%～6.51%、4.93%～6.46%、2.36%～4.26%、1.98%～3.14%，而土壤有机质、黏粒、铵态氮、有效磷

等指标与土壤微生物数量、酶活性在小空间尺度上都存在高度的一致性，相关系数分别超过0.8和0.6，均达到极显著正相关水平($P<0.01$)，土壤有机质含量也应作为陕北煤矿区采动地裂缝影响土壤微生物和酶活性的重要指示性因素。

(7) 越靠近采动地裂缝，土壤微生物和养分特性的自我恢复潜力越小，修复时应着重考虑人工方式，反之应着重考虑自然方式。

(8) 基于相关性分析和灰色关联分析两种方法得出，对于地表沉陷坡面土壤和采动地裂缝周围土壤而言，黏粒、速效氮、有机质、速效磷是土壤微生物和酶活性变化的重要指示因素。

第四章　陕北黄土沟壑区采煤沉陷对土壤可蚀性的影响

第一节　地表沉陷对土壤可蚀性的影响

一、野外采样

将柠条塔井田北翼主采煤层典型工作面范围作为采样区域，选取形成时间为1～2年的沉陷坡面进行采样，中心坐标为E110.38°，N39.09°，区内坡面平均坡度为22°，平均坡长为50 m，坡型为均匀坡，坡向为西南方向，植被类型大多为草地植被，包括黑沙蒿、蒙古莸等，植被覆盖度约为43%。根据采动损害部位分区性特征将沉陷坡上部10 m划分为坡顶，中间部分30 m划分为坡中，下部10 m划分为坡脚。采集示意图如图4-1所示。

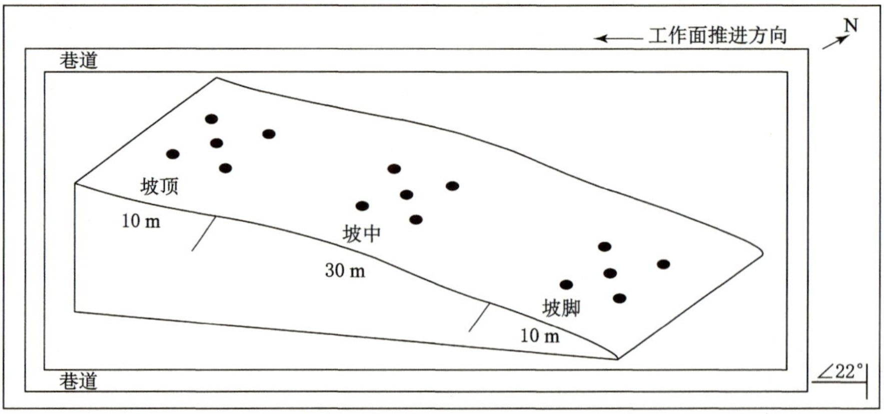

图4-1　采集示意图

根据采样区的实际情况设计采样方案：第一，采样区内选取形态相似的5个沉陷坡面，分别在沉陷坡面坡顶、坡中、坡脚三个部位随机布设3个1 m×1 m的采样方进行采样，并按照五点采样法在每个样地采集土壤样品，且使用土钻取土法分层采集垂直深度为0～10 cm、10～20 cm等2个深度的土壤样品混合相同垂直深度的土壤；第二，在采样工作面500 m以外的未开采区内选择坡度、坡长、坡形、坡向、植被覆盖度及群落类型相似的3个自然坡面作为对照，按照上述方法采集土壤样品；第三，共采集48个土壤样品，所有土壤样品装入干净的聚乙烯采样袋，标记编号，带回实验室。

二、室内测试

检测土壤机械组成和有机质含量的方法见表4-1。

表4-1　土壤机械组成和有机质含量的测定方法

指标	方法	设备仪器	原理	单位
土壤机械组成	激光衍射法	MS2000型激光粒度仪	光源经过土壤胶体溶液的照射发生衍射现象	%
土壤有机质含量	燃烧氧化-非分散红外吸收法	总有机碳分析仪	在极高温度燃烧的情况下，土壤中的有机成分与O_2产生化学反应释放出CO_2，通过测定CO_2的含量可以得出土壤中的有机成分的含量	g/kg

土壤的机械组成是最基本的土壤物理性质之一，其颗粒大小会对土壤孔隙度、水、肥等特性产生重要的影响，进一步对土壤抵抗侵蚀的能力产生不可忽视的作用。土壤有机质不仅能够改良土壤物理性质，而且通过形成稳定的有机无机复合体的土壤结构来增强土壤抗侵蚀能力。测定土壤机械组成和有机质含量的实验步骤如下：

（1）土壤机械组成测定：将从野外采集的土壤带回实验室，平放在干净的纸上，放在通风处风干1周。自然风干后，去除其中残留的枯枝落叶、植物根系、碎石等杂物。之后将处理过的土壤样品通过2 mm的筛3次，2 mm以下土壤样品用激光粒度仪测定砂粒、粉粒、黏粒质量分数，每组数据平行测定3次。

（2）土壤有机质测定：将采集的土壤样品平摊于干净的纸上，在通风处风干1周后，去除其中残留的枯枝落叶、植物根系、碎石等杂物。用研钵将处理过后的土壤样品碾碎后通过0.15 mm的筛3次，最后称取0.02 g土壤样品于锡纸内，用TOC测定仪测定土壤有机质含量，每组数据平行测定3次。

三、数据处理

所有测定数据采用SPSS21.0软件进行统计分析，显著性分析采用单因素方差分析(one-way ANOVA)和最小显著法(LSD)，使用ArcMap10.2、CorelDRAW、Origin2021软件进行图表绘制。土壤可蚀性*K*值是一种量化指标，它从土壤内在因素的角度上反映土壤被营力分散、搬运的难易程度。土壤可蚀性*K*值采用EPIC模型进行计算，该模型由Williams等在 1990 年建立，它采用土壤有机质和粒径组成来估算 K 值，如式(4-1)、式(4-2)、式(4-3)所示。

$$K_{\mathrm{EPIC}}=\left\{0.2+0.3\exp\left[-0.0256S_{\mathrm{a}}\left(1-\frac{S_i}{100}\right)\right]\right\}\times\left(\frac{S_i}{C_i+S_i}\right)^{0.3}\times\left(1.0-\frac{0.25C}{C+\exp(3.72-2.95C)}\right)\times\left(1.0-\frac{0.71S_{\mathrm{n1}}}{S_{\mathrm{n1}}+\exp(-5.51+22.9S_{\mathrm{n1}})}\right)\tag{4-1}$$

$$S_{\mathrm{n1}}=1-\frac{S_{\mathrm{a}}}{100}\tag{4-2}$$

$$C=0.58S_{\mathrm{om}}\tag{4-3}$$

式中，K_{EPIC}为用 EPIC 模型计算得到的土壤可蚀性因子，Mg · ha · h /(ha · MJ · mm)；S_{a}为土壤砂粒(0.05～2.0 mm)含量，%；S_i 为土壤粉粒(0.002～0.05 mm)含量，%；C_i为土壤黏粒(<0.002 mm)含量，%；C 为土壤有机碳含量，%；S_{om}为土壤有机质含量，%。

四、实验结果

研究区采煤沉陷坡面不同部位的土壤(垂直深度 20 cm 以浅)机械组成、有机质含量、土壤可蚀性 K 值测试计算结果分别见表 4-2、表 4-3。

表 4-2　沉陷坡面不同部位土壤机械组成、有机质含量的测定结果[215]

坡面位置	土壤深度/cm	砂粒/%	粉粒/%	黏粒/%	有机质/(g/kg)
坡顶	0～10	30.74±3.41[cd]	61.67±4.37[de]	7.59±1.53[bc]	2.26±0.14[d]
	10～20	27.50±3.69[d]	64.62±3.11[b]	7.88±1.36[bc]	2.95±0.15[ab]
坡中	0～10	28.76±4.16[b]	63.35±5.09[b]	7.89±1.41[b]	2.12±0.15[d]
	10～20	28.40±3.35[b]	63.24±2.11[b]	8.36±1.25[b]	3.21±0.15[ab]
坡脚	0～10	26.23±3.76[cd]	64.45±3.33[bc]	9.32±1.53[a]	3.45±0.20[d]
	10～20	26.64±3.34[cd]	63.98±3.84[c]	9.38±1.48[a]	3.96±0.27[a]
坡顶 CK	0～10	28.16±3.37[d]	63.61±3.76[bc]	8.23±1.76[b]	2.73±0.47[b]
	10～20	23.38±3.27[e]	66.83±4.51[a]	9.79±1.14[a]	3.26±0.45[a]
坡中 CK	0～10	26.25±3.55[b]	65.36±3.66[a]	8.39±1.55[ab]	2.50±0.44[c]
	10～20	24.51±2.56[c]	65.42±5.36[a]	10.07±1.41[a]	3.33±0.14[a]
坡脚 CK	0～10	25.50±3.84[c]	65.39±3.56[ab]	9.11±1.36[a]	3.14±0.12[de]
	10～20	24.43±3.60[d]	65.93±2.87[a]	9.64±1.54[a]	3.76±0.16[ab]

注：同一指标同列数据后不同字母表示在 0.05 的水平上差异显著。

表 4-3　沉陷坡面不同部位土壤可蚀性 K 值的计算结果[215]

坡面位置	土壤深度/cm	土壤可蚀性 K 值
坡顶	0～10	0.346 0
	10～20	0.328 4

表 4-3(续)

坡面位置	土壤深度/cm	土壤可蚀性 *K* 值
坡中	0～10	0.359 5
	10～20	0.319 1
坡脚	0～10	0.319 8
	10～20	0.315 0
坡顶 CK	0～10	0.331 9
	10～20	0.329 2
坡中 CK	0～10	0.346 5
	10～20	0.324 3
坡脚 CK	0～10	0.326 9
	10～20	0.321 6

五、规律分析

根据表 4-2、表 4-3，绘制了沉陷坡面不同坡面部位、不同垂直深度下的土壤质地三角图、有机质含量对比图和土壤可蚀性 *K* 值对比图，分别见图 4-2、图 4-3、图 4-4。

1. 对土壤机械组成的影响

根据表 4-2、图 4-2 可知：

(1) 任意沉陷坡面部位上浅层土壤的机械组成类型与对照组保持一致，均为粉质壤土，这与栗丽、孟红旗等[216-217]。研究结果相一致。

(2) 相对于对照组，坡顶、坡中、坡脚部位的 0～10 cm 土壤黏粒含量依次减少了 19.42%($P<0.05$)、10.99%($P<0.05$)、4.46%，10～20 cm 土壤黏粒含量依次减少了 30.11%($P<0.05$)、22.28%($P<0.05$)、7.88%；坡顶、坡中、坡脚部位的 0～10 cm 土壤砂粒含量依次增加了 11.34%($P<0.05$)、10.99%($P<0.05$)、6.83%，10～20 cm 土壤砂粒含量依次增加了 25.38%($P<0.05$)、17.63%($P<0.05$)、11.35%($P<0.05$)。由此可知：① 坡顶、坡中部位的浅层土壤黏粒含量显著降低，砂粒含量显著升高，变化幅度均随着土壤垂直深度的增加而增大，表现出明显的砂化特征；② 坡脚部位的浅层土壤机械组成特征整体变化不明显。

(3) 不同坡面部位浅层土壤黏粒含量降幅、砂粒含量增幅由大到小排序为：坡顶＞坡中＞坡脚。

2. 对土壤有机质含量的影响

根据表 4-2、图 4-3 可知：

(1) 任意坡面部位的浅层土壤有机质含量均有所下降，而坡脚部位浅层土壤有机质含量略有增加，这与程静霞等[19]研究结果相同。

(2) 相对于对照组，坡顶、坡中、坡脚部位的 0～10 cm 土壤有机质含量依次减少了 35.16%($P<0.05$)、27.28%($P<0.05$)、12.68%($P<0.05$)，10～20 cm 土壤有机质含量依

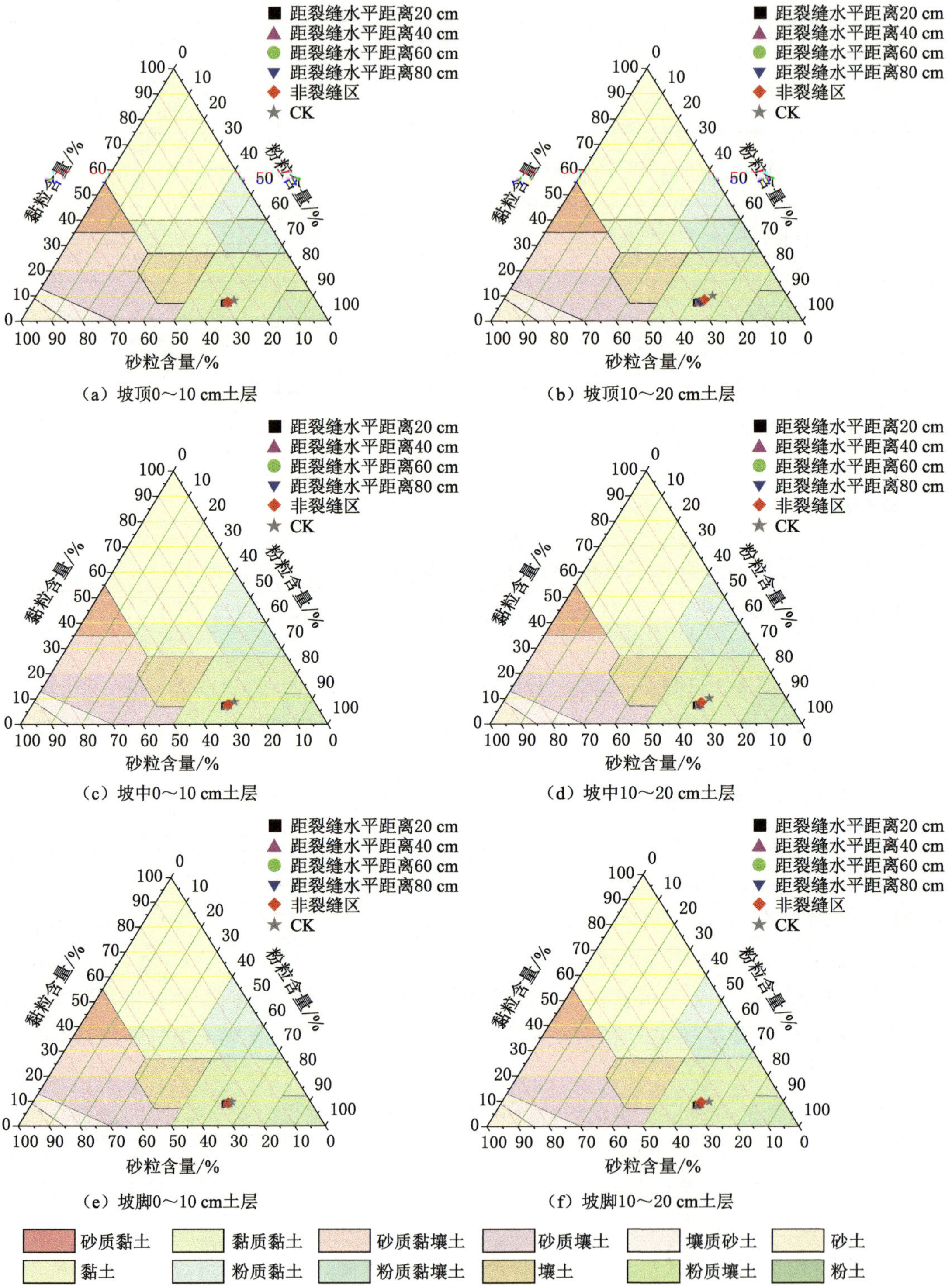

(a) 坡顶0～10 cm土层

(b) 坡顶10～20 cm土层

(c) 坡中0～10 cm土层

(d) 坡中10～20 cm土层

(e) 坡脚0～10 cm土层

(f) 坡脚10～20 cm土层

图 4-2　沉陷坡面不同部位及垂直深度的土壤质地三角图

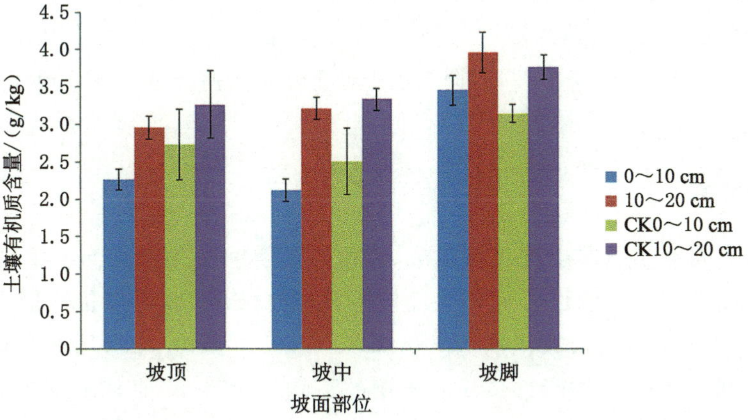

图 4-3 沉陷坡面不同部位及垂直深度的土壤有机质含量对比图

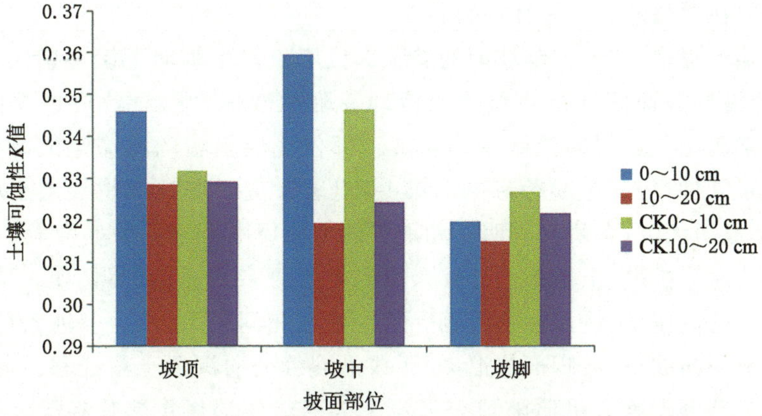

图 4-4 沉陷坡面不同部位及垂直深度的土壤可蚀性 K 值对比图

次减少了 35.46%($P<0.05$)、26.91%($P<0.05$)、20.37%($P<0.05$)。由此可知:① 沉陷坡面的浅层土壤有机质含量均出现不同程度的下降,表现出明显的全坡面浅层土壤肥力贫化特征,且随坡面部位不同而不同,不同坡面部位浅层土壤有机质含量的降幅由大到小的排序为:坡顶>坡中>坡脚;② 各坡面部位浅层土壤有机质含量的降幅均随着土壤垂直深度的增加而增大。

3. 对土壤可蚀性 K 值的影响

根据表 4-3、图 4-4 可知:

(1) 坡顶、坡中部位的浅层土壤可蚀性 K 值均有所提高,而坡脚部位的浅层土壤可蚀性 K 值均有所降低。

(2) 相对于对照组,坡顶、坡中、坡脚部位的 0～10 cm 土壤可蚀性 K 值依次提升了 11.83%($P<0.05$)、8.25%、3.54%,10～20 cm 土壤可蚀性 K 值依次提升了 10.64%($P<0.05$)、7.70%、3.76%。由此可知:① 沉陷坡面的浅层土壤可蚀性 K 值均出现不同程度的

提升，表现出全坡面浅层土壤易蚀化特征，且随坡面部位的不同而不同，土壤可蚀性 K 值的增幅由大到小的排序为：坡顶＞坡中＞坡脚；② 沉陷扩大了坡顶、坡中部位 0～10 cm、10～20 cm 土壤可蚀性的差异，其中坡顶部位两层土壤可蚀性差异放大了 159％，最为明显，而坡脚部位不大。

六、机理讨论

沉陷坡面不同部位浅层土壤机械组成、有机质的空间变化特征与土壤可蚀性 K 值的空间变化特征存在高度的一致性。经相关性检验，坡顶、坡中、坡脚部位浅层土壤的可蚀性 K 值与土壤黏粒含量的相关系数依次为－0.783、－0.758、－0.722，均达到极显著负相关水平（$P<0.01$）；坡顶、坡中、坡脚部位浅层土壤的平均可蚀性 K 值与土壤有机质含量的相关系数依次为－0.973、－0.986、－0.932，均达到极显著负相关水平（$P<0.01$）。究其原因，黄土坡面坡顶、坡中、坡脚部位在相同的开采沉陷过程和影响下表现出不同的移动变形特征，进而对浅层土壤物理、化学、生物特性及地表植被产生不同的影响，以致不同坡面部位的土壤可蚀性存在明显差异。具体而言：

在开采沉陷过程中，黄土沉陷坡面的坡顶部位不仅发生垂向下沉和朝向采空区的水平移动，而且还会沿着坡面倾向产生黄土层滑动等附加变形[218]，以致坡顶部位浅层土壤的“拉张效应”非常明显。强烈的拉张变形对坡顶部位浅层土壤的机械组成特征[219]、有机质含量[220]、土壤可蚀性[221]产生显著影响。第一，显著改变了坡顶部位浅层土壤原有的孔性特征，孔隙度明显增大，已有研究表明采动地裂缝可使周围土壤孔隙度增大 24％[196]。这不仅为土壤空气的对流扩散、土壤水的迁移入渗提供了更多的通道，而且增大了空气流、壤中流在土壤孔隙中的流速、流量及影响范围[222]，以致在相同风力、水力侵蚀条件下，土壤黏粒等小粒径颗粒更易向坡中、坡脚部位汇集[223]或沿裂缝处向深层土壤迁移。此外，增大增多的土壤孔隙也为部分土壤有机质随地表径流下渗而流失提供更多途径[224]。第二，大大增加了坡顶部位浅层土壤与空气的接触面积，以致土壤水分的蒸发量陡增，土壤有机质分解速率显著提升，浅层土壤含水量及有机质含量明显降低，以往研究结果显示土壤含水量减少 60％[196]，土壤有机质含量减少 33％～38％[225]。土壤含水量的减少明显增加土壤溶液浓度并产生“聚沉效应”，促进土壤小颗粒聚合转化为大颗粒，而土壤有机质特别是腐殖质含量的下降则显著削弱其对土壤团聚体和微团聚体的胶结作用[226]，导致土壤小颗粒离析流失。这些都会导致坡顶部位浅层土壤黏粒含量进一步下降。第三，严重破坏了坡顶部位草本、小灌木等植物根系的自然性状，造成植物水平根系的机械拉伤或拉断，甚至导致部分根系暴露在空气中而干枯死亡[227]。强烈的拉张作用使得坡顶部位浅层土壤的孔隙显著增加，导致土壤持水保肥能力明显下降，严重削弱了植物根系的活性与固土功能[228]，引起土壤中原有“根-土复合体”的结构破坏崩解而离散出的小颗粒大量流失[218]。另外，强烈的拉张作用大大提高了外界气体、热量对坡顶部位浅层土壤的侵入强度，以致土壤水、肥、气、热等条件显著改变，进而使得部分土壤微生物因不适应生存环境的改变而停止繁殖甚至死亡，已有研究结果显示采动地裂缝可以造成土壤中细菌、真菌、放线菌数量锐减 28.8％～70.2％[173]。土壤微生物数量的减少导致其对土壤颗粒的物理缠绕和化学黏结作用受到削弱，进而降低了微生物参与形成的土壤团聚体的稳定性，增加了在水分、空气消散作用下以小粒径颗粒为主的土壤侵蚀物质的供给与流失。因此，在相同的开采沉陷过程和影响下，坡顶部位的拉伸作用最为强烈，浅层土壤的物理、化学、生物特性改变最显著，植被破坏也最严重[229]。这可能是导致坡顶部位浅层土壤的砂化程度、肥力贫化程度、土壤易蚀化程度均高于坡中、坡脚部位的原因。

在开采沉陷过程中，黄土沉陷坡面的坡中部位不仅发生显著的整体水平移动，而且还会出现坡度增大的现象[218]，以致坡中部位浅层土壤的“变陡效应”比较明显。显著的“整体水平移动叠加变陡效应”对坡中部位浅层土壤的机械组成特征、有机质含量、土壤可蚀性产生了不同于坡顶部位的影响。第一，坡中部位的移动变形虽然也会改变浅层土壤原有孔性特征，增大土壤孔隙度，降低土壤含水量和有机质含量，损害土壤微生物活性[230-232]和地表植被，进而导致土壤黏粒等小颗粒流失，其作用机理与坡顶部位基本相同，不再赘述，但对各方面的影响程度明显小于坡顶部位，因此坡中部位浅层土壤黏粒、砂粒含量以及有机质含量的变化幅度、土壤可蚀性 K 值的增幅均小于坡顶部位。第二，坡度的增大不仅使得相同强度的地表风或地表径流具有更强的侵蚀作用，以致坡中部位浅层土壤中的小粒径颗粒及有机质沿坡面倾向发生迁移的可能性及数量大大增加，而且导致坡面土壤在重力作用下发生松动，水、肥流失程度增加，坡面植被的生境发生恶化[233]，进而降低了植被的生物量及对土壤颗粒、有机质的保护与拦截功能，促进了土壤小粒径颗粒的流失。第三，坡度的增大也会增加坡顶部位浅层土壤中小颗粒和有机质向坡中部位补给的效应，在一定程度上减缓了坡中部位浅层土壤质量下降和流失。因此，在相同的开采沉陷过程和影响下，坡中部位的变陡作用明显，浅层土壤特性及植被改变较为严重。这可能是导致坡中部位浅层土壤的砂化程度、肥力贫化程度、土壤易蚀化程度均明显低于坡中，但又明显高于坡脚部位的原因。

在开采沉陷过程中，黄土沉陷坡面的坡脚部位受到沟谷土体和对面坡体下沉移动的双重挤压[218]，从而产生水平位移量减少甚至地表抬升的现象，以致坡脚部位浅层土壤的“挤压效应”较为明显，使得坡脚形成堆积体形态。明显的挤压作用对坡脚部位浅层土壤的机械组成特征、有机质含量、土壤可蚀性产生了与坡顶、坡中部位截然不同的影响[172]。坡脚部位的移动变形也会导致土壤特性和植被出现一定的损伤，进而对土壤可蚀性产生负面影响。但坡顶、坡中部位流失的土壤小颗粒、有机质随坡面倾向大量迁移至坡脚部位，以致相对于开采前坡脚部位的浅层土壤机械组成特征没有明显变化，土壤有机质含量和土壤可蚀性 K 值均出现局部性改善现象，大大抵消了开采沉陷对坡脚部位浅层土壤质量下降和侵蚀的负效应。因此，在相同的开采沉陷过程和影响下，坡脚部位的挤压作用鲜明，浅层土壤特性及植被变化不大。这可能是导致坡脚部位浅层土壤的砂化程度、肥力贫化程度、土壤易蚀化程度均最低，且局部出现肥力富集、抗蚀强化特征的原因。

第二节 采动地裂缝对土壤可蚀性的影响

一、野外采样

在陕北矿区柠条塔北翼单一煤层开采的典型工作面范围内，选取近1～2年出现的不同形态的采动地裂缝（“平开式”裂缝、“台阶式”裂缝、“组合式”裂缝）作为采样对象，中心坐标为E110°11′30″，N39°05′17″。

“平开式”裂缝发育黄土坡面平均坡度22°，平均坡长50m，坡形为均匀坡，坡向为西南方向（其方向与工作面推进方向大体一样），植被覆盖度为43％，植被类型大多为草地植被，包括黑沙蒿、蒙古莸、长芒草。选择9条“平开式”裂缝，其中裂缝宽度为0～20 cm、20～40 cm、40～60 cm的各3条，在每条“平开式”裂缝上每间隔10 m左右布设1个采样断面，共计布设3个，每个断面在裂缝垂直方向上距离裂缝20 cm、40 cm、60 cm、80 cm、100 cm布设5个采样点，使用土钻在每个采样点采集3层土壤，即垂直深度0～10 cm、10～20 cm、20～40 cm的土壤，将每条“平开式”裂缝各断面上相同水平距离和垂直深度的土壤混合后装入采样袋，标记编号，采样示意图见图4-5。

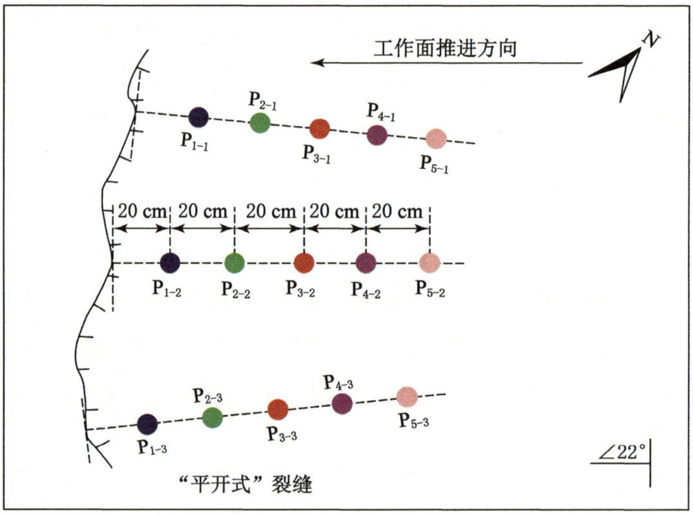

图4-5 “平开式”裂缝采样示意图[234]

“台阶式”裂缝发育黄土坡面平均坡度22°，平均坡长50 m，坡形为均匀坡，坡向为西南方向（其方向与工作面推进方向大体一样），植被覆盖度为43％，植被类型大多为草地植被，包括黑沙蒿、蒙古莸、长芒草。选择9条“台阶式”裂缝，其中裂缝宽度为20～40 cm，台阶高度为＜30 cm、30～60 cm、＞60 cm的各3条，在每条“台阶式”裂缝上每间隔10 m左右布设1个采样断面，共计布设3个，每个断面在裂缝垂直方向上距离裂缝20 cm、40 cm、60 cm、80 cm、100 cm布设5个采样点，使用土钻在每个采样点采集3层土壤，即垂直深度0～10 cm、

10～20 cm、20～40 cm 的土壤，将每条"台阶式"裂缝各断面上相同水平距离和垂直深度的土壤混合后装入采样袋，标记编号，采样示意图见图 4-6。

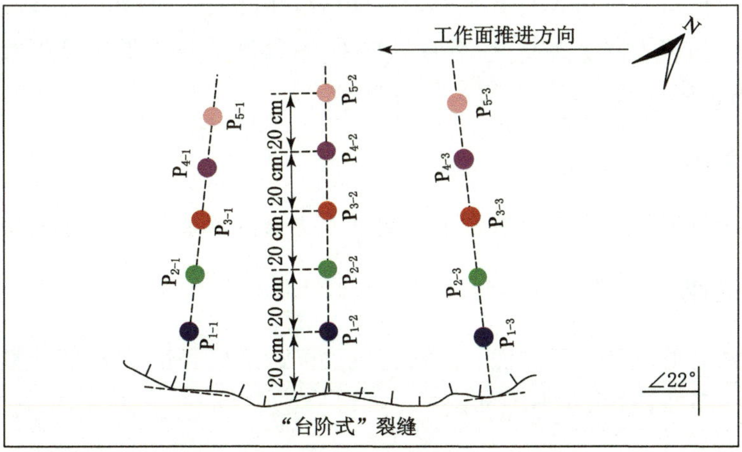

图 4-6　"台阶式"裂缝采样示意图[234]

"组合式"裂缝发育黄土坡面平均坡度 25°，平均坡长 45 m，坡型为均匀坡，植被覆盖度为 45%，植被类型大多为长芒草、柠条。选择 3 组"组合式"裂缝，距离裂缝区域 20 cm、40 cm、60 cm、80 cm、100 cm 画同心圆，在同心圆上等距布设五个点，采集 3 层土壤即垂直深度为 0～10 cm、10～20 cm、20～40 cm 的土壤样品，将相同同心圆半径和垂直深度的土壤混合后装入采样袋，标记编号，采样示意图见图 4-7。

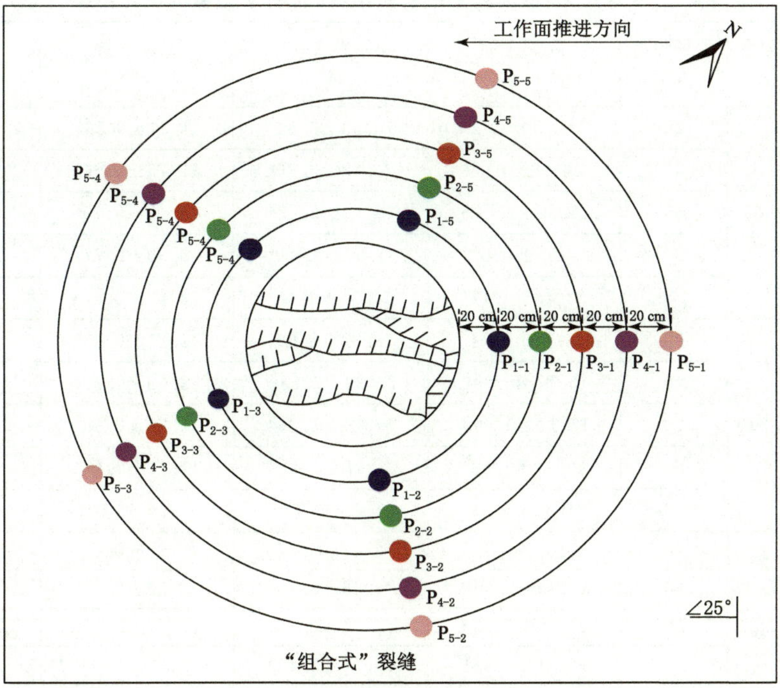

图 4-7　"组合式"裂缝采样示意图[234]

对照组位置在陕北柠条塔井田采样工作面西北方向500 m以外的还没有受到开采损害的区域内,选择相似的黄土坡面,随机布设3个采样点采集3层土壤即垂直深度0～10 cm、10～20 cm、20～40 cm的土壤,装入采样袋,标记编号,共计采集324个土壤样品;将所采集的土壤样品摊平置于实验室,将其自然风干,直到质量不发生显著变化后,挑走土壤中的杂物,测定土壤机械组成以及有机质含量。

二、室内测试

土壤样品的机械组成和有机质含量的测试方法与本章第一节相同,此处不再赘述。

三、数据处理

所有测定数据的统计分析方法、显著性分析方法、土壤可蚀性 K 值计算方法、图表绘制方法与本章第一节相同,此处不再赘述。

四、实验结果

研究区"平开式"裂缝周围土壤(水平距离100 cm以内,垂直深度40 cm以浅)机械组成、有机质含量、土壤可蚀性 K 值测试计算结果分别见表4-4、表4-5;"台阶式"裂缝周围土壤(水平距离100 cm以内,垂直深度40 cm以浅)机械组成、有机质含量、土壤可蚀性 K 值测试计算结果分别见表4-6、表4-7;"组合式"裂缝周围土壤(水平距离100 cm以内,垂直深度40 cm以浅)机械组成、有机质含量、土壤可蚀性 K 值测试计算结果分别见表4-8、表4-9。

表4-4 "平开式"裂缝周围土壤机械组成、有机质含量的测定结果[234]

裂缝宽度/cm	土层深度/cm	水平距离/cm	砂粒含量/%	粉粒含量/%	黏粒含量/%	有机质含量/(g/kg)
0～20	0～10	20	18.46 ± 0.92^{d}	70.33 ± 3.52^{b}	11.21 ± 0.56^{hi}	2.37 ± 0.12^{e}
		40	13.17 ± 0.66^{g}	74.08 ± 3.70^{a}	12.75 ± 0.64^{g}	3.49 ± 0.17^{cd}
		60	16.59 ± 0.83^{de}	69.44 ± 3.47^{b}	13.97 ± 0.70^{e}	5.19 ± 0.26^{b}
		80	23.13 ± 1.16^{ab}	61.57 ± 3.08^{bc}	15.30 ± 0.77^{d}	6.11 ± 0.31^{a}
		100	23.48 ± 1.17^{a}	60.95 ± 3.05^{c}	15.57 ± 0.57^{c}	6.21 ± 0.31^{a}
	10～20	20	14.78 ± 0.74^{f}	73.87 ± 3.69^{a}	11.35 ± 0.65^{h}	2.89 ± 0.14^{e}
		40	15.77 ± 0.79^{ef}	71.23 ± 3.56^{ab}	13.00 ± 0.79^{g}	3.69 ± 0.18^{c}
		60	17.17 ± 0.86^{de}	67.10 ± 3.36^{b}	15.73 ± 0.86^{c}	5.41 ± 0.27^{b}
		80	20.67 ± 1.03^{c}	62.17 ± 3.11^{bc}	17.16 ± 0.87^{b}	6.58 ± 0.33^{a}
		100	21.57 ± 1.08^{b}	61.00 ± 3.05^{c}	17.43 ± 0.52^{ab}	6.64 ± 0.33^{a}
	20～40	20	16.14 ± 0.81^{e}	73.48 ± 3.67^{a}	10.38 ± 0.66^{i}	1.49 ± 0.07^{f}
		40	13.70 ± 0.69^{fg}	73.06 ± 3.65^{a}	13.24 ± 0.67^{f}	1.70 ± 0.09^{f}
		60	14.02 ± 0.70^{fg}	72.56 ± 3.63^{a}	13.42 ± 0.75^{ef}	2.94 ± 0.15^{de}
		80	15.16 ± 0.76^{f}	69.77 ± 3.49^{b}	15.07 ± 0.76^{de}	4.04 ± 0.20^{c}
		100	14.92 ± 0.75^{f}	69.84 ± 3.49^{b}	15.24 ± 0.76^{d}	4.12 ± 0.21^{c}

表 4-4(续)

裂缝宽度 /cm	土层深度 /cm	水平距离 /cm	砂粒含量 /%	粉粒含量 /%	黏粒含量 /%	有机质含量 /(g/kg)
20～40	0～10	20	21.54±1.08^{ab}	68.10±3.41^{c}	10.36±0.52^{i}	1.65±0.08^{kl}
		40	20.66±1.03^{b}	67.85±3.39^{c}	11.49±0.57^{h}	2.08±0.10^{jk}
		60	20.16±1.01^{c}	67.22±3.36^{c}	12.62±0.63^{ef}	3.27±0.16^{h}
		80	21.23±1.06^{b}	65.00±3.25^{cd}	13.77±0.69^{d}	4.59±0.23^{e}
		100	20.95±1.05^{b}	65.01±3.25^{cd}	14.04±0.70^{cd}	4.87±0.24^{de}
	10～20	20	15.96±0.80^{ef}	73.44±3.67^{ab}	10.60±0.53^{hi}	2.00±0.10^{jk}
		40	18.73±0.94^{d}	69.00±3.45^{c}	12.27±0.61^{fg}	2.28±0.11^{ij}
		60	17.33±0.87^{e}	69.77±3.49^{c}	12.90±0.65^{e}	3.45±0.17^{gh}
		80	22.85±1.14^{ab}	62.84±3.14^{d}	14.31±0.72^{c}	5.16±0.26^{cd}
		100	22.59±1.13^{ab}	62.78±3.14^{d}	14.63±0.73^{bc}	5.59±0.28^{c}
	20～40	20	17.73±0.89^{de}	71.88±3.59^{bc}	10.39±0.52^{i}	1.38±0.07^{l}
		40	17.84±0.89^{de}	70.86±3.54^{c}	11.30±0.57^{h}	1.57±0.08^{kl}
		60	11.97±0.60^{g}	76.00±3.80^{a}	12.03±0.60^{gh}	2.62±0.13^{i}
		80	15.46±0.77^{ef}	72.37±3.62^{b}	12.17±0.61^{gh}	3.56±0.18^{gh}
		100	15.02±0.75^{f}	71.15±3.56^{c}	13.83±0.69^{d}	3.90±0.20^{fg}
40～60	0～10	20	22.41±1.12^{cd}	68.07±3.40^{a}	9.52±0.48^{fg}	1.23±0.06^{kl}
		40	20.21±1.01^{e}	69.84±3.49^{a}	9.95±0.50^{fg}	1.83±0.09^{ij}
		60	22.55±1.13^{cd}	67.22±3.36^{a}	10.23±0.51^{f}	2.50±0.13^{g}
		80	25.83±1.29^{a}	63.57±3.18^{a}	10.60±0.53^{ef}	3.19±0.16^{e}
		100	24.78±1.24^{ab}	64.26±3.21^{a}	10.96±0.55^{e}	3.66±0.18^{d}
	10～20	20	22.95±1.15^{c}	67.18±3.36^{a}	9.87±0.49^{fg}	1.59±0.08^{gk}
		40	22.80±1.14^{c}	67.20±3.36^{a}	10.00±0.50^{fg}	2.16±0.11^{hi}
		60	23.04±1.15^{c}	66.38±3.32^{a}	10.58±0.53^{ef}	2.82±0.14^{f}
		80	24.45±1.22^{ab}	63.40±3.17^{a}	12.15±0.61^{cd}	4.02±0.20^{d}
		100	23.74±1.19^{bc}	63.02±3.15^{a}	13.24±0.66^{c}	4.47±0.22^{c}
	20～40	20	21.99±1.10^{cd}	68.89±3.44^{a}	9.12±0.46^{g}	0.93±0.05^{l}
		40	20.85±1.04^{d}	69.76±3.49^{a}	9.39±0.47^{fg}	1.45±0.07^{jk}
		60	21.82±1.09^{bcd}	67.52±3.38^{a}	10.66±0.53^{ef}	1.87±0.09^{ij}
		80	24.11±1.21^{deb}	64.22±3.21^{a}	11.67±0.58^{de}	2.40±0.12^{gh}
		100	20.56±1.03^{cde}	67.21±3.36^{a}	12.23±0.61^{cd}	2.91±0.15^{ef}
CK$_{0\sim10}$			23.05±1.15^{ab}	61.66±3.08^{bc}	15.29±0.76^{d}	6.17±0.31^{a}
CK$_{10\sim20}$			20.86±1.04^{bc}	61.28±3.06^{bc}	17.86±0.89^{a}	6.64±0.33^{a}
CK$_{20\sim40}$			15.07±0.75^{f}	69.91±3.50^{b}	15.02±0.75^{de}	4.06±0.20^{c}

注：同一指标同列数据后不同字母表示在 0.05 的水平上差异显著。

表 4-5 “平开式”裂缝周围土壤可蚀性 *K* 值的计算结果[234]

裂缝宽度/cm	土层深度/cm	水平距离/cm	土壤可蚀性 *K* 值	裂缝宽度/cm	土层深度/cm	水平距离/cm	土壤可蚀性 *K* 值	裂缝宽度/cm	土层深度/cm	水平距离/cm	土壤可蚀性 *K* 值
0～20	0～10	20	0.368 3	20～40	0～10	20	0.402 4	40～60	0～10	20	0.419 0
		40	0.345 2			40	0.377 5			40	0.398 1
		60	0.329 2			60	0.330 9			60	0.352 6
		80	0.308 0			80	0.317 8			80	0.321 1
		100	0.306 32			100	0.317 7			100	0.317 9
	10～20	20	0.355 8		10～20	20	0.398 4		10～20	20	0.402 2
		40	0.336 9			40	0.369 7			40	0.370 4
		60	0.323 7			60	0.335 4			60	0.338 0
		80	0.310 6			80	0.311 5			80	0.313 9
		100	0.307 4			100	0.311 3			100	0.312 2
	20～40	20	0.426 8		20～40	20	0.426 6		20～40	20	0.428 7
		40	0.415 6			40	0.415 5			40	0.416 9
		60	0.351 6			60	0.370 4			60	0.388 6
		80	0.332 0			80	0.340 5			80	0.348 6
		100	0.332 0			100	0.335 6			100	0.338 2
$CK_{0\sim10}$			0.308 3	$CK_{0\sim10}$			0.308 3	$CK_{0\sim10}$			0.308 3
$CK_{10\sim20}$			0.308 4	$CK_{10\sim20}$			0.308 4	$CK_{10\sim20}$			0.308 4
$CK_{20\sim40}$			0.332 3	$CK_{20\sim40}$			0.332 3	$CK_{20\sim40}$			0.332 3

表 4-6 “台阶式”裂缝周围土壤机械组成、有机质含量的测定结果[234]

台阶高度/cm	土层深度/cm	水平距离/cm	砂粒含量/%	粉粒含量/%	黏粒含量/%	有机质含量/(g/kg)
<30	0～10	20	23.70±1.19^{ab}	66.63±3.33^{a}	9.67±0.48^{g}	1.11±0.06^{i}
		40	23.72±1.19^{ab}	65.88±3.29^{a}	10.40±0.52^{fg}	1.62±0.08^{h}
		60	24.95±1.25^{a}	64.07±3.20^{a}	10.98±0.55^{f}	2.43±0.12^{g}
		80	22.75±1.14^{b}	65.58±3.28^{a}	11.67±0.58^{e}	3.97±0.20^{de}
		100	22.27±1.11^{bc}	65.08±3.25^{a}	12.65±0.63^{de}	4.14±0.21^{d}
	10～20	20	21.08±1.05^{cd}	68.73±3.44^{a}	10.19±0.51^{fg}	1.48±0.07^{hi}
		40	19.84±0.99^{ef}	68.48±3.42^{a}	11.68±0.58^{e}	2.23±0.11^{g}
		60	18.08±0.90^{gh}	69.90±3.50^{a}	12.02±0.60^{e}	3.18±0.16^{f}
		80	17.50±0.87^{hi}	66.93±3.35^{a}	15.57±0.78^{b}	4.34±0.22^{d}
		100	21.55±1.08^{cd}	63.99±3.20^{a}	14.46±0.72^{bc}	4.82±0.24^{c}

表 4-6(续)

台阶高度 /cm	土层深度 /cm	水平距离 /cm	砂粒含量 /%	粉粒含量 /%	黏粒含量 /%	有机质含量 /(g/kg)
<30	20～40	20	19.94±1.00^{e}	69.54±3.48^{a}	10.52±0.53^{fg}	1.09±0.05^{i}
		40	19.59±0.98^{ef}	69.36±3.47^{a}	11.05±0.55^{f}	1.40±0.07^{hi}
		60	18.80±0.94^{fg}	69.91±3.50^{a}	11.29±0.56^{f}	2.24±0.11^{g}
		80	16.19±0.81^{i}	71.03±3.55^{a}	12.78±0.64^{de}	2.94±0.15^{f}
		100	15.95±0.80^{ij}	70.80±3.54^{a}	13.25±0.66^{cd}	3.61±0.18^{e}
30～60	0～10	20	21.07±1.05^{f}	71.73±3.59^{a}	7.20±0.36^{j}	1.09±0.05^{k}
		40	24.87±1.24^{bc}	67.68±3.38^{ab}	7.45±0.37^{ij}	1.57±0.08^{i}
		60	27.15±1.36^{a}	64.85±3.24^{ab}	8.00±0.40^{i}	2.21±0.11^{g}
		80	25.95±1.30^{b}	64.66±3.23^{ab}	9.39±0.47^{g}	3.19±0.16^{e}
		100	23.28±1.16^{d}	65.77±3.29^{ab}	10.95±0.55^{d}	3.71±0.19^{cd}
	10～20	20	22.22±1.11^{e}	69.70±3.48^{ab}	8.08±0.40^{i}	1.25±0.06^{j}
		40	26.54±1.33^{ab}	64.57±3.23^{ab}	8.89±0.44^{h}	1.62±0.08^{hi}
		60	26.25±1.31^{b}	64.36±3.22^{ab}	9.39±0.47^{g}	2.57±0.13^{fg}
		80	24.19±1.21^{c}	64.85±3.24^{ab}	10.96±0.55^{d}	3.32±0.17^{de}
		100	23.59±1.18^{cd}	64.35±3.22^{ab}	12.06±0.60^{c}	3.98±0.20^{c}
	20～40	20	23.23±1.16^{d}	69.34±3.47^{ab}	7.43±0.37^{ij}	0.92±0.05^{k}
		40	23.19±1.16^{d}	68.54±3.43^{ab}	8.27±0.41^{hi}	1.17±0.06^{jk}
		60	24.77±1.24^{bc}	65.61±3.28^{ab}	9.62±0.48^{f}	1.80±0.09^{h}
		80	20.06±1.00^{fg}	69.43±3.47^{ab}	10.51±0.53^{e}	2.72±0.14^{f}
		100	18.88±0.94^{g}	70.04±3.50^{ab}	11.08±0.555^{cd}	3.38±0.17^{de}
>60	0～10	20	22.88±1.14^{de}	71.10±3.56^{a}	6.02±0.30^{j}	0.84±0.04^{j}
		40	26.61±1.33^{a}	67.30±3.37^{a}	6.09±0.30^{j}	1.31±0.07^{hi}
		60	23.07±1.15^{d}	69.48±3.47^{a}	7.45±0.37g^{h}	1.77±0.09^{g}
		80	26.19±1.31^{b}	65.64±3.28^{a}	8.17±0.41e^{f}	2.71±0.14^{f}
		100	26.43±1.32^{ab}	64.88±3.24^{a}	8.69±0.43^{de}	3.22±0.16^{e}
	10～20	20	24.89±1.24^{bc}	68.46±3.42^{a}	6.65±0.33^{i}	1.03±0.05^{ij}
		40	25.34±1.27^{b}	67.48±3.37^{a}	7.18±0.36h^{i}	1.44±0.07^{gh}
		60	20.41±1.02^{f}	71.52±3.58^{a}	8.07±0.40^{ef}	2.41±0.12^{f}
		80	24.07±1.20^{c}	66.71±3.34^{a}	9.22±0.46^{cd}	3.16±0.16^{e}
		100	25.33±1.27^{b}	64.74±3.24^{a}	9.93±0.50^{c}	3.62±0.18^{d}
	20～40	20	24.69±1.23^{c}	69.02±3.45^{a}	6.29±0.31^{ij}	0.75±0.04^{j}
		40	23.83±1.19^{c}	68.45±3.42^{a}	7.72±0.39^{fg}	0.95±0.05^{ij}
		60	24.04±1.20^{c}	67.72±3.39^{a}	8.24±0.41e^{f}	1.67±0.08^{gh}
		80	21.54±1.08^{e}	69.55±3.48^{a}	8.91±0.45^{d}	2.72±0.14^{f}
		100	20.00±1.00^{f}	70.67±3.53^{a}	9.33±0.47^{cd}	3.13±0.16^{e}

表 4-6(续)

台阶高度/cm	土层深度/cm	水平距离/cm	砂粒含量/%	粉粒含量/%	黏粒含量/%	有机质含量/(g/kg)
$CK_{0\sim10}$			23.05 ± 1.15^{d}	61.66 ± 3.08^{a}	15.29 ± 0.76^{b}	6.17 ± 0.31^{b}
$CK_{10\sim20}$			20.86 ± 1.04^{ef}	61.28 ± 3.06^{a}	17.86 ± 0.89^{a}	6.64 ± 0.33^{a}
$CK_{20\sim40}$			15.07 ± 0.75^{g}	69.91 ± 3.50^{a}	15.02 ± 0.75^{b}	4.06 ± 0.20^{c}

注:同一指标同列数据后不同字母表示在 0.05 的水平上差异显著。

表 4-7 "台阶式"地裂缝周围土壤可蚀性 *K* 值的计算结果[234]

台阶高度/cm	土层深度/cm	水平距离/cm	土壤可蚀性 *K* 值	台阶高度/cm	土层深度/cm	水平距离/cm	土壤可蚀性 *K* 值	台阶高度/cm	土层深度/cm	水平距离/cm	土壤可蚀性 *K* 值
<30	0～10	20	0.417 2	30～60	0～10	20	0.434 6	>60	0～10	20	0.437 1
		40	0.396 4			40	0.404 2			40	0.413 0
		60	0.346 4			60	0.359 5			60	0.399 9
		80	0.320 2			80	0.324 0			80	0.338 8
		100	0.318 5			100	0.321 9			100	0.323 9
	10～20	20	0.412 4		10～20	20	0.423 6		10～20	20	0.424 7
		40	0.370 78			40	0.391 3			40	0.409 1
		60	0.339 4			60	0.340 6			60	0.368 9
		80	0.324 1			80	0.323 0			80	0.330 4
		100	0.315 0			100	0.316 8			100	0.319 3
	20～40	20	0.428 0		20～40	20	0.430 1		20～40	20	0.431 1
		40	0.418 0			40	0.422 0			40	0.426 5
		60	0.374 3			60	0.385 9			60	0.399 6
		80	0.347 8			80	0.349 9			80	0.349 9
		100	0.336 5			100	0.336 5			100	0.341 8
$CK_{0\sim10}$			0.308 3	$CK_{0\sim10}$			0.308 3	$CK_{0\sim10}$			0.308 3
$CK_{10\sim20}$			0.308 4	$CK_{10\sim20}$			0.308 4	$CK_{10\sim20}$			0.308 4
$CK_{20\sim40}$			0.332 3	$CK_{20\sim40}$			0.332 3	$CK_{20\sim40}$			0.332 3

表 4-8 "组合式"地裂缝周围土壤机械组成、有机质含量的测定结果[234]

土层深度/cm	水平距离/cm	砂粒含量/%	粉粒含量/%	黏粒含量/%	有机质含量/(g/kg)
0～10	20	23.49 ± 1.17^{bc}	70.92 ± 3.55^{ab}	5.59 ± 0.28^{gh}	0.48 ± 0.02^{j}
	40	25.05 ± 1.25^{ab}	69.11 ± 3.46^{ab}	5.84 ± 0.29^{g}	0.91 ± 0.05^{i}
	60	24.04 ± 1.20^{bc}	69.71 ± 3.49^{ab}	6.25 ± 0.31^{fg}	1.38 ± 0.07^{gh}
	80	22.49 ± 1.12^{c}	70.70 ± 3.54^{ab}	6.81 ± 0.34^{e}	1.87 ± 0.09^{ef}
	100	23.13 ± 1.16^{bc}	69.69 ± 3.48^{ab}	7.18 ± 0.36^{d}	2.07 ± 0.10^{de}

表 4-8(续)

土层深度/cm	水平距离/cm	砂粒含量/%	粉粒含量/%	黏粒含量/%	有机质含量/(g/kg)
10～20	20	25.15±1.26^{ab}	68.51±3.43^{ab}	6.34±0.32^{fg}	0.54±0.03^{j}
	40	23.50±1.18^{bc}	69.83±3.49^{ab}	6.67±0.33^{ef}	1.04±0.05^{hi}
	60	25.96±1.30^{ab}	67.01±3.35^{ab}	7.03±0.35^{de}	1.66±0.08^{fg}
	80	25.18±1.26^{ab}	67.16±3.36^{ab}	7.66±0.38^{cd}	1.92±0.10^{e}
	100	26.51±1.33^{a}	65.60±3.28^{ab}	7.89±0.39^{c}	2.27±0.11^{d}
20～40	20	22.91±1.15^{c}	71.62±3.58^{ab}	5.47±0.27^{h}	0.25±0.01^{j}
	40	21.57±1.08^{cd}	72.75±3.64^{a}	5.68±0.28g^{h}	0.87±0.04^{i}
	60	23.74±1.19^{bc}	70.24±3.51^{ab}	6.02±0.30^{fg}	1.33±0.07^{gh}
	80	23.42±1.17^{bc}	70.08±3.50^{ab}	6.50±0.33^{f}	1.90±0.10^{ef}
	100	24.64±1.23^{b}	68.65±3.43^{ab}	6.71±0.34e^{f}	2.12±0.11de
$CK_{0\sim10}$		23.05±1.15^{bc}	61.66±3.08^{ab}	15.29±0.76^{b}	6.17±0.31^{b}
$CK_{10\sim20}$		20.86±1.04^{d}	61.28±3.06^{b}	17.86±0.89^{a}	6.64±0.33^{a}
$CK_{20\sim40}$		15.07±0.75^{e}	69.91±3.50^{ab}	15.02±0.75^{b}	4.06±0.20^{c}

注：同一指标同列数据后不同字母表示在 0.05 的水平上差异显著。

表 4-9　“组合式”裂缝周围土壤可蚀性 K 值的计算结果[234]

土层深度/cm	水平距离/cm	可蚀性 K 值
0～10	20	0.440 0
	40	0.429 1
	60	0.418 9
	80	0.397 9
	100	0.382 8
10～20	20	0.431 2
	40	0.429 3
	60	0.397 4
	80	0.383 7
	100	0.358 6
20～40	20	0.443 5
	40	0.442 1
	60	0.422 5
	80	0.394 1
	100	0.376 5
$CK_{0\sim10}$		0.308 3
$CK_{10\sim20}$		0.308 4
$CK_{20\sim40}$		0.332 3

五、规律分析

（一）“平开式”裂缝对土壤可蚀性的影响

根据表 4-4、表 4-5，绘制了不同宽度、水平距离、垂直深度下“平开式”裂缝周围土壤质地三角图、有机质含量对比图和土壤可蚀性 K 值对比图，分别见图 4-8、图 4-9、图 4-10。

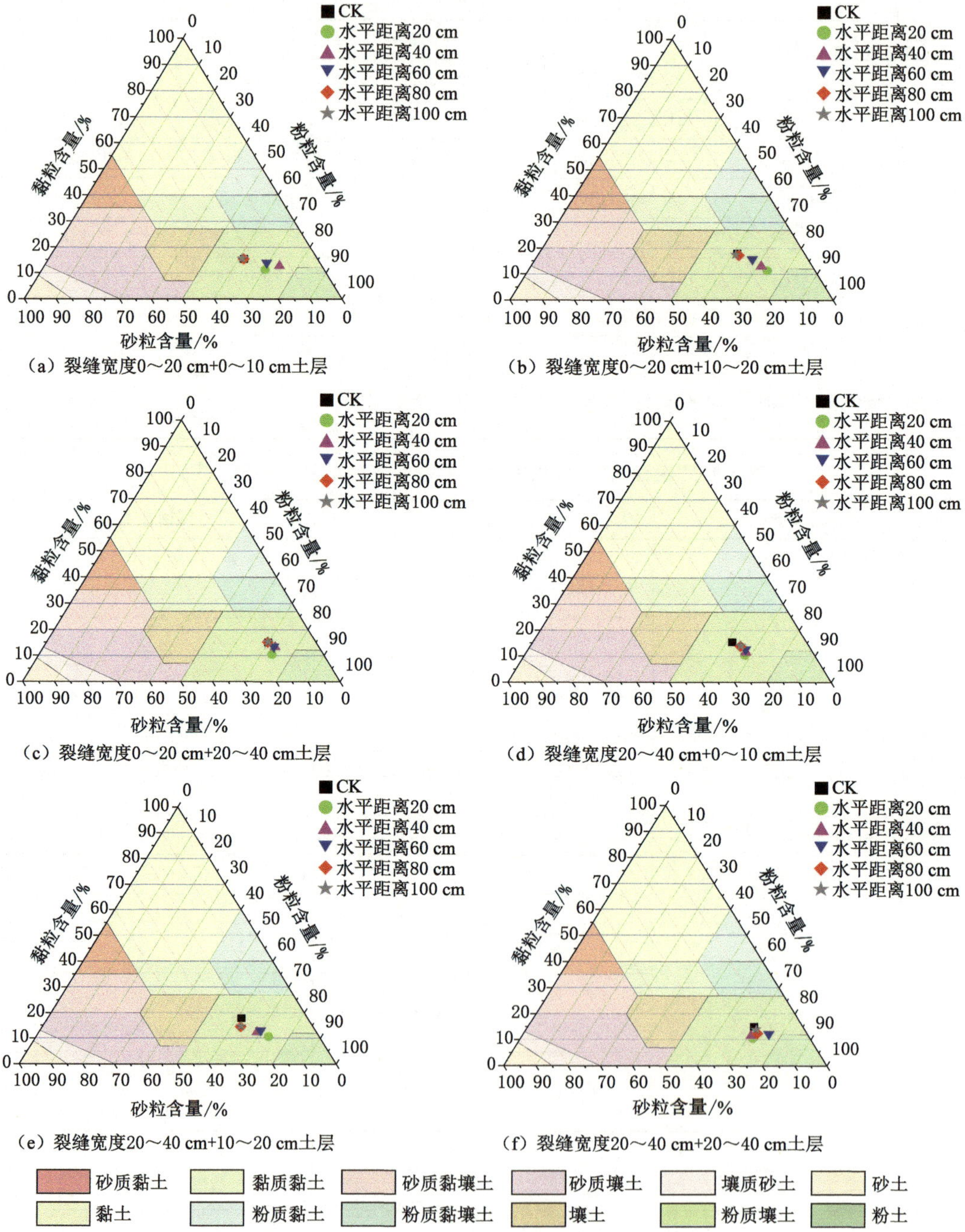

图 4-8 “平开式”裂缝周围不同宽度、水平距离及垂直深度的土壤质地三角图

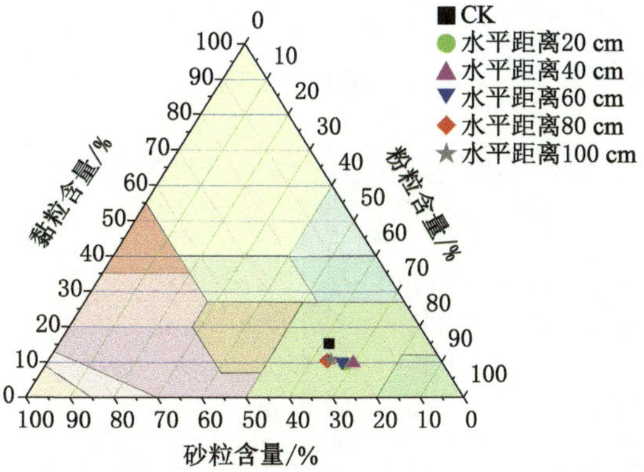

（g）裂缝宽度40～60 cm+0～10 cm土层

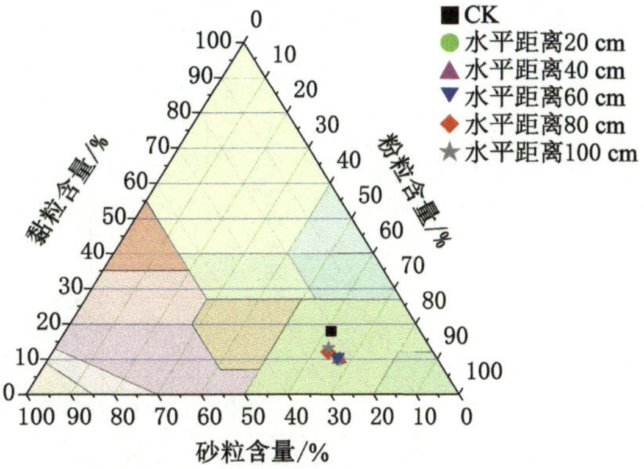

（h）裂缝宽度40～60 cm+10～20 cm土层

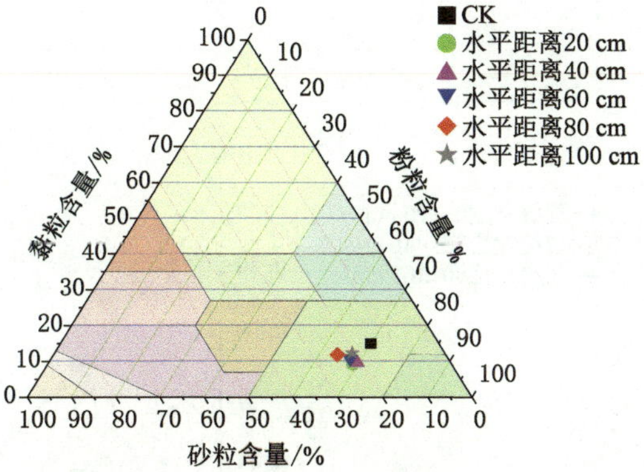

（i）裂缝宽度40～60 cm+20～40 cm土层

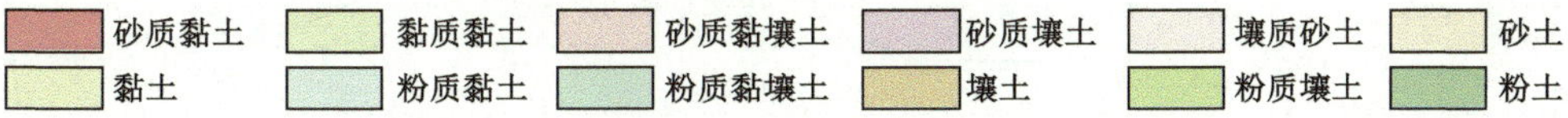

图 4-8　（续）

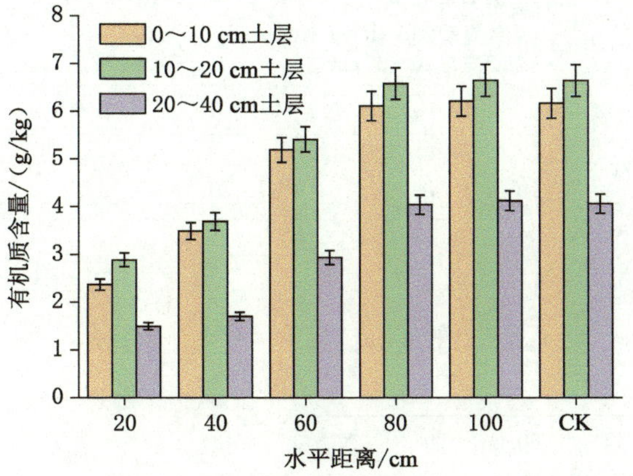

（a）裂缝宽度为0～20 cm

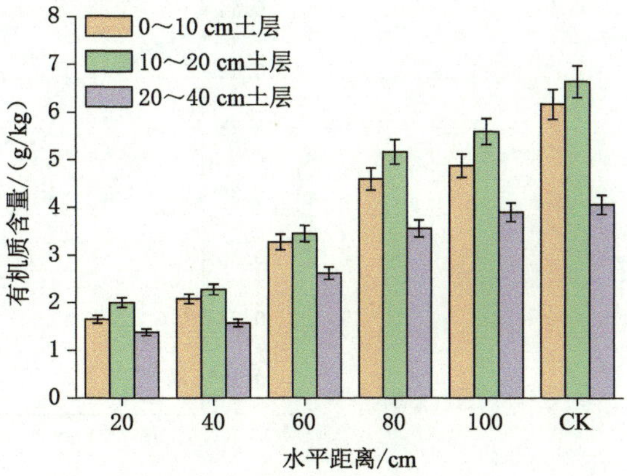

（b）裂缝宽度为20～40 cm

图 4-9　“平开式”裂缝周围不同宽度、水平距离及垂直深度的土壤有机质含量

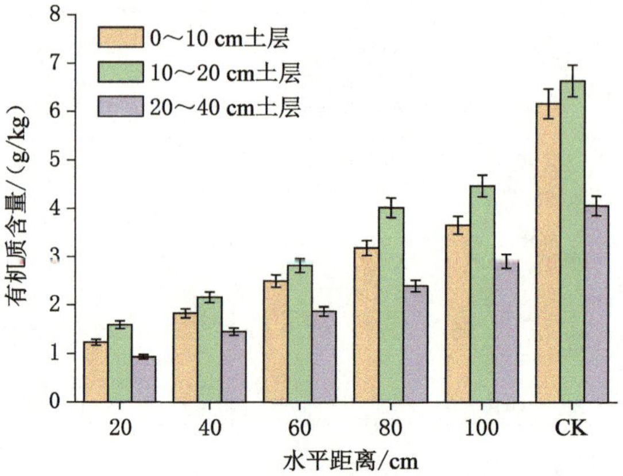

（c）裂缝宽度为40～60 cm

图 4-9 （续）

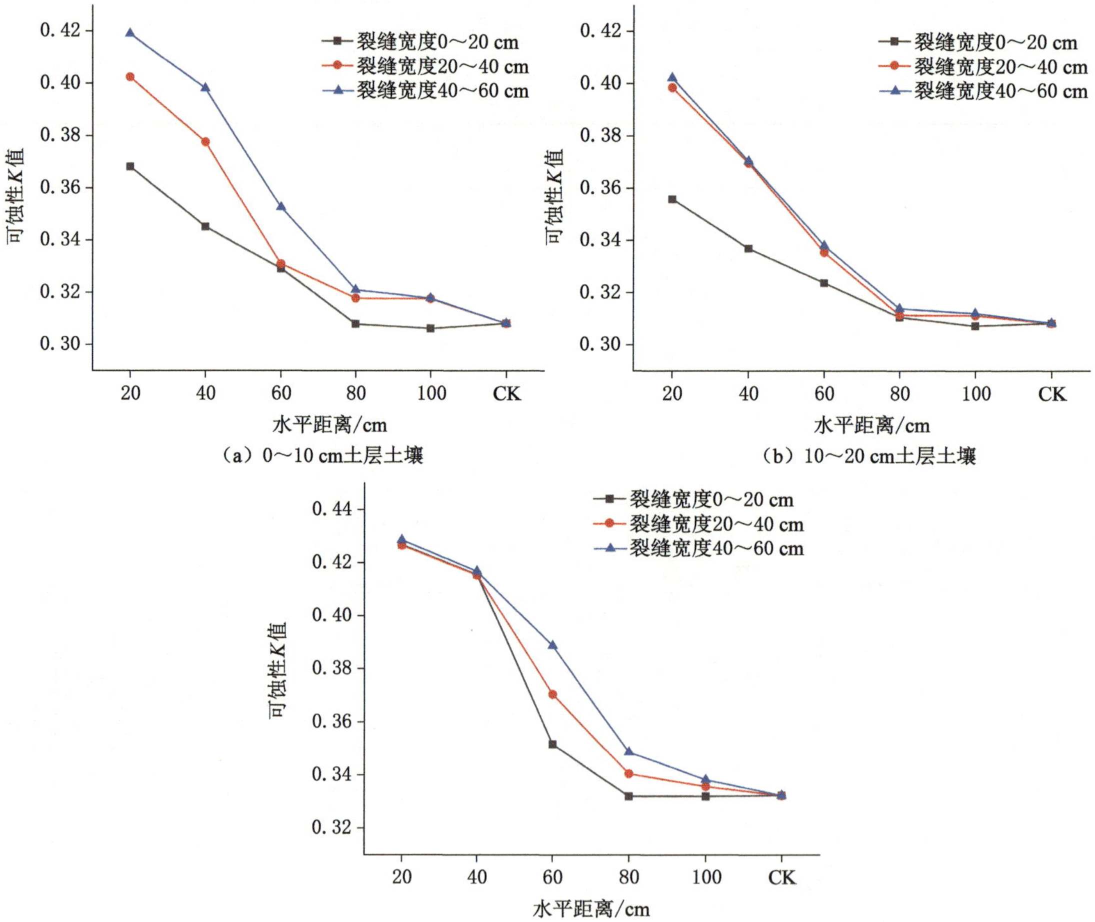

（a）0～10 cm土层土壤

（b）10～20 cm土层土壤

（c）20～40 cm土层土壤

图 4-10 “平开式”裂缝周围不同宽度、水平距离及垂直深度的土壤可蚀性 K 值

1. 对土壤机械组成的影响

根据表 4-4、图 4-8 可知：

(1) 不同宽度的“平开式”裂缝影响下周围土壤的质地类型与对照组相比不会发生变化，两者均为粉质壤土。但“平开式”裂缝周围土壤黏粒含量显著降低，与栗丽等[216]得到的结论相同。

(2) 当裂缝宽度为 0～20 cm 时，在 0～10 cm 土层距裂缝距离为 20 cm、40 cm、60 cm 的土壤黏粒含量与对照组相比降幅依次为 26.7%、16.6%、8.6%，且差异显著($P<0.05$)，距裂缝距离为 80 cm、100 cm 的土壤黏粒含量与对照组相比差别不大；在 10～20 cm 土层距裂缝距离为 20 cm、40 cm、60 cm 的土壤黏粒含量与对照组相比的降幅依次为 36.5%、27.2%、11.9%，且差异显著($P<0.05$)，距裂缝距离为 80 cm、100 cm 的土壤黏粒含量与对照组相比差别不大；在 20～40 cm 土层距裂缝距离为 20 cm、40 cm、60 cm 的土壤黏粒含量与对照组相比降幅依次为 30.9%、11.9%、10.7%，且差异显著($P<0.05$)，距裂缝距离为 80 cm、100 cm 的土壤黏粒含量与对照组相比差别不大。当裂缝宽度为 20～40 cm 时，在0～10 cm 土层距裂缝距离为 20 cm、40 cm、60 cm、80 cm、100 cm 的土壤黏粒含量与对照组相比降幅依次为 32.2%、24.9%、17.5%、9.9%、8.2%，且差异显著($P<0.05$)；在 10～20 cm土层距裂缝距离为 20 cm、40 cm、60 cm、80 cm、100 cm 的土壤黏粒含量与对照组相比降幅依次为 40.6%、31.3%、27.8%，19.9%、18.1%，且差异显著($P<0.05$)；在 20～40 cm土层距裂缝距离为 20 cm、40 cm、60 cm、80 cm、100 cm 的土壤黏粒含量与对照组相比降幅依次为 30.8%、24.8%、19.9%、19.0%、7.9%，且差异显著($P<0.05$)。当裂缝宽度为 40～60 cm 时，在 0～10 cm 土层距裂缝距离为 20 cm、40 cm、60 cm、80 cm、100 cm 的土壤黏粒含量与对照组相比降幅依次为 37.7%、34.9%、33.1%、30.7%、28.3%，且差异显著($P<0.05$)；在 10～20 cm 土层距裂缝距离为 20 cm、40 cm、60 cm、80 cm、100 cm 的土壤黏粒含量与对照组相比降幅依次为44.7%、44.0%、40.8%、32.0%、25.9%，且差异显著($P<0.05$)；在 20～40 cm 土层距裂缝距离为 20 cm、40 cm、60 cm、80 cm、100 cm 的土壤黏粒含量与对照组相比降幅依次为39.3%、37.5%、29.0%、22.3%、18.6%，且差异显著($P<0.05$)。由此可见：第一，“平开式”裂缝周围土壤黏粒含量的降幅随裂缝宽度的增大而增大。第二，“平开式”裂缝会产生降低周围土壤黏粒含量的效应，且该效应主要表现在水平方向上，即随水平距离增加而减弱。

(3) 根据实测数据，绘制了不同宽度的“平开式”裂缝周围不同水平距离土壤黏粒含量散点图，见图 4-11，并在线性回归原理的基础上拟合了土壤黏粒含量与水平距离的方程式，见表 4-10。

由表 4-10 可知，当“平开式”裂缝宽度为 0～20 cm 时，在 0～10 cm 土层距裂缝距离大于 87.2 cm 时，“平开式”裂缝对周围土壤黏粒含量的负效应大致消失，在 10～20 cm 土层距裂缝距离大于 95.9 cm 时，“平开式”裂缝对周围土壤黏粒含量的负效应大致消失，在 20～40 cm 土层距裂缝距离大于 86.8 cm 时，“平开式”裂缝对周围土壤黏粒含量的负效应大致消失；当“平开式”裂缝宽度为 20～40 cm 时，在 0～10 cm 土层距裂缝距离大于 118.8 cm 时，“平开式”裂缝对周围土壤黏粒含量的负效应大致消失，在 10～20 cm 土层距裂缝距离大于 157.4 cm 时，“平开式”裂缝对周围土壤黏粒含量的负效应大致消失，在 20～40 cm 土层距裂缝距离大于 139.4 cm 时，“平开式”裂缝对周围土壤黏粒含量的负效应大致消失；当“平开式”裂缝宽度为 40～60 cm 时，在 0～10 cm 土层距裂缝距离大于 345.4 cm 时，“平开式”裂缝对周围土壤黏粒含量的负效应大致消失，在 10～20 cm 土层距裂缝距离大于 210.6 cm 时，“平开式”裂缝对周围土壤黏粒含量的负效应大致消失，在 20～40 cm 土层距裂缝距离大于 163.7 cm 时，“平开式”裂缝对周围土壤黏粒含量的负效应大致消失。

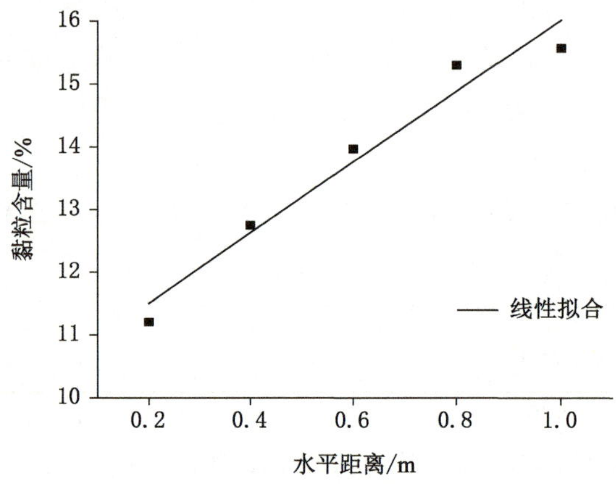

(a) 裂缝宽度0～20 cm+0～10 cm土层

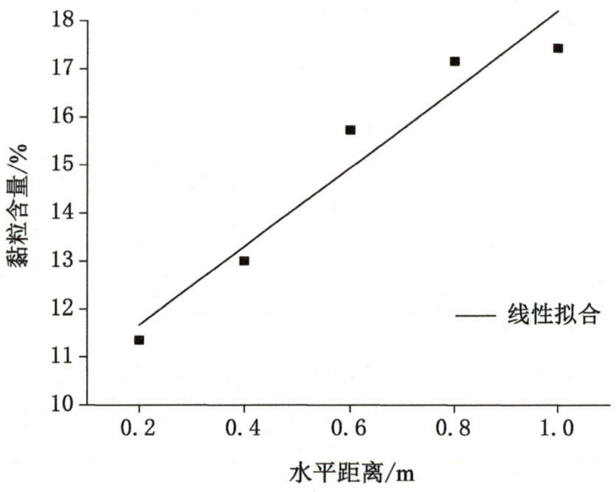

(b) 裂缝宽度0～20 cm+10～20 cm土层

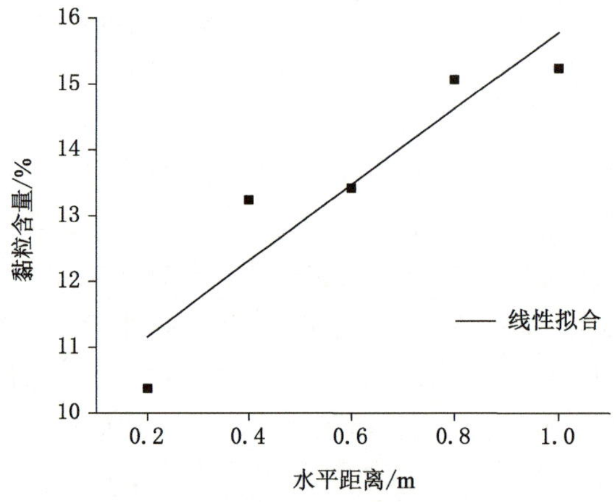

(c) 裂缝宽度0～20 cm+20～40 cm土层

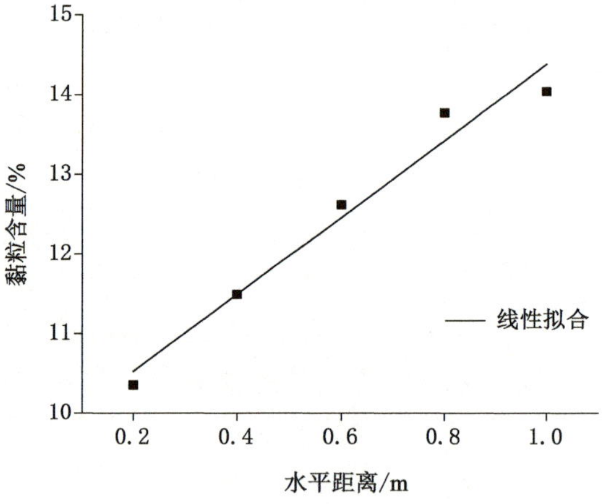

(d) 裂缝宽度20～40 cm+0～10 cm土层

图 4-11 “平开式”裂缝周围不同宽度、水平距离及垂直深度的土壤黏粒含量与水平距离对应关系

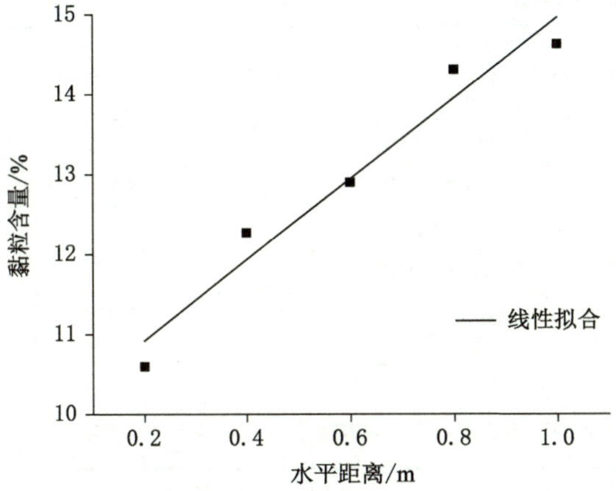

（e）裂缝宽度20～40 cm+10～20 cm土层

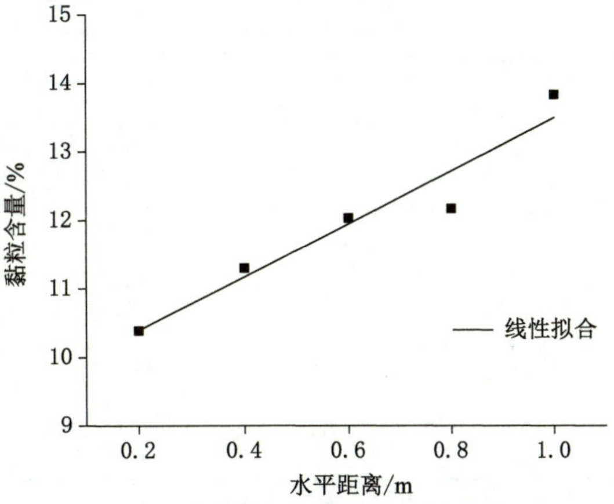

（f）裂缝宽度20～40 cm+20～40 cm土层

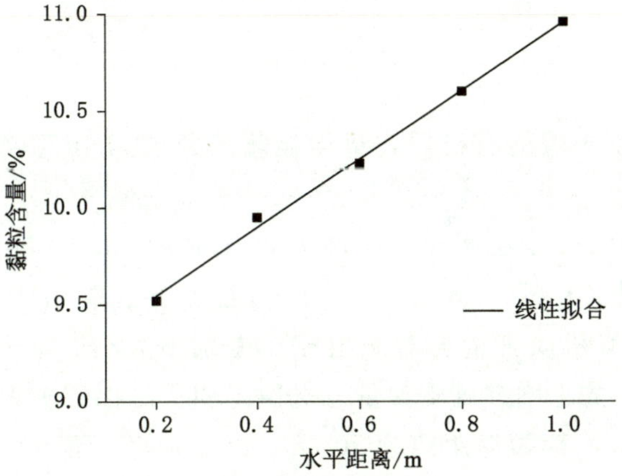

（g）裂缝宽度40～60 cm+0～10 cm土层

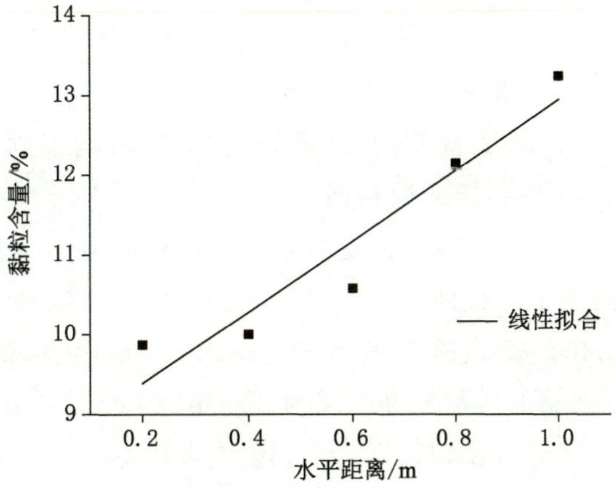

（h）裂缝宽度40～60 cm+10～20 cm土层

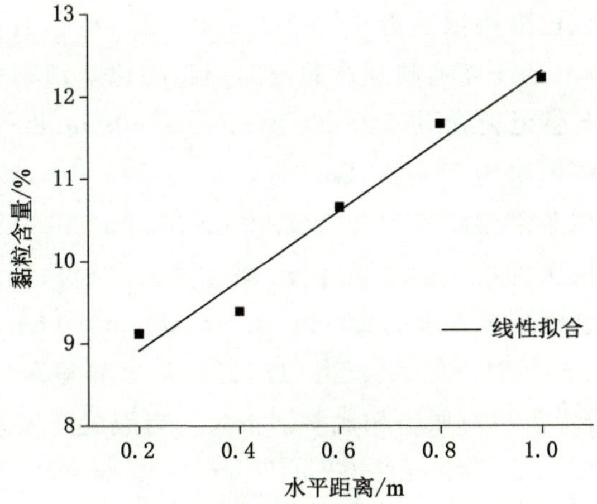

（i）裂缝宽度40～60 cm+20～40 cm土层

图 4-11　（续）

表 4-10 "平开式"裂缝周围土壤黏粒含量与水平距离的量化关系

裂缝宽度/cm	垂直深度/cm	量化关系	复相关系数 R^2
0～20	0～10	$n=5.635d+10.379$	0.961 2
	10～20	$n=8.16d+10.038$	0.937 7
	20～40	$n=5.775d+10.005$	0.872 1
20～40	0～10	$n=4.82d+9.564$	0.969 1
	10～20	$n=5.05d+9.912$	0.957 0
	20～40	$n=3.875d+9.619$	0.931 9
40～60	0～10	$n=1.765d+9.193$	0.997 0
	10～20	$n=4.445d+8.501$	0.913 4
	20～40	$n=4.25d+8.064$	0.968 6

注：式中 n 表示黏粒含量，d 表示水平距离。

2. 对土壤有机质含量的影响

根据表 4-4、图 4-9 可知：

(1) 不同宽度的"平开式"裂缝影响下周围土壤的有机质含量均显著减少，这与田惠文等[20]得到的结论相同。

(2) 当裂缝宽度为 0～20 cm 时，在 0～10 cm 土层距裂缝距离为 20 cm、40 cm、60 cm 的土壤有机质含量与对照组相比降幅依次为 61.6%、43.4%、15.9%，且差异显著($P<0.05$)，距裂缝距离为 80 cm、100 cm 的土壤有机质含量与对照组相比差别不大；在 10～20 cm土层距裂缝距离为 20 cm、40 cm、60 cm 的土壤有机质含量与对照组相比降幅依次为 56.5%、44.4%、18.5%，且差异显著($P<0.05$)，距裂缝距离为 80 cm、100 cm 的土壤有机质含量与对照组相比差别不大；在 20～40 cm 土层距裂缝距离为 20 cm、40 cm、60 cm 的土壤有机质含量与对照组相比降幅依次为 63.3%、58.1%、27.6%，且差异显著($P<0.05$)，距裂缝距离为 80 cm、100 cm 的土壤有机质含量与对照组相比差别不大。当裂缝宽度为 20～40 cm 时，在 0～10 cm 土层距裂缝距离为 20 cm、40 cm、60 cm、80 cm、100 cm 的土壤有机质含量与对照组相比降幅依次为 73.3%、66.3%、47.0%、25.6%、21.1%，且差异显著($P<0.05$)；在 10～20 cm 土层距裂缝距离为 20 cm、40 cm、60 cm、80 cm、100 cm 的土壤有机质含量与对照组相比降幅依次为 69.9%、65.7%、48.0%、22.3%、15.8%，且差异显著($P<0.05$)；在 20～40 cm 土层距裂缝距离为 20 cm、40 cm、60 cm、80 cm 的土壤有机质含量与对照组相比降幅依次为 66.0%、61.3%、35.5%、12.3%，且差异显著($P<0.05$)，距裂缝距离为 100 cm 的土壤有机质含量与对照组相比差别不大。当裂缝宽度为 40～60 cm 时，在 0～10 cm 土层距裂缝距离为 20 cm、40 cm、60 cm、80 cm、100 cm 的土壤有机质含量与对照组相比降幅依次为 80.1%、70.3%、59.5%、48.3%、40.7%，且差异显著($P<0.05$)；在 10～20 cm 土层距裂缝距离为 20 cm、40 cm、60 cm、80 cm、100 cm 的土壤有机质含量与对照组相比降幅依次为 76.1%、67.5%、57.5%、39.5%、32.7%，且差异显著($P<0.05$)；在 20～40 cm 土层距裂缝距离为 20 cm、40 cm、60 cm、80 cm、100 cm 的土壤有机质含量与对照组相比降幅依次为 77.1%、64.3%、53.9%、40.9%、28.3%，且差异显著($P<0.05$)。

由此可见：第一，“平开式”裂缝周围土壤有机质含量的降幅随裂缝宽度的增大而增大。第二，“平开式”裂缝会产生降低周围土壤有机质含量的效应，且该效应主要表现在水平方向上，即随水平距离的增加而减弱。

(3) 根据实测数据，绘制了宽度分别为 0～20 cm、20～40 cm、40～60 cm 的“平开式”裂缝周围不同水平距离土壤有机质含量散点图，见图 4-12，并在线性回归原理的基础上拟合

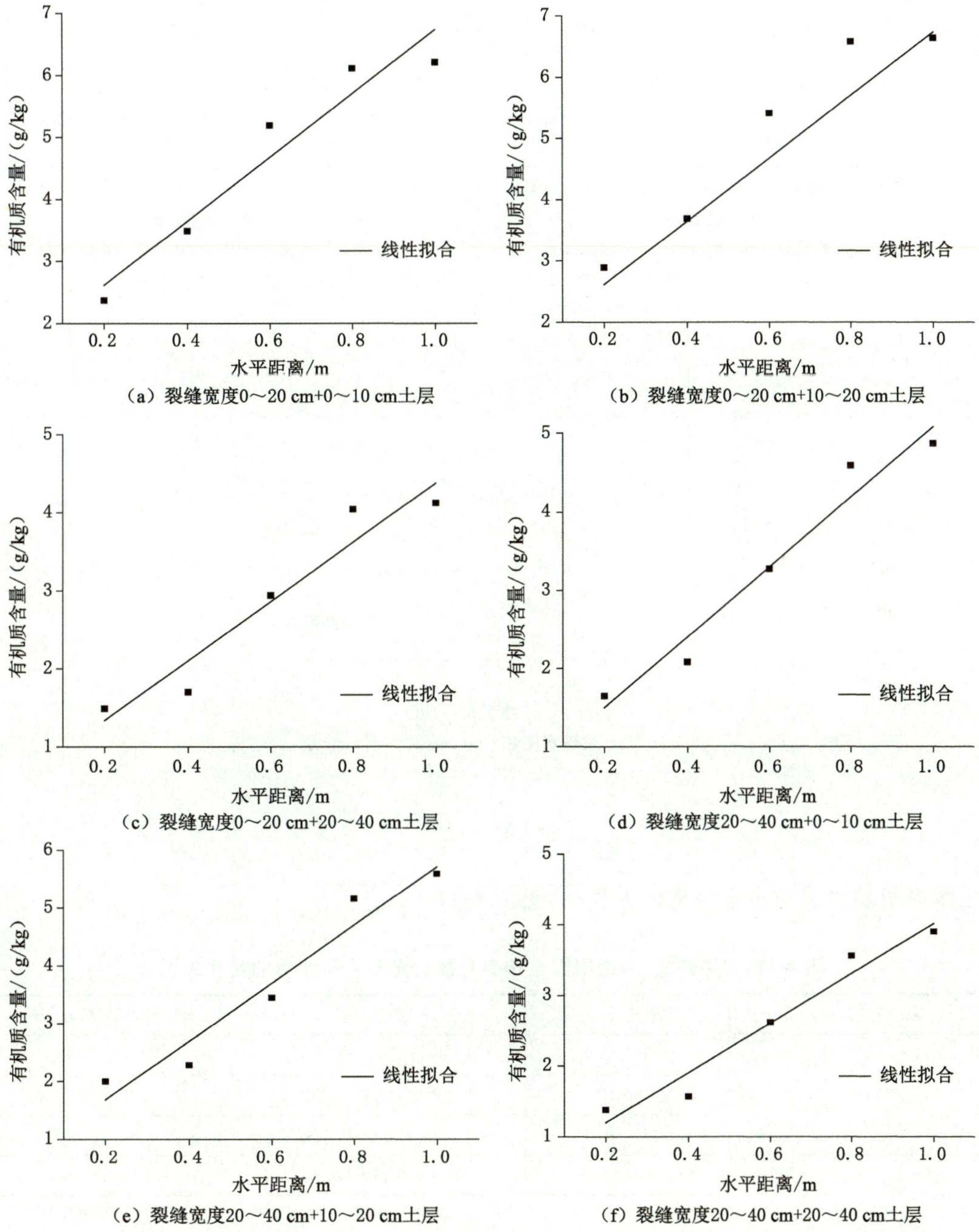

图 4-12　“平开式”裂缝周围不同宽度、水平距离及垂直深度的土壤有机质含量与水平距离对应关系

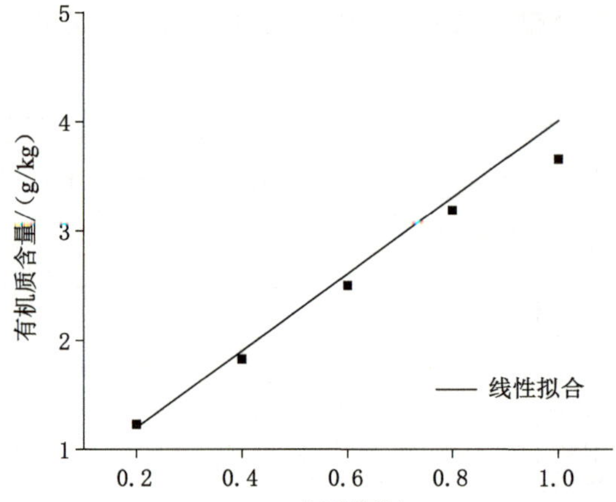

(g) 裂缝宽度40～60 cm+0～10 cm土层

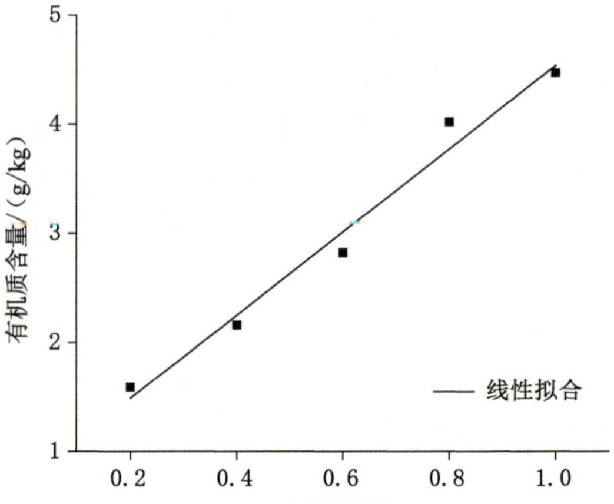

(h) 裂缝宽度40～60 cm+10～20 cm土层

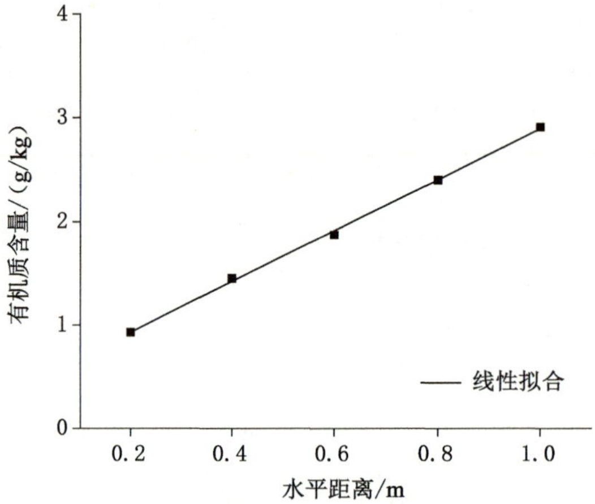

(i) 裂缝宽度40～60 cm+20～40 cm土层

图 4-12 (续)

了土壤有机质含量与水平距离的方程式，见表 4-11。

表 4-11 “平开式”裂缝周围土壤有机质含量与水平距离的量化关系

裂缝宽度/cm	深度/cm	量化关系	复相关系数 R^2
0～20	0～10	$y=5.15d+1.584$	0.930 8
	10～20	$y=5.195d+1.925$	0.937 6
	20～40	$y=3.8d+0.578$	0.930 3
20～40	0～10	$y=4.475d+0.607$	0.960 4
	10～20	$y=5.03d+0.678$	0.948 3
	20～40	$y=3.515d+0.497$	0.957 6

表 4-11(续)

裂缝宽度/cm	深度/cm	量化关系	复相关系数 R^2
40～60	0～10	$y=3.11d+0.616$	0.996 6
	10～20	$y=3.81d+0.726$	0.979 7
	20～40	$y=2.455d+0.439$	0.998 8

注：式中 y 表示有机质含量，d 表示水平距离。

由表 4-11 可知，当“平开式”裂缝宽度为 0～20 cm 时，在 0～10 cm 土层距裂缝距离大于 89.0 cm 时，“平开式”裂缝对周围土壤有机质含量的负效应大致消失，在 10～20 cm 土层距裂缝距离大于 90.8 cm 时，“平开式”裂缝对周围土壤有机质含量的负效应大致消失，在 20～40 cm 土层距裂缝距离大于 91.6 cm 时，“平开式”裂缝对周围土壤有机质含量的负效应大致消失；当“平开式”裂缝宽度为 20～40 cm 时，在 0～10 cm 土层距裂缝距离大于 124.3 cm时，“平开式”裂缝对周围土壤有机质含量的负效应大致消失，在 10～20 cm 土层距裂缝距离大于 118.5 cm 时，“平开式”裂缝对周围土壤有机质含量的负效应大致消失，在 20～40 cm土层距裂缝距离大于 101.4 cm 时，“平开式”裂缝对周围土壤有机质含量的负效应大致消失；当“平开式”裂缝宽度为 40～60 cm 时，在 0～10 cm 土层距裂缝距离大于178.6 cm时，“平开式”裂缝对周围土壤有机质含量的负效应大致消失，在 10～20 cm 土层距裂缝距离大于 155.2 cm 时，“平开式”裂缝对周围土壤有机质含量的负效应大致消失，在 20～40 cm 土层距裂缝距离大于 147.5 cm 时，“平开式”裂缝对周围土壤有机质含量的负效应大致消失。

3. 对土壤可蚀性 K 值的影响

根据表 4-5、图 4-10 可知：

(1) 当裂缝宽度为 0～20 cm 时，在 0～10 cm 土层距裂缝距离为 20 cm、40 cm、60 cm 的土壤可蚀性 K 值与对照组相比增幅依次为 19.5%、12.0%、6.8%，且差异显著($P<0.05$)，距裂缝距离为 80 cm、100 cm 的土壤可蚀性 K 值与对照组相比差别不大；在 10～20 cm土层距裂缝距离为 20 cm、40 cm、60 cm 的土壤可蚀性 K 值与对照组相比增幅依次为 15.4%、9.2%、5.0%，且差异显著($P<0.05$)，距裂缝距离为 80 cm、100 cm 的土壤可蚀性 K 值与对照组相比差别不大；在 20～40 cm 土层距裂缝距离为 20 cm、40 cm、60 cm 的土壤可蚀性 K 值与对照组相比增幅依次为 28.4%、25.1%、5.8%，且差异显著($P<0.05$)，距裂缝距离为 80 cm、100 cm 的土壤可蚀性 K 值与对照组相比差别不大。当裂缝宽度为 20～40 cm时，在 0～10 cm 土层距裂缝距离为 20 cm、40 cm、60 cm、80 cm、100 cm 的土壤可蚀性 K 值与对照组相比增幅依次为 30.5%、22.5%、7.3%、3.1%、3.1%，且距裂缝距离为 20 cm、40 cm、60 cm 时差异显著($P<0.05$)；在 10～20 cm 土层距裂缝距离为 20 cm、40 cm、60 cm 的土壤可蚀性 K 值与对照组相比增幅依次为 29.2%、19.9%、8.8%，且差异显著($P<0.05$)，距裂缝距离为 80 cm、100 cm 的土壤可蚀性 K 值与对照组相比差别不大；在 20～40 cm 土层距裂缝距离为 20 cm、40 cm、60 cm、80 cm 的土壤可蚀性 K 值与对照组相比增幅依次为 28.4%、25.0%、11.5%、2.5%，且距裂缝距离为 20 cm、40 cm、60 cm 时差异显著($P<0.05$)，距裂缝距离为 100 cm 的土壤可蚀性 K 值与对照组相比差别不大。当裂

缝宽度为 40～60 cm 时，在 0～10 cm 土层距裂缝距离为 20 cm、40 cm、60 cm、80 cm、100 cm的土壤可蚀性 K 值与对照组相比增幅依次为 35.9%、29.1%、14.4%、4.1%、3.1%，且距裂缝距离为 20 cm、40 cm、60 cm 时差异显著($P<0.05$)；在 10～20 cm 土层距裂缝距离为 20 cm、40 cm、60 cm、80 cm、100 cm 的土壤可蚀性 K 值与对照组相比增幅依次为 30.4%、20.1%、9.6%、1.8%、1.2%，且距裂缝距离为 20 cm、40 cm、60 cm 时差异显著($P<0.05$)；在 20～40 cm 土层距裂缝距离为 20 cm、40 cm、60 cm、80 cm、100 cm 的土壤可蚀性 K 值与对照组相比增幅依次为 29.0%、25.5%、17.0%、4.9%、1.8%，且距裂缝距离为 20 cm、40 cm、60 cm 时差异显著($P<0.05$)。由此可见：第一，“平开式”裂缝周围土壤可蚀性 K 值的增幅随裂缝宽度的增大而增大。第二，“平开式”裂缝会产生放大周围土壤可蚀性 K 值的效应，且该效应主要表现在水平方向上，即随水平距离的增加而减弱，当距裂缝水平距离小于 20 cm 时，该效应最明显。

(2) 根据计算数据，绘制了宽度分别为 0～20 cm、20～40 cm、40～60 cm“平开式”裂缝周围不同水平距离土壤可蚀性 K 值散点图，见图 4-13，并在线性回归原理的基础上拟合了土壤可蚀性 K 值与水平距离的方程式，见表 4-12。

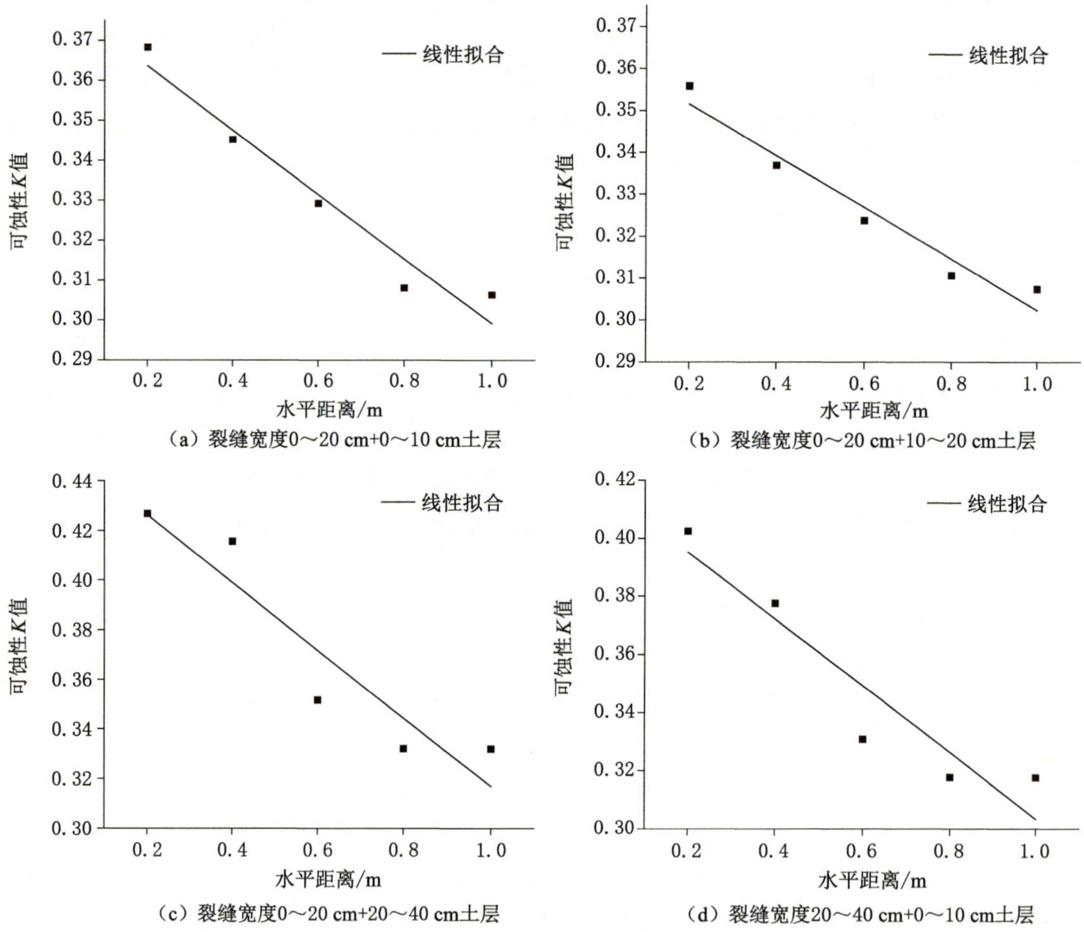

(a) 裂缝宽度0～20 cm+0～10 cm土层　(b) 裂缝宽度0～20 cm+10～20 cm土层

(c) 裂缝宽度0～20 cm+20～40 cm土层　(d) 裂缝宽度20～40 cm+0～10 cm土层

图 4-13　“平开式”裂缝周围不同宽度、水平距离及垂直深度的土壤可蚀性 K 值与水平距离对应关系

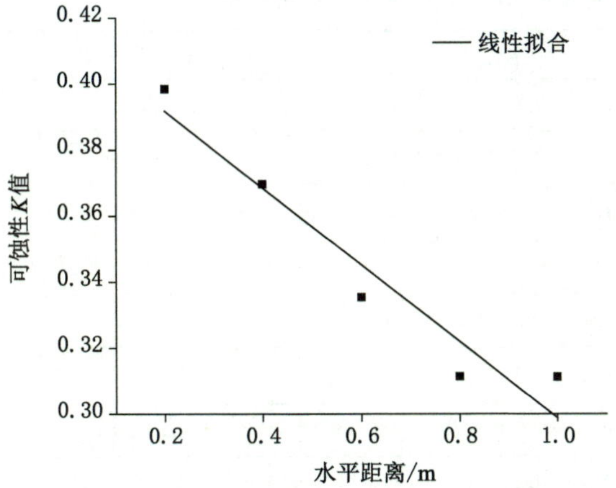

（e）裂缝宽度20～40 cm+10～20 cm土层

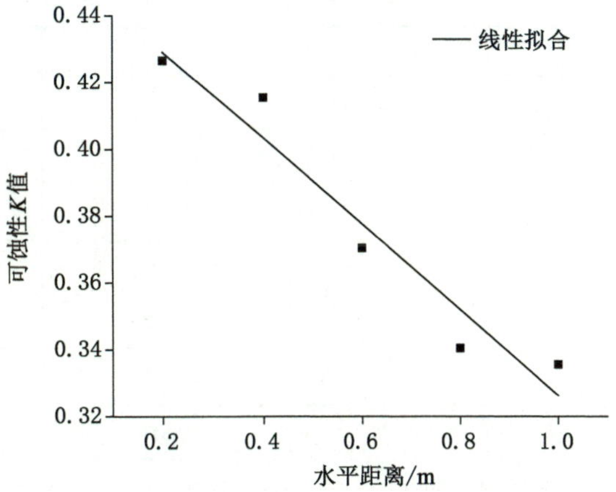

（f）裂缝宽度20～40 cm+20～40 cm土层

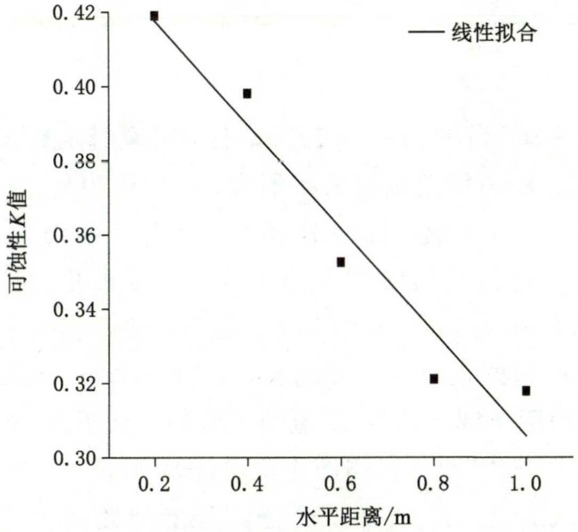

（g）裂缝宽度40～60 cm+0～10 cm土层

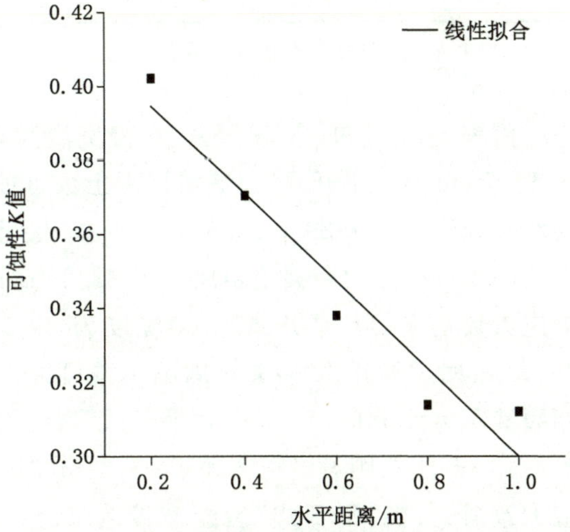

（h）裂缝宽度40～60 cm+10～20 cm土层

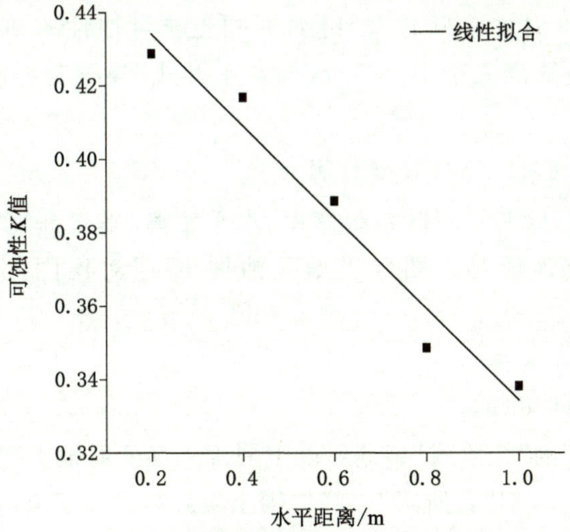

（i）裂缝宽度40～60 cm+20～40 cm土层

图 4-13　（续）

表 4-12 “平开式”裂缝周围土壤可蚀性 K 值与水平距离的量化关系

裂缝宽度/cm	深度/cm	量化关系	复相关系数 R^2
0～20	0～10	$K=-0.0805d+0.3797$	0.950 4
	10～20	$K=-0.0616d+0.3638$	0.952 8
	20～40	$K=-0.1366d+0.4536$	0.876 3
20～40	0～10	$K=-0.1146d+0.418$	0.883 1
	10～20	$K=-0.1162d+0.415$	0.929 2
	20～40	$K=-0.1285d+0.4548$	0.939 7
40～60	0～10	$K=-0.1396d+0.4455$	0.944 0
	10～20	$K=-0.1182d+0.4183$	0.935 3
	20～40	$K=-0.1246d+0.459$	0.963 3

注：式中 K 表示可蚀性 K 值，d 表示水平距离。

由表 4-12 可知，当“平开式”裂缝宽度为 0～20 cm 时，在 0～10 cm 土层距裂缝距离大于 88.7 cm 时，“平开式”裂缝对周围土壤可蚀性 K 值的正效应大致消失，在 10～20 cm 土层距裂缝距离大于 89.9 cm 时，“平开式”裂缝对周围土壤可蚀性 K 值的正效应大致消失，在 20～40 cm 土层距裂缝距离大于 88.8 cm 时，“平开式”裂缝对周围土壤可蚀性 K 值的正效应大致消失；当“平开式”裂缝宽度为 20～40 cm 时，在 0～10 cm 土层距裂缝距离大于 95.7 cm 时，“平开式”裂缝对周围土壤可蚀性 K 值的正效应大致消失，在 10～20 cm 土层距裂缝距离大于 91.7 cm 时，“平开式”裂缝对周围土壤可蚀性 K 值的正效应大致消失，在 20～40 cm 土层距裂缝距离大于 95.3 cm 时，“平开式”裂缝对周围土壤可蚀性 K 值的正效应大致消失；当“平开式”裂缝宽度为 40～60 cm 时，在 0～10 cm 土层距裂缝距离大于 98.3 cm时，“平开式”裂缝对周围土壤可蚀性 K 值的正效应大致消失，在 10～20 cm 土层距裂缝距离大于 93.0 cm 时，“平开式”裂缝对周围土壤可蚀性 K 值的正效应大致消失，在 20～40 cm 土层距裂缝距离大于 101.7 cm 时，“平开式”裂缝对周围土壤可蚀性 K 值的正效应大致消失。

（二）“台阶式”裂缝对土壤可蚀性的影响

根据表 4-6、表 4-7，绘制了不同台阶高度、水平距离、垂直深度下“台阶式”裂缝周围土壤质地三角图、有机质含量对比图和土壤可蚀性 K 值对比图，分别见图 4-14、图 4-15、图 4-16。

1. 对土壤机械组成的影响

根据表 4-6、图 4-14 可知：

(1) 不同台阶高度的“台阶式”裂缝影响下周围土壤的质地类型与对照组相比不会发生变化，两者均为粉质壤土，但“台阶式”裂缝周围土壤黏粒含量显著降低。

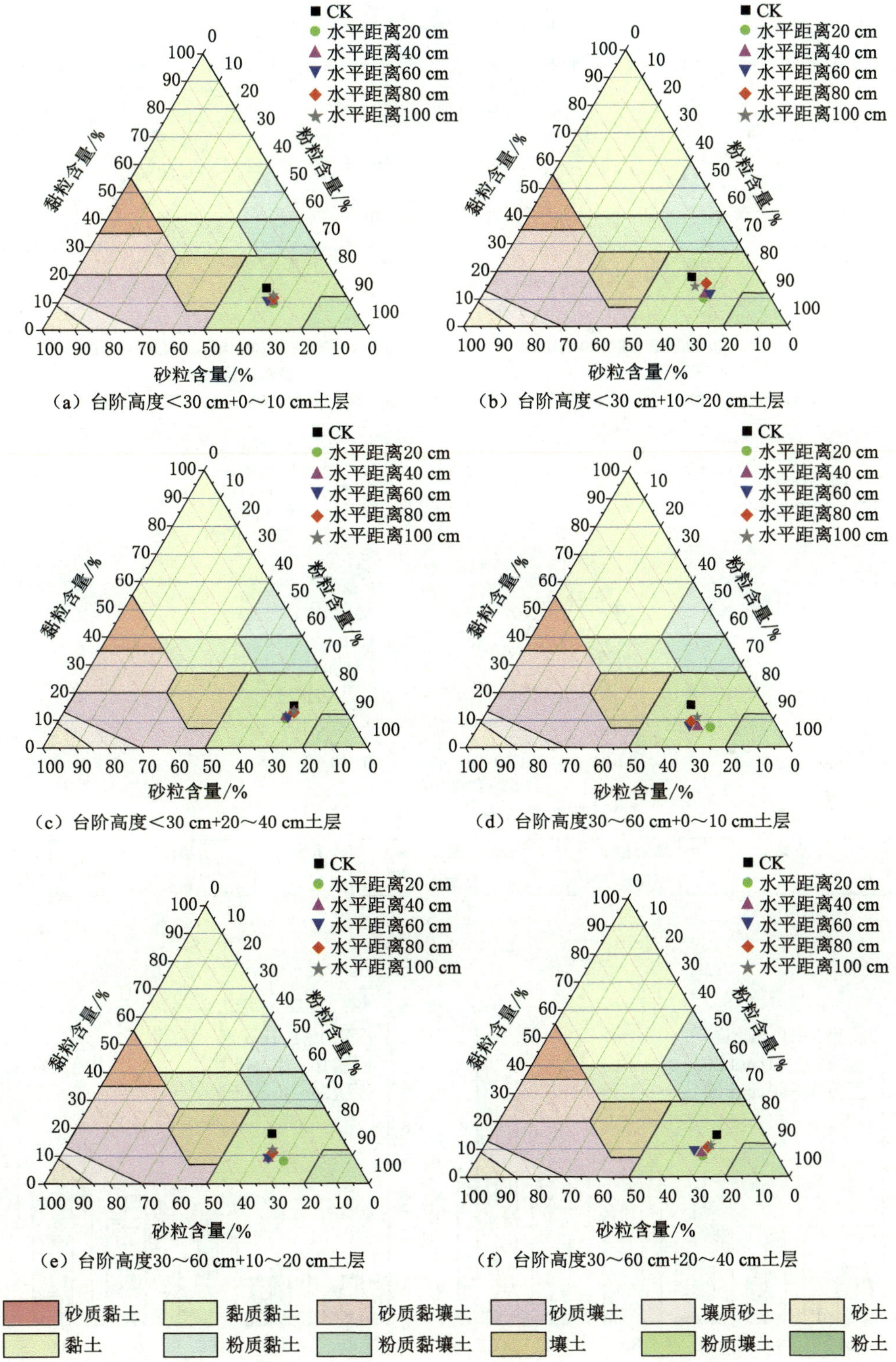

图 4-14　“台阶式”裂缝周围不同台阶高度、水平距离及垂直深度的土壤质地三角图

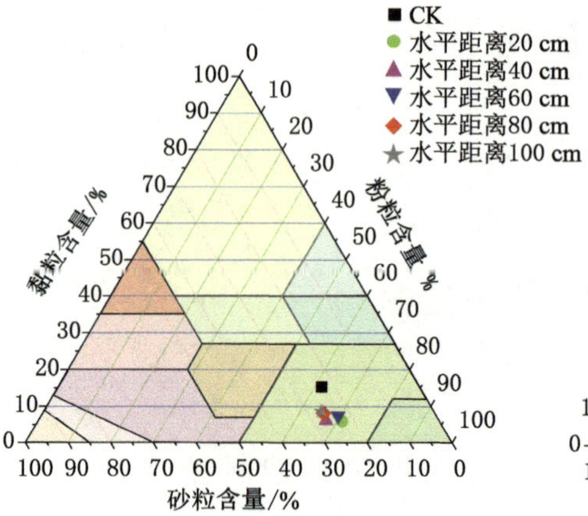

（g）台阶高度＞60 cm+0～10 cm土层

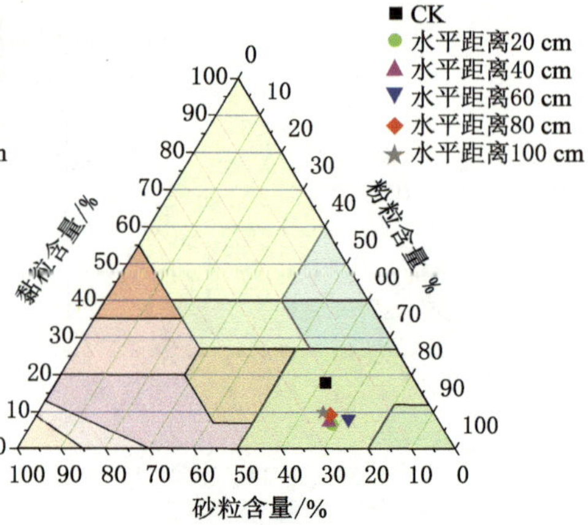

（h）台阶高度＞60 cm+10～20 cm土层

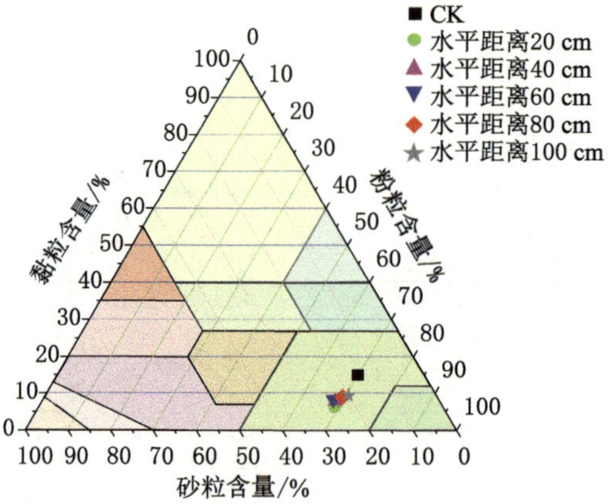

（i）台阶高度＞60 cm+20～40 cm土层

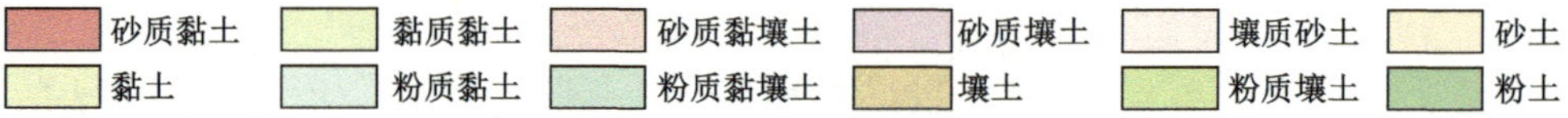

图 4-14 （续）

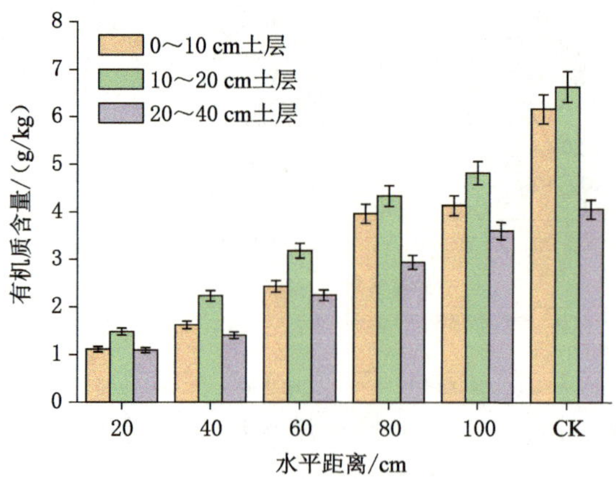

（a）台阶高度＜30 cm

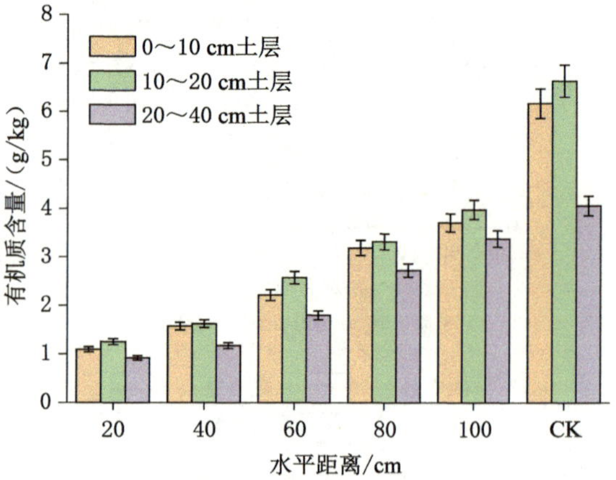

（b）台阶高度30～60 cm

图 4-15 “台阶式”裂缝周围不同台阶高度、水平距离及垂直深度的土壤有机质含量

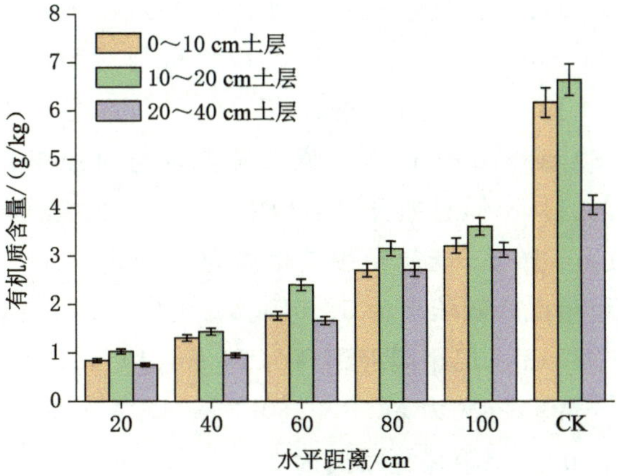

（c）台阶高度＞60 cm

图 4-15　（续）

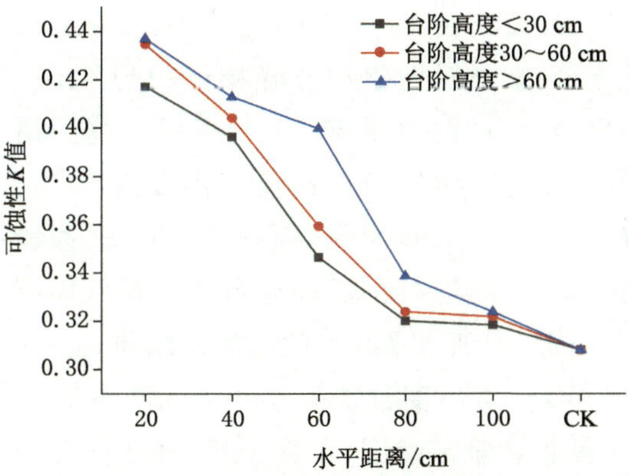

（a）0～10 cm土层土壤

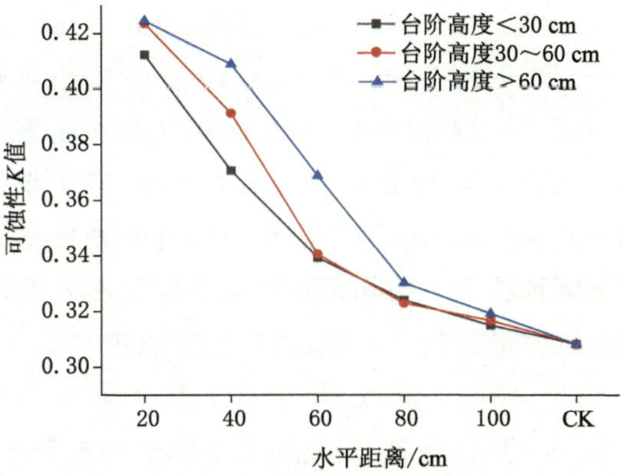

（b）10～20 cm土层土壤

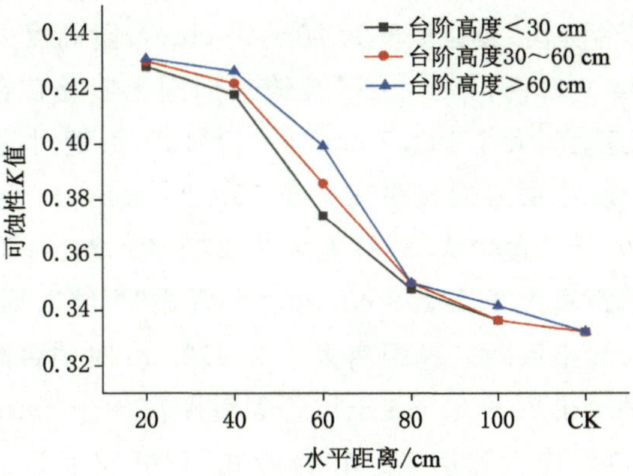

（c）20～40 cm土层土壤

图 4-16　“台阶式”裂缝周围不同台阶高度、水平距离及垂直深度的土壤可蚀性 *K* 值

（2）当裂缝宽度为 20～40 cm，台阶高度＜30 cm 时，在 0～10 cm 土层距裂缝距离为 20 cm、40 cm、60 cm、80 cm、100 cm 的土壤黏粒含量与对照组相比降幅依次为 36.8%、

32.0%、28.2%、23.7%、17.3%，且差异显著($P<0.05$)；在 10～20 cm 土层距裂缝距离为 20 cm、40 cm、60 cm、80 cm、100 cm 的土壤黏粒含量与对照组相比降幅依次为 42.9%、34.6%、32.7%、12.8%、19.0%，且差异显著($P<0.05$)；在 20～40 cm 土层距裂缝距离为 20 cm、40 cm、60 cm、80 cm、100 cm 的土壤黏粒含量与对照组相比降幅依次为 30.0%、26.4%、24.8%、14.9%、11.8%，且差异显著($P<0.05$)。当裂缝宽度为 20～40 cm，台阶高度为 30～60 cm 时，在 0～10 cm 土层距裂缝距离为 20 cm、40 cm、60 cm、80 cm、100 cm 的土壤黏粒含量与对照组相比降幅依次为 52.9%、51.3%、47.7%、38.6%、28.4%，且差异显著($P<0.05$)；在 10～20 cm 土层距裂缝距离为 20 cm、40 cm、60 cm、80 cm、100 cm 的土壤黏粒含量与对照组相比降幅依次为 54.8%、50.2%、47.4%，38.6%、32.5%，且差异显著($P<0.05$)；在 20～40 cm 土层距裂缝距离为 20 cm、40 cm、60 cm、80 cm、100 cm 的土壤黏粒含量与对照组相比降幅依次为 50.5%、44.9%、36.0%、30.0%、26.2%，且差异显著($P<0.05$)。当裂缝宽度为 20～40 cm，台阶高度＞60 cm 时，在 0～10 cm 土层距裂缝距离为 20 cm、40 cm、60 cm、80 cm、100 cm 的土壤黏粒含量与对照组相比降幅依次为 60.6%、60.2%、51.3%、46.6%、43.2%，且差异显著($P<0.05$)；在 10～20 cm 土层距裂缝距离为 20 cm、40 cm、60 cm、80 cm、100 cm 的土壤黏粒含量与对照组相比降幅依次为 62.8%、59.8%、54.8%、48.4%、44.4%，且差异显著($P<0.05$)；在 20～40 cm 土层距裂缝距离为 20 cm、40 cm、60 cm、80 cm、100 cm 的土壤黏粒含量与对照组相比降幅依次为 58.1%、48.6%、45.1%、40.7%、37.9%，且差异显著($P<0.05$)。由此可见：第一，"台阶式"裂缝周围土壤黏粒含量的降幅随台阶高度的增大而增大。第二，"台阶式"裂缝会产生降低周围土壤黏粒含量的效应，且该效应主要表现在水平方向上，即随水平距离的增加而减弱。

(3) 根据实测数据，绘制了宽度为 20～40 cm，台阶高度分别为＜30 cm、30～60 cm、＞60 cm的"台阶式"裂缝周围不同水平距离土壤黏粒含量散点图，见图 4-17，并在线性回归原理的基础上拟合了土壤黏粒含量与水平距离的方程式，见表 4-13。

由表 4-13 可知，当"台阶式"裂缝宽度为 20～40 cm、台阶高度＜30 cm 时，在 0～10 cm 土层距裂缝距离大于 176.6 cm 时，"台阶式"裂缝对周围土壤黏粒含量的负效应大致消失，在 10～20 cm 土层距裂缝距离大于 141.7 cm 时，"台阶式"裂缝对周围土壤黏粒含量的负效应大致消失，在 20～40 cm 土层距裂缝距离大于 150.2 cm 时，"台阶式"裂缝对周围土壤黏粒含量的负效应大致消失；当"台阶式"裂缝宽度为 20～40 cm、台阶高度为 30～60 cm 时，在 0～10 cm 土层距裂缝距离大于 201.8 cm 时，"台阶式"裂缝对周围土壤黏粒含量的负效应大致消失，在 10～20 cm 土层距裂缝距离大于 219.2 cm 时，"台阶式"裂缝对周围土壤黏粒含量的负效应大致消失，在 20～40 cm 土层距裂缝距离大于 199.2 cm 时，"台阶式"裂缝对周围土壤黏粒含量的负效应大致消失；当"台阶式"裂缝宽度为 20～40 cm、台阶高度＞60 cm时，在 0～10 cm 土层距裂缝距离大于 275.8 cm 时，"台阶式"裂缝对周围土壤黏粒含量的负效应大致消失，在 10～20 cm 土层距裂缝距离大于 284.4 cm 时，"台阶式"裂缝对周围土壤黏粒含量的负效应大致消失，在 20～40 cm 土层距裂缝距离大于 250.4 cm 时，"台阶式"裂缝对周围土壤黏粒含量的负效应大致消失。

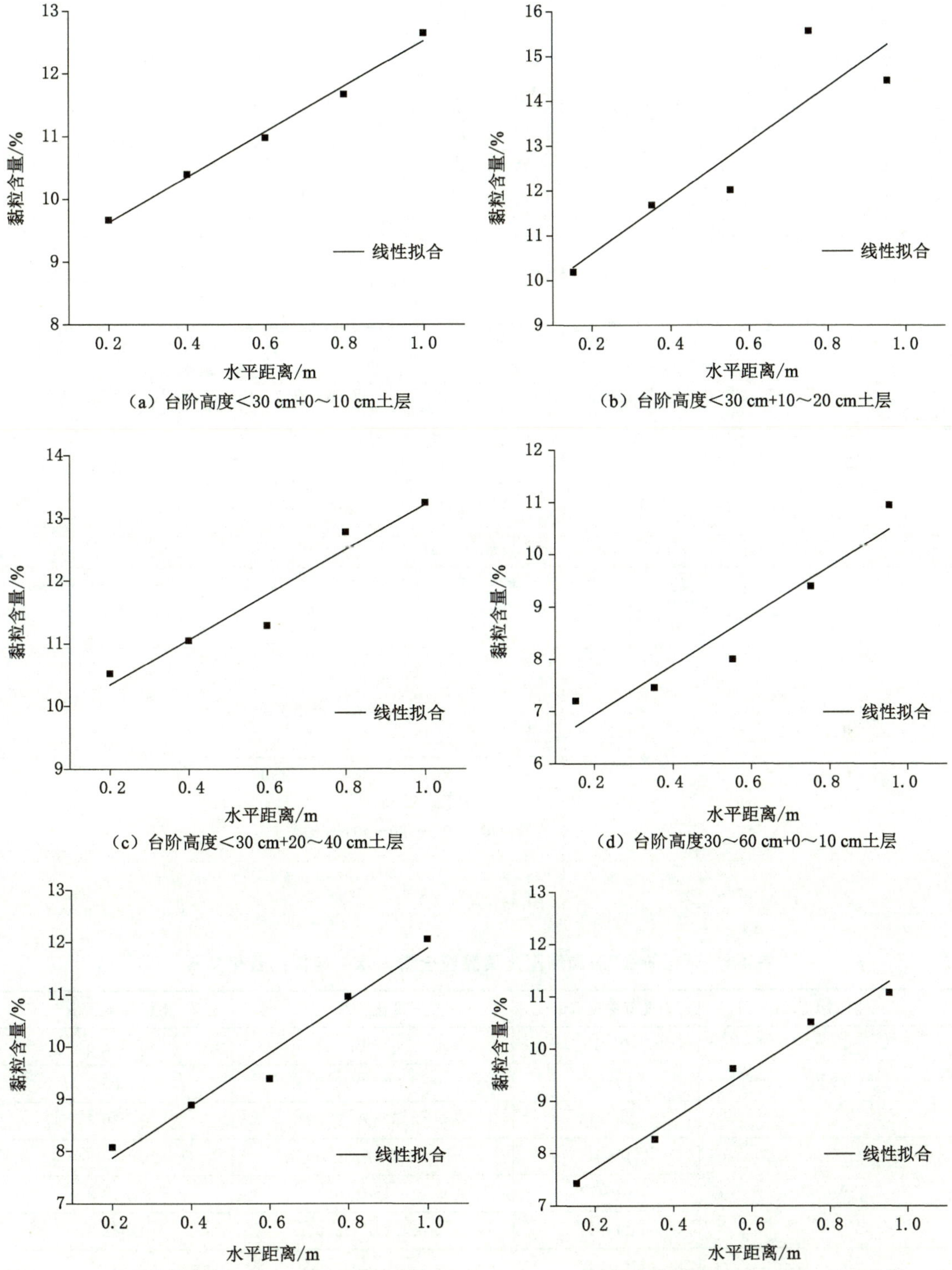

（a）台阶高度<30 cm+0～10 cm土层

（b）台阶高度<30 cm+10～20 cm土层

（c）台阶高度<30 cm+20～40 cm土层

（d）台阶高度30～60 cm+0～10 cm土层

（e）台阶高度30～60 cm+10～20 cm土层

（f）台阶高度30～60 cm+20～40 cm土层

图 4-17　“台阶式”裂缝周围不同台阶高度、水平距离及垂直深度的土壤黏粒含量与水平距离对应关系

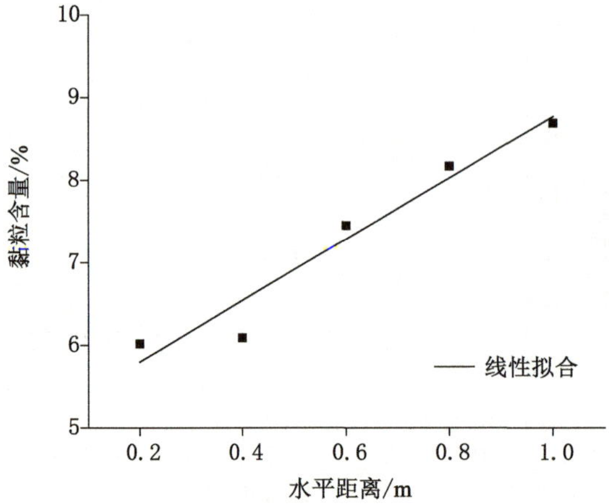

（g）台阶高度>60 cm+0～10 cm土层

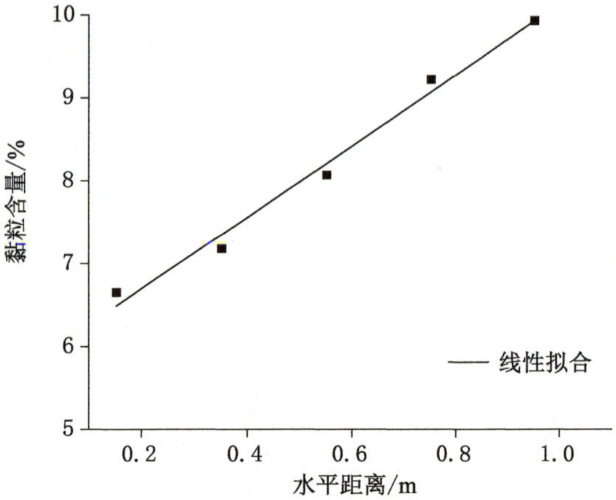

（h）台阶高度>60 cm+10～20 cm土层

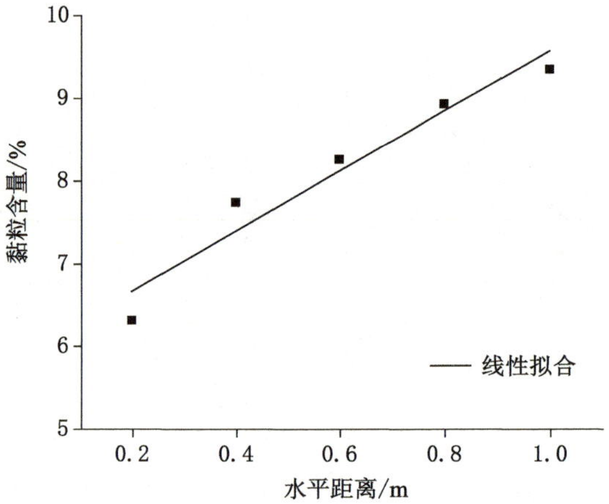

（i）台阶高度>60 cm+20～40 cm土层

图 4-17 （续）

表 4-13 “台阶式”裂缝周围土壤黏粒含量与水平距离的量化关系

台阶高度/cm	垂直深度/cm	量化关系	复相关系数 R^2
<30	0～10	$n=3.615d+8.905$	0.991 3
	10～20	$n=6.215d+9.055$	0.808 8
	20～40	$n=3.595d+9.621$	0.936 3
30～60	0～10	$n=4.72d+5.766$	0.910 3
	10～20	$n=5.015d+6.867$	0.969 3
	20～40	$n=4.77d+5.52$	0.982 9
>60	0～10	$n=3.71d+5.058$	0.947 2
	10～20	$n=4.3d+5.63$	0.987 1
	20～40	$n=3.635d+5.917$	0.942 3

注：式中 n 表示黏粒含量，d 表示水平距离。

2. 对土壤有机质含量的影响

根据表 4-6、图 4-15 可知：

(1) 不同台阶高度的“台阶式”裂缝影响下周围土壤的有机质含量显著降低。

(2) 当裂缝宽度为 20～40 cm，台阶高度＜30 cm 时，在 0～10 cm 土层距裂缝距离为 20 cm、40 cm、60 cm、80 cm、100 cm 的土壤有机质含量与对照组相比降幅依次为 82.0%、73.7%、60.6%、35.7%、32.9%，且差异显著（$P<0.05$）；在 10～20 cm 土层距裂缝距离为 20 cm、40 cm、60 cm、80 cm、100 cm 的土壤有机质含量与对照组相比降幅依次为 77.7%、66.4%、52.1%、34.6%、27.4%，且差异显著（$P<0.05$）；在 20～40 cm 土层距裂缝距离为 20 cm、40 cm、60 cm、80 cm、100 cm 的土壤有机质含量与对照组相比降幅依次为 73.2%、65.5%、44.8%、27.6%、11.1%，且差异显著（$P<0.05$）。当裂缝宽度为 20～40 cm，台阶高度为 30～60 cm 时，在 0～10 cm 土层距裂缝距离为 20 cm、40 cm、60 cm、80 cm、100 cm 的土壤有机质含量与对照组相比降幅依次为 82.3%、74.6%、64.2%、48.3%、39.9%，且差异显著（$P<0.05$）；在 10～20 cm 土层距裂缝距离为 20 cm、40 cm、60 cm、80 cm、100 cm 的土壤有机质含量与对照组相比降幅依次为 81.2%、75.6%、61.3%、50.0%、40.1%，且差异显著（$P<0.05$）；在 20～40 cm 土层距裂缝距离为 20 cm、40 cm、60 cm、80 cm、100 cm 的土壤有机质含量与对照组相比降幅依次为 77.3%、71.2%、55.7%、33.0%、16.7%，且差异显著（$P<0.05$）。当裂缝宽度为 20～40 cm，台阶高度＞60 cm 时，在 0～10 cm 土层距裂缝距离为 20 cm、40 cm、60 cm、80 cm、100 cm 的土壤有机质含量与对照组相比降幅依次为86.4%、78.8%、71.3%、56.1%、47.8%，且差异显著（$P<0.05$）；在 10～20 cm 土层距裂缝距离为 20 cm、40 cm、60 cm、80 cm、100 cm 的土壤有机质含量与对照组相比降幅依次为 84.5%、78.3%、63.7%、52.4%、45.5%，且差异显著（$P<0.05$）；在 20～40 cm 土层距裂缝距离为 20 cm、40 cm、60 cm、80 cm、100 cm 的土壤有机质含量与对照组相比降幅依次为 81.5%、76.6%、58.9%、33.0%、22.9%，且差异显著（$P<0.05$）。由此可见：第一，“台阶式”裂缝周围土壤有机质含量的降幅随台阶高度的增大而增大。第二，“台阶式”裂缝降低周围土壤有机质含量的效应主要表现在水平方向上。

(3) 根据实测数据，绘制了宽度为 20～40 cm，台阶高度分别为＜30 cm、30～60 cm、＞60 cm的“台阶式”裂缝周围不同水平距离土壤有机质含量散点图，见图 4-18，并在线性回归原理的基础上拟合了土壤有机质含量与水平距离的方程式，见表 4-14。

由表 4-14 可知，当“台阶式”裂缝宽度为 20～40 cm、台阶高度＜30 cm 时，在 0～10 cm 土层距裂缝距离大于 143.6 cm 时，“台阶式”裂缝对周围土壤有机质含量的负效应大致消失，在 10～20 cm 土层距裂缝距离大于 138.0 cm 时，“台阶式”裂缝对周围土壤有机质含量的负效应大致消失，在 20～40 cm 土层距裂缝距离大于 114.8 cm 时，“台阶式”裂缝对周围土壤有机质含量的负效应大致消失；当“台阶式”裂缝宽度为 20～40 cm、台阶高度为 30～60 cm时，在 0—10 cm 土层距裂缝距离大于 171.3 cm 时，“台阶式”裂缝对周围土壤有机质含量的负效应大致消失，在 10～20 cm 土层距裂缝距离大于 174.3 cm 时，“台阶式”裂缝对周围土壤有机质含量的负效应大致消失，在 20～40 cm 土层距裂缝距离大于 123.7 cm 时，“台阶式”裂缝对周围土壤有机质含量的负效应大致消失；当“台阶式”裂缝宽度为 20～

40 cm、台阶高度＞60 cm 时，在 0～10 cm 土层距裂缝距离大于 196.4 cm 时，“台阶式”裂缝对周围土壤有机质含量的负效应大致消失，在 10～20 cm 土层距裂缝距离大于 184.9 cm 时，“台阶式”裂缝对周围土壤有机质含量的负效应大致消失，在 20～40 cm 土层距裂缝距离大于 127.9 cm 时，“台阶式”裂缝对周围土壤有机质含量的负效应大致消失。

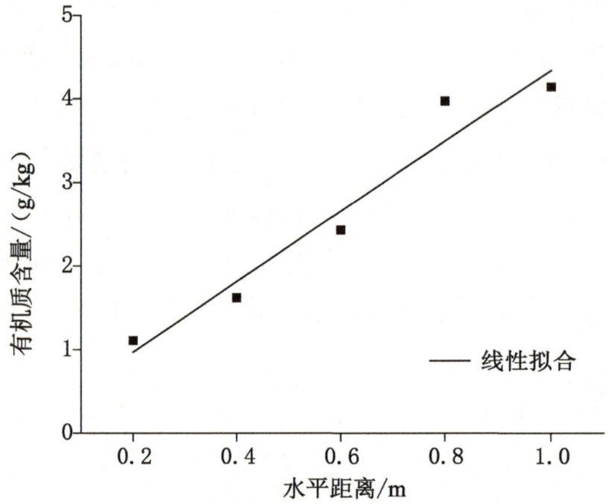

(a) 台阶高度＜30 cm+0～10 cm土层

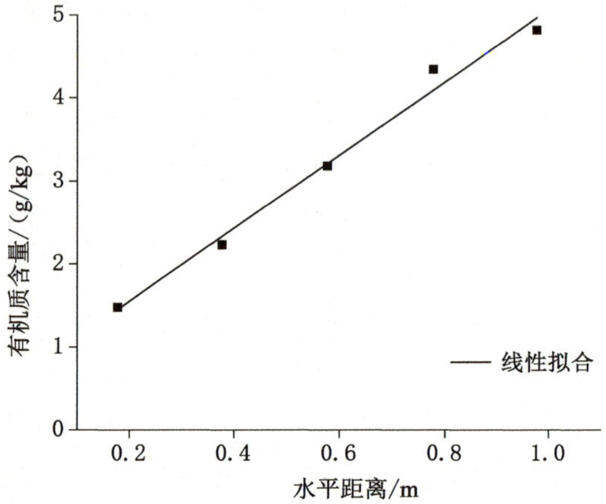

(b) 台阶高度＜30 cm+10～20 cm土层

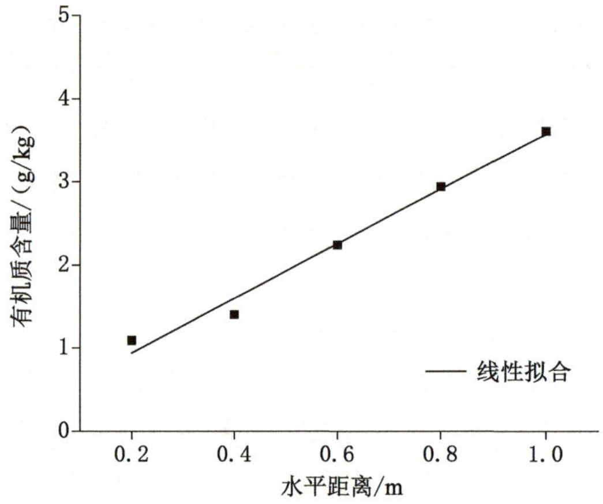

(c) 台阶高度＜30 cm+20～40 cm土层

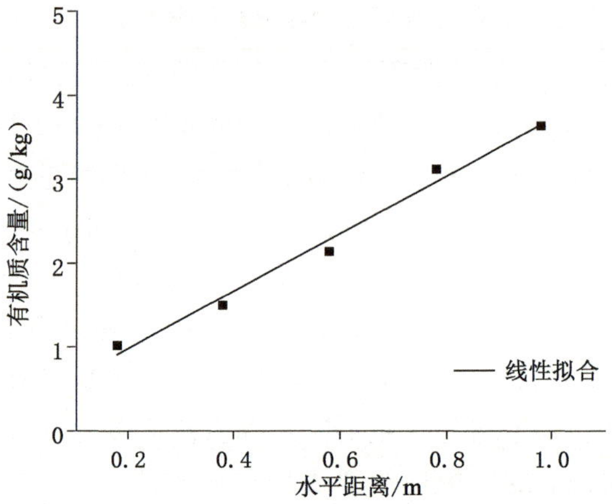

(d) 台阶高度30～60 cm+0～10 cm土层

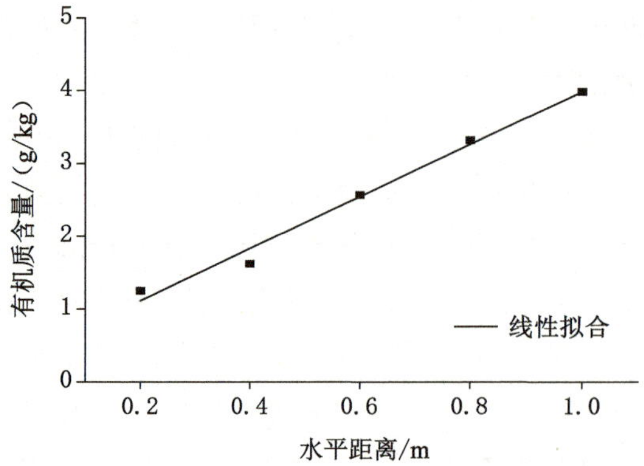

(e) 台阶高度30～60 cm+10～20 cm土层

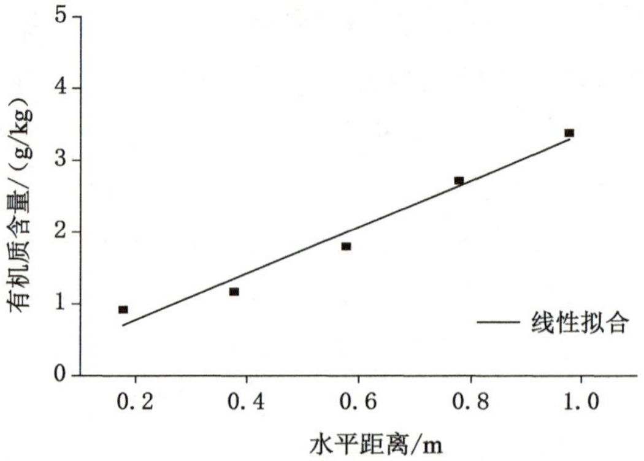

(f) 台阶高度30～60 cm+20～40 cm土层

图 4-18 “台阶式”裂缝周围不同台阶高度、水平距离及垂直深度的土壤有机质含量与水平距离对应关系

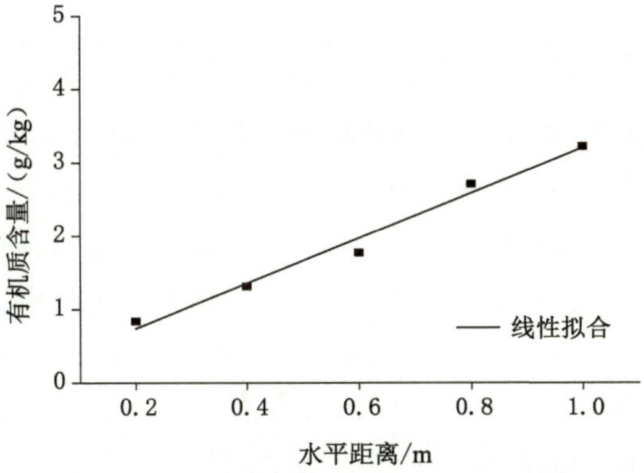

(g) 台阶高度>60 cm+0～10 cm土层

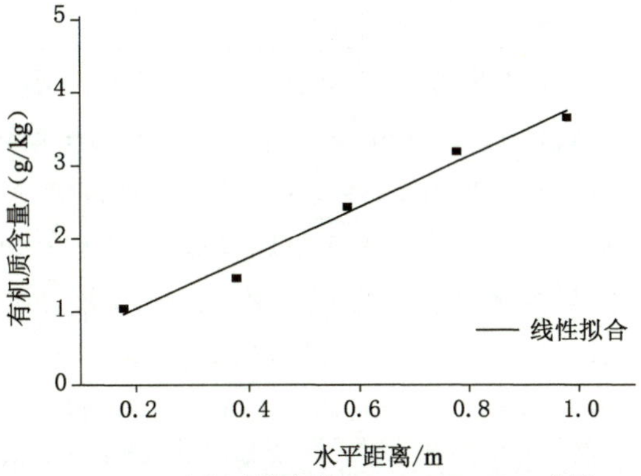

(h) 台阶高度>60 cm+10～20 cm土层

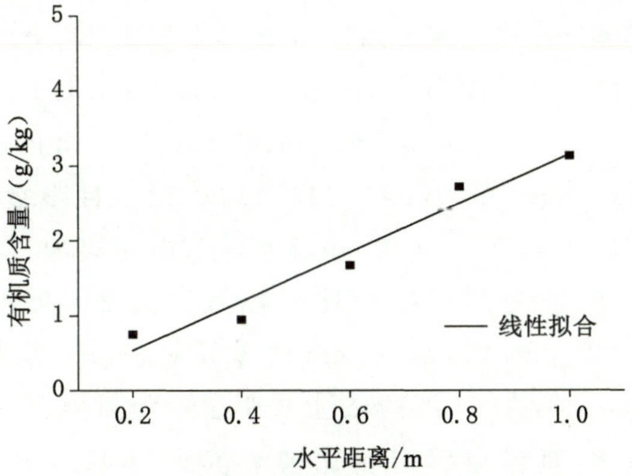

(i) 台阶高度>60 cm+20～40 cm土层

图 4-18 （续）

表 4-14 "台阶式"裂缝周围土壤有机质含量与水平距离的量化关系

台阶高度/cm	深度/cm	量化关系	复相关系数 R^2
<30	0～10	$y=4.205d+0.131$	0.950 2
	10～20	$y=4.395d+0.573$	0.987 6
	20～40	$y=3.29d+0.282$	0.985 4
30～60	0～10	$y=3.43d+0.296$	0.986 4
	10～20	$y=3.58d+0.4$	0.987 2
	20～40	$y=3.235d+0.057$	0.969 4
>60	0～10	$y=3.08d+0.122$	0.982 4
	10～20	$y=3.45d+0.262$	0.983 4
	20～40	$y=3.265d-0.115$	0.958 8

注：式中 y 表示有机质含量，d 表示水平距离。

3. 对土壤可蚀性 K 值的影响

根据表 4-7、图 4-16 可知：

（1）当裂缝宽度为 20～40 cm、台阶高度<30 cm 时，在 0～10 cm 土层距裂缝距离为 20 cm、40 cm、60 cm、80 cm、100 cm 的土壤可蚀性 K 值与对照组相比增幅依次为 35.3%、28.6%、12.4%、3.8%、3.3%，且距裂缝距离为 20 cm、40 cm、60 cm 时差异显著（$P<0.05$）；在 10～20 cm 土层距裂缝距离为 20 cm、40 cm、60 cm、80 cm、100 cm 的土壤可蚀性 K 值与对照组相比增幅依次为 33.7%、20.2%、10.0%、5.1%、2.2%，且距裂缝距离为 20 cm、40 cm、60 cm 时差异显著（$P<0.05$）；在 20～40 cm 土层距裂缝距离为 20 cm、40 cm、60 cm、80 cm、100 cm 的土壤可蚀性 K 值与对照组相比增幅依次为 28.8%、25.8%、12.6%、4.7%、1.3%，且距裂缝距离为 20 cm、40 cm、60 cm 时差异显著（$P<0.05$）。当裂缝宽度为 20～40 cm、台阶高度为 30～60 cm 时，在 0～10 cm 土层距裂缝距离为 20 cm、40 cm、60 cm、80 cm、100 cm 的土壤可蚀性 K 值与对照组相比增幅依次为 41.0%、31.1%、16.6%、5.1%、4.4%，且距裂缝距离为 20 cm、40 cm、60 cm 时差异显著（$P<0.05$）；在 10～20 cm 土层距裂缝距离为 20 cm、40 cm、60 cm、80 cm、100 cm 的土壤可蚀性 K 值与对照组相比增幅依次为 37.4%、26.9%、10.4%、4.7%、2.7%，且距裂缝距离为 20 cm、40 cm、60 cm时差异显著（$P<0.05$）；在 20～40 cm 土层距裂缝距离为 20 cm、40 cm、60 cm、80 cm、100 cm 的土壤可蚀性 K 值与对照组相比增幅依次为 29.4%、27.0%、16.1%、5.3%、1.3%，且距裂缝距离为 20 cm、40 cm、60 cm 时差异显著（$P<0.05$）。当裂缝宽度为 20～40 cm、台阶高度>60 cm 时，在 0～10 cm 土层距裂缝距离为 20 cm、40 cm、60 cm、80 cm、100 cm 的土壤可蚀性 K 值与对照组相比增幅依次为 41.8%、34.0%、29.7%、9.9%、5.1%，且距裂缝距离为 20 cm、40 cm、60 cm、80 cm 时差异显著（$P<0.05$）；在 10～20 cm 土层距裂缝距离为 20 cm、40 cm、60 cm、80 cm、100 cm 的土壤可蚀性 K 值与对照组相比增幅依次为 37.7%、32.6%、19.6%、7.1%、3.5%，且距裂缝距离为 20 cm、40 cm、60 cm、80 cm时差异显著（$P<0.05$）；在 20～40 cm 土层距裂缝距离为 20 cm、40 cm、60 cm、80 cm、100 cm 的土壤可蚀性 K 值与对照组相比增幅依次为 29.7%、28.3%、20.2%、5.3%、2.9%，且距裂缝距离为 20 cm、40 cm、60 cm 时差异显著（$P<0.05$）。由此可见：第一，“台阶式”裂缝周围土壤可蚀性 K 值的增幅随台阶高度的增大而增大。第二，“台阶式”裂缝会产生放大周围土壤可蚀性 K 值的效应，且该效应主要表现在水平方向上，即随水平距离的增加而减弱。

（2）根据计算数据，绘制了宽度为 20～40 cm，台阶高度分别为<30 cm、30～60 cm、>60 cm的“台阶式”裂缝周围不同水平距离土壤可蚀性 K 值散点图，见图 4-19，并在线性回归原理的基础上拟合了土壤可蚀性 K 值与水平距离的方程式，见表 4-15。

由表 4-15 可知，当“台阶式”裂缝宽度为 20～40 cm、台阶高度<30 cm 时，在 0～10 cm 土层距裂缝距离大于 97.6 cm 时，“台阶式”裂缝对周围土壤可蚀性 K 值的正效应大致消失，在 10～20 cm 土层距裂缝距离大于 96.4 cm 时，“台阶式”裂缝对周围土壤可蚀性 K 值的正效应大致消失，在 20～40 cm 土层距裂缝距离大于 98.4 cm 时，“台阶式”裂缝对周围土壤可蚀性 K 值的正效应大致消失；当“台阶式”裂缝宽度为 20～40 cm、台阶高度为 30～

60 cm时，在 0～10 cm 土层距裂缝距离大于 99.5 cm 时，“台阶式”裂缝对周围土壤可蚀性 K 值的正效应大致消失，在 10～20 cm 土层距裂缝距离大于 96.6 cm 时，“台阶式”裂缝对周围土壤可蚀性 K 值的正效应大致消失，在 20～40 cm 土层距裂缝距离大于 100.5 cm 时，“台阶式”裂缝对周围土壤可蚀性 K 值的正效应大致消失；当“台阶式”裂缝宽度为 20～40 cm、台阶高度＞60 cm 时，在 0～10 cm 土层距裂缝距离大于 109.4 cm 时，“台阶式”裂缝对周围土壤可蚀性 K 值的正效应大致消失，在 10～20 cm 土层距裂缝距离大于 102.9 cm 时，“台阶式”裂缝对周围土壤可蚀性 K 值的正效应大致消失，在 20～40 cm 土层距裂缝距离大于 105.1 cm 时，“台阶式”裂缝对周围土壤可蚀性 K 值的正效应大致消失。

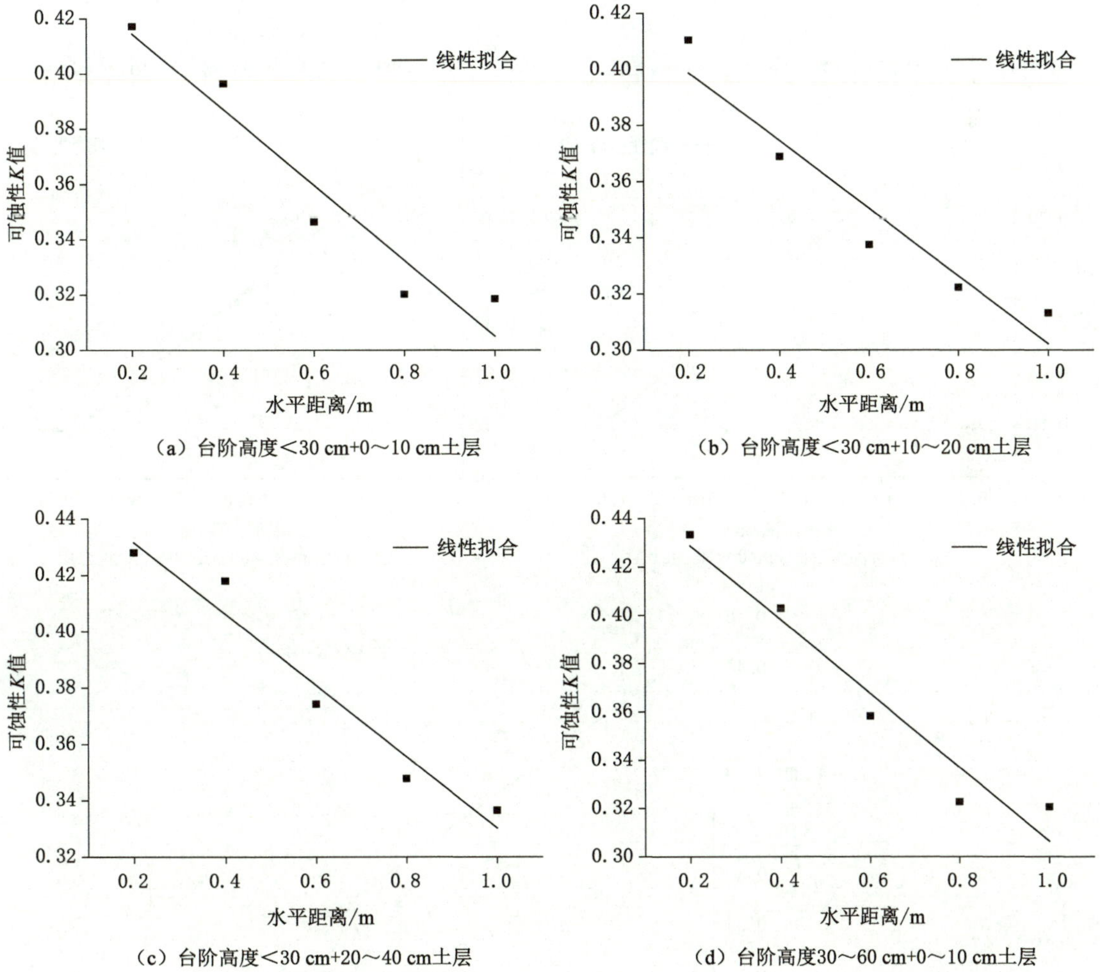

(a) 台阶高度＜30 cm+0～10 cm土层

(b) 台阶高度＜30 cm+10～20 cm土层

(c) 台阶高度＜30 cm+20～40 cm土层

(d) 台阶高度30～60 cm+0～10 cm土层

图 4-19 “台阶式”裂缝周围不同台阶高度、水平距离及垂直深度的土壤可蚀性 K 值与水平距离对应关系

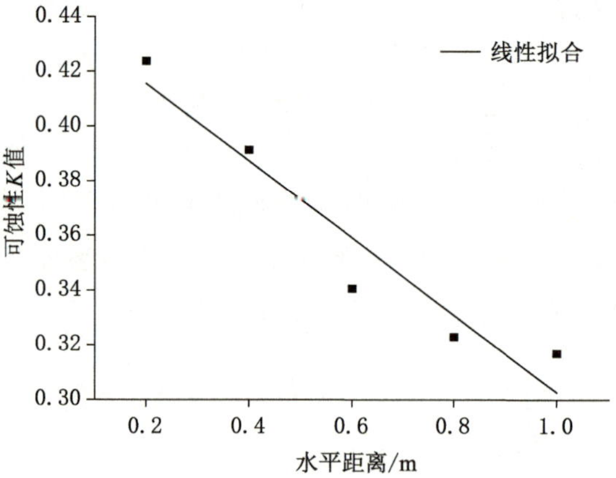

（e）台阶高度30～60 cm+10～20 cm土层

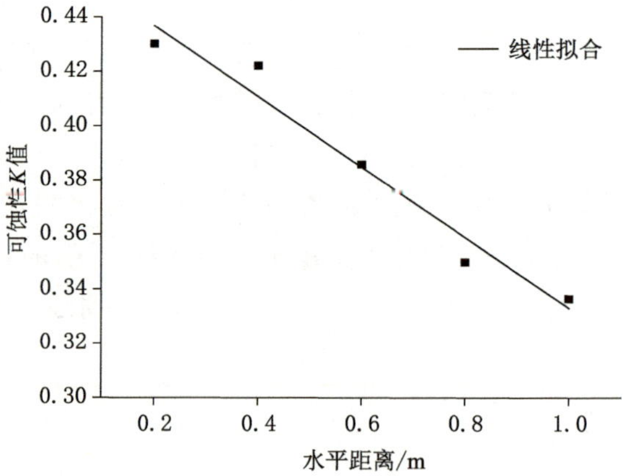

（f）台阶高度30～60 cm+20～40 cm土层

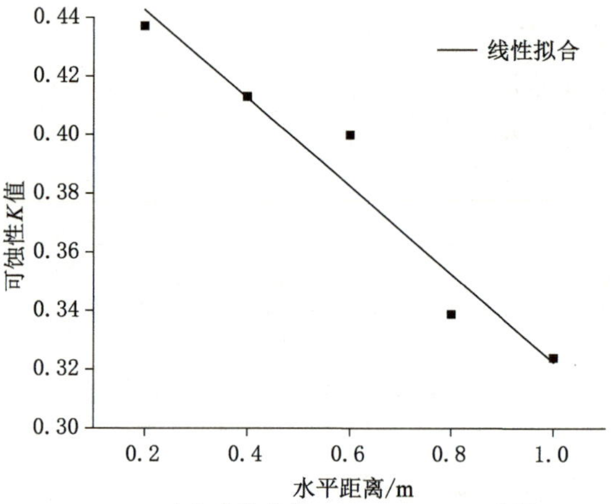

（g）台阶高度>60 cm+0～10 cm土层

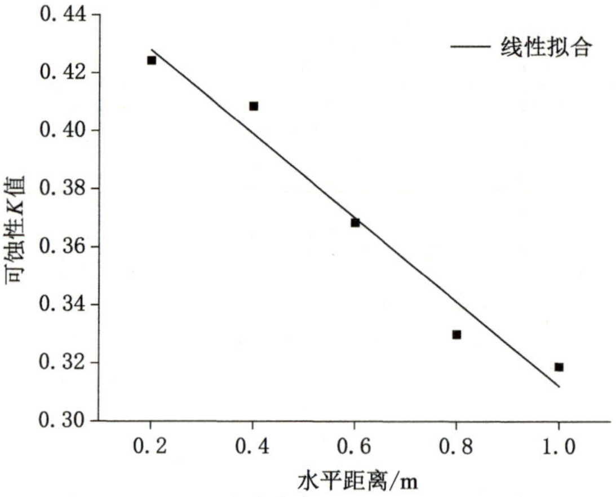

（h）台阶高度>60 cm+10～20 cm土层

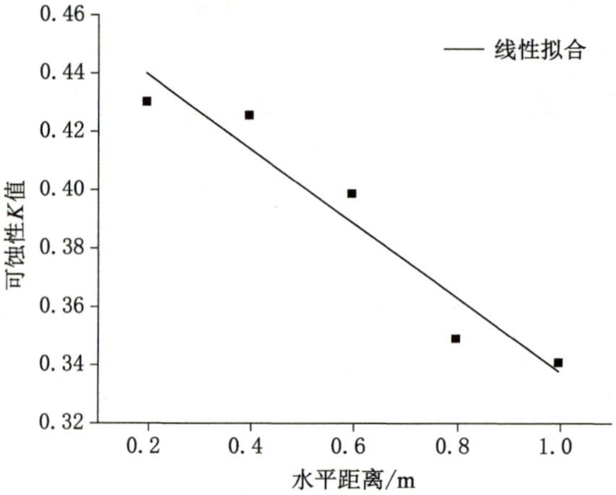

（i）台阶高度>60 cm+20～40 cm土层

图 4-19 （续）

表 4-15 "台阶式"裂缝周围土壤可蚀性 K 值与水平距离的量化关系

台阶高度/cm	深度/cm	量化关系	复相关系数 R^2
<30	0～10	$K=-0.1368d+0.4418$	0.925 5
	10～20	$K=-0.1207d+0.4248$	0.924 4
	20～40	$K=-0.1266d+0.4569$	0.956 0
30～60	0～10	$K=-0.1529d+0.4605$	0.945 6
	10～20	$K=-0.141d+0.4437$	0.920 5
	20～40	$K=-0.1296d+0.4626$	0.962 1
>60	0～10	$K=-0.1503d+0.4727$	0.945 5
	10～20	$K=-0.1448d+0.4574$	0.967 9
	20～40	$K=-0.1276d+0.4664$	0.924 9

注:式中 K 表示可蚀性 K 值,d 表示水平距离。

(三)"组合式"裂缝对土壤可蚀性的影响

根据表 4-8、表 4-9 绘制了不同水平距离、垂直深度下"组合式"裂缝周围土壤质地三角图、有机质含量对比图和土壤可蚀性 K 值对比图,分别见图 4-20、图 4-21、图 4-22。

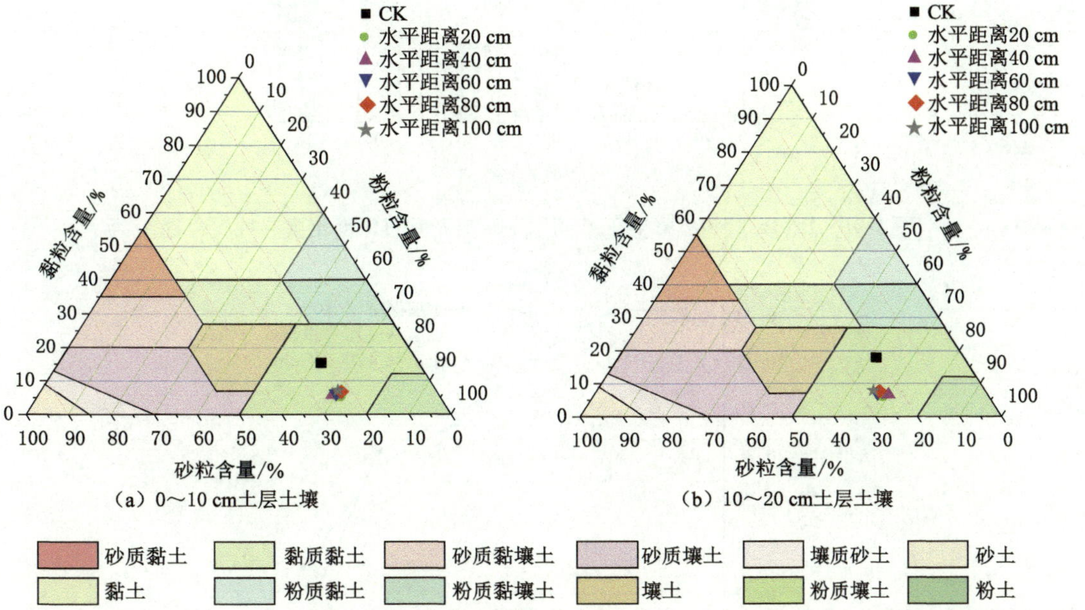

图 4-20 "组合式"裂缝周围不同水平距离及垂直深度的土壤质地三角图

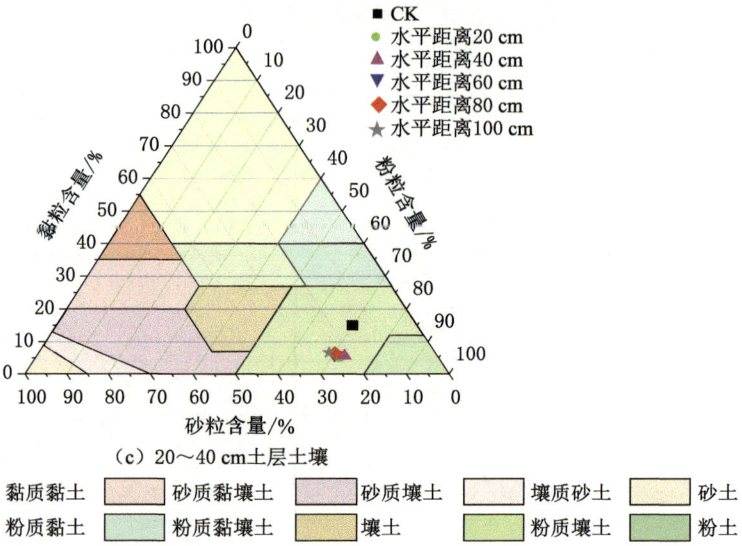

（c）20～40 cm土层土壤

图 4-20 （续）

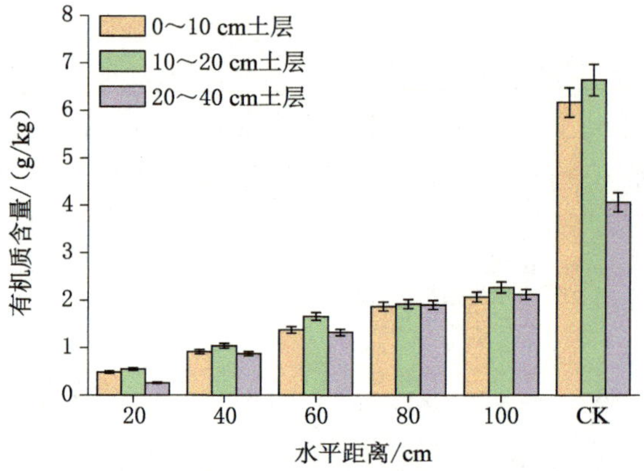

图 4-21 “组合式”裂缝影响下不同水平距离及垂直深度土壤有机质含量

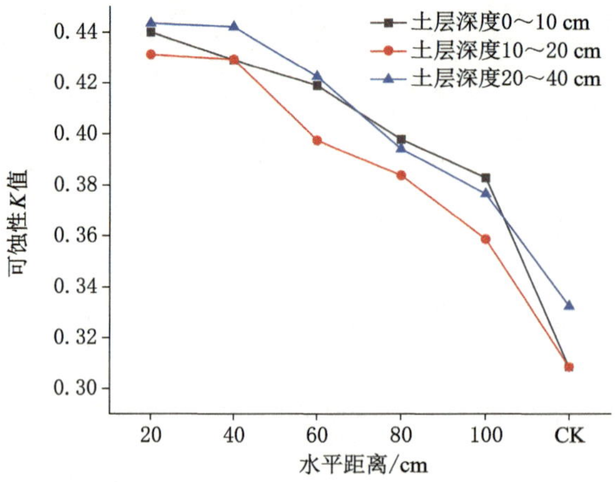

图 4-22 “组合式”裂缝影响下周围不同水平距离及垂直深度土壤可蚀性 K 值

1. 对土壤机械组成的影响

根据表 4-8、图 4-20 可知：

（1）“组合式”裂缝影响下周围土壤的质地类型与对照组相比不会发生变化，两者均为粉质壤土，但“组合式”裂缝周围土壤黏粒含量显著降低。在 0～10 cm 土层距裂缝距离为 20 cm、40 cm、60 cm、80 cm、100 cm 的土壤黏粒含量与对照组相比降幅依次为 63.4%、61.8%、59.1%、55.5%、53.0%，且差异显著（$P<0.05$）；在 10～20 cm 土层距裂缝距离为 20 cm、40 cm、60 cm、80 cm、100 cm 的土壤黏粒含量与对照组相比降幅依次为 64.5%、62.7%、60.6%、57.1%、55.8%，且差异显著（$P<0.05$）；在 20～40 cm 土层距裂缝距离为 20 cm、40 cm、60 cm、80 cm、100 cm 的土壤黏粒含量与对照组相比降幅依次为 63.6%、62.2%、59.9%、56.7%、55.3%，且差异显著（$P<0.05$）。由此可见：“组合式”裂缝会产生降低周围土壤黏粒含量的效应，且该效应主要表现在水平方向上，即随水平距离的增加而减弱。

（2）根据实测数据，分别绘制了“组合式”裂缝周围不同水平距离土壤黏粒含量散点，见图 4-23，并在线性回归原理的基础上拟合了土壤黏粒含量与水平距离的方程式，见表 4-16。

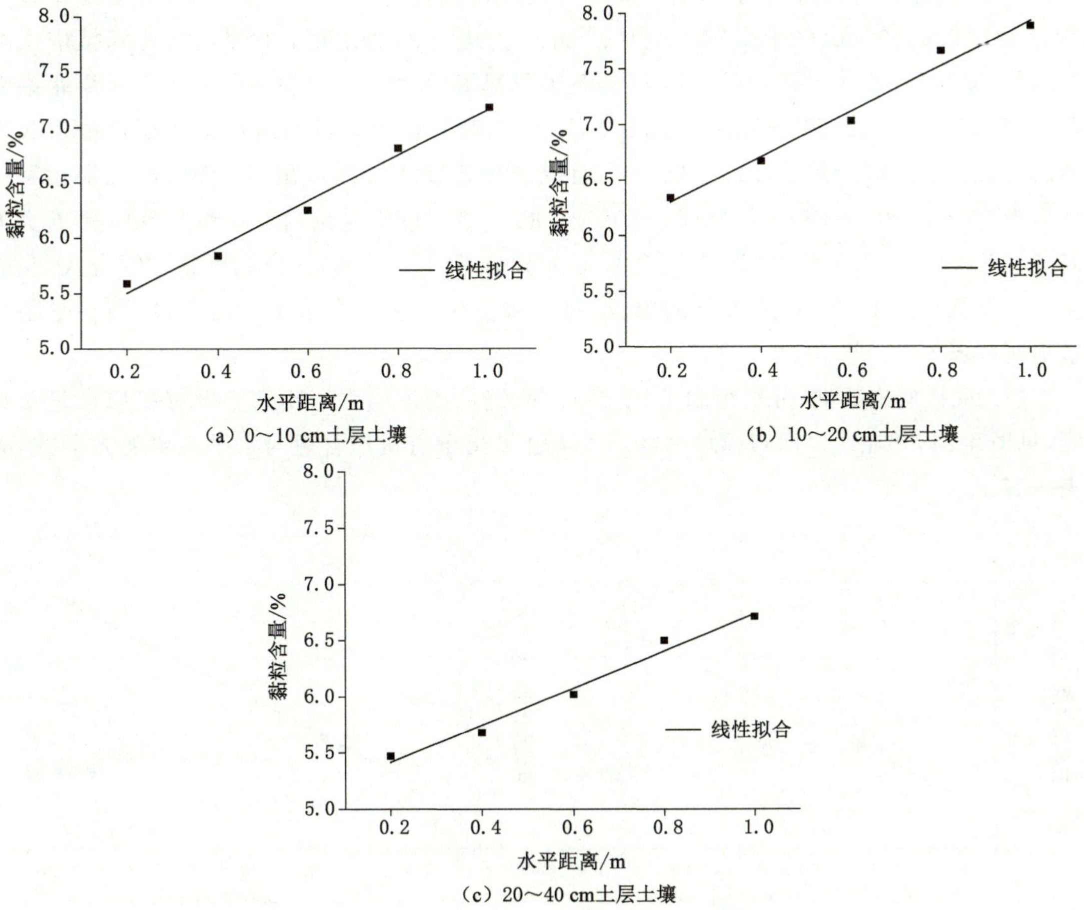

图 4-23　“组合式”裂缝周围不同垂直深度土壤黏粒含量与水平距离对应关系

表 4-16 “组合式”裂缝周围土壤黏粒含量与水平距离的量化关系

深度/cm	量化关系	复相关系数 R^2
0～10	$n=2.075d+5.089$	0.985 9
10～20	$n=2.045d+5.891$	0.982 0
20～40	$n=1.65d+5.086$	0.982 0

注：式中 n 表示黏粒含量，d 表示水平距离。

由表 4-16 可知，在 0～10 cm 土层距裂缝距离大于 491.6 cm 时，“组合式”裂缝对周围土壤黏粒含量的负效应大致消失，在 10～20 cm 土层距裂缝距离大于 585.3 cm 时，“组合式”裂缝对周围土壤黏粒含量的负效应大致消失，在 20～40 cm 土层距裂缝距离大于 602.1 cm时，“组合式”裂缝对周围土壤黏粒含量的负效应大致消失。

2. 对土壤有机质含量的影响

根据表 4-8、图 4-21 可知：

(1) “组合式”裂缝影响下周围土壤的有机质含量显著降低。在 0～10 cm 土层距裂缝距离为 20 cm、40 cm、60 cm、80 cm、100 cm 的土壤有机质含量与对照组相比降幅依次为 92.2%、85.3%、77.6%、69.7%、66.5%，且差异显著($P<0.05$)；在 10～20 cm 土层距裂缝距离为 20 cm、40 cm、60 cm、80 cm、100 cm 的土壤有机质含量与对照组相比降幅依次为 91.8%、84.3%、75.0%、71.1%、65.8%，且差异显著($P<0.05$)；在 20～40 cm 土层距裂缝距离为 20 cm、40 cm、60 cm、80 cm、100 cm 的土壤有机质含量与对照组相比降幅依次为 93.7%、78.6%、67.2%、53.2%、47.8%，且差异显著($P<0.05$)。由此可见：“组合式”裂缝会产生降低周围土壤有机质含量的效应，且该效应主要表现在水平方向上，即随水平距离增加而减弱。

(2) 根据实测数据，分别绘制了“组合式”裂缝周围不同水平距离土壤有机质含量散点图，见图 4-24，并在线性回归原理的基础上拟合了土壤有机质含量与水平距离的方程式，见表 4-17。

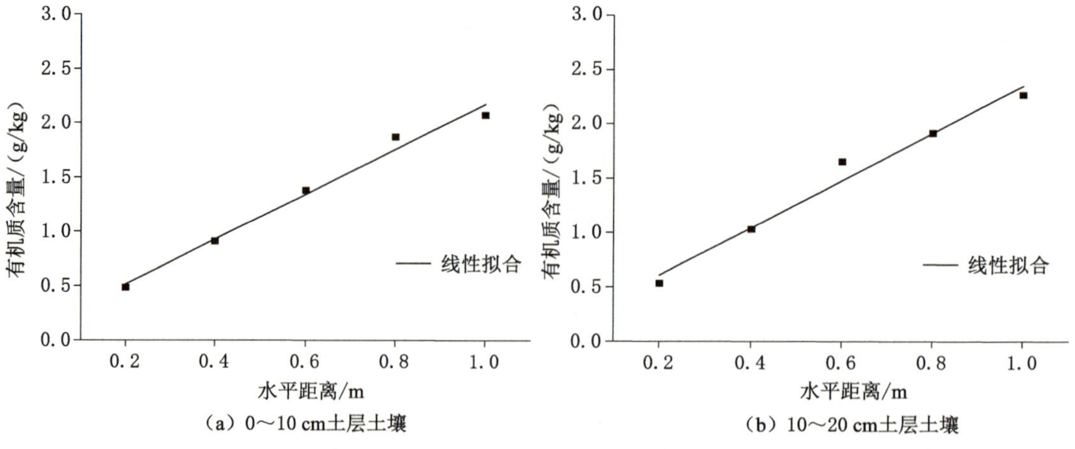

图 4-24 “组合式”裂缝周围不同垂直深度土壤有机质含量与水平距离对应关系

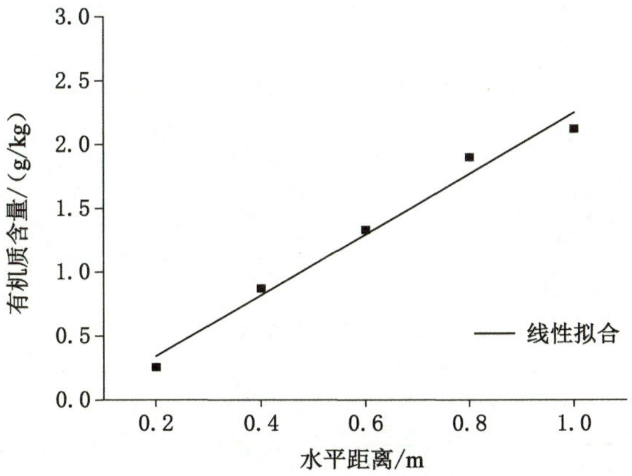

(c) 20～40 cm土层土壤

图 4-24 （续）

表 4-17 “组合式”裂缝周围土壤有机质含量与水平距离的量化关系

深度/cm	量化关系	复相关系数 R^2
0～10	$y=2.067d+0.1024$	0.985 2
10～20	$y=2.167d+0.1864$	0.977 6
20～40	$y=2.381d-0.1338$	0.980 7

注：式中 y 表示有机质含量，d 表示水平距离。

由表 4-17 可知，在 0～10 cm 土层距裂缝距离大于 293.5 cm 时，“组合式”裂缝对周围土壤有机质含量的负效应大致消失，在 10～20 cm 土层距裂缝距离大于 297.8 cm 时，“组合式”裂缝对周围土壤有机质含量的负效应大致消失，在 20～40 cm 土层距裂缝距离大于 176.1 cm 时，“组合式”裂缝对周围土壤有机质含量的负效应大致消失。

3. 对土壤可蚀性 K 值的影响

根据表 4-9、图 4-22 可知：

(1)“组合式”裂缝在 0～10 cm 土层距裂缝距离为 20 cm、40 cm、60 cm、80 cm、100 cm 的土壤可蚀性 K 值与对照组相比增幅依次为 42.7%、39.2%、35.9%、29.1%、24.2%，且差异显著($P<0.05$)；在 10～20 cm 土层距裂缝距离为 20 cm、40 cm、60 cm、80 cm、100 cm 的土壤可蚀性 K 值与对照组相比增幅依次为 39.8%、39.2%、28.9%、24.4%、16.3%，且差异显著($P<0.05$)；在 20～40 cm 土层距裂缝距离为 20 cm、40 cm、60 cm、80 cm、100 cm 的土壤可蚀性 K 值与对照组相比增幅依次为 33.5%、33.0%、27.1%、18.6%、13.3%，且差异显著($P<0.05$)。由此可见：“组合式”裂缝会产生放大周围土壤可蚀性 K 值的效应，且该效应主要表现在水平方向上，即随水平距离的增加而减弱。

(2) 根据计算数据，绘制了“组合式”裂缝周围不同水平距离土壤可蚀性 K 值散点图，见图 4-25，并在线性回归原理的基础上拟合了土壤可蚀性 K 值与水平距离的方程式，见表 4-18。

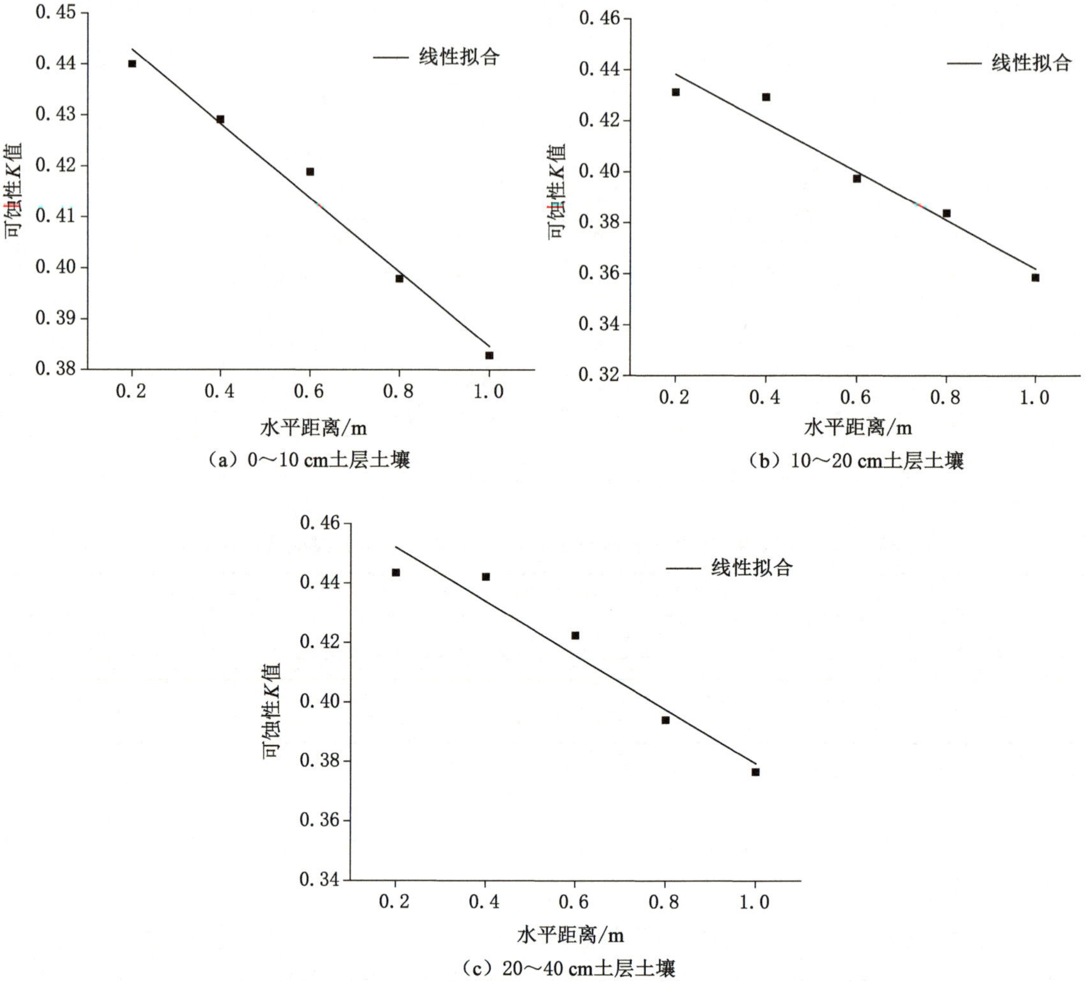

（a）0～10 cm土层土壤

（b）10～20 cm土层土壤

（c）20～40 cm土层土壤

图 4-25　“组合式”裂缝周围不同垂直深度土壤可蚀性 K 值与水平距离对应关系

表 4-18　“组合式”裂缝周围土壤可蚀性 K 值与水平距离的量化关系

深度/cm	量化关系	复相关系数 R^2
0～10	$K=-0.0728d+0.4574$	0.981 3
10～20	$K=-0.0954d+0.4573$	0.953 4
20～40	$K=-0.0909d+0.4703$	0.941 1

注：式中 K 表示可蚀性 K 值，d 表示水平距离。

由表 4-18 可知，“组合式”裂缝在 0～10 cm 土层距裂缝距离大于 204.8 cm 时，“组合式”裂缝对周围土壤可蚀性 K 值的正效应大致消失，在 10～20 cm 土层距裂缝距离大于 156.1 cm 时，“组合式”裂缝对周围土壤可蚀性 K 值的正效应大致消失，在 20～40 cm 土层距裂缝距离大于 151.8 cm 时，“组合式”裂缝对周围土壤可蚀性 K 值的正效应大致消失。

（四）不同形态裂缝影响土壤可蚀性的对比

1. 影响土壤机械组成的对比

在水平距离为 20 cm、40 cm、60 cm、80 cm、100 cm 的 0～10 cm 土层，裂缝宽度为 20～40 cm，台阶高度＜30 cm 的"台阶式"裂缝相比裂缝宽度为 20～40 cm 的"平开式"裂缝土壤黏粒含量的降幅依次为 6.7％、9.5％、13.0％、15.3％、9.9％，在 10～20 cm 土层，裂缝宽度为 20～40 cm、台阶高度＜30 cm 的"台阶式"裂缝相比裂缝宽度为 20～40 cm 的"平开式"裂缝土壤黏粒含量的降幅依次为 3.9％、4.8％、6.8％，水平距离为 80 cm、100 cm 时降幅不明显，在 20～40 cm 土层，裂缝宽度为 20～40 cm、台阶高度＜30 cm 的"台阶式"裂缝相比裂缝宽度为 20～40 cm 的"平开式"裂缝土壤黏粒含量的降幅不显著；在水平距离为 20 cm、40 cm、60 cm、80 cm、100 cm 的 0～10 cm 土层，裂缝宽度为 20～40 cm，台阶高度为 30～60 cm的"台阶式"裂缝相比裂缝宽度为 20～40 cm 的"平开式"裂缝土壤黏粒含量的降幅依次为 30.5％、35.2％、36.6％、31.8％、22.0％，在 10～20 cm 土层，裂缝宽度为 20～40 cm、台阶高度为 30～60 cm 的"台阶式"裂缝相比裂缝宽度为 20～40 cm 的"平开式"裂缝土壤黏粒含量的降幅依次为 23.8％、27.5％、27.2％、23.4％、17.6％，在 20～40 cm 土层，裂缝宽度为 20～40 cm、台阶高度为 30～60 cm 的"台阶式"裂缝相比裂缝宽度为 20～40 cm 的"平开式"裂缝土壤黏粒含量的降幅依次为 28.3％、26.8％、20.0％、13.6％、19.9％；在水平距离为 20 cm、40 cm、60 cm、80 cm、100 cm 的 0～10 cm 土层，裂缝宽度为 20～40 cm、台阶高度＞60 cm 的"台阶式"裂缝相比裂缝宽度为 20～40 cm 的"平开式"裂缝土壤黏粒含量的降幅依次为 41.9％、47.0％、41.0％、40.7％、38.1％，在 10～20 cm 土层，裂缝宽度为 20～40 cm、台阶高度＞60 cm 的"台阶式"裂缝相比裂缝宽度为 20～40 cm 的"平开式"裂缝土壤黏粒含量的降幅依次为 37.3％、41.5％、37.4％、35.6％、32.1％，在 20～40 cm 土层，裂缝宽度为 20～40 cm、台阶高度＞60 cm 的"台阶式"裂缝相比裂缝宽度为 20～40 cm 的"平开式"裂缝土壤黏粒含量的降幅依次为 39.5％、31.7％、31.5％、26.8％、32.5％。

在水平距离为 20 cm、40 cm、60 cm、80 cm、100 cm 的 0～10 cm 土层，"组合式"裂缝相比裂缝宽度为 20～40 cm 的"平开式"裂缝土壤黏粒含量的降幅依次为 46.0％、49.2％、50.5％、50.5％、48.9％，在 10～20 cm 土层，"组合式"裂缝相比裂缝宽度为 20～40 cm 的"平开式"裂缝土壤黏粒含量的降幅依次为 40.2％、45.6％、45.5％、46.5％、46.1％，在 20～40 cm 土层，"组合式"裂缝相比裂缝宽度为 20～40 cm 的"平开式"裂缝土壤黏粒含量的降幅依次为 47.3％、49.7％、50.0％、46.6％、51.5％。

在水平距离为 20 cm、40 cm、60 cm、80 cm、100 cm 的 0～10 cm 土层，"组合式"裂缝相比裂缝宽度为 20～40 cm、台阶高度＜30 cm 的"台阶式"裂缝土壤黏粒含量的降幅依次为 42.2％、43.8％、43.1％、41.6％、43.2％，在 10～20 cm 土层，"组合式"裂缝相比裂缝宽度为 20～40 cm、台阶高度＜30 cm 的"台阶式"裂缝土壤黏粒含量的降幅依次为 37.8％、42.9％、41.5％、50.8％、45.4％，在 20～40 cm 土层，"组合式"裂缝相比裂缝宽度为 20～40 cm、台阶高度＜30 cm 的"台阶式"裂缝土壤黏粒含量的降幅依次为 48.0％、48.6％、46.7％、49.1％、49.4％；在水平距离为 20 cm、40 cm、60 cm、80 cm、100 cm 的 0～10 cm 土层，"组合

式”裂缝相比裂缝宽度为 20～40 cm、台阶高度为 30～60 cm 的“台阶式”裂缝土壤黏粒含量的降幅依次为 22.4%、21.6%、21.9%、27.5%、34.4%，在 10～20 cm 土层，“组合式”裂缝相比裂缝宽度为 20～40 cm、台阶高度为 30～60 cm 的“台阶式”裂缝土壤黏粒含量的降幅依次为 21.5%、25.0%、25.1%、30.1%、34.6%，在 20～40 cm 土层，“组合式”裂缝相比裂缝宽度为 20～40 cm、台阶高度为 30～60 cm 的“台阶式”裂缝土壤黏粒含量的降幅依次为 26.4%、31.3%、37.4%、38.2%、39.4%；在水平距离为 20 cm、40 cm、60 cm、80 cm、100 cm 的 0～10 cm 土层，“组合式”裂缝相比裂缝宽度为 20～40 cm、台阶高度＞60 cm 的“台阶式”裂缝土壤黏粒含量的降幅依次为 7.1%、4.1%、16.1%、16.6%、17.4%，在 10～20 cm 土层，“组合式”裂缝相比裂缝宽度为 20～40 cm、台阶高度＞60 cm 的“台阶式”裂缝土壤黏粒含量的降幅依次为 4.7%、7.1%、12.9%、16.9%、20.5%，在 20～40 cm 土层，“组合式”裂缝相比裂缝宽度为 20～40 cm、台阶高度＞60 cm 的“台阶式”裂缝土壤黏粒含量的降幅依次为 13.0%、26.4%、26.9%、27.0%、28.1%。

由此可见：第一，在既定水平距离及垂直深度下，土壤黏粒含量损失量表现为“组合式”裂缝＞“台阶式”裂缝＞“平开式”裂缝；第二，当裂缝宽度为 20～40 cm、台阶高度＜30 cm 时，其降低周围土壤黏粒含量的效应相比宽度为 20～40 cm 的“平开式”裂缝降低周围土壤黏粒含量的效应差异不明显，而当台阶高度＞30 cm 时，“台阶式”裂缝降低周围土壤黏粒含量的效应相比“平开式”裂缝降低周围土壤黏粒含量的效应显著增强。第三，“组合式”裂缝降低周围土壤黏粒含量的效应相比“平开式”裂缝与台阶高度＜60 cm 的“台阶式”裂缝降低周围土壤黏粒含量的效应显著增强，而相比台阶高度＞60 cm 的“台阶式”裂缝，其降低周围土壤黏粒含量的效应不明显。

2. 影响土壤有机质含量的对比

在水平距离为 20 cm、40 cm、60 cm、80 cm、100 cm 的 0～10 cm 土层，裂缝宽度为 20～40 cm、台阶高度＜30 cm 的“台阶式”裂缝相比裂缝宽度为 20～40 cm 的“平开式”裂缝土壤有机质含量的降幅依次为 32.7%、22.1%、25.7%、13.5%、15.0%，在 10～20 cm 土层，裂缝宽度为 20～40 cm、台阶高度＜30 cm 的“台阶式”裂缝相比裂缝宽度为 20～40 cm 的“平开式”裂缝土壤有机质含量的降幅依次为 26.0%、2.2%、7.8%、15.9%、13.8%，在 20～40 cm土层，裂缝宽度为 20～40 cm、台阶高度＜30 cm 的“台阶式”裂缝相比裂缝宽度为 20～40 cm 的“平开式”裂缝土壤有机质含量的降幅依次为 21.0%、10.8%、14.5%、17.4%、7.4%；在水平距离为 20 cm、40 cm、60 cm、80 cm、100 cm 的 0～10 cm 土层，裂缝宽度为 20～40 cm、台阶高度为 30～60 cm 的“台阶式”裂缝相比裂缝宽度为 20～40 cm 的“平开式”裂缝土壤有机质含量的降幅依次为 33.9%、24.5%、32.4%、30.5%、23.8%，在 10～20 cm 土层，裂缝宽度为 20～40 cm、台阶高度为 30～60 cm 的“台阶式”裂缝相比裂缝宽度为 20～40 cm的“平开式”裂缝土壤有机质含量的降幅依次为 37.5%、28.9%、25.5%、35.7%、28.8%，在 20～40 cm 土层，裂缝宽度为 20～40 cm、台阶高度为 30～60 cm 的“台阶式”裂缝相比裂缝宽度为 20～40 cm 的“平开式”裂缝土壤有机质含量的降幅依次为 33.3%、25.5%、31.3%、23.6%、13.3%；在水平距离为 20 cm、40 cm、60 cm、80 cm、100 cm 的 0～10 cm 土层，裂缝宽度为 20～40 cm、台阶高度＞60 cm 的“台阶式”裂缝相比裂缝宽度为

20～40 cm 的"平开式"裂缝土壤有机质含量的降幅依次为 49.1%、37.0%、45.9%、41.0%、33.9%，在 10～20 cm 土层，裂缝宽度为 20～40 cm、台阶高度＞60 cm 的"台阶式"裂缝相比裂缝宽度为 20～40 cm 的"平开式"裂缝土壤有机质含量的降幅依次为 48.5%、36.8%、30.1%、38.8%、35.2%，在 20～40 cm 土层，裂缝宽度为 20～40 cm、台阶高度＞60 cm 的"台阶式"裂缝相比裂缝宽度为 20～40 cm 的"平开式"裂缝土壤有机质含量的降幅依次为 45.7%、39.5%、36.3%、23.6%、19.7%。

在水平距离为 20 cm、40 cm、60 cm、80 cm、100 cm 的 0～10 cm 土层，"组合式"裂缝相比裂缝宽度为 20～40 cm 的"平开式"裂缝土壤有机质含量的降幅依次为 70.7%、56.3%、57.8%、59.3%、57.5%，在 10～20 cm 土层，"组合式"裂缝相比裂缝宽度为 20～40 cm 的"平开式"裂缝土壤有机质含量的降幅依次为 72.9%、54.4%、51.9%、62.8%、59.4%，在 20～40 cm 土层，"组合式"裂缝相比裂缝宽度为 20～40 cm 的"平开式"裂缝土壤有机质含量的降幅依次为 81.6%、44.6%、49.2%、46.6%、45.6%。

在水平距离为 20 cm、40 cm、60 cm、80 cm、100 cm 的 0～10 cm 土层，"组合式"裂缝相比裂缝宽度为 20～40 cm、台阶高度＜30 cm 的"台阶式"裂缝土壤有机质含量的降幅依次为 56.5%、43.8%、43.2%、52.9%、50.0%，在 10～20 cm 土层，"组合式"裂缝相比裂缝宽度为 20～40 cm、台阶高度＜30 cm 的"台阶式"裂缝土壤有机质含量的降幅依次为 63.3%、53.4%、47.8%、55.8%、52.9%，在 20～40 cm 土层，"组合式"裂缝相比裂缝宽度为 20～40 cm、台阶高度＜30 cm 的"台阶式"裂缝土壤有机质含量的降幅依次为 76.7%、37.9%、40.6%、35.4%、41.3%；在水平距离为 20 cm、40 cm、60 cm、80 cm、100 cm 的 0～10 cm 土层，"组合式"裂缝相比裂缝宽度为 20～40 cm、台阶高度为 30～60 cm 的"台阶式"裂缝土壤有机质含量的降幅依次为 55.7%、42.0%、37.6%、41.4%、44.2%，在 10～20 cm 土层，"组合式"裂缝相比裂缝宽度为 20～40 cm、台阶高度为 30～60 cm 的"台阶式"裂缝土壤有机质含量的降幅依次为 56.6%、35.8%、35.4%、42.2%、43.0%，在 20～40 cm 土层，"组合式"裂缝相比裂缝宽度为 20～40 cm、台阶高度为 30～60 cm 的"台阶式"裂缝土壤有机质含量的降幅依次为 72.4%、25.6%、26.1%、30.1%、37.3%；在水平距离为 20 cm、40 cm、60 cm、80 cm、100 cm 的 0～10 cm 土层，"组合式"裂缝相比裂缝宽度为 20～40 cm、台阶高度＞60 cm的"台阶式"裂缝土壤有机质含量的降幅依次为 42.5%、30.5%、22.0%、31.0%、35.7%，在 10～20 cm 土层，"组合式"裂缝相比裂缝宽度为 20～40 cm、台阶高度＞60 cm 的"台阶式"裂缝土壤有机质含量的降幅依次为 47.3%、27.8%、31.1%、39.2%、37.3%，在 20～40 cm 土层，"组合式"裂缝相比裂缝宽度为 20～40 cm、台阶高度＞60 cm 的"台阶式"裂缝土壤有机质含量的降幅依次为 66.1%、8.4%、20.4%、30.1%、32.3%。

由此可见：第一，在既定水平距离及垂直深度下，土壤有机质含量损失量表现为"组合式"裂缝＞"台阶式"裂缝＞"平开式"裂缝；第二，当裂缝宽度为 20～40 cm、台阶高度＜30 cm时，其降低周围土壤有机质含量的效应相比宽度为 20～40 cm 的"平开式"裂缝降低周围土壤有机质含量的效应主要表现在水平距离 20 cm 之内，水平距离超过 20 cm 时差异不显著。第三，当台阶高度＞30 cm 时，"台阶式"裂缝降低周围土壤有机质含量的效应相比"平开式"裂缝降低周围土壤有机质含量的效应显著增强，其增幅约为 33.0%。第三，"组合式"裂缝降低周围土壤有机质含量的效应相比"平开式"裂缝与"台阶式"裂缝降低周围土壤有机质含量的效应显著增强，其增幅分别为58.0％、41.8％。

3. 影响土壤可蚀性 *K* 值的对比

在水平距离为20 cm、40 cm、60 cm、80 cm、100 cm的0～10 cm土层，裂缝宽度为20～40 cm、台阶高度＜30 cm的"台阶式"裂缝相比裂缝宽度为20～40 cm的"平开式"裂缝土壤可蚀性 *K* 值的增幅依次为3.7％、5.0％、4.7％、0.7％、0.3％，在10～20 cm土层，裂缝宽度为20～40 cm、台阶高度＜30 cm的"台阶式"裂缝相比裂缝宽度为20～40 cm的"平开式"裂缝土壤可蚀性 *K* 值的增幅依次为3.5％、0.3％、1.2％、4.1％、1.2％，在20～40 cm土层，裂缝宽度为20～40 cm、台阶高度＜30 cm的"台阶式"裂缝相比裂缝宽度为20～40 cm的"平开式"裂缝土壤可蚀性 *K* 值的增幅依次为0.3％、0.6％、1.0％、2.1％、0.3％；在水平距离为20 cm、40 cm、60 cm、80 cm、100 cm的0～10 cm土层，裂缝宽度为20～40 cm、台阶高度30～60 cm的"台阶式"裂缝相比裂缝宽度为20～40 cm的"平开式"裂缝土壤可蚀性 *K* 值的增幅依次为8.0％、7.1％、8.6％、1.9％、1.3％，在10～20 cm土层，裂缝宽度为20～40 cm、台阶高度为30～60 cm的"台阶式"裂缝相比裂缝宽度为20～40 cm的"平开式"裂缝土壤可蚀性 *K* 值的增幅依次为6.3％、5.9％、1.5％、3.7％、1.8％，在20～40 cm土层，裂缝宽度为20～40 cm、台阶高度为30～60 cm的"台阶式"裂缝相比裂缝宽度为20～40 cm的"平开式"裂缝土壤可蚀性 *K* 值的增幅依次为0.8％、1.6％、4.2％、2.8％、0.3％；在水平距离为20 cm、40 cm、60 cm、80 cm、100 cm的0～10 cm土层，裂缝宽度为20～40 cm、台阶高度＞60 cm的"台阶式"裂缝相比裂缝宽度为20～40 cm的"平开式"裂缝土壤可蚀性 *K* 值的增幅依次为8.6％、9.4％、20.8％、6.6％、2.0％，在10～20 cm土层，裂缝宽度为20～40 cm、台阶高度＞60 cm的"台阶式"裂缝相比裂缝宽度为20～40 cm的"平开式"裂缝土壤可蚀性 *K* 值的增幅依次为6.6％、10.7％、10.0％、6.1％、2.6％，在20～40 cm土层，裂缝宽度为20～40 cm、台阶高度＞60 cm的"台阶式"裂缝相比裂缝宽度为20～40 cm的"平开式"裂缝土壤可蚀性 *K* 值的增幅依次为1.1％、2.7％、7.9％、2.8％、1.8％。

在水平距离为20 cm、40 cm、60 cm、80 cm、100 cm的0～10 cm土层，"组合式"裂缝相比裂缝宽度为20～40 cm的"平开式"裂缝土壤可蚀性 *K* 值的增幅依次为9.3％、13.7％、26.6％、25.2％、20.5％，在10～20 cm土层，"组合式"裂缝相比裂缝宽度为20～40 cm的"平开式"裂缝土壤可蚀性 *K* 值的增幅依次为8.2％、16.1％、18.5％、23.2％、15.2％，在20～40 cm土层，"组合式"裂缝相比裂缝宽度为20～40 cm的"平开式"裂缝土壤可蚀性 *K* 值的增幅依次为4.0％、6.4％、14.0％、15.7％、12.2％。

在水平距离为20 cm、40 cm、60 cm、80 cm、100 cm的0～10 cm土层，"组合式"裂缝相比裂缝宽度为20～40 cm、台阶高度＜30 cm的"台阶式"裂缝土壤可蚀性 *K* 值的增幅依次为5.5％、8.3％、20.9％、24.3％、20.2％，在10～20 cm土层，"组合式"裂缝相比裂缝宽度为20～40 cm、台阶高度＜30 cm的"台阶式"裂缝土壤可蚀性 *K* 值的增幅依次为4.6％、15.8％、17.1％、18.4％、13.8％，在20～40 cm土层，"组合式"裂缝相比裂缝宽度为20～40 cm、台阶高度＜30 cm的"台阶式"裂缝土壤可蚀性 *K* 值的增幅依次为3.6％、5.8％、12.9％、13.3％、11.9％；在水平距离为20 cm、40 cm、60 cm、80 cm、100 cm的0～10 cm土层，“组合式”裂缝相比裂缝宽度为 20～40 cm、台阶高度为 30～60 cm 的“台阶式”裂缝土壤可蚀性 *K* 值的增幅依次为 1.2%、6.2%、16.5%、22.8%、18.9%，在 10～20 cm 土层，“组合式”裂缝相比裂缝宽度为 20～40 cm、台阶高度为 30～60 cm 的“台阶式”裂缝土壤可蚀性 *K* 值的增幅依次为 1.8%、9.7%、16.7%、18.8%、13.2%，在 20～40 cm 土层，“组合式”裂缝相比裂缝宽度为 20～40 cm、台阶高度为 30～60 cm 的“台阶式”裂缝土壤可蚀性 *K* 值的增幅依次为 3.1%、4.8%、9.5%、12.6%、11.9%；在水平距离为 20 cm、40 cm、60 cm、80 cm、100 cm 的 0～10 cm 土层，“组合式”裂缝相比裂缝宽度为 20～40 cm、台阶高度＞60 cm 的“台阶式”裂缝土壤可蚀性 *K* 值的增幅依次为 0.7%、3.9%、4.8%、17.4%、18.2%，在 10～20 cm 土层，“组合式”裂缝相比裂缝宽度为 20～40 cm、台阶高度＞60 cm 的“台阶式”裂缝土壤可蚀性 *K* 值的增幅依次为 1.5%、5.0%、7.7%、16.2%、12.3%，在 20～40 cm 土层，“组合式”裂缝相比裂缝宽度为 20～40 cm、台阶高度＞60 cm 的“台阶式”裂缝土壤可蚀性 *K* 值的增幅依次为 2.9%、3.7%、5.7%、12.6%、10.2%。

由此可见：第一，在既定水平距离及垂直深度下，土壤可蚀性 *K* 值增幅表现为“组合式”裂缝＞“台阶式”裂缝＞“平开式”裂缝；第二，当裂缝宽度为 20～40 cm、台阶高度＜30 cm 时，其增加周围土壤可蚀性 *K* 值的效应相比宽度为 20～40 cm 的“平开式”裂缝增加周围土壤可蚀性 *K* 值的效应差异不明显；当裂缝宽度为 20～40 cm、台阶高度＞30 cm 时，其增加周围土壤可蚀性 *K* 值的效应相比宽度为 20～40 cm 的“平开式”裂缝增加周围土壤可蚀性 *K* 值的效应差异主要表现在水平距离 60 cm 以内。第三，“组合式”裂缝增加周围土壤可蚀性 *K* 值的效应相比“平开式”裂缝和台阶高度＜60 cm 的“台阶式”裂缝增加周围土壤可蚀性 *K* 值的效应显著增强，增幅分别为 15.3%、12.1%，“组合式”裂缝相较于台阶高度＞60 cm的“台阶式”裂缝，该效应则不明显。

六、机理讨论

一方面，煤炭开采导致的采动地裂缝明显使土壤原本的孔隙度特性发生了变化，降低了附近土壤的紧实程度，增加了孔隙度，以往研究结果显示采动地裂缝的发育造成其周围土壤孔隙度约增大 24%[196]，以致土壤空气对流与扩散作用、水分在土壤中的入渗作用均增强，水、气在土壤中的流速增快、流量增大，扩散程度变大，入渗深度增加[195]，增加了风蚀和水蚀强度[235]，导致土壤中小粒径颗粒在风力和水力的侵蚀作用下沿裂缝流失于地下土壤。另一方面，采动地裂缝增大了土壤与空气的接触面积，增加了水分的蒸发率和蒸发量，并明显降低了土壤含水量[236]，以往研究结果显示采动地裂缝导致周围土壤含水量约减少 60%[196]。土壤含水量的减少明显增加土壤溶液浓度，使土壤黏粒的扩散层变薄，产生“聚沉效应”，促进黏粒聚合并转化为大颗粒。“组合式”裂缝孔隙度＞“台阶式”裂缝孔隙度＞“平开式”裂缝孔隙度，且裂缝宽度越大，台阶高度越高，周围土壤的孔隙度越大，土壤水与气入渗、蒸发作用越强，土壤中黏粒的损失效应和聚沉效应越强，其含量的下降越显著。

采动地裂缝的发育不仅使土壤孔隙度明显变大，通气性增加，土壤中的氧气与大气中的氧气交换能力得到提升，土壤有机质的分解速度变快，导致有机质含量明显减小[237]；同时孔隙度增大会使有机质沿地裂缝向地下土壤流失[224]。此外采动地裂缝的发育增加了进入土壤的外部空气和热量的强度，导致土壤条件发生变化，如水、肥料、气体、热量等，导致一些无法适应生活条件变化的微生物停止繁殖，甚至死亡[176]，由前人研究结果可知采动地裂缝的发育使周围土壤微生物数量减少 28.8%～70.2%[173]，微生物数量越少，土壤有机质越难富集，从而大大降低了土壤有机质的含量[232]。“组合式”裂缝孔隙度＞“台阶式”裂缝孔隙度＞“平开式”裂缝孔隙度，且裂缝宽度越大，台阶高度越高，周围土壤的孔隙度越大，通气性越强，微生物数量越少，有机质分解速度越快，流失量越多，其含量的下降越显著。

采动地裂缝周围土壤可蚀性 *K* 值的变化规律与土壤机械组成、有机质的变化规律密切相关。其原因可能是采动地裂缝的发育会明显增大土壤孔隙度、破坏植物根系特性、减少微生物数量，从而造成土壤机械组成、有机质含量的恶化，最终增加土壤可蚀性。第一，影响土壤可蚀性的因素为孔隙度。土壤孔隙度越大，水、气在土壤中移动的通道越多，在同等条件的水力、风力作用下具有更明显的侵蚀效应[184]。研究区“组合式”裂缝孔隙度＞“台阶式”裂缝孔隙度＞“平开式”裂缝孔隙度，且裂缝宽度越大、台阶高度越高，周围土壤的孔隙度越大，土壤水与气入渗、蒸发作用越强，土壤中黏粒的损失效应和聚沉效应越强，其含量的下降越显著，土壤可蚀性 *K* 值就越大。第二，影响土壤可蚀性的因素为植物根系。植物根系一方面使用穿插、包裹等各种方式以达到土壤颗粒物理加固[212,227]，另一方面通过分泌苯丙烷类等各种根系有机物质以达到土壤颗粒生化黏结[213]，有助于生成稳定的“根-土复合体”结构，在同等条件的水力、风力作用下具有更强的抗侵蚀能力[214]。然而，试验区地下采煤引起的采动地裂缝将导致土壤开裂、滑动、变形，拉伤或拉断植物根系，破坏植物根系原有的性状。由于土壤的位移和变形，一些根系也暴露在空气中[238]，在降水量少的情况下使其干枯死亡，尤其是草本和灌木更易死亡[239]。此外，采动地裂缝将导致周围土壤孔隙度明显增加，持水保肥能力显著下降，水分、养分含量显著降低，土壤固结活动和植物根系功能显著降低[240]。“根-土复合体”结构破坏后的干燥的土壤团聚体更易崩解，大量细颗粒分散，导致侵蚀物源增加[241]。裂缝宽度越大、台阶高度越高，周围土壤中植被根系受损量越多，受损程度越大[229]，使得植被根系的黏结作用、固土作用越差，在同等条件的风力、水力作用下更易发生水土流失，且发生水土流失的程度越大，小粒经颗粒流失量越多[242]。研究区采动地裂缝对植物根系的破坏程度表现为“组合式”裂缝＞“台阶式”裂缝＞“平开式”裂缝，且裂缝宽度越大、台阶高度越高，周围土壤黏粒含量越小，土壤有机质含量越低，土壤可蚀性 *K* 值越大。第三，影响土壤可蚀性的因素为有机质和微生物。土壤有机质大部分为腐殖质形态，土壤颗粒表面存在金属阳离子，而腐殖质表面上存在羟基、羧基等官能团，两者结合可以形成有机无机络合物[243]，并通过胶结作用形成土壤团聚体，使其更加稳定[244]。土壤微生物如真菌、放线菌等的菌丝可缠绕土壤颗粒，而曲霉、丝核菌等微生物可分泌多糖等物质以达到黏结土壤颗粒的目的，进一步形成团聚体[231]，使其更耐侵蚀。但是，矿区采动地裂缝的发育会降低土壤有机质含量与微生物数量，从而降低土壤团聚体的稳定性，在相同条件的风力、水力作用下崩解的可能性增大、程度增强，侵蚀物质(主要是小粒径颗粒)的供应也会增加。研究区采动地裂缝有机质和微生物的损失量表现为“组合式”裂缝＞“台阶式”裂缝＞“平开式”裂缝，且裂缝宽度越大、台阶高度越高，土壤有机质含量和微生物数量越会产生明显的下降[245]，使得有机质的胶结作用和微生物的黏结作用产生显著的下降，在土壤侵蚀过程中小粒经颗粒流失量越多，土壤有机质含量越低，土壤可蚀性 K 值越大。

从精准修复的角度看，水平方向上距采动地裂缝水平距离越小，土壤可蚀性 K 值越高，越容易发生土壤侵蚀。因此对于“平开式”裂缝在水平距离 40 cm 内，在进行水土流失精准防控时应着重考虑人工措施，水平距离 40 cm 外则应着重考虑自然措施；“台阶式”裂缝在水平距离 60 cm 内，在进行水土流失精准防控时应着重考虑人工措施，水平距离 60 cm 外则应着重考虑自然措施；“组合式”裂缝在水平距离 100 cm 内，在进行水土流失精准防控时应着重考虑人工措施，水平距离 100 cm 外则应着重考虑自然措施。垂直方向上，在相同水平距离下 3 种形态的采动地裂缝周围土壤可蚀性 K 值的增幅随垂直深度的增加而减小，表明表层土壤抗侵蚀能力更差，其应作为水土流失精准防控的重点对象。

本章小结

本章针对陕北黄土采煤沉陷区沉陷坡面、采动地裂缝两种不同的采动损害类型对土壤可蚀性的影响作用，以柠条塔井田北翼主采煤层典型工作面范围作为采样区域，分别采集黄土沉陷坡面不同坡面部位（垂直深度 20 cm 以浅）的土壤样品和“平开式”裂缝（宽度为 0～20 cm、20～40 cm、40～60 cm）、“台阶式”裂缝（宽度为 20～40 cm，台阶高度＜30 cm、30～60 cm、＞60 cm）、“组合式”裂缝（宽度为 0～40 cm 的“平开式”裂缝与台阶高度＜60 cm 的“台阶式”裂缝交错组合）周围（水平距离 100 cm 以内，垂直深度 40 cm 以浅）土壤样品，测定了土壤机械组成和有机质含量，基于 EPIC 模型计算土壤可蚀性 K 值，剖析了沉陷坡面和不同形态采动地裂缝作用下土壤机械组成和有机质含量的空间变化特征，解译了沉陷坡面、不同形态采动地裂缝的水土流失效应，揭示了沉陷坡面、不同形态采动地裂缝对土壤可蚀性的影响规律。研究结果发现：

(1) 陕北煤矿区黄土坡面的沉陷虽然不会改变坡面浅层土壤的质地类型，但会对坡面浅层土壤产生减小黏粒含量、增大砂粒含量的效应。该效应使得黄土沉陷坡面的坡顶、坡中部位浅层土壤出现明显的砂化特征。黄土沉陷坡面上浅层土壤砂化程度由大到小的排序为：坡顶＞坡中＞坡脚。坡面部位是控制陕北煤矿区黄土沉陷坡面浅层土壤砂化的第一主因。

(2) 陕北煤矿区黄土坡面的沉陷会导致坡面各部位浅层土壤有机质含量均出现不同程度下降的效应。该效应使得黄土沉陷坡面表现出明显的全坡面浅层土壤肥力贫化特征，坡顶、坡中部位尤甚，但坡脚部位非裂缝区浅层土壤却出现一定程度的肥力富集现象。黄土沉陷坡面上浅层土壤肥力贫化程度由大到小的排序为：坡顶＞坡中＞坡脚。

(3) 陕北煤矿区黄土沉陷坡面的浅层土壤可蚀性 K 值在坡面尺度变化特征上与土壤黏粒含量、有机质含量存在高度的一致性，负相关系数均超过 0.6，达到显著水平。

(4) 陕北煤矿区黄土坡面的沉陷会产生提升坡面各部位浅层土壤可蚀性的效应。该效应使得黄土沉陷坡面表现出明显的全坡面浅层土壤易蚀化特征，坡顶、坡中部位尤甚。沉陷也显著分化了坡顶与坡中部位 0～10 cm、10～20 cm 土壤的侵蚀潜力，但坡脚部位浅层土壤却出现一定程度的抗蚀强化现象。黄土沉陷坡面上浅层土壤易蚀化程度由大到小的排序与浅层土壤肥力贫化程度高度一致。

(5) 揭示了3种形态采动地裂缝对土壤机械组成的影响规律。不同宽度的“平开式”裂缝、不同台阶高度的“台阶式”裂缝以及“组合式”裂缝周围土壤的质地类型与对照组(CK)相同，均为粉质壤土，但土壤黏粒含量显著降低，分别减少约22.6%、39.6%、59.4%，且周围土壤黏粒含量的降幅随裂缝宽度和台阶高度的增大而增大。在相同水平距离及垂直深度下，不同形态采动地裂缝导致土壤黏粒含量损失程度的排序为“组合式”>“台阶式”>“平开式”。“组合式”裂缝相较于“平开式”裂缝和台阶高度<60 cm的“台阶式”裂缝，其降低周围土壤黏粒含量的效应显著增强，增幅分别为47.6%、37.0%。台阶高度>30 cm的“台阶式”裂缝相较于“平开式”裂缝降低周围土壤黏粒含量的效应显著增强，其增幅为31.3%。“平开式”、“台阶式”、“组合式”等3种形态的采动地裂缝降低周围土壤黏粒含量的效应均表现为水平方向的差异，即随水平距离的增加而减弱。基于线性回归原理预测了宽度分别为0～20 cm、20～40 cm、40～60 cm的“平开式”裂缝降低周围土壤黏粒含量的范围分别在水平距离101.7 cm、109.4 cm、204.8 cm以内；宽度为20～40 cm、台阶高度分别为<30 cm、30～60 cm、>60 cm的“台阶式”裂缝降低周围土壤黏粒含量的范围分别在水平距离95.9 cm、157.4 cm、345.4 cm以内；“组合式”裂缝降低周围土壤黏粒含量的范围在水平距离602.1 cm以内。

(6) 揭示了不同形态采动地裂缝对土壤有机质的影响规律。不同宽度的“平开式”裂缝、不同台阶高度的“台阶式”裂缝以及“组合式”裂缝周围土壤的有机质含量显著降低，分别减少约41.3%、57.2%、74.7%，且周围土壤有机质含量的降幅随裂缝宽度和台阶高度的增大而增大。在相同水平距离及垂直深度下，不同形态采动地裂缝导致土壤有机质含量损失程度的排序为“组合式”>“台阶式”>“平开式”。“组合式”裂缝相较于“平开式”裂缝和“台阶式”裂缝降低周围土壤有机质含量的效应显著增强，其增幅分别为58.0%、41.8%。台阶高度>30 cm的“台阶式”裂缝相较于“平开式”裂缝降低周围土壤有机质含量的效应显著增强，其增幅为33.0%。“平开式”、“台阶式”、“组合式”等3种形态的采动地裂缝降低周围土壤有机质含量的效应均表现为水平方向的差异，即随水平距离的增加而减弱。基于线性回归原理预测了宽度分别为0～20 cm、20～40 cm、40～60 cm的“平开式”裂缝降低周围土壤有机质含量的范围分别在水平距离91.6 cm、124.3 cm、178.6 cm以内；宽度为20～40 cm、台阶高度分别为<30 cm、30～60 cm、>60 cm的“台阶式”裂缝降低周围土壤有机质含量的范围分别在水平距离143.6 cm、174.3 cm、196.4 cm以内；“组合式”裂缝降低周围土壤有机质含量的范围在水平距离297.8 cm以内。

(7) 揭示了不同形态采动地裂缝对土壤可蚀性K值的影响规律。不同宽度的“平开式”裂缝、不同台阶高度的“台阶式”裂缝以及“组合式”裂缝周围土壤的可蚀性K值明显增大，分别增大约12.2%、17.7%、29.7%，且周围土壤可蚀性K值的增幅随裂缝宽度和台阶高度的增大而增大。在相同水平距离及垂直深度下，不同形态采动地裂缝导致土壤可蚀性K值增大程度的排序为“组合式”>“台阶式”>“平开式”。“组合式”裂缝相较于“平开式”裂缝和台阶高度<60 cm的“台阶式”裂缝，其增大周围土壤可蚀性K值的效应显著增强，

增幅分别为 15.3%、12.1%。“平开式”、“台阶式”、“组合式”等 3 种形态的采动地裂缝增大周围土壤可蚀性 K 值的效应均表现为水平方向的差异，即随水平距离的增加而减弱。基于线性回归原理预测了宽度分别为 0～20 cm、20～40 cm、40～60 cm 的“平开式”裂缝增大周围土壤可蚀性 K 值的范围分别在水平距离 89.9 cm、95.7 cm、101.7 cm 以内；宽度为 20～40 cm、台阶高度分别为＜30 cm、30～60 cm、＞60 cm 的“台阶式”裂缝增大周围土壤可蚀性 K 值的范围分别在水平距离 98.4 cm、100.5m、109.4 cm 以内；“组合式”裂缝增大周围土壤可蚀性 K 值的范围在水平距离 204.8 cm 以内，其可作为陕北煤炭开采损害区水土流失精准防控的靶向区域。

(8) 从精准修复的角度看，水平方向上距采动地裂缝水平距离越小，土壤可蚀性 K 值越高，越容易发生土壤侵蚀。因此对于“平开式”、“台阶式”、“组合式”裂缝依次在水平距离 40 cm、60 cm、100 cm 内，在进行水土流失精准防控时应着重考虑人工措施，反之则应着重考虑自然措施。垂直方向上，在相同水平距离下 3 种形态的采动地裂缝周围土壤可蚀性 K 值的增幅随垂直深度的增加而减小，表明表层土壤抗侵蚀能力更差，其应作为水土流失精准防控的重点对象。

第五章　陕北黄土沟壑区采动地裂缝对土壤抗蚀性的影响

第一节　采动地裂缝对土壤抗蚀性主要指标的影响

一、野外采样

将柠条塔井田北翼主采煤层典型工作面范围作为采样区域，中心坐标为 E110°14′10″，N39°04′58″，区内坡面平均坡度 20°、坡长 50 m，坡向为西南方向（与工作面推进方向基本一致），类似于均匀坡，植被类型大多为草地植被，包括黑沙蒿、蒙古莸等，植被覆盖度约为 43%。区内黄土坡面上发育多组弧形采动地裂缝，近似垂直于地下工作面推进方向（西南方向）展布，形成时间约为 3 个月，裂缝平均间距 10 m。根据采样区实际情况，设计如下采样方案（图 5-1）：第一，在坡面上随机选择宽度为 0～10 cm、10～20 cm、20～30 cm 的采动地裂缝各 3 条作为采样目标；第二，在每条裂缝法线方向 20 cm、40 cm、60 cm、80 cm 处布设采样点，分别采集土层垂直深度为 0～10 cm、10～20 cm、20～40 cm 的土样；第三，在未受到采动损害影响的区域，选择与采煤沉陷区坡度、坡长等类似的黄土坡面为对照区，随机布设 3 处采样点，然后采集土层深度为 0～10 cm、10～20 cm、20～40 cm 的土样作为空白对照；第四，通过环刀（容积为 100 cm^3）分层采集每条裂缝不同水平距离处的土壤样品，最后装入保鲜袋中密封保存，用于测定土壤含水率和容重；第五，通过铝盒（直径 8 cm，高 10 cm）分层采集每条裂缝不同水平距离处自然状态下的土壤样品 2～3 kg（即原状土），标记样品编号，密封保存，用于测定土壤机械组成、土壤水稳性团聚体、土壤微团聚体和土壤有机质；第六，共计采集土壤样品 117 个，带回实验室后过筛备用。

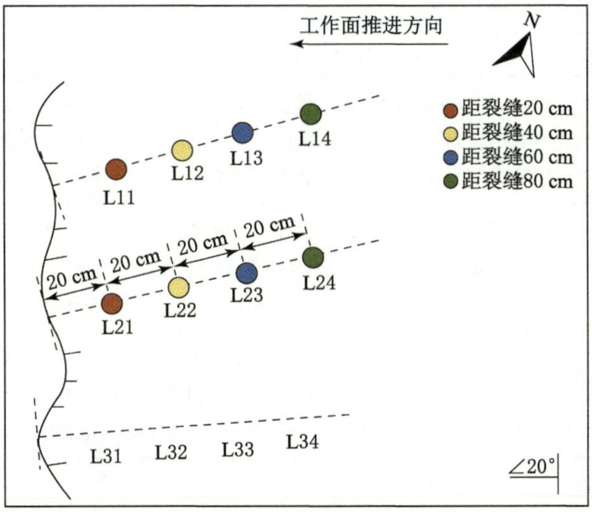

图 5-1　采样示意图

二、室内测试

（一）测试指标

土壤受到侵蚀作用影响是土壤自身特性与外部环境条件联合产生的结果。在一般降雨和风力等外部条件影响下，国内外学者普遍选用土壤机械组成（无机黏粒）、水稳性团聚体、微团聚体和有机质等影响因素作为土壤抗蚀性评价的重要指标。在以往的研究基础上，根据陕北煤矿区的实际情况，选取了土壤机械组成（无机黏粒）、水稳性团聚体、微团聚体、有机质、含水率和容重等作为陕北煤矿区采动地裂缝周边土壤抗蚀性的影响因素，见表5-1。再结合以往研究，选取了 14 个普遍用于表征土壤抗蚀性的量化指标，见表 5-2。

表 5-1　土壤抗蚀性的主要影响因素

影响因素	与土壤抗蚀性的关系	文献来源
机械组成	土壤机械组成是土壤的自然属性，是评价土壤抗蚀性的重要指标之一。土壤机械组成对土壤的物理、化学和生物等特性起决定作用，其各项指标值与土壤抗蚀性成正比	[146]、[149]、[246]、[247]、[248]、[249]
水稳性团聚体	土壤水稳性团聚体能决定土壤储存营养物质的能力，也能表征土壤肥力和稳定性及抵抗外界侵蚀的能力。通常土壤水稳性团聚体各项指标值与土壤抗蚀性成正比	[147]、[246]、[247]、[248]、[249]、[250]
微团聚体	微团聚体是指土壤中粒径小于 0.25 mm 的团聚体，可反映浸水状况下土壤的分散强度和结构性能，是土壤抗蚀性评价的重要影响因素。其中土壤分散率、分散系数与土壤抗蚀性成反比，土壤团聚状况、团聚度与土壤抗蚀性成正比	[150]、[246]、[247]、[248]、[249]

表 5-1(续)

影响因素	与土壤抗蚀性的关系	文献来源
有机质	土壤有机质是水稳性结构的胶结剂,能够促进土壤团粒结构的形成,增加土壤的稳定性,从而提高土壤的抗蚀力,是土壤的重要组成部分之一,也是衡量土壤肥力的一个重要指标,一般情况下土壤有机质含量越高,抗蚀性越强	[86]、[246]、[247]、[248]、[249]、[251]
含水率	土壤水分在土壤中发挥着重要的作用,不仅参与了矿物质的分化、有机质的合成与分解等转化过程,还是植物生长与繁殖的重要因子。土壤的持水性能够直接影响土壤抵抗水力侵蚀的能力,是反映土壤水土保持功能的重要指标	[99]、[252]、[253]
容重	土壤容重会直接影响土壤通透性、水分入渗性、持水性、溶质迁移规律以及土壤抗蚀能力。土壤容重降低,孔隙度增加,土壤会变得松散多孔,结构性变差,极易漏水漏肥,土壤质量下降。土壤容重一般与土壤抗蚀性呈正相关	[99]、[253]、[254]

表 5-2 用于表征土壤抗蚀性的普适指标

序号	指标	单位	属性
X_1	<0.05 mm 粉黏粒含量	%	机械组成
X_2	<0.01 mm 黏粒含量	%	
X_3	<0.001 mm 细黏粒含量	%	
X_4	结构性颗粒指数	%	
X_5	>0.25 mm 水稳性团聚体含量	%	水稳性团聚体
X_6	>0.5 mm 水稳性团聚体含量	%	
X_7	平均重量直径	mm	
X_8	分散率	%	微团聚体
X_9	分散系数	%	
X_{10}	团聚状况	%	
X_{11}	团聚度	%	
X_{12}	有机质含量	g/kg	有机胶体
X_{13}	含水率	%	
X_{14}	容重	g/cm^3	

表 5-2 中的相关指标计算方法见式(5-1)、式(5-2)、式(5-3)、式(5-4)、式(5-5)、式(5-6):

$$\text{结构性颗粒指数}=<0.001\ \text{mm 含量}/(0.001\ \text{mm}\sim0.05\ \text{mm})\text{含量} \tag{5-1}$$

平均重量直径:

$$MWD=\sum_{i=1}^{n}X_iW_i \tag{5-2}$$

式中,X_i 为各级粒径水稳性团聚体平均直径;W_i 为各级粒径水稳性团聚体含量百分比。

$$\text{分散率}=<0.05\ \text{mm 微团聚体含量}/<0.05\ \text{mm 机械组成含量}\times100\% \tag{5-3}$$

$$\text{分散系数}=<0.001\ \text{mm 微团聚体含量}/<0.001\ \text{mm 机械组成含量}\times100\% \tag{5-4}$$

$$团聚状况 = >0.05\ mm微团聚体含量 - >0.05\ mm机械组成含量 \tag{5-5}$$

$$团聚度 = 团聚状况 / >0.05\ mm微团聚体含量 \times 100\% \tag{5-6}$$

（二）测试方法

各项测试指标所采用的方法和仪器见表5-3，所有数据平行测定3次。

表5-3　检测方法和仪器

指标类型	检测方法	实验仪器
机械组成	激光衍射法	MS2000型激光粒度仪
水稳性团聚体	湿筛法	XY-100型土壤团聚体分析仪
微团聚体	吸管法	土壤颗粒分析吸管装置
有机质	重铬酸钾容量法-外加热法	德国普兰德 Titrette 滴定仪
含水率	烘干法	烘箱
容重	环刀法	烘箱、天平

土壤机械组成测定：取部分预处理后的土壤样品过孔径为2 mm的筛网，然后将过筛的土样放入烧杯中用水浸泡，加入过氧化氢、盐酸和分散剂去除土壤中的有机质、钙质等成分，以及降低土壤凝聚性，最后上机用MS2000型激光粒度仪测定土壤各粒径范围的质量分数。

土壤水稳性团聚体测定：将预处理过后的土壤样品放入XY-100型土壤团聚体分析仪的套筛最上层进行筛分，套筛孔径大小分别为5 mm、2 mm、1 mm、0.5 mm、0.25 mm。然后用去离子水浸过土壤，润湿5 min后，振荡10 min（频率30次/min，振幅3 cm），最后将得到的各粒径土壤进行烘干称重，计算不同粒径团聚体的百分含量。

土壤微团聚体测定：将部分土壤样品过孔径为2 mm的筛网，之后称取20 g土样放入锥形瓶中，加水静置24 h后，再振荡2 h，然后把悬浮液通过孔径为0.25 mm的筛网，过筛部分放入量筒中，加水1 000 mL，放置在阴凉的试验台上。依据司笃克斯定律，按照不同直径微团聚体的沉降时间，提取各粒径大小的土壤微团聚体，烘干称重，最后计算各粒径含量。

土壤有机质测定：称取过100目筛的土壤样品0.2 g放入试管中，加入0.1 g Ag_2SO_4，再用移液枪加入0.8 mol/L重铬酸钾溶液5 mL，最后加入5 mL浓H_2SO_4充分摇匀。将试管放入170 ℃的消解装置中8 min，待完成后，取出冷却至室温，然后移入250 mL锥形瓶中，用水洗净试管内部，使锥形瓶内溶液总体积为50～60 mL，再加入邻啡罗啉指示剂2～3滴，最后用硫酸亚铁滴定，当溶液颜色由棕红变为砖红色，即为终点。（在土样测定的同时，取同样质量的二氧化硅代替土样，进行空白试验，其余步骤与土样测定相同。）

土壤含水率测定：将新鲜土壤放入铝盒中，称重m_1，然后将其放入温度为105 ℃的烘箱中12 h，取出待冷却至室温后，称重m_2，最后铝盒称重m_3，进行计算：

$$土壤含水率/\% = \frac{m_1 - m_2}{m_1 - m_3} \times 100\% \tag{5-7}$$

土壤容重测定：将采集的新鲜土壤样品移至烧杯中，然后放入温度为 105 ℃的烘箱中 12 h，最后取出待冷却至室温，称烘干后的质量（土样＋烧杯）m_2、烧杯质量 m_0，进行计算：

$$土壤容重/(\mathrm{g/cm^3}) = \frac{m_2 - m_0}{100} \tag{5-8}$$

三、数据处理

所有测定数据采用 SPSS21.0 软件进行统计分析，显著性分析采用单因素方差分析（one-way ANOVA）和最小显著法（LSD），使用 ArcMap10.2、CorelDRAW、Origin2021 软件进行图表绘制。

四、实验结果

研究区采动地裂缝周围土壤（水平距离 80 cm 以内、垂直深度 40 cm 以浅）14 个土壤抗蚀性普适指标测试结果见表 5-4。

表 5-4 采动地裂缝周围土壤抗蚀性普适指标的测定结果[255]

裂缝宽度/cm	水平距离/cm	土壤深度/cm	X_1	X_2	X_3	X_4	X_5	X_6	X_7
0～10	20	0～10	73.45	23.93	2.24	3.15	23.20	14.32	0.53
		10～20	74.85	27.77	2.41	3.33	17.83	12.38	0.37
		20～40	79.58	28.11	2.81	3.66	7.76	4.68	0.26
	40	0～10	75.76	25.33	2.46	3.36	25.88	18.10	0.59
		10～20	77.13	28.25	2.59	3.48	20.62	14.18	0.42
		20～40	80.87	28.83	2.94	3.77	9.87	4.84	0.27
	60	0～10	77.14	26.38	2.73	3.67	28.96	21.54	0.63
		10～20	80.82	28.93	2.91	3.73	26.38	16.24	0.45
		20～40	82.81	30.22	3.15	3.95	12.12	7.76	0.30
	80	0～10	77.81	29.83	2.81	3.74	34.96	28.14	0.68
		10～20	81.35	30.59	3.07	3.92	30.46	23.64	0.48
		20～40	83.13	32.93	3.22	4.03	15.88	10.42	0.33
10～20	20	0～10	71.25	21.37	2.03	2.93	21.94	12.92	0.47
		10～20	73.81	25.89	2.34	3.27	14.76	9.46	0.34
		20～40	78.23	26.54	2.67	3.53	7.68	3.91	0.26
	40	0～10	73.19	23.74	2.31	3.26	23.41	13.54	0.50
		10～20	75.76	26.21	2.46	3.36	15.48	10.11	0.35
		20～40	79.43	27.26	2.68	3.50	9.07	4.73	0.26

表 5-4(续)

裂缝宽度/cm	水平距离/cm	土壤深度/cm	X_1	X_2	X_3	X_4	X_5	X_6	X_7
10～20	60	0～10	76.99	25.30	2.58	3.46	24.14	15.60	0.52
		10～20	79.21	28.05	2.76	3.61	17.82	12.46	0.38
		20～40	80.12	29.30	2.93	3.80	10.19	6.61	0.28
	80	0～10	77.19	27.79	2.73	3.67	27.04	17.33	0.54
		10～20	80.14	29.64	2.89	3.74	21.42	14.50	0.43
		20～40	81.64	30.07	3.02	3.84	14.37	7.33	0.30
20～30	20	0～10	68.44	20.03	1.58	2.36	15.10	7.16	0.35
		10～20	69.78	22.75	1.90	2.80	11.38	6.29	0.30
		20～40	74.13	25.78	2.08	2.88	7.61	3.52	0.24
	40	0～10	70.21	21.41	2.13	3.13	16.25	9.53	0.37
		10～20	74.87	24.55	2.33	3.21	12.32	7.66	0.31
		20～40	77.20	26.46	2.52	3.37	8.92	4.50	0.24
	60	0～10	74.53	23.56	2.35	3.26	17.58	10.67	0.38
		10～20	77.06	27.80	2.44	3.27	13.06	9.42	0.34
		20～40	78.86	28.14	2.71	3.56	9.51	6.47	0.28
	80	0～10	75.46	26.46	2.61	3.58	20.06	13.85	0.41
		10～20	77.33	28.17	2.69	3.60	14.75	10.92	0.37
		20～40	79.36	28.78	2.81	3.66	12.82	6.94	0.29
$CK_{0\sim10}$			79.86	31.73	3.15	4.10	56.70	37.68	1.15
$CK_{10\sim20}$			82.62	32.54	3.26	4.11	32.23	24.78	0.62
$CK_{20\sim40}$			84.71	34.36	3.82	4.72	17.63	11.98	0.36

裂缝宽度/cm	水平距离/cm	土壤深度/cm	X_8	X_9	X_{10}	X_{11}	X_{12}	X_{13}	X_{14}
0～10	20	0～10	77.21	0.58	12.06	31.24	6.70	2.77	1.33
		10～20	76.89	0.56	12.13	32.54	4.00	5.45	1.45
		20～40	74.56	0.47	13.23	39.31	2.48	6.97	1.45
	40	0～10	75.11	0.47	12.85	34.65	6.95	3.42	1.37
		10～20	74.65	0.42	13.78	37.60	4.13	5.79	1.47
		20～40	72.18	0.42	15.11	44.13	2.66	7.29	1.47
	60	0～10	73.93	0.41	14.89	39.45	7.63	3.65	1.41
		10～20	72.76	0.42	14.31	42.72	4.23	6.64	1.47
		20～40	71.55	0.36	15.73	47.78	2.92	7.39	1.48
	80	0～10	72.41	0.39	15.08	40.46	8.53	3.96	1.42
		10～20	71.84	0.37	15.21	44.92	4.50	7.41	1.48
		20～40	71.08	0.36	16.04	48.75	3.25	8.08	1.49

表 5-4(续)

裂缝宽度/cm	水平距离/cm	土壤深度/cm	X_8	X_9	X_{10}	X_{11}	X_{12}	X_{13}	X_{14}
10～20	20	0～10	79.98	0.73	10.16	26.11	5.19	2.11	1.30
		10～20	77.82	0.56	10.10	27.83	3.43	4.84	1.41
		20～40	70.34	0.58	11.28	34.13	2.41	6.70	1.42
	40	0～10	78.87	0.66	11.22	29.50	5.50	2.26	1.32
		10～20	75.85	0.51	12.01	33.13	3.58	5.30	1.45
		20～40	74.52	0.49	12.49	37.78	2.48	7.21	1.48
	60	0～10	75.46	0.52	13.45	36.89	6.52	2.73	1.34
		10～20	73.25	0.48	13.71	39.73	3.71	6.06	1.46
		20～40	73.76	0.48	14.46	42.11	2.59	7.30	1.47
	80	0～10	73.38	0.41	14.23	38.42	6.99	3.24	1.34
		10～20	72.57	0.40	13.88	41.13	3.93	6.60	1.47
		20～40	71.78	0.39	15.16	45.23	2.74	7.91	1.49
20～30	20	0～10	86.38	0.81	8.81	21.82	4.39	1.59	1.29
		10～20	86.71	0.75	9.48	23.88	2.68	4.34	1.36
		20～40	84.19	0.73	9.63	27.13	1.99	6.39	1.40
	40	0～10	84.74	0.69	10.47	26.01	4.85	1.93	1.31
		10～20	84.34	0.68	10.34	29.15	3.45	5.53	1.39
		20～40	82.22	0.64	12.19	34.84	2.16	7.03	1.41
	60	0～10	81.49	0.57	11.71	31.49	5.43	2.62	1.32
		10～20	80.95	0.61	11.19	32.79	3.53	5.90	1.41
		20～40	78.47	0.54	13.74	39.39	2.26	7.25	1.43
	80	0～10	79.12	0.54	12.38	33.53	6.40	2.95	1.33
		10～20	76.88	0.46	12.65	35.82	3.74	6.53	1.44
		20～40	75.51	0.51	14.41	41.11	2.34	7.98	1.44
$CK_{0\sim10}$			71.78	0.37	15.36	43.26	9.10	4.73	1.42
$CK_{10\sim20}$			71.21	0.35	15.27	46.77	5.20	8.39	1.49
$CK_{20\sim40}$			69.39	0.35	15.81	50.84	3.23	9.40	1.51

五、规律分析

(一) 对土壤<0.05 mm 粉黏粒的影响

根据表 5-4,绘制了不同宽度的采动地裂缝周围不同水平距离及垂直深度下土壤无机黏粒含量变化图,见图 5-2。研究发现,当土壤中<0.05 mm 粉黏粒、<0.01 mm 黏粒、<0.001 mm细黏粒含量和结构性颗粒指数越大,土壤的抗侵蚀能力越强。

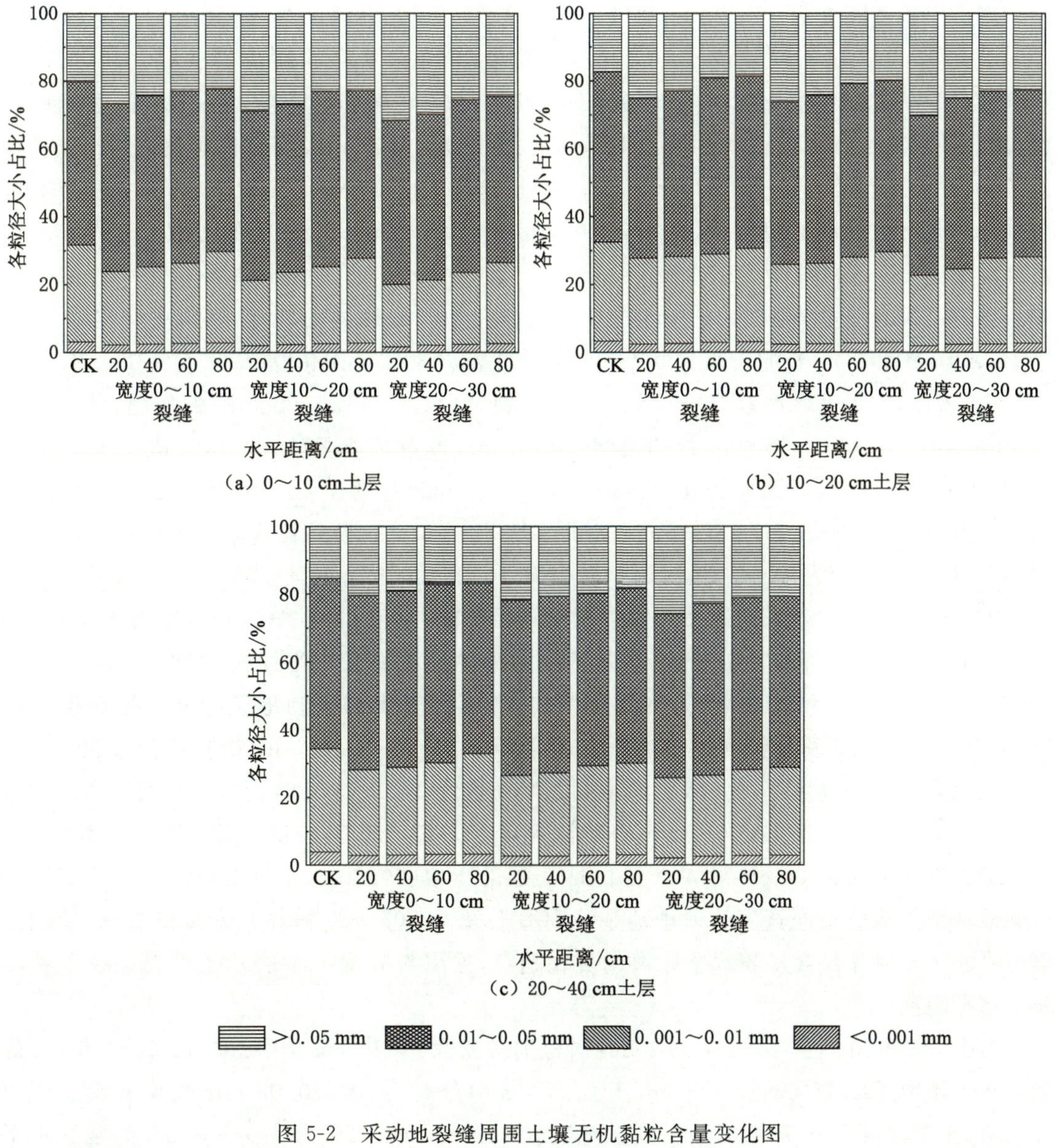

图 5-2　采动地裂缝周围土壤无机黏粒含量变化图

由图 5-2 可知：对照区(CK)土壤<0.05 mm 粉黏粒含量总体高于裂缝区；随裂缝宽度的增加，土壤<0.05 mm 粉黏粒含量整体呈逐渐减小的趋势。具体而言，与对照组相比：

当土层垂直深度为 0～10 cm 时，开裂宽度在 10 cm 以内的裂缝，其水平距离 20 cm、40 cm、60 cm、80 cm 处的土壤<0.05 mm 粉黏粒含量比 CK 依次减少了 8.0%($P<0.05$)、5.1%($P<0.05$)、3.4%($P>0.05$)、2.6%($P>0.05$)。开裂宽度在 10～20 cm 之间的裂缝，其水平距离 20 cm、40 cm、60 cm、80 cm 处的土壤<0.05 mm 粉黏粒含量比 CK 依次减少了 10.8%($P<0.05$)、8.4%($P<0.05$)、3.6%($P>0.05$)、3.3%($P>0.05$)。开裂宽度在 20～30 cm 之间的裂缝，其水平距离 20 cm、40 cm、60 cm、80 cm 处的土壤<0.05 mm 粉

黏粒含量比 CK 依次减少了 14.3%、12.1%、6.7%、5.5%，均有显著性差异($P<0.05$)。

当土层垂直深度为 10～20 cm 时，开裂宽度在 10 cm 以内的裂缝，其水平距离 20 cm、40 cm、60 cm、80 cm 处的土壤<0.05 mm 粉黏粒含量比 CK 依次减少了 9.4%($P<0.05$)、6.7%($P<0.05$)、2.2%($P>0.05$)、1.5%($P>0.05$)。开裂宽度在 10～20 cm 之间的裂缝，其水平距离 20 cm、40 cm、60 cm、80 cm 处的土壤<0.05 mm 粉黏粒含量比 CK 依次减少了 10.7%($P<0.05$)、8.3%($P<0.05$)、4.1%($P>0.05$)、3.0%($P>0.05$)。开裂宽度在 20～30 cm 之间的裂缝，其水平距离 20 cm、40 cm、60 cm、80 cm 处的土壤<0.05 mm 粉黏粒含量比 CK 依次减少了 15.5%、9.4%、6.7%、6.4%，均呈显著性差异($P<0.05$)。

当土层垂直深度为 20～40 cm 时，开裂宽度在 10 cm 以内的裂缝，其水平距离 20 cm、40 cm、60 cm、80 cm 处的土壤<0.05 mm 粉黏粒含量比 CK 依次减少了 6.1%、4.5%、2.2%、1.9%，均无显著性差异($P>0.05$)。开裂宽度在 10～20 cm 之间的裂缝，其水平距离 20 cm、40 cm、60 cm、80 cm 处的土壤<0.05 mm 粉黏粒含量比 CK 依次减少了 7.7%、6.2%、5.4%、3.6%，均无显著性差异($P>0.05$)。开裂宽度在 20～30 cm 之间的裂缝，其水平距离 20 cm、40 cm、60 cm、80 cm 处的土壤<0.05 mm 粉黏粒含量比 CK 依次减少了 12.5%($P<0.05$)、8.9%($P>0.05$)、6.9%($P>0.05$)、6.3%($P>0.05$)。

由此可知：第一，当采动地裂缝宽度增大时，土壤<0.05 mm 粉黏粒含量逐渐减小，降幅逐渐增大。第二，在水平方向上，不同宽度的采动地裂缝随水平距离的增加土壤<0.05 mm 粉黏粒含量逐渐增大。第三，在垂直方向上，不同宽度的采动地裂缝随土层深度的增加，土壤<0.05 mm 粉黏粒含量逐渐增大；对照区内，土壤<0.05 mm 粉黏粒含量随土层深度的变化规律与裂缝区基本一致。这说明裂缝宽度为 20～30 cm 时，在水平距离 20 cm 处，10～20 cm 土层的土壤<0.05 mm 粉黏粒含量受采煤活动影响最严重；裂缝宽度为 0～10 cm时，在水平距离 80 cm 处，10～20 cm 土层的土壤<0.05 mm 粉黏粒含量受采煤活动影响最轻微。依据不同宽度的采动地裂缝周边土壤<0.05 mm 粉黏粒含量的数据，绘制土壤<0.05 mm粉黏粒含量随水平距离的变化趋势，见图 5-3，图中 y 表示土壤粉黏粒含量，x 表示水平距离。

由图 5-3 可知，土层深度 0～10 cm：当分别在宽度 0～10 cm、10～20 cm、20～30 cm 的裂缝水平距离 102.78 cm、98.11 cm、110.77 cm 以外时，土壤<0.05 mm 粉黏粒含量回归背景值；土层深度 10～20 cm：当分别在宽度 0～10 cm、10～20 cm、20～30 cm 的裂缝水平距离 85.27 cm、98.12 cm、113.31 cm 以外时，土壤<0.05 mm 粉黏粒含量回归背景值；土层深度 20～40 cm：当分别在宽度 0～10 cm、10～20 cm、20～30 cm 的裂缝水平距离 99.33 cm、138.94 cm、134.46 cm 以外时，土壤<0.05 mm 粉黏粒含量回归背景值，采动地裂缝产生的负效应基本消失。

（二）对土壤<0.01 mm 黏粒的影响

由图 5-2 可知：对照区(CK)土壤<0.01 mm 黏粒含量总体高于裂缝区；随裂缝宽度的增加，土壤<0.01 mm 黏粒含量整体呈逐渐减小的趋势。具体而言，与对照组相比：

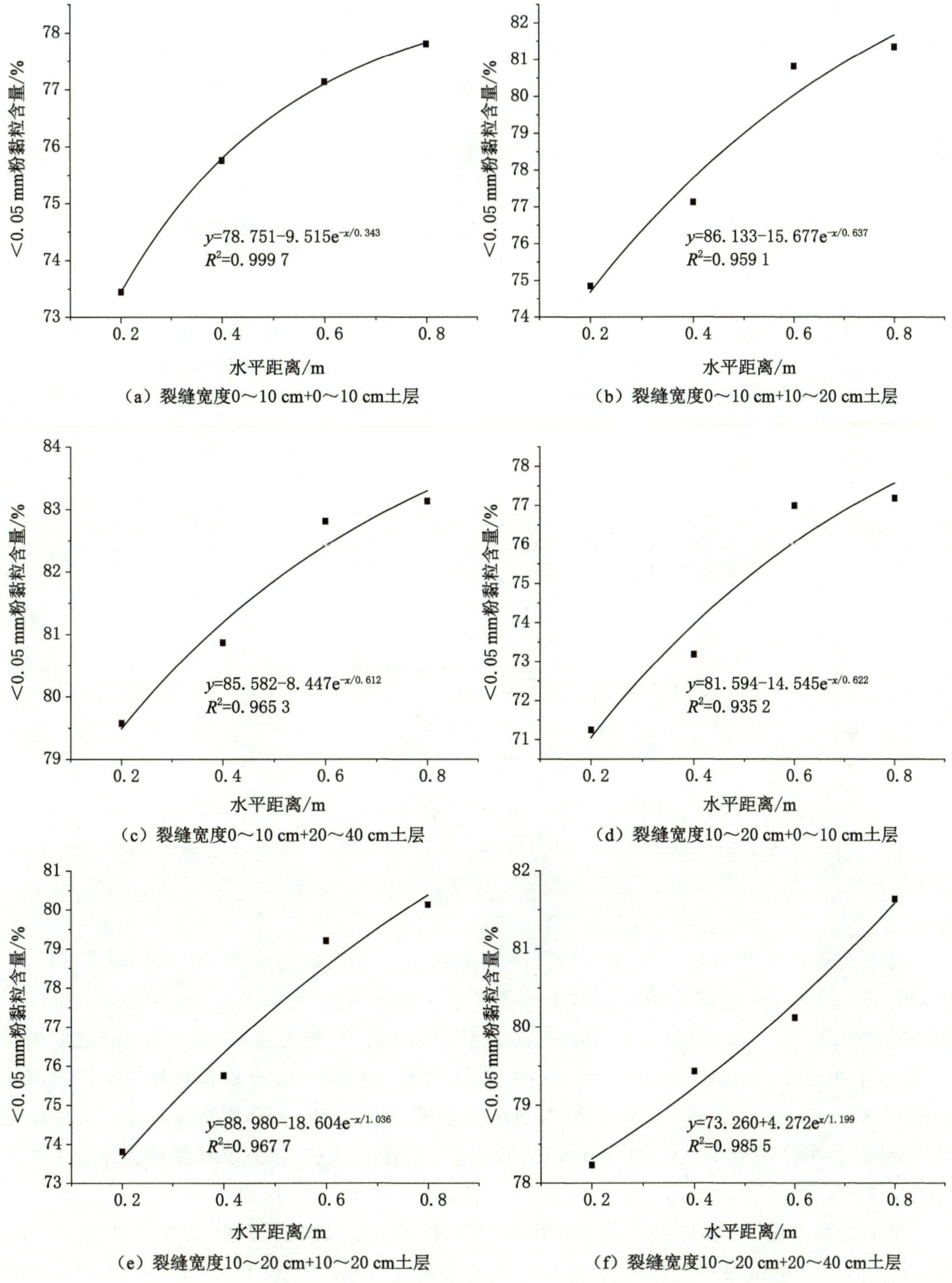

图 5-3　不同宽度采动地裂缝周围土壤<0.05 mm 粉黏粒含量变化图

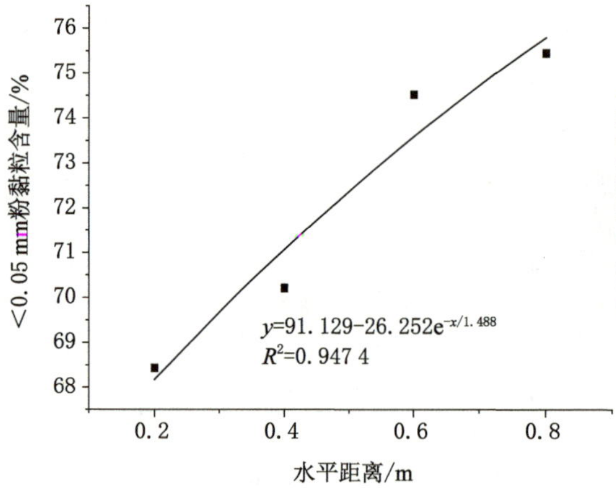

(g) 裂缝宽度20～30 cm+0～10 cm土层

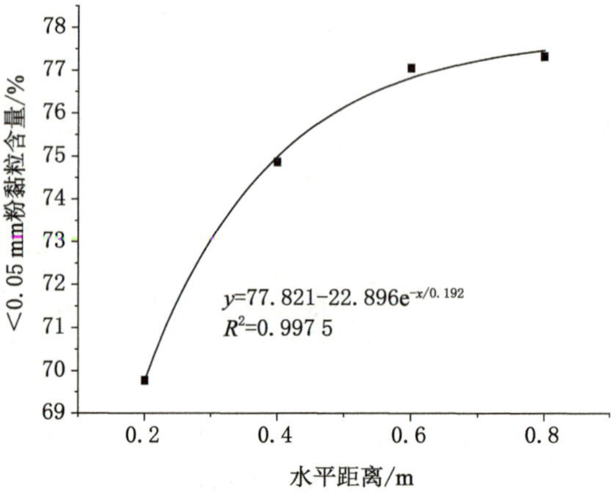

(h) 裂缝宽度20～30 cm+10～20 cm土层

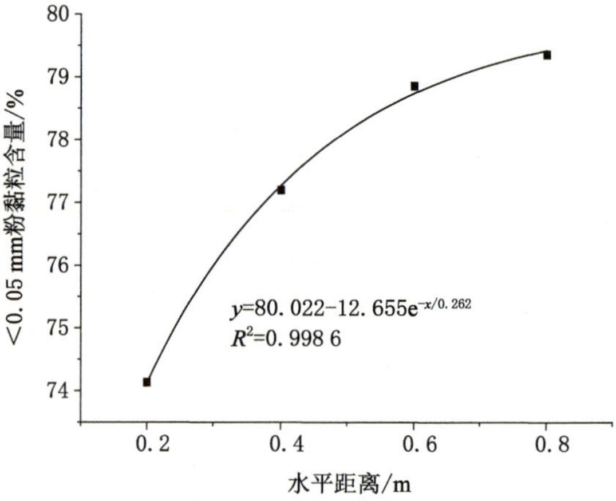

(i) 裂缝宽度20～30 cm+20～40 cm土层

图 5-3 (续)

当土层垂直深度为 0～10 cm 时，开裂宽度在 10 cm 以内的裂缝，其水平距离 20 cm、40 cm、60 cm、80 cm 处的土壤<0.01 mm 黏粒含量比 CK 依次减少了 24.6%($P<0.05$)、20.2%($P<0.05$)、16.9%($P<0.05$)、6.0%($P>0.05$)。开裂宽度在 10～20 cm 之间的裂缝，其水平距离 20 cm、40 cm、60 cm、80 cm 处的土壤<0.01 mm 黏粒含量比 CK 依次减少了 32.6%、25.2%、20.2%、12.4%，均有显著性差异($P<0.05$)。开裂宽度在 20～30 cm 之间的裂缝，其水平距离 20 cm、40 cm、60 cm、80 cm 处的土壤<0.01 mm 黏粒含量比 CK 依次减少了 36.9%、32.5%、25.7%、16.6%，均有显著性差异($P<0.05$)。

当土层垂直深度为 10～20 cm 时，开裂宽度在 10 cm 以内的裂缝，其水平距离 20 cm、40 cm、60 cm、80 cm 处的土壤<0.01 mm 黏粒含量比 CK 依次减少了 14.7%($P<0.05$)、13.2%($P<0.05$)、11.1%($P<0.05$)、6.0%($P>0.05$)。开裂宽度在 10～20 cm 之间的裂缝，其水平距离 20 cm、40 cm、60 cm、80 cm 处的土壤<0.01 mm 黏粒含量比 CK 依次减少了 20.4%、19.4%、13.8%、8.9%，均呈显著性差异($P<0.05$)。开裂宽度在 20～30 cm 之

间的裂缝，其水平距离 20 cm、40 cm、60 cm、80 cm 处的土壤＜0.01 mm 黏粒含量比 CK 依次减少了 30.1%、24.5%、14.6%、13.4%，均呈显著性差异（$P<0.05$）。

当土层垂直深度为 20～40 cm 时，开裂宽度在 10 cm 以内的裂缝，其水平距离 20 cm、40 cm、60 cm、80 cm 处的土壤＜0.01 mm 黏粒含量比 CK 依次减少了 18.2%（$P<0.05$）、16.1%（$P<0.05$）、12.0%（$P<0.05$）、4.2%（$P>0.05$）。开裂宽度在 10～20 cm 之间的裂缝，其水平距离 20、40、60、80 cm 处的土壤＜0.01 mm 黏粒含量比 CK 依次减少了 22.7%、20.7%、14.7%、12.5%，均有显著性差异（$P<0.05$）。开裂宽度在 20～30 cm 之间的裂缝，其水平距离 20 cm、40 cm、60 cm、80 cm 处的土壤＜0.01 mm 黏粒含量比 CK 依次减少了 25.0%、23.0%、18.1%、16.2%，均有显著性差异（$P<0.05$）。

由此可知：第一，当采动地裂缝宽度增大时，土壤＜0.01 mm 黏粒含量逐渐减小，降幅逐渐增大。第二，在水平方向上，不同宽度的采动地裂缝随水平距离的增加土壤＜0.01 mm 黏粒含量逐渐增大。第三，在垂直方向上，不同宽度的采动地裂缝随土层深度的增加，土壤＜0.01 mm 黏粒含量逐渐增大；对照区内，土壤＜0.01 mm 黏粒含量随土层深度的变化规律与裂缝区基本一致。这说明裂缝宽度为 20～30 cm 时，在水平距离 20 cm 处，0～10 cm 土层的土壤＜0.01 mm 黏粒含量受采煤活动影响最严重；裂缝宽度为 0～10 cm 时，在水平距离 80 cm 处，20～40 cm 土层的土壤＜0.01 mm 黏粒含量受采煤活动影响最轻微。依据不同宽度的采动地裂缝周边土壤＜0.01 mm 黏粒含量的数据，绘制土壤＜0.01 mm 黏粒含量随水平距离的变化趋势，见图 5-4，图中 y 表示土壤黏粒含量，x 表示水平距离。

由图 5-4 可知，土层深度 0～10 cm：当分别在宽度 0～10 cm、10～20 cm、20～30 cm 的裂缝水平距离 107.22 cm、119.00 cm、132.79 cm 以外时，土壤＜0.01 mm 黏粒含量回归背景值；土层深度 10～20 cm：当分别在宽度 0～10 cm、10～20 cm、20～30 cm 的裂缝水平距离 129.81 cm、127.72 cm、118.83 cm 以外时，土壤＜0.01 mm 黏粒含量回归背景值；土层深度 20～40 cm：当分别在宽度 0～10 cm、10～20 cm、20～30 cm 的裂缝水平距离 104.66 cm、146.18 cm、182.38 cm 以外时，土壤＜0.01 mm 黏粒含量回归背景值，采动地裂缝产生的负效应基本消失。

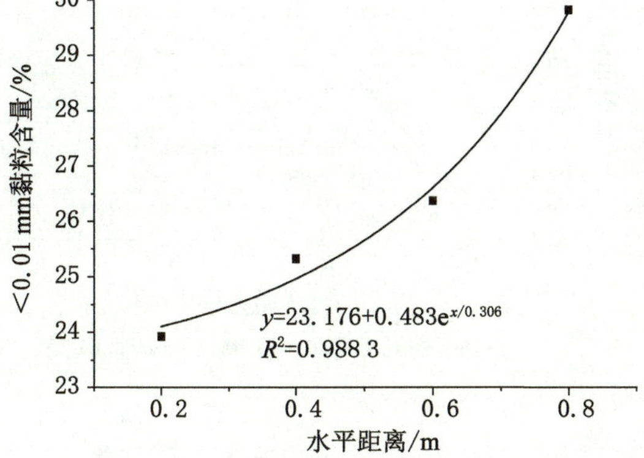

（a）裂缝宽度0～10 cm+0～10 cm土层

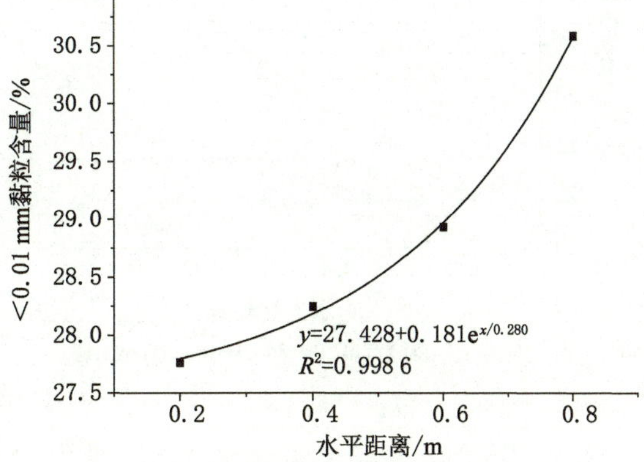

（b）裂缝宽度0～10 cm+10～20 cm土层

图 5-4　不同宽度采动地裂缝周围土壤＜0.01 mm 黏粒含量变化图

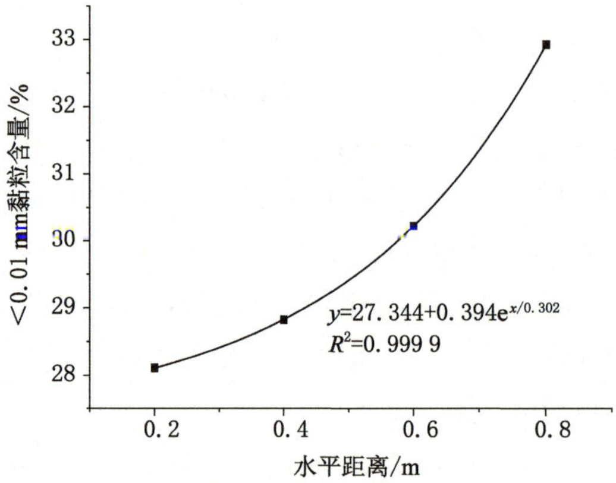

（c）裂缝宽度0～10 cm+20～40 cm土层

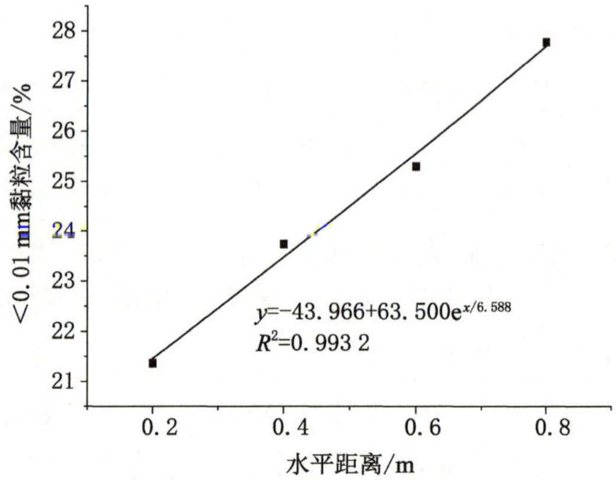

（d）裂缝宽度10～20 cm+0～10 cm土层

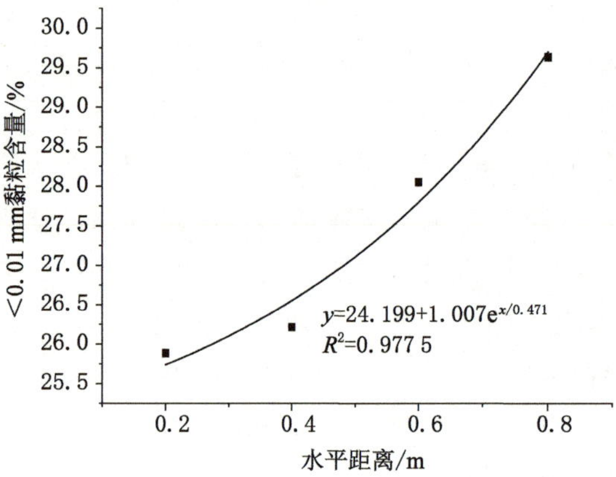

（e）裂缝宽度10～20 cm+10～20 cm土层

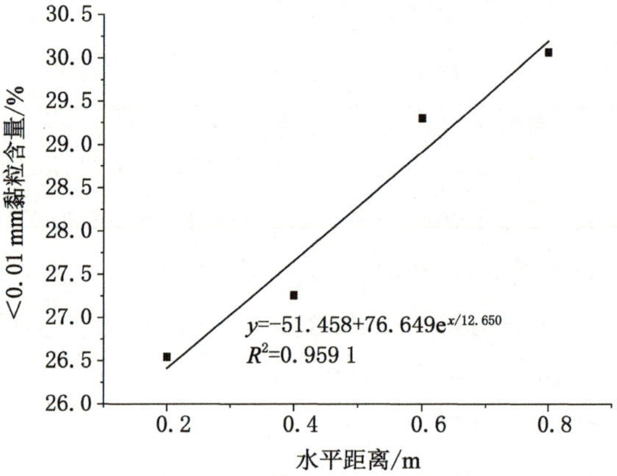

（f）裂缝宽度10～20 cm+20～40 cm土层

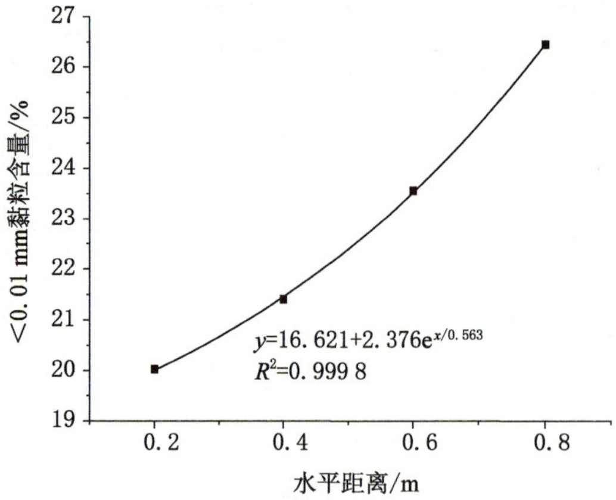

（g）裂缝宽度20～30 cm+0～10 cm土层

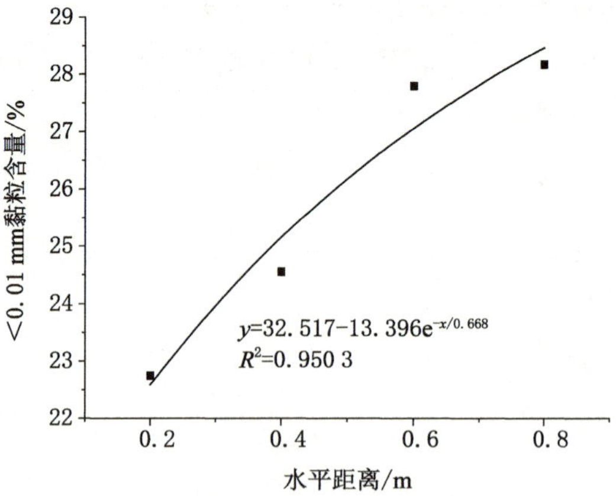

（h）裂缝宽度20～30 cm+10～20 cm土层

图 5-4 （续）

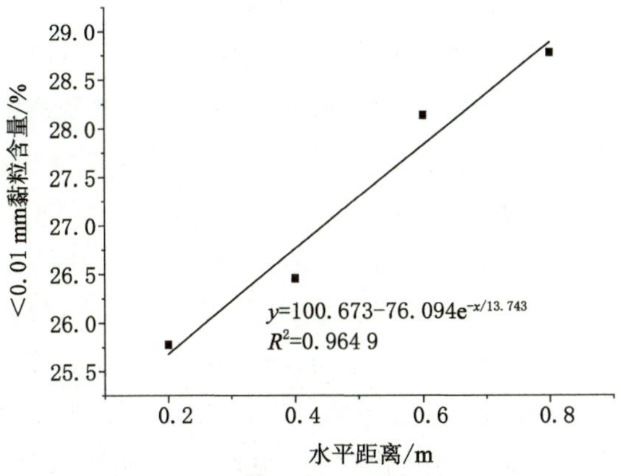

(i) 裂缝宽度20～30 cm+20～40 cm土层

图 5-4 (续)

(三) 对土壤<0.001 mm 细黏粒的影响

由图 5-2 可知:对照区(CK)土壤<0.001 mm 细黏粒含量总体明显高于裂缝区;随裂缝宽度的增加,土壤<0.001 mm 细黏粒含量整体呈逐渐减小的趋势。具体而言,与对照组相比:

当土层垂直深度为 0～10 cm 时,开裂宽度在 10 cm 以内的裂缝,其水平距离 20 cm、40 cm、60 cm、80 cm 处的土壤<0.001 mm 细黏粒含量比 CK 依次减少了 28.8%、21.8%、13.3%、10.8%,均有显著性差异($P<0.05$)。开裂宽度在 10～20 cm 之间的裂缝,其水平距离 20 cm、40 cm、60 cm、80 cm 处的土壤<0.001 mm 细黏粒含量比 CK 依次减少了 35.6%、26.6%、18.2%、13.3%,均有显著性差异($P<0.05$)。开裂宽度在 20～30 cm 之间的裂缝,其水平距离 20 cm、40 cm、60 cm、80 cm 处的土壤<0.001 mm 细黏粒含量比 CK 依次减少了 49.8%、32.3%、25.2%、17.1%,均有显著性差异($P<0.05$)。

当土层垂直深度为 10～20 cm 时,开裂宽度在 10 cm 以内的裂缝,其水平距离 20 cm、40 cm、60 cm、80 cm 处的土壤<0.001 mm 细黏粒含量比 CK 依次减少了 26.1%($P<0.05$)、20.5%($P<0.05$)、10.8%($P<0.05$)、6.0%($P>0.05$)。开裂宽度在 10～20 cm 之间的裂缝,其水平距离 20 cm、40 cm、60 cm、80 cm 处的土壤<0.001 mm 细黏粒含量比 CK 依次减少了 28.4%、24.6%、15.3%、11.5%,均呈显著性差异($P<0.05$)。开裂宽度在20～30 cm 之间的裂缝,其水平距离 20 cm、40 cm、60 cm、80 cm 处的土壤<0.001 mm 细黏粒含量比 CK 依次减少了 41.9%、28.7%、25.2%、17.6%,均呈显著性差异($P<0.05$)。

当土层垂直深度为 20～40 cm 时,开裂宽度在 10 cm 以内的裂缝,其水平距离 20 cm、40 cm、60 cm、80 cm 处的土壤<0.001 mm 细黏粒含量比 CK 依次减少了 26.5%、23.1%、17.6%、15.7%,均有显著性差异($P<0.05$)。开裂宽度在 10～20 cm 之间的裂缝,其水平距离 20 cm、40 cm、60 cm、80 cm 处的土壤<0.001 mm 细黏粒含量比 CK 依次减少了 30.1%、29.8%、23.3%、21.0%,均有显著性差异($P<0.05$)。开裂宽度在 20～30 cm 之间

的裂缝，其水平距离 20 cm、40 cm、60 cm、80 cm 处的土壤<0.001 mm 细黏粒含量比 CK 依次减少了 45.7%、34.0%、28.9%、26.5%，均有显著性差异（$P<0.05$）。

由此可知：第一，当采动地裂缝宽度增大时，土壤<0.001 mm 细黏粒含量逐渐减小，降幅逐渐增大。第二，在水平方向上，不同宽度的采动地裂缝随水平距离的增加土壤<0.001 mm 细黏粒含量逐渐增大。第三，在垂直方向上，不同宽度的采动地裂缝随土层深度的增加，土壤<0.001 mm 细黏粒含量逐渐增大；对照区内，土壤<0.001 mm 细黏粒含量随土层深度的变化规律与裂缝区基本一致。这说明裂缝宽度为 20～30 cm 时，在水平距离 20 cm 处，0～10 cm土层的土壤<0.001 mm 细黏粒含量受采煤活动影响最严重；裂缝宽度为 0～10 cm时，在水平距离 80 cm 处，10～20 cm 土层<0.001 mm 细黏粒含量受采煤活动影响最轻微。依据不同宽度的采动地裂缝周边土壤<0.001 mm 细黏粒含量的数据，绘制土壤<0.001 mm细黏粒含量随水平距离的变化趋势，见图 5-5，图中 y 表示土壤细黏粒含量，x 表示水平距离。

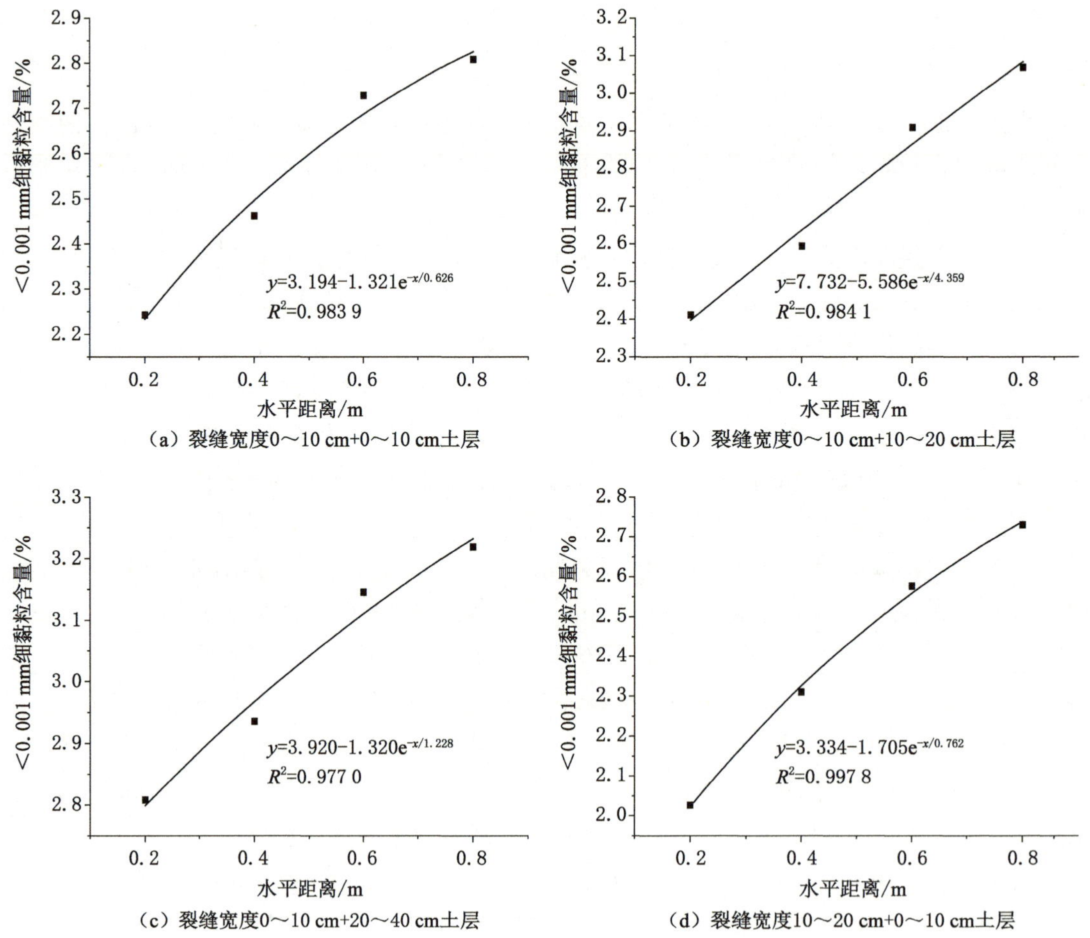

图 5-5　不同宽度采动地裂缝周围土壤<0.001 mm 细黏粒含量变化图

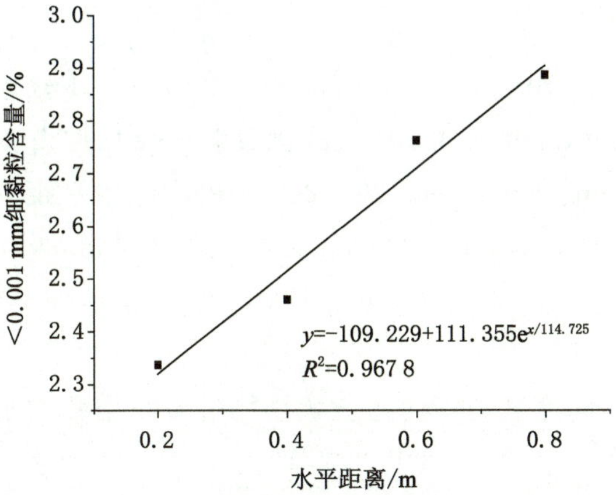

（e）裂缝宽度10～20 cm+10～20 cm土层

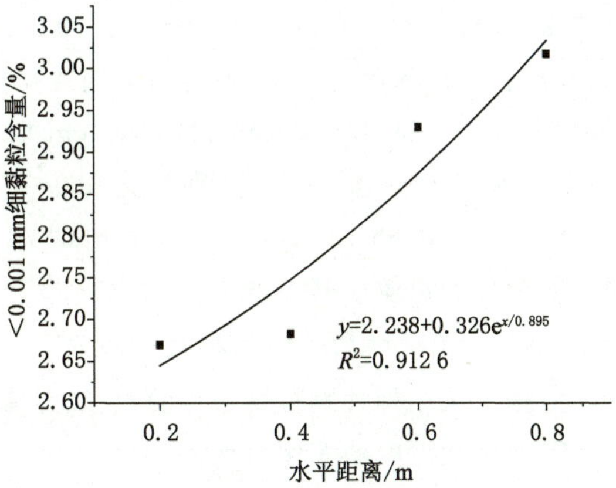

（f）裂缝宽度10～20 cm+20～40 cm土层

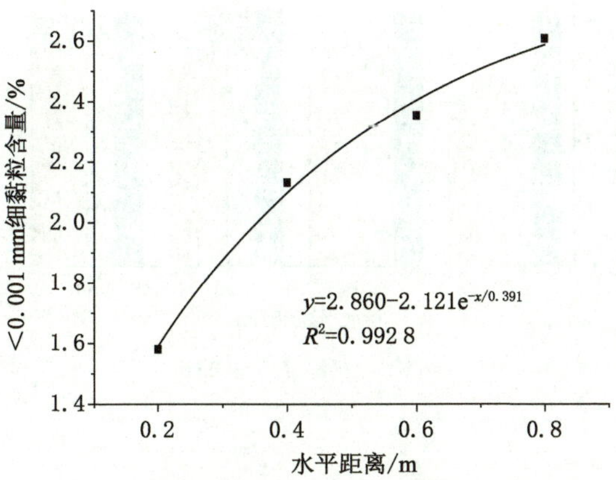

（g）裂缝宽度20～30 cm+0～10 cm土层

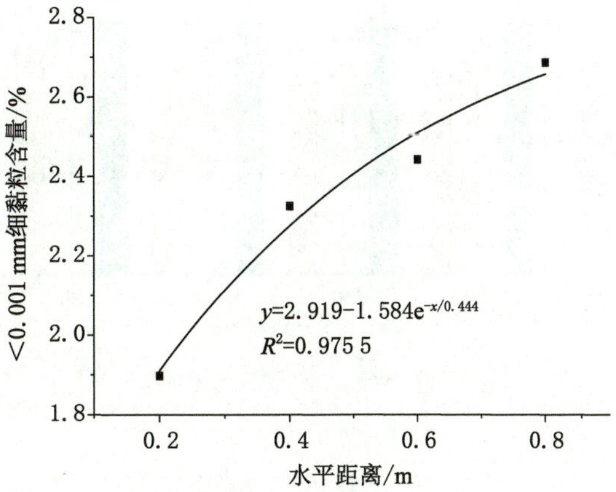

（h）裂缝宽度20～30 cm+10～20 cm土层

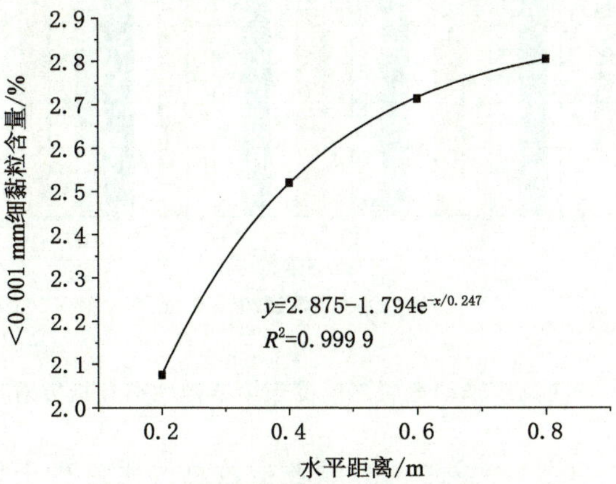

（i）裂缝宽度20～30 cm+20～40 cm土层

图 5-5 （续）

由图 5-5 可知，土层深度 0～10 cm：当分别在宽度 0～10 cm、10～20 cm、20～30 cm 的裂缝水平距离 109.80 cm、112.04 cm、109.26 cm 以外时，土壤<0.001 mm 细黏粒含量回归背景值；土层深度 10～20 cm：当分别在宽度 0～10 cm、10～20 cm、20～30 cm 的裂缝水平距离 95.29 cm、116.74 cm、124.39 cm 以外时，土壤<0.001 mm 细黏粒含量回归背景值；土层深度 20～40 cm：当分别在宽度 0～10 cm、10～20 cm、20～30 cm 的裂缝水平距离 159.90 cm、203.86 cm、158.21 cm 以外时，土壤<0.001 mm 细黏粒含量回归背景值，采动地裂缝产生的负效应基本消失。

（四）对土壤结构性颗粒指数的影响

依据土壤结构性颗粒指数计算结果，绘制不同宽度裂缝周边土壤结构性颗粒指数随水平距离和垂直深度的变化对比图，见图 5-6。

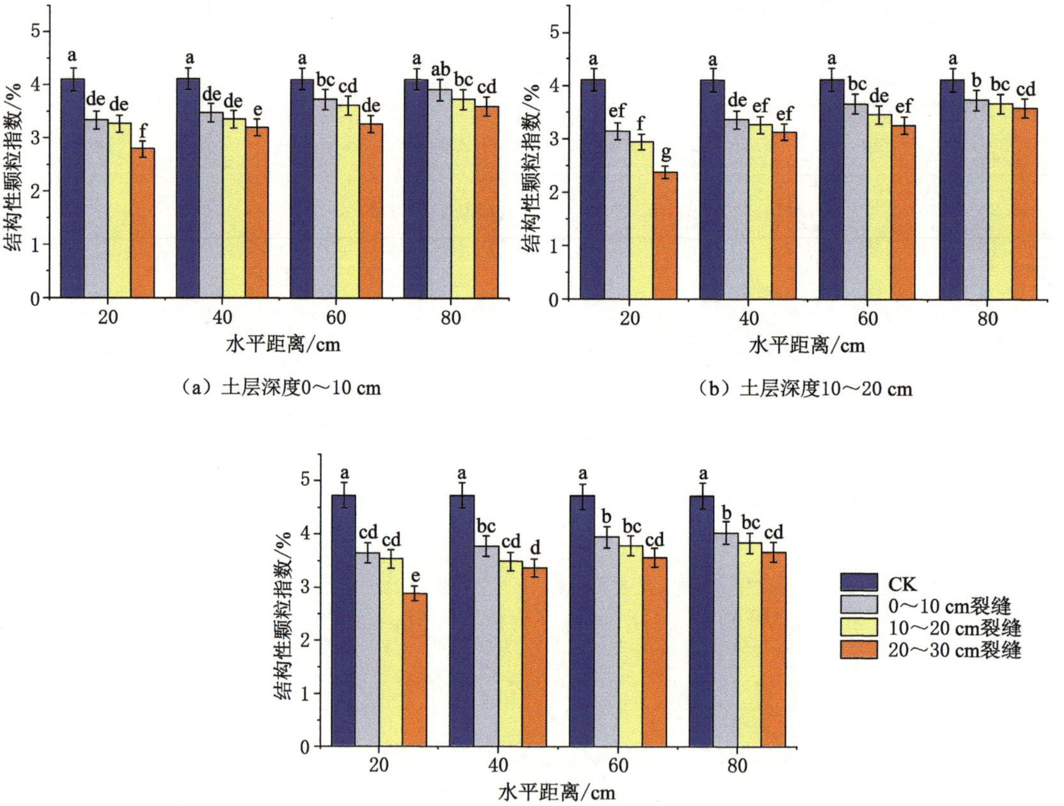

（a）土层深度0～10 cm

（b）土层深度10～20 cm

（c）土层深度20～40 cm

图 5-6　不同宽度采动地裂缝周围土壤结构性颗粒指数对比图

由图 5-6 可知：对照区（CK）土壤结构性颗粒指数总体明显高于裂缝区；随裂缝宽度的增加，土壤结构性颗粒指数整体呈逐渐减小的趋势。具体而言，与对照组相比：

当土层垂直深度为 0～10 cm 时，开裂宽度在 10 cm 以内的裂缝，其水平距离 20 cm、40 cm、60 cm、80 cm 处的土壤结构性颗粒指数比 CK 依次减少了 23.3%、18.1%、10.7%、8.8%，均有显著性差异（$P<0.05$）。开裂宽度在 10～20 cm 之间的裂缝，其水平距离

20 cm、40 cm、60 cm、80 cm 处的土壤结构性颗粒指数比 CK 依次减少了 28.7%、20.6%、15.6%、10.7%，均有显著性差异($P<0.05$)。开裂宽度在 20～30 cm 之间的裂缝，其水平距离 20 cm、40 cm、60 cm、80 cm 处的土壤结构性颗粒指数比 CK 依次减少了 42.4%、23.7%、20.5%、12.7%，均有显著性差异($P<0.05$)。

当土层垂直深度为 10～20 cm 时，开裂宽度在 10 cm 以内的裂缝，其水平距离 20 cm、40 cm、60 cm、80 cm 处的土壤结构性颗粒指数比 CK 依次减少了 19.1%($P<0.05$)、15.4%($P<0.05$)、9.2%($P<0.05$)、4.7%($P>0.05$)。开裂宽度在 10～20 cm 之间的裂缝，其水平距离 20 cm、40 cm、60 cm、80 cm 处的土壤结构性颗粒指数比 CK 依次减少了 20.5%、18.3%、12.1%、9.1%，均有显著性差异($P<0.05$)。开裂宽度在 20～30 cm 之间的裂缝，其水平距离 20 cm、40 cm、60 cm、80 cm 处的土壤结构性颗粒指数比 CK 依次减少了 32.0%、22.0%、20.4%、12.4%，均有显著性差异($P<0.05$)。

当土层垂直深度为 20～40 cm 时，开裂宽度在 10 cm 以内的裂缝，其水平距离 20 cm、40 cm、60 cm、80 cm 处的土壤结构性颗粒指数比 CK 依次减少了 22.5%、20.2%、16.4%、14.7%，均有显著性差异($P<0.05$)。开裂宽度在 10～20 cm 之间的裂缝，其水平距离 20 cm、40 cm、60 cm、80 cm 处的土壤结构性颗粒指数比 CK 依次减少了 25.2%、25.9%、19.6%、18.7%，均有显著性差异($P<0.05$)。开裂宽度在 20～30 cm 之间的裂缝，其水平距离 20 cm、40 cm、60 cm、80 cm 处的土壤结构性颗粒指数比 CK 依次减少了 39.0%、28.5%、24.5%、22.4%，均有显著性差异($P<0.05$)。

由此可知：第一，当采动地裂缝宽度增大时，土壤结构性颗粒指数逐渐减小，降幅逐渐增大。第二，在水平方向上，不同宽度的采动地裂缝随水平距离的增加土壤结构性颗粒指数逐渐增大。第三，在垂直方向上，不同宽度的采动地裂缝随土层深度的增加，土壤结构性颗粒指数逐渐增大；对照区内，土壤结构性颗粒指数随土层深度的变化规律与裂缝区基本一致。这说明裂缝宽度为 20～30 cm 时，在水平距离 20 cm 处，0～10 cm 土层的土壤结构性颗粒指数受采煤活动影响最严重；裂缝宽度为 0～10 cm 时，在水平距离 80 cm 处，10～20 cm土层的结构性颗粒指数受采煤活动影响最轻微。依据不同宽度的采动地裂缝周边土壤结构性颗粒指数的数据，绘制土壤结构性颗粒指数随水平距离的变化趋势，见图 5-7，图中 y 表示结构性颗粒指数，x 表示水平距离。

由图 5-7 可知，土层深度 0～10 cm：当分别在宽度 0～10 cm、10～20 cm、20～30 cm 的裂缝水平距离 109.64 cm、114.04 cm、103.91 cm 以外时，土壤结构性颗粒指数回归背景值；土层深度 10～20 cm：当分别在宽度 0～10 cm、10～20 cm、20～30 cm 的裂缝水平距离98.90 cm、124.49 cm、121.98 cm 以外时，土壤结构性颗粒指数回归背景值；土层深度 20～40 cm：当分别在宽度 0～10 cm、10～20 cm、20～30 cm 的裂缝水平距离 184.83 cm、223.52 cm、156.13 cm 以外时，土壤结构性颗粒指数回归背景值，采动地裂缝产生的负效应基本消失。

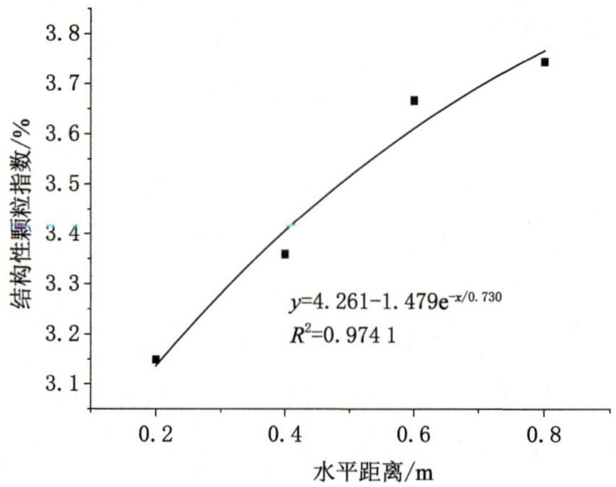

（a）裂缝宽度0～10 cm+0～10 cm土层

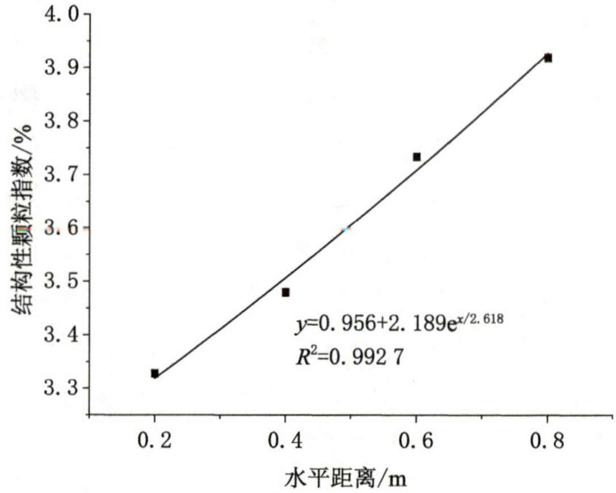

（b）裂缝宽度0～10 cm+10～20 cm土层

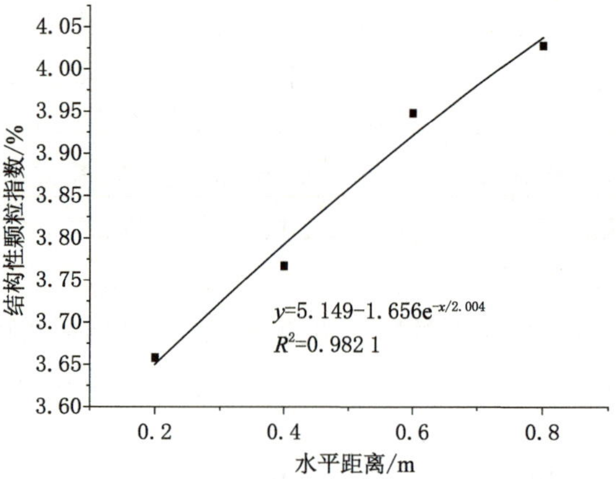

（c）裂缝宽度0～10 cm+20～40 cm土层

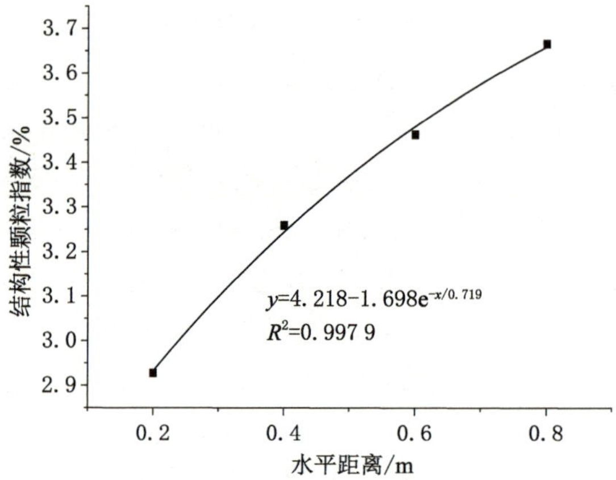

（d）裂缝宽度10～20 cm+0～10 cm土层

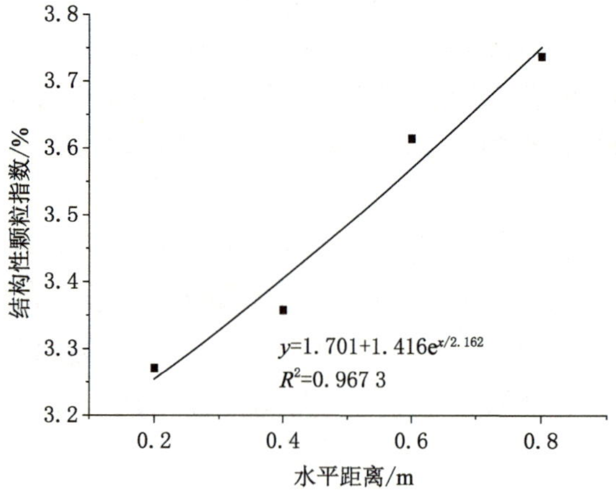

（e）裂缝宽度10～20 cm+10～20 cm土层

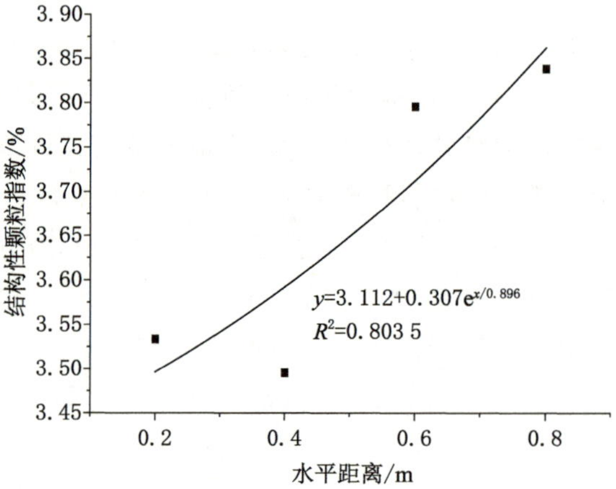

（f）裂缝宽度10～20 cm+20～40 cm土层

图 5-7　不同宽度采动地裂缝周围土壤结构性颗粒指数变化图

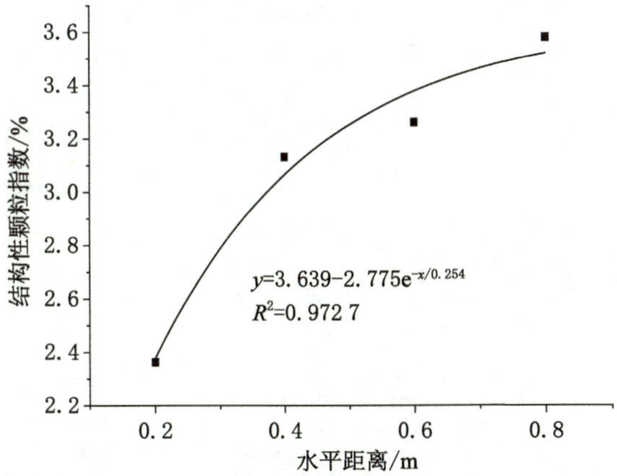

(g) 裂缝宽度20～30 cm+0～10 cm土层

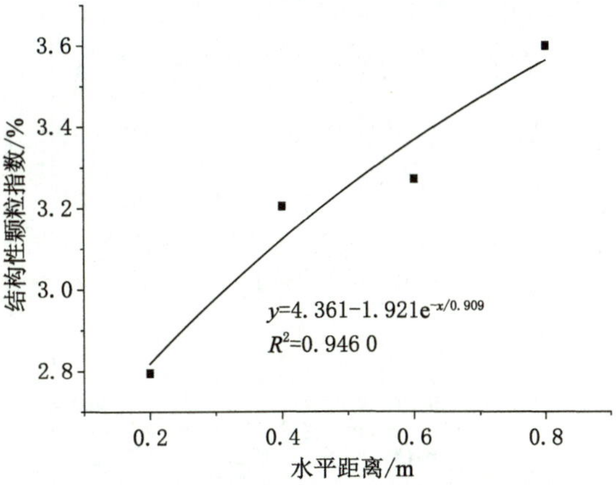

(h) 裂缝宽度20～30 cm+10～20 cm土层

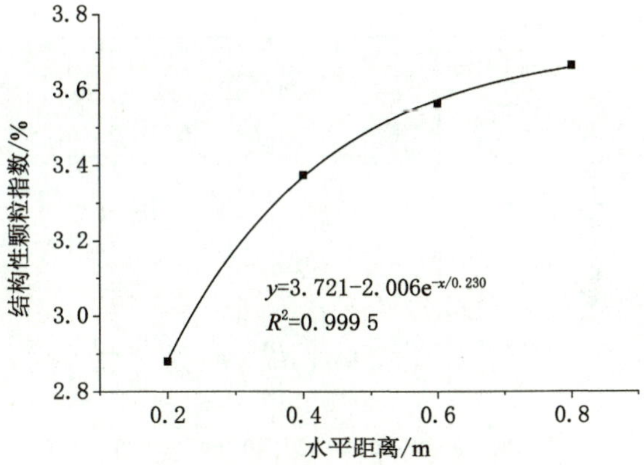

(i) 裂缝宽度20～30 cm+20～40 cm土层

图 5-7 (续)

(五) 对土壤>0.25 mm 水稳性团聚体的影响

根据表 5-4,绘制了不同宽度的采动地裂缝周围不同水平距离及垂直深度下土壤水稳性团聚体含量变化图,见图 5-8。土壤粒径>0.25 mm 水稳性团聚体一般被称为大团聚体,对维持土壤水肥有重要作用,其在一定程度上对土壤抗蚀性有指示意义[256]。土壤中<0.25 mm土壤水稳性团聚体颗粒容易造成土壤孔隙堵塞,不利于水分下渗,增加地表径流,引发水土流失[149]。因此,一般情况下,土壤>0.25 mm 水稳性团聚体含量越高,土壤抗蚀性越强。

由图 5-8 可知:对照区(CK)土壤>0.25 mm 水稳性团聚体含量明显高于裂缝区;随裂缝宽度的增加,>0.25 mm 水稳性团聚体含量整体呈逐渐减小的趋势。具体而言,与对照组相比:

当土层垂直深度为 0～10 cm 时,开裂宽度在 10 cm 以内的裂缝,其水平距离 20 cm、40 cm、60 cm、80 cm 处的土壤>0.25 mm 水稳性团聚体含量比 CK 依次减少了 59.1%、

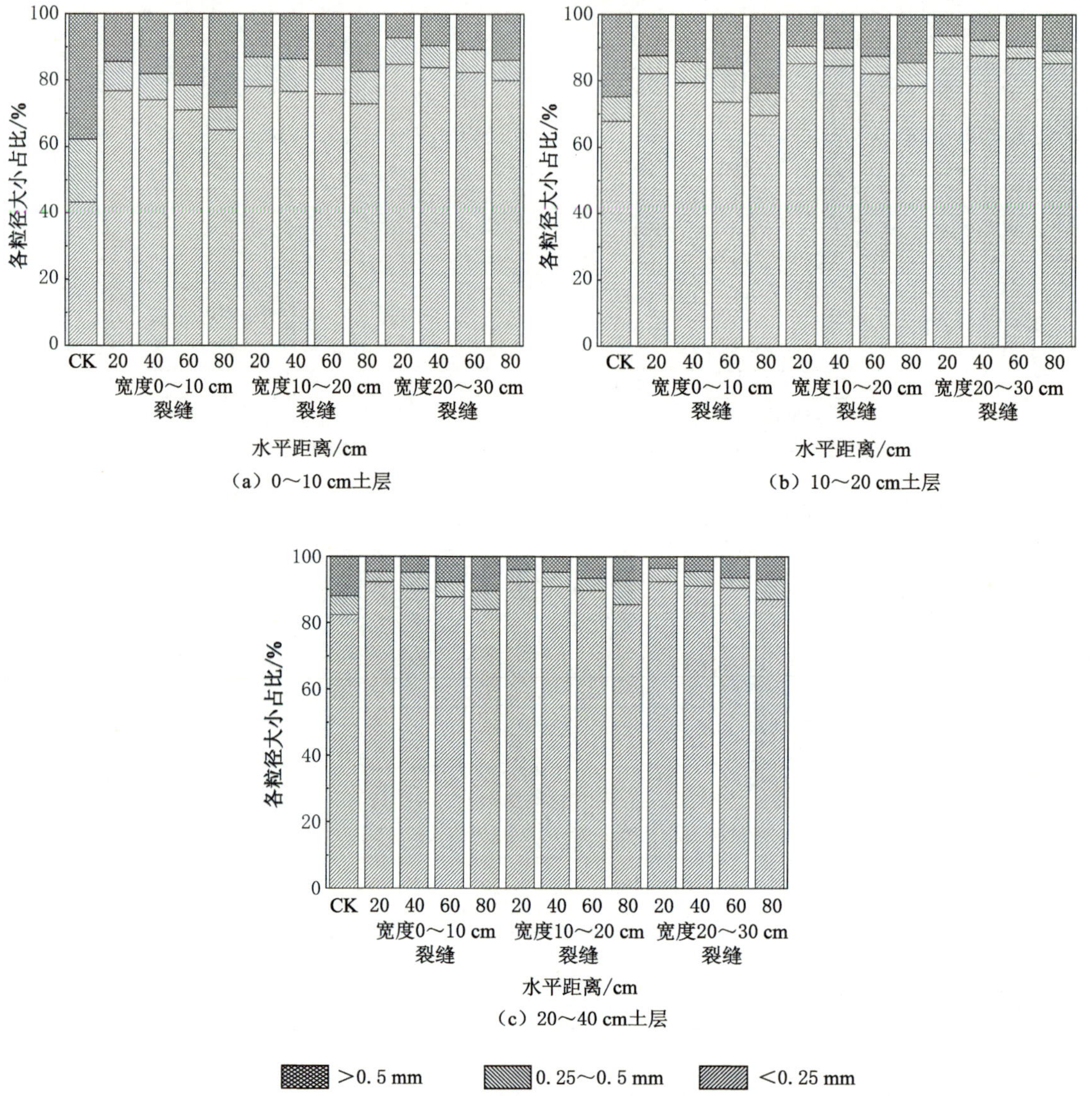

图 5-8　不同宽度采动地裂缝土壤水稳性团聚体含量变化图

54.4%、48.9%、38.3%，均有显著性差异（$P<0.05$）。开裂宽度在 10～20 cm 之间的裂缝，其水平距离 20 cm、40 cm、60 cm、80 cm 处的土壤>0.25 mm 水稳性团聚体含量比 CK 依次减少了 61.3%、58.7%、57.4%、52.3%，均有显著性差异（$P<0.05$）。开裂宽度在 20～30 cm之间的裂缝，其水平距离 20 cm、40 cm、60 cm、80 cm 处的土壤>0.25 mm 水稳性团聚体含量比 CK 依次减少了 73.4%、71.3%、69.0%、64.6%，均有显著性差异（$P<0.05$）。

当土层垂直深度为 10～20 cm 时，开裂宽度在 10 cm 以内的裂缝，其水平距离 20 cm、40 cm、60 cm、80 cm 处的土壤>0.25 mm 水稳性团聚体含量比 CK 依次减少了 44.7%（$P<$

0.05)、36.0%($P<0.05$)、18.2%($P<0.05$)、5.5%($P>0.05$)。开裂宽度在 10～20 cm 之间的裂缝，其水平距离 20 cm、40 cm、60 cm、80 cm 处的土壤>0.25 mm 水稳性团聚体含量比 CK 依次减少了 54.2%、52.0%、44.7%、33.5%，均有显著性差异($P<0.05$)。开裂宽度在 20～30 cm 之间的裂缝，其水平距离 20 cm、40 cm、60 cm、80 cm 处的土壤>0.25 mm 水稳性团聚体含量比 CK 依次减少了 64.7%、61.8%、59.5%、54.2%，均有显著性差异($P<0.05$)。

当土层垂直深度为 20～40 cm 时：开裂宽度在 10 cm 以内的裂缝，其水平距离20 cm、40 cm、60 cm、80 cm 处的土壤>0.25 mm 水稳性团聚体含量比 CK 依次减少了 56.0%、44.0%、31.2%、9.9%，均有显著性差异($P<0.05$)。开裂宽度在 10～20 cm 之间的裂缝，其水平距离 20 cm、40 cm、60 cm、80 cm 处的土壤>0.25 mm 水稳性团聚体含量比 CK 依次减少了 56.4%、48.5%、42.2%、18.5%，均有显著性差异($P<0.05$)。开裂宽度在 20～30 cm之间的裂缝，其水平距离 20 cm、40 cm、60 cm、80 cm 处的土壤>0.25 mm 水稳性团聚体含量比 CK 依次减少了 56.8%、49.4%、46.0%、27.3%，均有显著性差异($P<0.05$)。

由此可知：第一，当采动地裂缝宽度增大时，土壤>0.25 mm 水稳性团聚体含量逐渐减小，降幅逐渐增大。第二，在水平方向上，不同宽度的采动地裂缝随水平距离的增加土壤>0.25 mm 水稳性团聚体含量逐渐增大。第三，在垂直方向上，不同宽度的采动地裂缝随土层深度的增加，土壤>0.25 mm 水稳性团聚体含量逐渐减小；在土层垂直深度为 0～10 cm 时，三种宽度的地裂缝周边土壤>0.25 mm 水稳性团聚体含量降幅与土层深度 10～20 cm、20～40 cm 相比最大；对照区内，土壤>0.25 mm 水稳性团聚体含量随土层垂直深度的变化规律与裂缝区基本一致。这说明裂缝宽度为 20～30 cm 时，在水平距离 20 cm 处，土层深度 0～10 cm 的土壤>0.25 mm 水稳性团聚体含量受采煤活动影响最严重；裂缝宽度为 0～10 cm时，在水平距离 80 cm 处，土层深度 10～20 cm 的土壤>0.25 mm 水稳性团聚体含量受采煤活动影响最轻微。依据不同宽度的采动地裂缝周边土壤>0.25 mm 水稳性团聚体含量的数据，绘制土壤>0.25 mm 水稳性团聚体含量随水平距离的变化趋势，见图 5-9，图中 y 表示水稳性团聚体含量，x 表示水平距离。

由图 5-9 可知，土层深度 0～10 cm：当分别在宽度 0～10 cm、10～20 cm、20～30 cm 的裂缝水平距离 198.33 cm、456.33 cm、536.77 cm 以外时，土壤>0.25 mm 水稳性团聚体含量回归背景值；土层深度 10～20 cm：当分别在宽度 0～10 cm、10～20 cm、20～30 cm 的裂缝水平距离 88.54 cm、183.18 cm、406.79 cm 以外时，土壤>0.25 mm 水稳性团聚体含量回归背景值；土层深度 20～40 cm：当分别在宽度 0～10 cm、10～20 cm、20～30 cm 的裂缝水平距离 96.74 cm、118.89 cm、147.55 cm 以外时，土壤>0.25 mm 水稳性团聚体含量回归背景值，采动地裂缝产生的负效应基本消失。

（六）对土壤>0.5 mm 水稳性团聚体的影响

由图 5-8 可知：对照区(CK)土壤>0.5 mm 水稳性团聚体含量明显高于裂缝区；随裂缝宽度的增加，土壤>0.5 mm 水稳性团聚体含量整体呈逐渐减小的趋势。具体而言，与对照组相比：

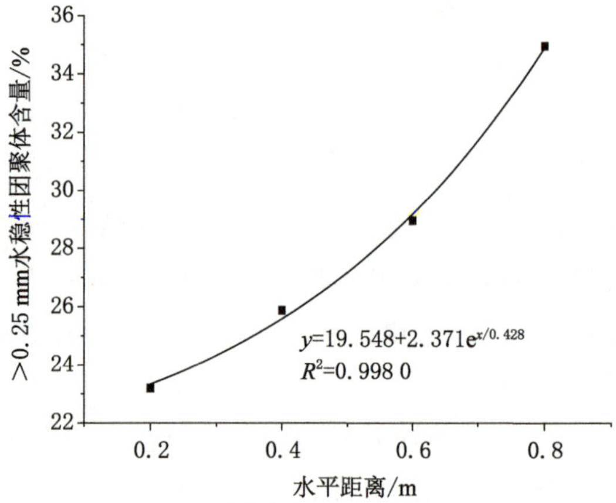

（a）裂缝宽度0～10 cm+0～10 cm土层

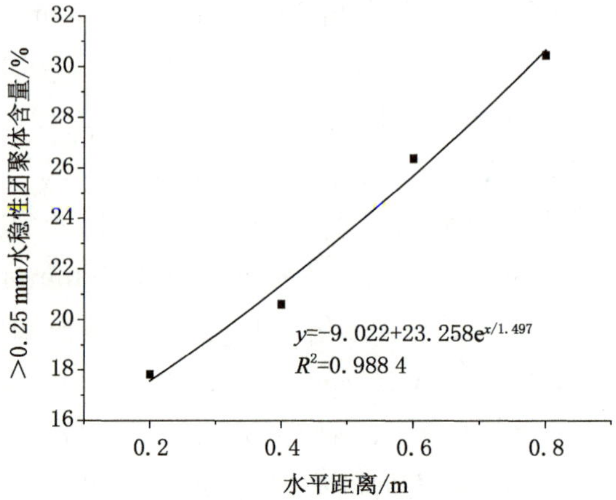

（b）裂缝宽度0～10 cm+10～20 cm土层

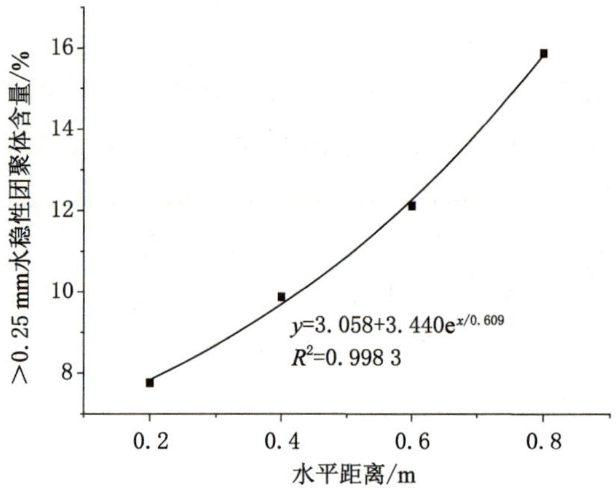

（c）裂缝宽度0～10 cm+20～40 cm土层

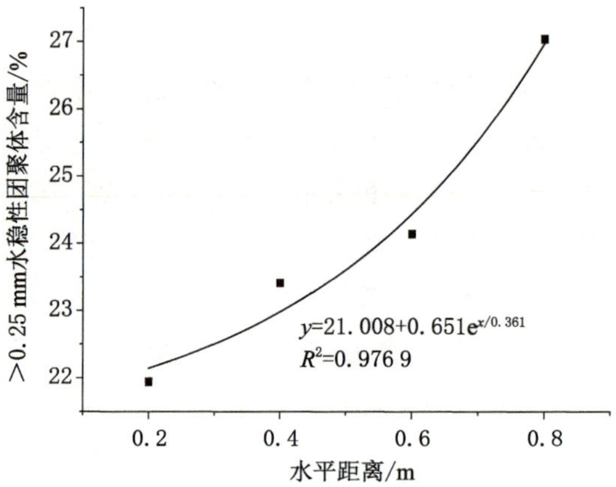

（d）裂缝宽度10～20 cm+0～10 cm土层

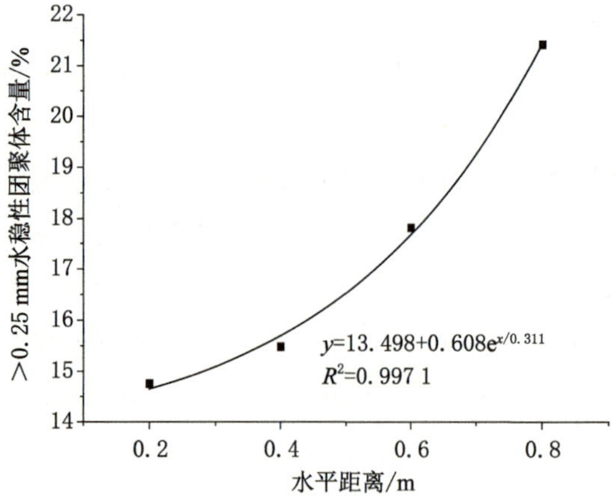

（e）裂缝宽度10～20 cm+10～20 cm土层

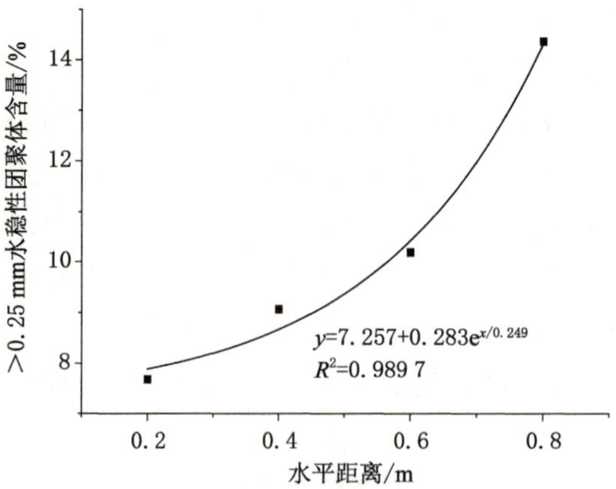

（f）裂缝宽度10～20 cm+20～40 cm土层

图 5-9　不同宽度采动地裂缝周围土壤>0.25 mm 水稳性团聚体含量变化图

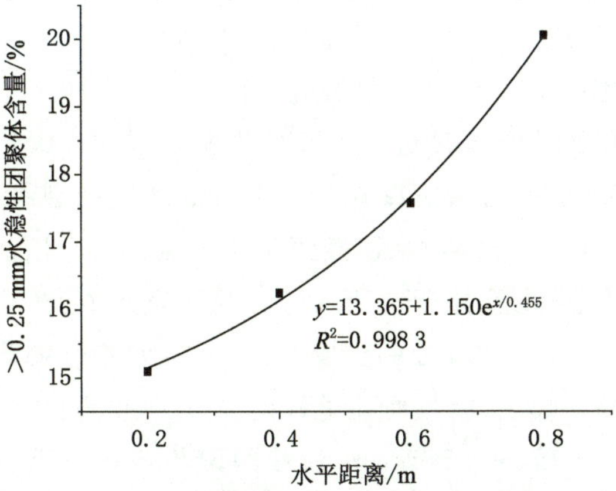

（g）裂缝宽度20～30 cm+0～10 cm土层

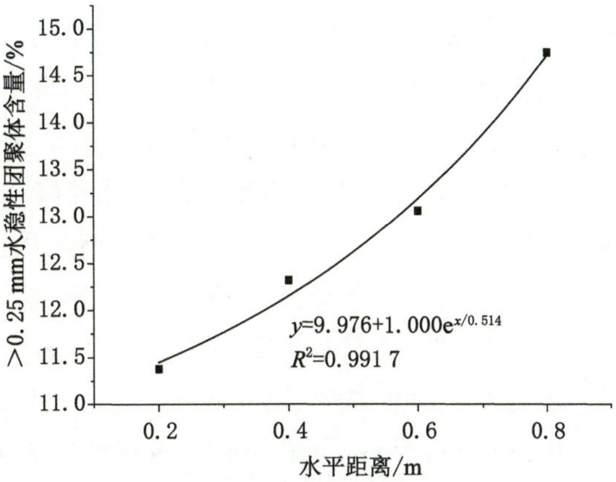

（h）裂缝宽度20～30 cm+10～20 cm土层

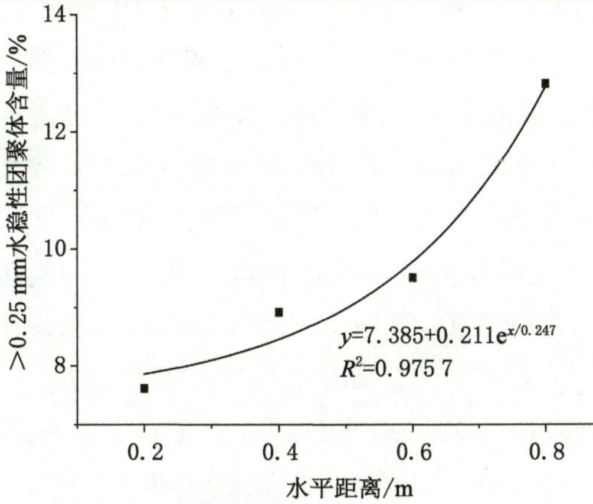

（i）裂缝宽度20～30 cm+20～40 cm土层

图 5-9 （续）

当土层垂直深度为 0～10 cm 时，开裂宽度在 10 cm 以内的裂缝，其水平距离 20 cm、40 cm、60 cm、80 cm 处的土壤>0.5 mm 水稳性团聚体含量比 CK 依次减少了 62.0%、52.0%、42.8%、35.3%，均有显著性差异（$P<0.05$）。开裂宽度在 10～20 cm 之间的裂缝，其水平距离 20 cm、40 cm、60 cm、80 cm 处的土壤>0.5 mm 水稳性团聚体含量比 CK 依次减少了 65.7%、64.1%、58.6%、54.0%，均有显著性差异（$P<0.05$）。开裂宽度在 20～30 cm之间的裂缝，其水平距离 20 cm、40 cm、60 cm、80 cm 处的土壤>0.5 mm 水稳性团聚体含量比 CK 依次减少了 81.0%、74.7%、71.7%、63.2%，均有显著性差异（$P<0.05$）。

当土层垂直深度为 10～20 cm 时，开裂宽度在 10 cm 以内的裂缝，其水平距离 20 cm、40 cm、60 cm、80 cm 处的土壤>0.5 mm 水稳性团聚体含量比 CK 依次减少了 50.0%（$P<0.05$）、42.8%（$P<0.05$）、34.5%（$P<0.05$）、4.6%（$P>0.05$）。开裂宽度在 10～20 cm 之间的裂缝，其水平距离 20 cm、40 cm、60 cm、80 cm 处的土壤>0.5 mm 水稳性团聚体含量比 CK 依次减少了 61.8%、59.2%、49.7%、41.5%，均有显著性差异（$P<0.05$）。开裂宽度在 20～

30 cm之间的裂缝，其水平距离 20 cm、40 cm、60 cm、80 cm 处的土壤>0.5 mm 水稳性团聚体含量比 CK 依次减少了 74.6%、69.1%、62.0%、55.9%，均有显著性差异($P<0.05$)。

当土层垂直深度为 20～40 cm 时，开裂宽度在 10 cm 以内的裂缝，其水平距离 20 cm、40 cm、60 cm、80 cm 处的土壤>0.5 mm 水稳性团聚体含量比 CK 依次减少了 61.0%、59.6%、35.2%、13.0%，均呈显著性差异($P<0.05$)。开裂宽度在 10～20 cm 之间的裂缝，其水平距离 20 cm、40 cm、60 cm、80 cm 处的土壤>0.5 mm 水稳性团聚体含量比 CK 依次减少了 67.4%、60.5%、44.8%、38.8%，均有显著性差异($P<0.05$)。开裂宽度在 20～30 cm之间的裂缝，其水平距离 20 cm、40 cm、60 cm、80 cm 处的土壤>0.5 mm 水稳性团聚体含量比 CK 依次减少了 70.6%、62.4%、46.0%、42.1%，均有显著性差异($P<0.05$)。

由此可知：第一，当采动地裂缝宽度增大时，土壤>0.5 mm 水稳性团聚体含量显著减小，降幅逐渐增大。第二，在水平方向上，不同宽度的采动地裂缝随水平距离的增加土壤>0.5 mm水稳性团聚体含量逐渐增大。第三，在垂直方向上，不同宽度的采动地裂缝随土层深度的增加，土壤>0.5 mm 水稳性团聚体含量逐渐减小；对照区内，土壤>0.5 mm 水稳性团聚体含量随土层深度的变化规律与裂缝区基本一致。这说明裂缝宽度为 20～30 cm 时，在水平距离 20 cm 处，垂直深度 0～10 cm 的土壤>0.5 mm 水稳性团聚体含量受采煤活动影响最严重；裂缝宽度为 0～10 cm 时，在水平距离 80 cm 处，10～20 cm 土层的土壤>0.5 mm 水稳性团聚体含量受采煤活动影响最轻微。依据不同宽度的采动地裂缝周边土壤>0.5 mm水稳性团聚体含量的数据，绘制土壤>0.5 mm 水稳性团聚体含量随水平距离的变化趋势，见图 5-10，图中 y 表示>0.5 mm 水稳性团聚体含量，x 表示水平距离。

由图 5-10 可知，土层深度 0～10 cm：当分别在宽度 0～10 cm、10～20 cm、20～30 cm 的裂缝水平距离 126.41 cm、348.66 cm、308.16 cm 以外时，土壤>0.5 mm 水稳性团聚体含量回归背景值；土层深度 10～20 cm：当分别在宽度 0～10 cm、10～20 cm、20～30 cm 的裂缝水平距离 95.59 cm、200.52 cm、257.12 cm 以外时，土壤>0.5 mm 水稳性团聚体含量回归背景值；土层深度 20～40 cm：当分别在宽度 0～10 cm、10～20 cm、20～30 cm 的裂缝水平距离 100.20 cm、154.37 cm、158.30 cm 以外时，土壤>0.5 mm 水稳性团聚体含量回归背景值，采动地裂缝产生的负效应基本消失。

（七）对土壤平均重量直径的影响

土壤团聚体平均重量直径(MWD)直接反映土壤团聚体稳定性大小，能够较好地评价土壤保水保肥性能[257]，其值越大表示土壤团聚体的团聚度越高，稳定性越强[258]。依据土壤平均重量直径计算结果绘制裂缝不同宽度、不同水平距离和不同垂直深度下的对比图，见图 5-11。

由图 5-11 可知：对照区(CK)土壤团聚体平均重量直径明显高于裂缝区；随裂缝宽度的增加，土壤团聚体平均重量直径整体呈逐渐减小的趋势。具体而言，与对照组相比：

当土层垂直深度为 0～10 cm 时，开裂宽度在 10 cm 以内的裂缝，其水平距离 20 cm、40 cm、60 cm、80 cm 处的土壤平均重量直径比 CK 依次减少了 53.8%、49.1%、45.3%、40.6%，均有显著性差异($P<0.05$)。开裂宽度在 10～20 cm 之间的裂缝，其水平距离

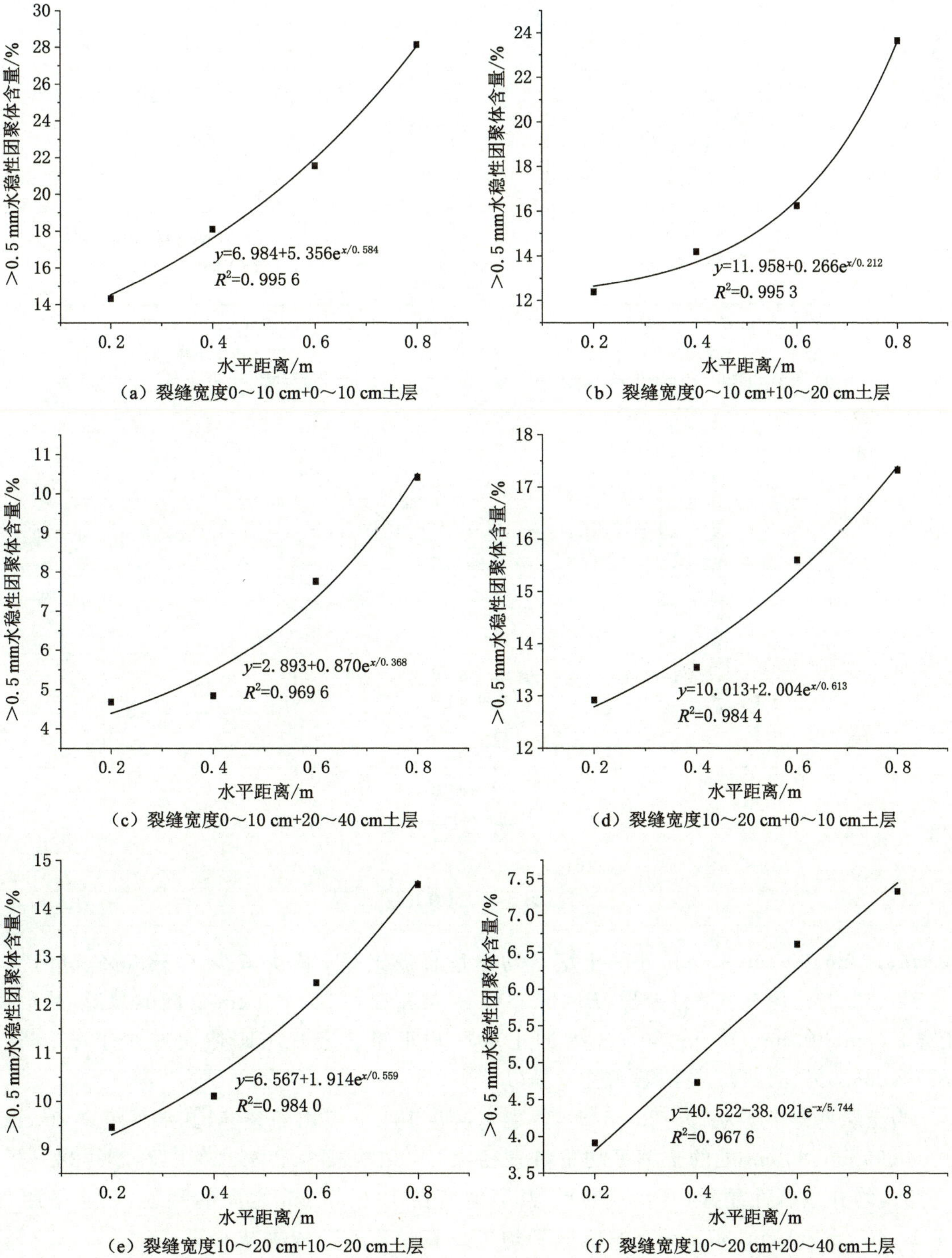

图 5-10　不同宽度采动地裂缝周围土壤>0.5 mm 水稳性团聚体含量变化图

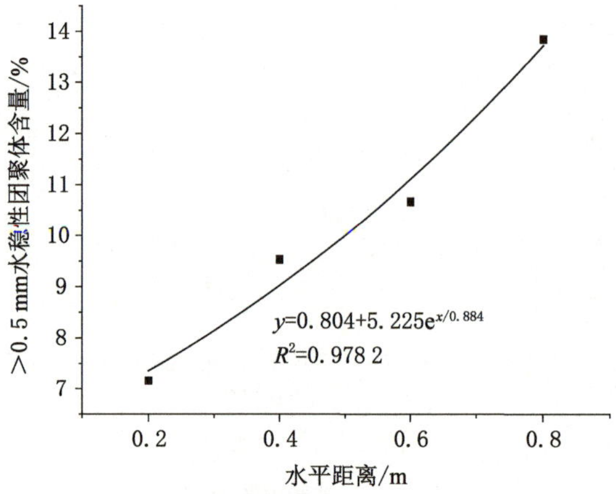

(g) 裂缝宽度20～30 cm+0～10 cm土层

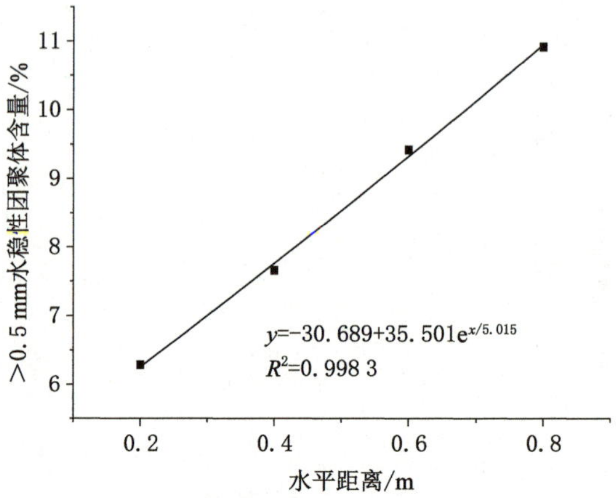

(h) 裂缝宽度20～30 cm+10～20 cm土层

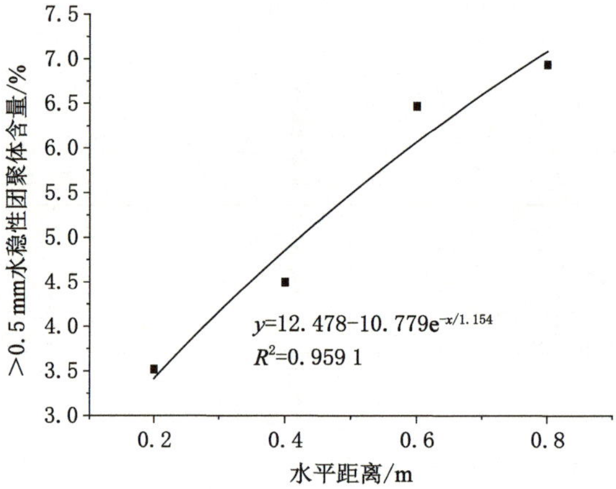

(i) 裂缝宽度20～30 cm+20～40 cm土层

图 5-10 (续)

20 cm、40 cm、60 cm、80 cm 处的土壤平均重量直径比 CK 依次减少了 58.8%、56.7%、54.5%、52.9%，均有显著性差异($P<0.05$)。开裂宽度在 20～30 cm 之间的裂缝，其水平距离 20 cm、40 cm、60 cm、80 cm 处的土壤平均重量直径比 CK 依次减少了 69.6%、68.1%、66.9%、64.5%，均有显著性差异($P<0.05$)。

当土层垂直深度为 10～20 cm 时，开裂宽度在 10 cm 以内的裂缝，其水平距离 20 cm、40 cm、60 cm、80 cm 处的土壤平均重量直径比 CK 依次减少了 39.5%、32.2%、28.1%、22.4%，均有显著性差异($P<0.05$)。开裂宽度在 10～20 cm 之间的裂缝，其水平距离 20 cm、40 cm、60 cm、80 cm 处的土壤平均重量直径比 CK 依次减少了 45.8%、43.3%、38.0%、31.0%，均有显著性差异($P<0.05$)。开裂宽度在 20～30 cm 之间的裂缝，其水平距离 20 cm、40 cm、60 cm、80 cm 处的土壤平均重量直径比 CK 依次减少了 50.8%、49.8%、44.6%、40.6%，均有显著性差异($P<0.05$)。

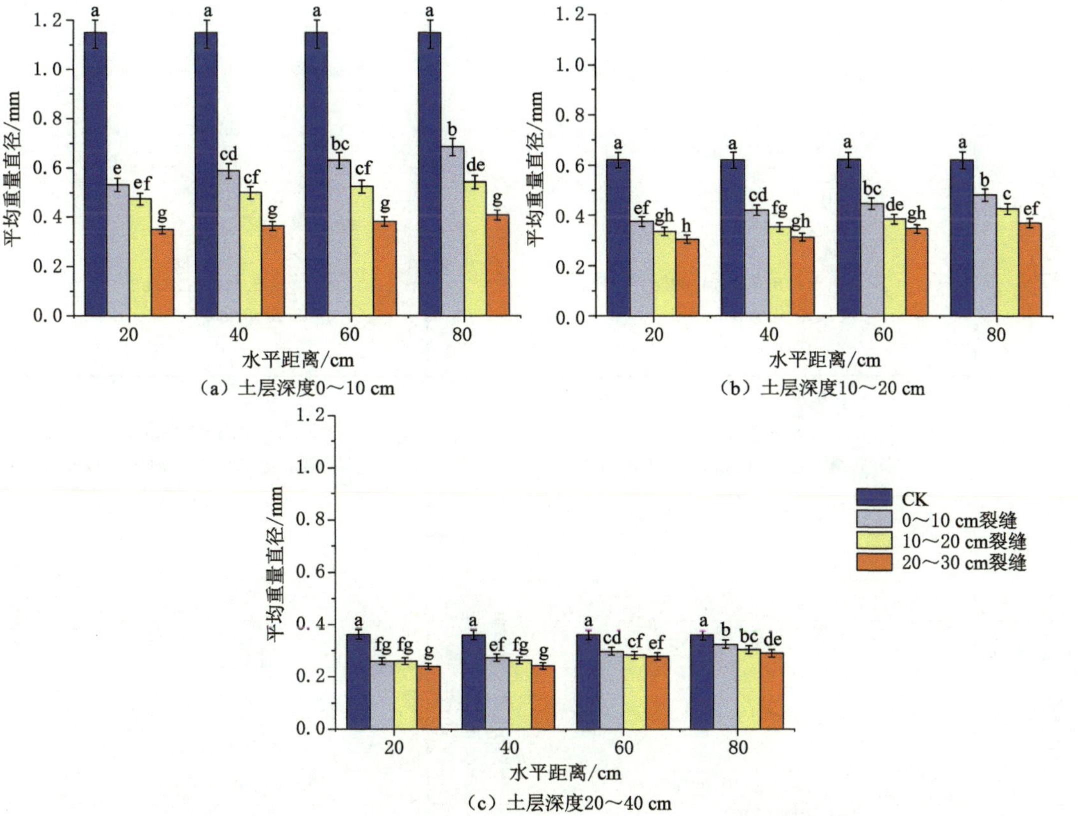

图 5-11　不同宽度采动地裂缝周围土壤平均重量直径对比图

当土层垂直深度为 20～40 cm 时，开裂宽度在 10 cm 以内的裂缝，其水平距离 20 cm、40 cm、60 cm、80 cm 处的土壤平均重量直径比 CK 依次减少了 28.0%、24.8%、17.8%、10.0%，均有显著性差异($P<0.05$)。开裂宽度在 10～20 cm 之间的裂缝，其水平距离 20 cm、40 cm、60 cm、80 cm 处的土壤平均重量直径比 CK 依次减少了 28.2%、27.0%、21.6%、15.9%，均有显著性差异($P<0.05$)。开裂宽度在 20～30 cm 之间的裂缝，其水平距离 20 cm、40 cm、60 cm、80 cm 处的土壤平均重量直径比 CK 依次减少了 33.7%、33.2%、22.8%、19.5%，均有显著性差异($P<0.05$)。

由此可知：第一，当采动地裂缝宽度增大时，土壤平均重量直径显著减小，降幅逐渐增大。第二，在水平方向上，不同宽度的采动地裂缝随水平距离的增加土壤平均重量直径逐渐增大。第三，在垂直方向上，不同宽度的采动地裂缝随土层深度的增加，土壤平均重量直径逐渐减小，同时降幅也逐渐减小；对照区内，土壤平均重量直径随土层深度的变化规律与裂缝区基本一致。这说明裂缝宽度为 20～30 cm 时，在水平距离 20 cm 处，垂直深度 0～10 cm的土壤平均重量直径受采煤活动影响最严重；裂缝宽度为 0～10 cm 时，在水平距离 80 cm 处，垂直深度 20～40 cm 土层的土壤平均重量直径受采煤活动影响最轻微。依据不同宽度的采动地裂缝周边土壤平均重量直径的数据，绘制土壤平均重量直径随水平距离的变化趋势，见图 5-12，图中 y 表示平均重量直径，x 表示水平距离。

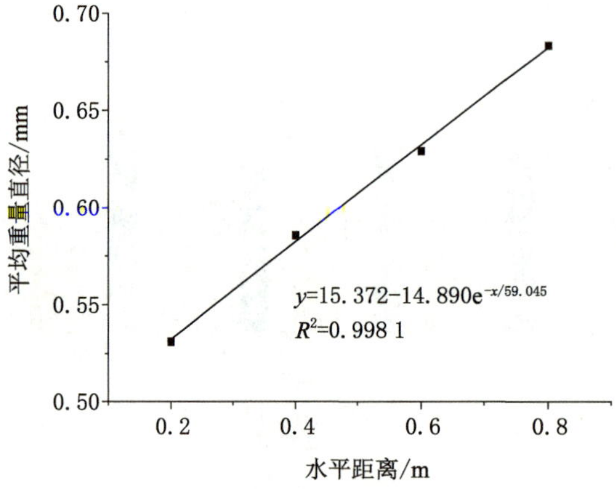

（a）裂缝宽度0～10 cm+0～10 cm土层

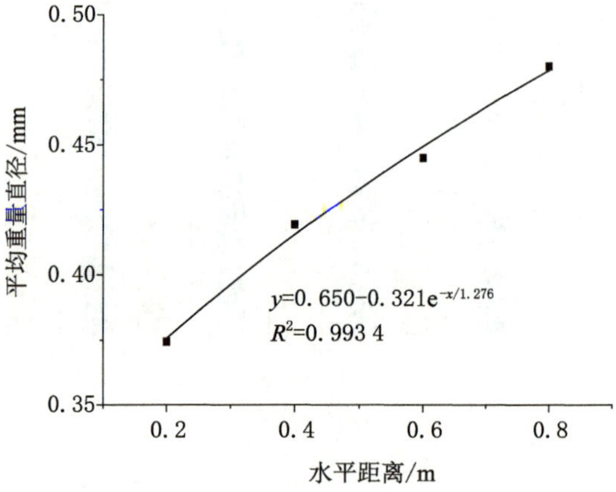

（b）裂缝宽度0～10 cm+10～20 cm土层

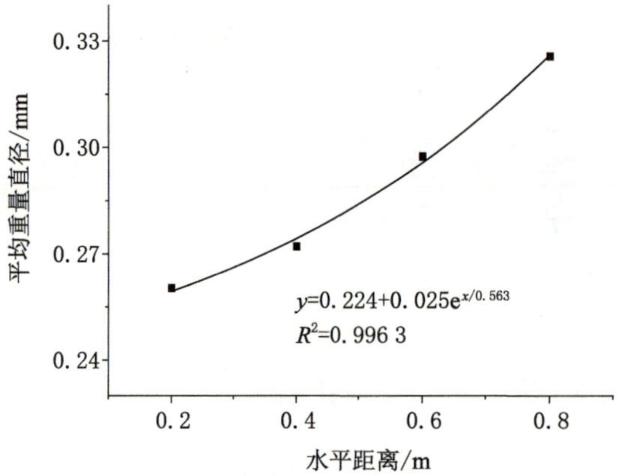

（c）裂缝宽度0～10 cm+20～40 cm土层

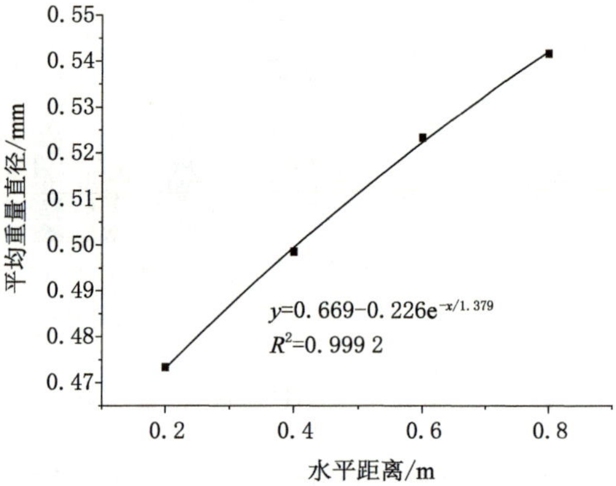

（d）裂缝宽度10～20 cm+0～10 cm土层

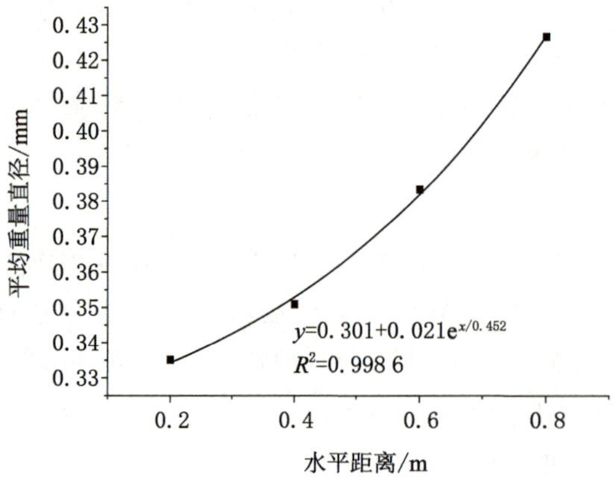

（e）裂缝宽度10～20 cm+10～20 cm土层

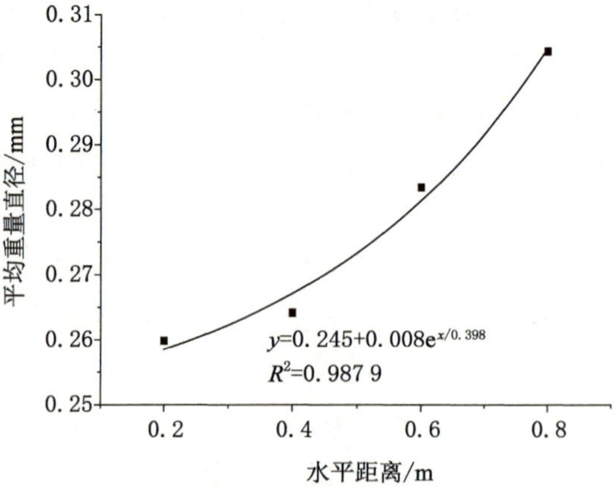

（f）裂缝宽度10～20 cm+20～40 cm土层

图 5-12　不同宽度采动地裂缝周围土壤平均重量直径变化图

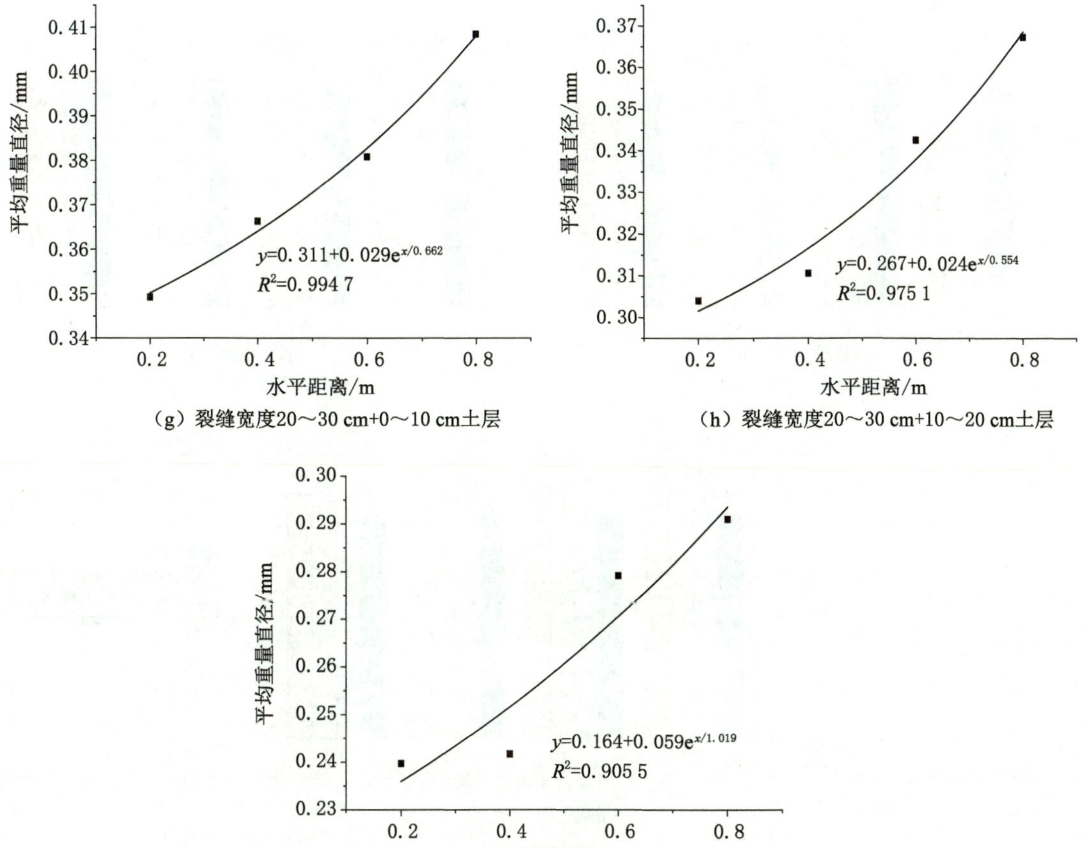

(g) 裂缝宽度20～30 cm+0～10 cm土层

(h) 裂缝宽度20～30 cm+10～20 cm土层

(i) 裂缝宽度20～30 cm+20～40 cm土层

图 5-12 （续）

由图 5-12 可知，土层深度 0～10 cm：当分别在宽度 0～10 cm、10～20 cm、20～30 cm 的裂缝水平距离 267.20 cm、606.96 cm、856.25 cm 以外时，土壤平均重量直径回归背景值；土层深度 10～20 cm：当分别在宽度 0～10 cm、10～20 cm、20～30 cm 的裂缝水平距离 160.58 cm、208.83 cm、308.65 cm 以外时，土壤平均重量直径回归背景值；土层深度 20～40 cm：当分别在宽度 0～10 cm、10～20 cm、20～30 cm 的裂缝水平距离 115.07 cm、160.17 cm、152.84 cm以外时，土壤平均重量直径回归背景值，采动地裂缝产生的负效应基本消失。

（八）对土壤分散率的影响

根据表 5-4，绘制了不同宽度的采动地裂缝周围不同水平距离及垂直深度下土壤分散率变化图，见图 5-13。土壤分散率取决于土粒与水之间的亲和力和胶结力，能够在一定程度上反映土壤颗粒间的作用力。一般情况下，土壤分散率越大，土壤抗蚀性越弱。

由图 5-13 可知：对照区（CK）土壤分散率总体明显低于裂缝区；随裂缝宽度的增加，土壤分散率整体呈逐渐增大的趋势。具体而言，与对照组相比：

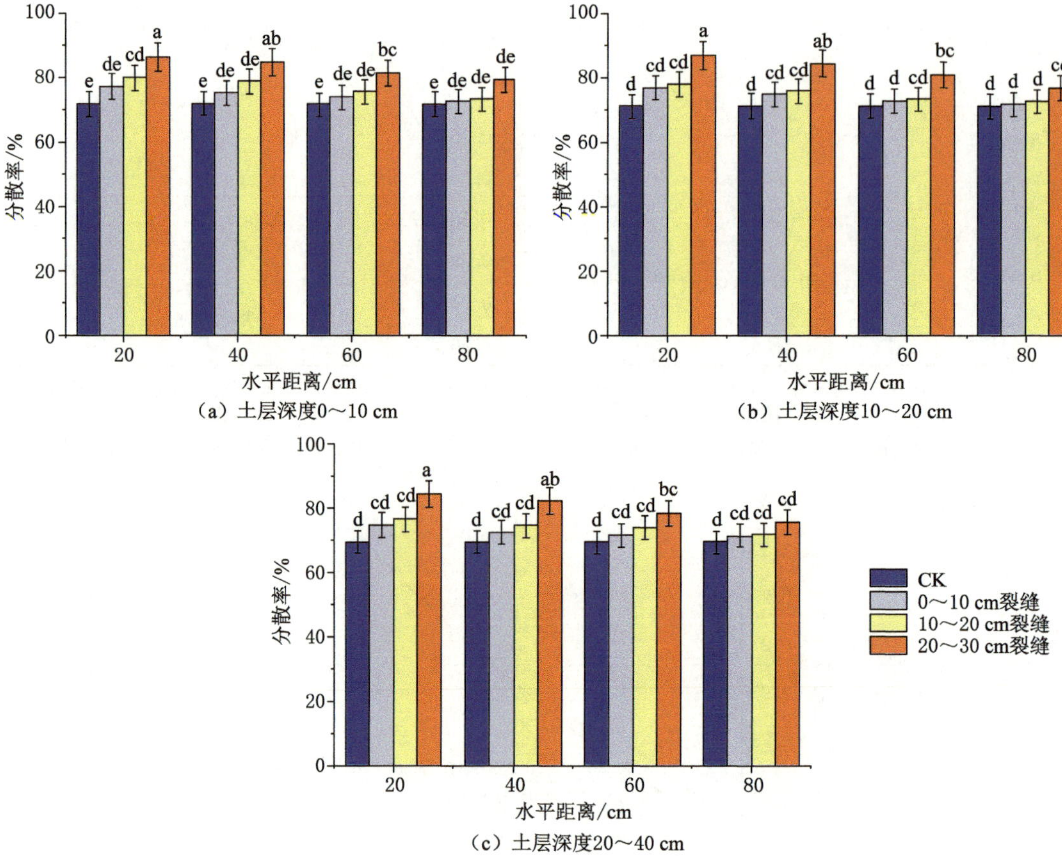

(a) 土层深度0～10 cm (b) 土层深度10～20 cm (c) 土层深度20～40 cm

图 5-13 不同宽度采动地裂缝周围土壤分散率对比图

当土层垂直深度为 0～10 cm 时：开裂宽度在 10 cm 以内的裂缝，其水平距离 20 cm、40 cm、60 cm、80 cm 处的土壤分散率比 CK 依次增加了 7.6%、4.6%、3.0%、0.9%，均无显著性差异($P>0.05$)。开裂宽度在 10～20 cm 之间的裂缝，其水平距离 20 cm、40 cm、60 cm、80 cm 处的土壤分散率比 CK 依次增加了 11.4%($P<0.05$)、9.9%($P>0.05$)、5.1%($P>0.05$)、2.2%($P>0.05$)。开裂宽度在 20～30 cm 之间的裂缝，其水平距离 20 cm、40 cm、60 cm、80 cm 处的土壤分散率比 CK 依次增加了 20.3%、18.1%、13.5%、10.2%，均有显著性差异($P<0.05$)。

当土层垂直深度为 10～20 cm 时，开裂宽度在 10 cm 以内的裂缝，其水平距离 20 cm、40 cm、60 cm、80 cm 处的土壤分散率比 CK 依次增加了 8.0%、4.8%、2.2%、0.9%，均无显著性差异($P>0.05$)。开裂宽度在 10～20 cm 之间的裂缝，其水平距离 20 cm、40 cm、60 cm、80 cm 处的土壤分散率比 CK 依次增加了 9.3%、6.5%、2.9%、1.9%，均无显著性差异($P>0.05$)。开裂宽度在 20～30 cm 之间的裂缝，其水平距离 20 cm、40 cm、60 cm、80 cm 处的土壤分散率比 CK 依次增加了 21.8%($P<0.05$)、18.4%($P<0.05$)、13.7%($P<0.05$)、7.9%($P>0.05$)。

当土层垂直深度为 20～40 cm 时，开裂宽度在 10 cm 以内的裂缝，其水平距离 20 cm、

40 cm、60 cm、80 cm 处的土壤分散率比 CK 依次增加了 7.5%、4.0%、3.1%、2.4%，均无显著性差异（$P>0.05$）。开裂宽度在 10～20 cm 之间的裂缝，其水平距离 20 cm、40 cm、60 cm、80 cm 处的土壤分散率比 CK 依次增加了 10.0%、7.4%、6.3%、3.4%，均无显著性差异（$P>0.05$）。开裂宽度在 20～30 cm 之间的裂缝，其水平距离 20 cm、40 cm、60 cm、80 cm处的土壤分散率比 CK 依次增加了 21.3%（$P<0.05$）、18.5%（$P<0.05$）、13.1%（$P<0.05$）、8.8%（$P>0.05$）。

由此可知：第一，当采动地裂缝宽度增大时，土壤分散率逐渐增大。第二，在水平方向上，不同宽度的采动地裂缝随水平距离的增加土壤分散率逐渐减小。第三，在垂直方向上，不同宽度的采动地裂缝随土层深度的增加，土壤分散率逐渐减小；对照区内，土壤分散率随土层深度的变化规律与裂缝区基本一致。这说明裂缝宽度为 20～30 cm 时，在水平距离 20 cm处，10～20 cm 土层的土壤分散率受采煤活动影响变化最大；裂缝宽度为 0～10 cm 时，在水平距离 80 cm 处，0～20 cm 土层的土壤分散率受采煤活动影响变化最小。依据不同宽度的采动地裂缝周边土壤分散率的数据，绘制土壤分散率随水平距离的变化趋势，见图 5-14，图中 y 表示土壤分散率，x 表示水平距离。

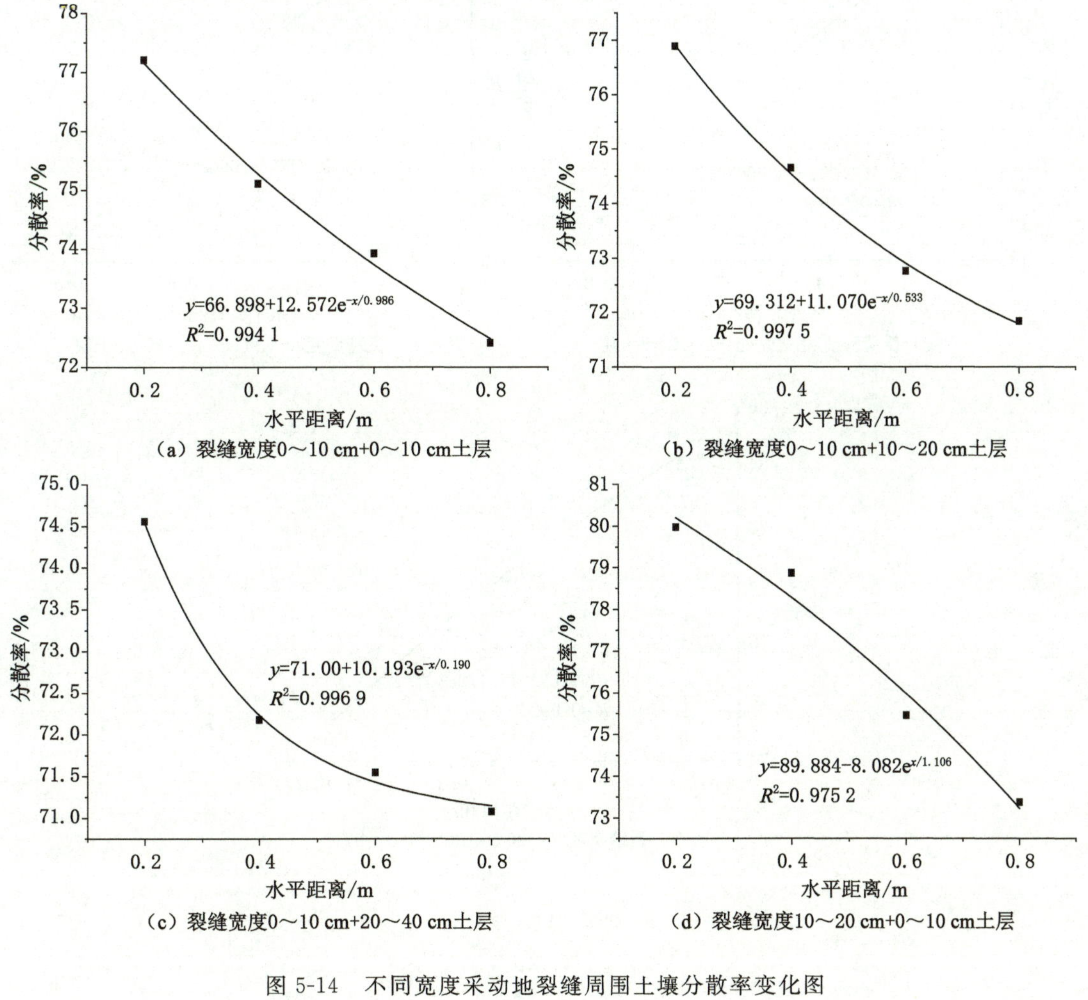

（a）裂缝宽度0～10 cm+0～10 cm土层　（b）裂缝宽度0～10 cm+10～20 cm土层

（c）裂缝宽度0～10 cm+20～40 cm土层　（d）裂缝宽度10～20 cm+0～10 cm土层

图 5-14　不同宽度采动地裂缝周围土壤分散率变化图

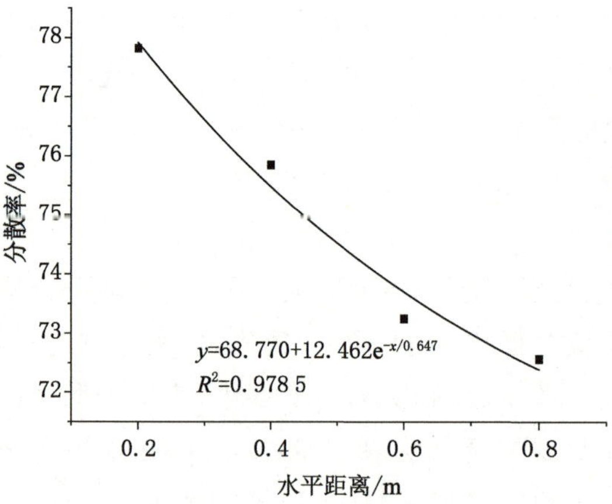

（e）裂缝宽度10～20 cm+10～20 cm土层

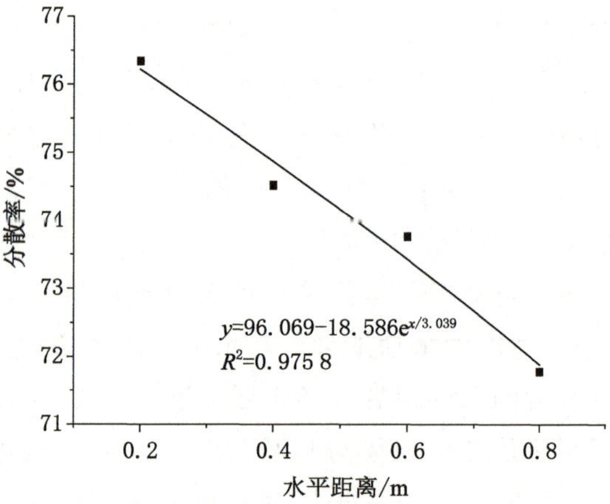

（f）裂缝宽度10～20 cm+20～40 cm土层

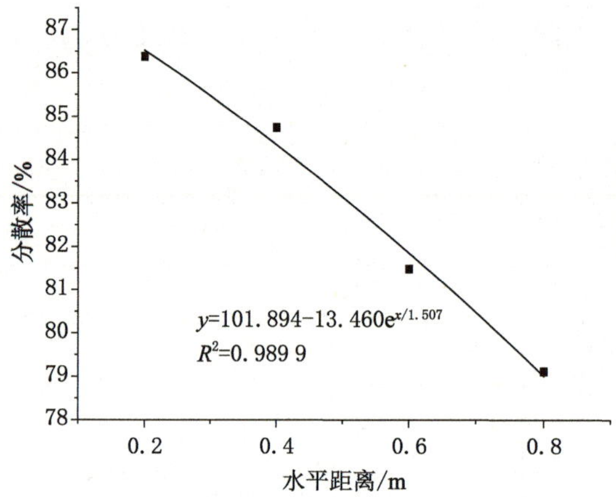

（g）裂缝宽度20～30 cm+0～10 cm土层

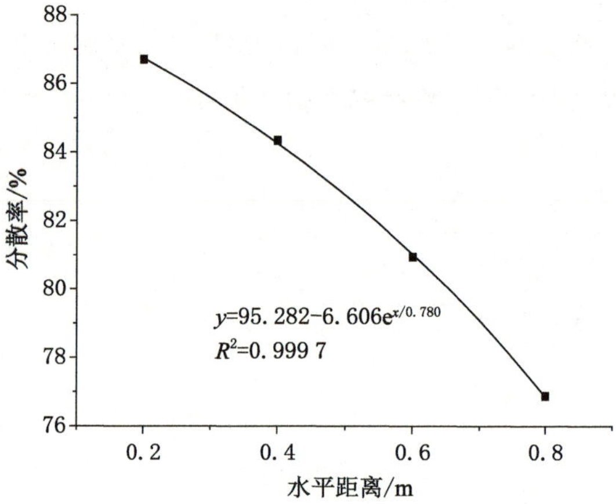

（h）裂缝宽度20～30 cm+10～20 cm土层

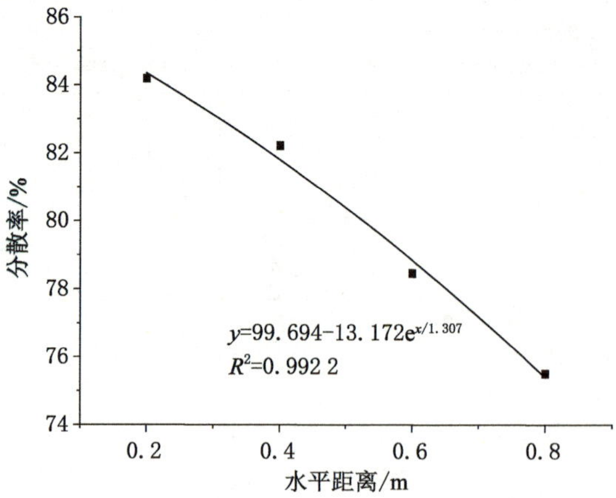

（i）裂缝宽度20～30 cm+20～40 cm土层

图 5-14 （续）

由图 5-14 可知，土层深度 0～10 cm：当分别在宽度 0～10 cm、10～20 cm、20～30 cm 的裂缝水平距离 87.03 cm、94.31 cm、139.11 cm 以外时，土壤分散率回归背景值；土层深度 10～20 cm：当分别在宽度 0～10 cm、10～20 cm、20～30 cm 的裂缝水平距离 83.16 cm、89.92 cm、116.97 cm 以外时，土壤分散率回归背景值；土层深度 20～40 cm：当分别在宽度 0～10 cm、10～20 cm、20～30 cm 的裂缝水平距离 103.34 cm、115.24 cm、121.89 cm 以外时，土壤分散率回归背景值，采动地裂缝产生的负效应基本消失。

（九）对土壤分散系数的影响

根据表 5-4，绘制了不同宽度的采动地裂缝周围不同水平距离及垂直深度下土壤分散系数变化图，见图 5-15。分散系数表示土壤的分散性，与土壤抗蚀性关系紧密[259]，通常情况下，分散系数越小，土壤抗蚀性越强。

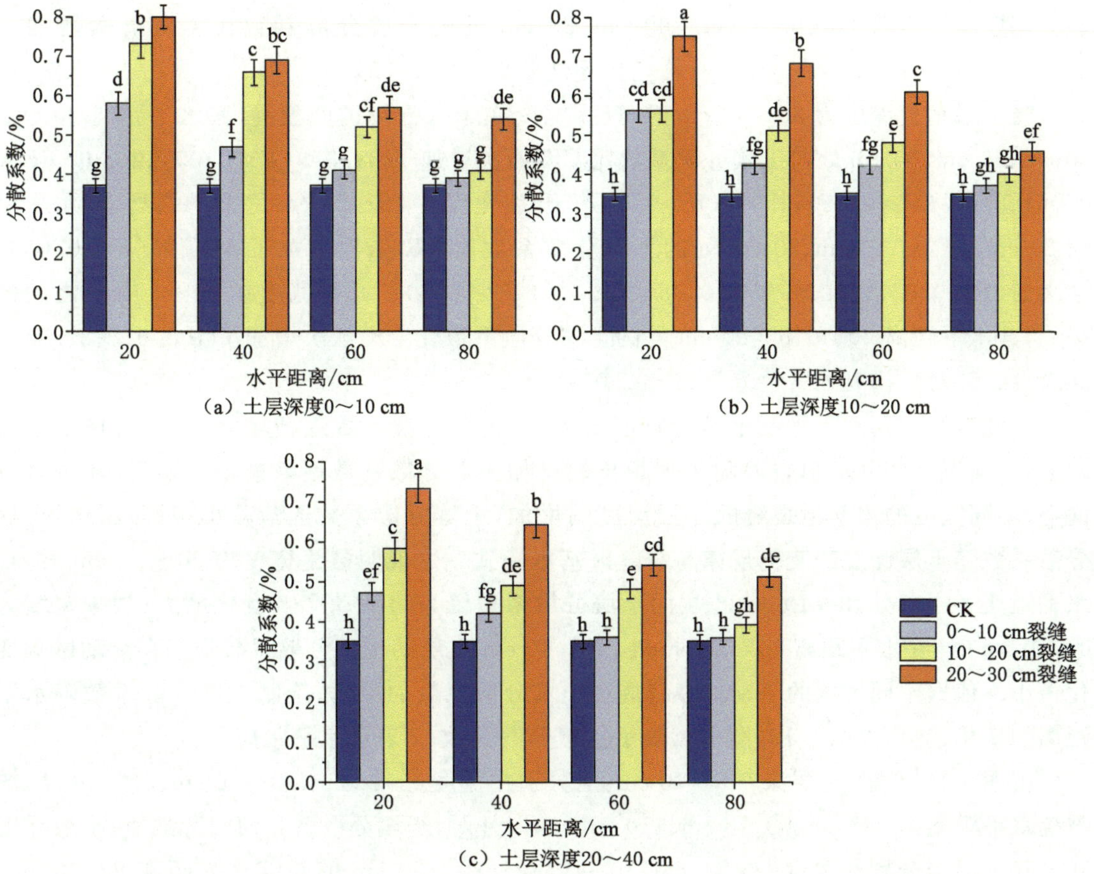

图 5-15 不同宽度采动地裂缝周围土壤分散系数对比图

由图 5-15 可知：对照区(CK)土壤分散系数总体明显低于裂缝区；随裂缝宽度的增加，土壤分散系数整体呈逐渐增大的趋势。具体而言，与对照组相比：

当土层垂直深度为 0～10 cm 时，开裂宽度在 10 cm 以内的裂缝，其水平距离 20 cm、

40 cm、60 cm、80 cm 处的土壤分散系数比 CK 依次增加了 56.8%($P<0.05$)、27.0%($P<0.05$)、10.8%($P>0.05$)、5.4%($P>0.05$)。开裂宽度在 10～20 cm 之间的裂缝，其水平距离 20 cm、40 cm、60 cm、80 cm 处的土壤分散系数比 CK 依次增加了 97.3%($P<0.05$)、78.4%($P<0.05$)、40.5%($P<0.05$)、10.8%($P>0.05$)。开裂宽度在 20～30 cm 之间的裂缝，其水平距离 20 cm、40 cm、60 cm、80 cm 处的土壤分散系数比 CK 依次增加了 118.9%、86.5%、54.1%、45.9%，均有显著性差异($P<0.05$)。

当土层垂直深度为 10～20 cm 时，开裂宽度在 10 cm 以内的裂缝，其水平距离 20 cm、40 cm、60 cm、80 cm 处的土壤分散系数比 CK 依次增加了 60.0 %($P<0.05$)、20.0%($P<0.05$)、20.0%($P<0.05$)、5.7%($P>0.05$)。开裂宽度在 10～20 cm 之间的裂缝，其水平距离 20 cm、40 cm、60 cm、80 cm 处的土壤分散系数比 CK 依次增加了 60.0%($P<0.05$)、45.7%($P<0.05$)、37.1%($P<0.05$)、14.3%($P>0.05$)。开裂宽度在 20～30 cm 之间的裂缝，其水平距离 20 cm、40 cm、60 cm、80 cm 处的土壤分散系数比 CK 依次增加了 114.3%、94.3%、74.3%、31.4%，均呈显著性差异($P<0.05$)。

当土层垂直深度为 20～40 cm 时，开裂宽度在 10 cm 以内的裂缝，其水平距离 20 cm、40 cm、60 cm、80 cm 处的土壤分散系数比 CK 依次增加了 34.3%($P<0.05$)、20.0%($P<0.05$)、2.9%($P>0.05$)、2.9%($P>0.05$)。开裂宽度在 10～20 cm 之间的裂缝，其水平距离 20 cm、40 cm、60 cm、80 cm 处的土壤分散系数比 CK 依次增加了 65.7%($P<0.05$)、40.0%($P<0.05$)、37.1%($P<0.05$)、11.4%($P>0.05$)。开裂宽度在 20～30 cm 之间的裂缝，其水平距离 20、40、60、80 cm 处的土壤分散系数比 CK 依次增加了 108.6%、82.9%、54.3%、45.7%，均有显著性差异($P<0.05$)。

由此可知：第一，当采动地裂缝宽度增大时，土壤分散系数逐渐增大。第二，在水平方向上，不同宽度的采动地裂缝随水平距离的增加土壤分散系数逐渐减小。第三，在垂直方向上，不同宽度的采动地裂缝随土层深度的增加，土壤分散系数逐渐减小；对照区内，土壤分散系数随土层深度的变化规律与裂缝区基本一致。这说明裂缝宽度为 20～30 cm 时，在水平距离 20 cm 处，0～10 cm 土层的土壤分散系数受采煤活动影响变化最大；裂缝宽度为 0～10 cm 时，在水平距离 60～80 cm 处，20～40 cm 土层的土壤分散系数受采煤活动影响变化最小。依据不同宽度的采动地裂缝周边土壤分散系数的数据，绘制土壤分散系数随水平距离的变化趋势，见图 5-16，图中 y 表示土壤分散系数，x 表示水平距离。

由图 5-16 可知，土层深度 0～10 cm：当分别在宽度 0～10 cm、10～20 cm、20～30 cm 的裂缝水平距离 79.37 cm、88.18 cm、110.75 cm 以外时，土壤分散系数回归背景值；土层深度 10～20 cm：当分别在宽度 0～10 cm、10～20 cm、20～30 cm 的裂缝水平距离 82.46 cm、103.92 cm、108.51 cm 以外时，土壤分散系数回归背景值；土层深度 20～40 cm：当分别在宽度 0～10 cm、10～20 cm、20～30 cm 的裂缝水平距离 76.92 cm、96.55 cm、117.11 cm 以外时，土壤分散系数回归背景值，采动地裂缝产生的负效应基本消失。

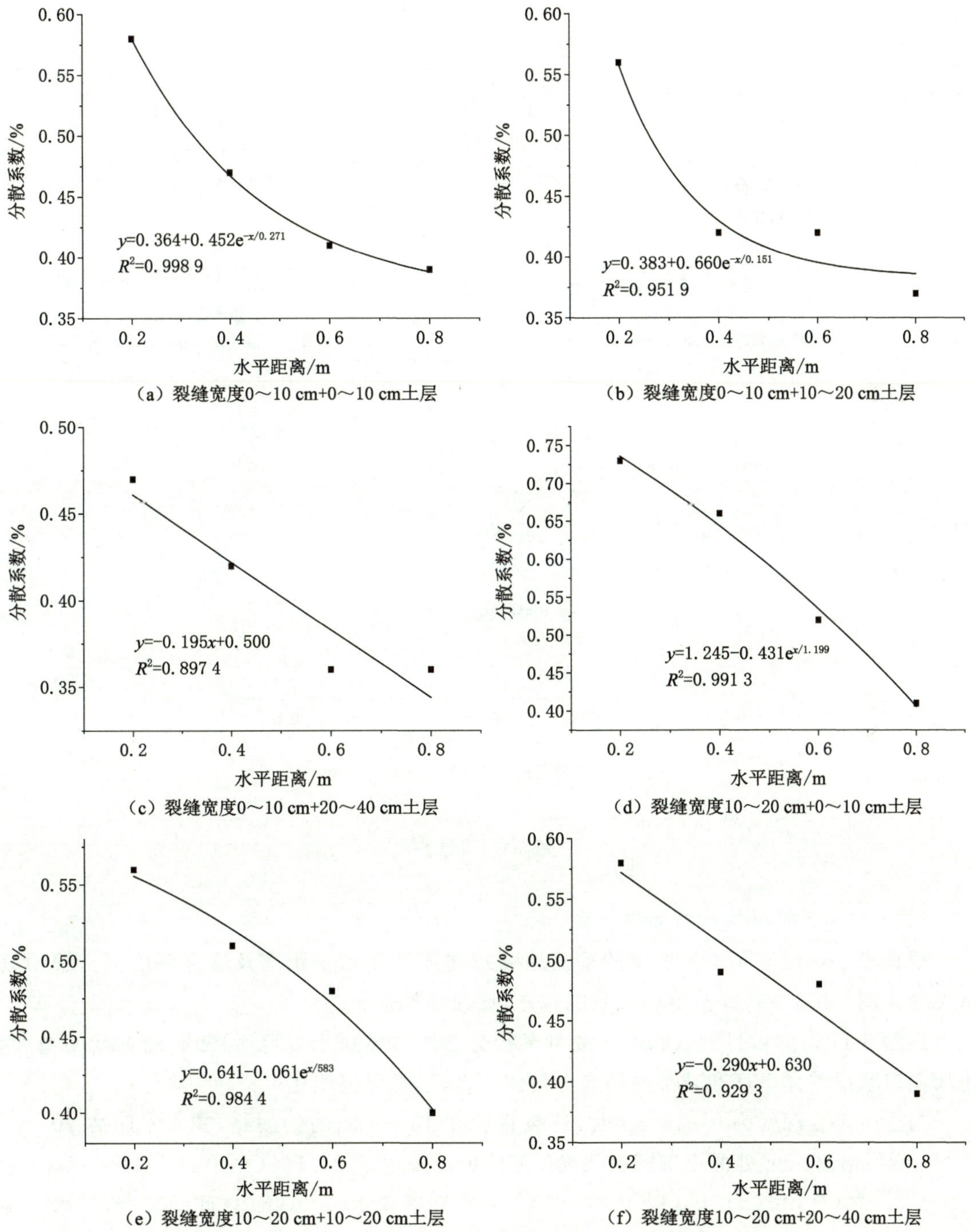

（a）裂缝宽度0～10 cm+0～10 cm土层　（b）裂缝宽度0～10 cm+10～20 cm土层

（c）裂缝宽度0～10 cm+20～40 cm土层　（d）裂缝宽度10～20 cm+0～10 cm土层

（e）裂缝宽度10～20 cm+10～20 cm土层　（f）裂缝宽度10～20 cm+20～40 cm土层

图 5-16　不同宽度采动地裂缝周围土壤分散系数变化图

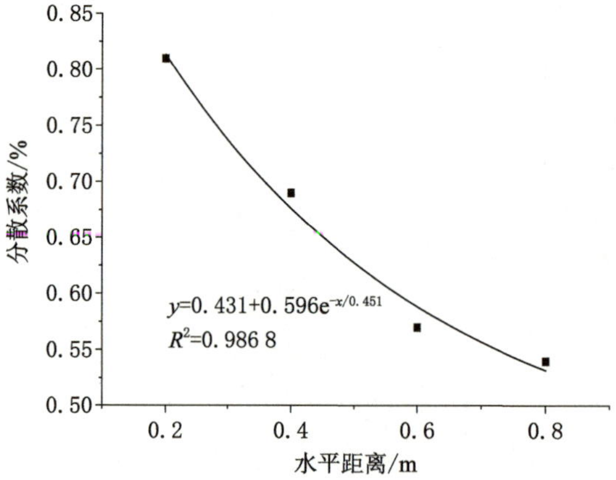

（g）裂缝宽度20～30 cm+0～10 cm土层

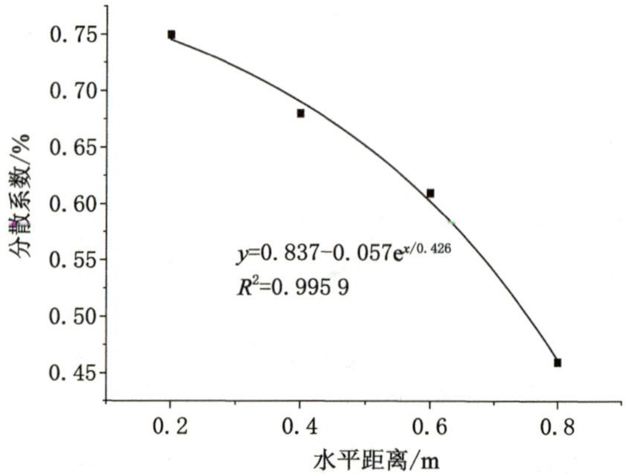

（h）裂缝宽度20～30 cm+10～20 cm土层

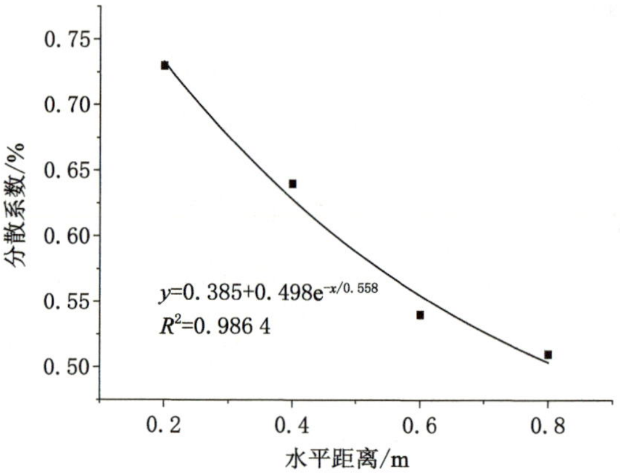

（i）裂缝宽度20～30 cm+20～40 cm土层

图 5-16 （续）

（十）对土壤团聚状况的影响

根据表 5-4，绘制了不同宽度的采动地裂缝周围不同水平距离及垂直深度下土壤团聚状况变化图，见图 5-17。土壤团聚状况越好，抗蚀性越强。

由图 5-17 可知：对照区（CK）土壤团聚状况总体明显高于裂缝区；随裂缝宽度的增加，土壤团聚状况整体呈逐渐减小的趋势。具体而言，与对照组相比：

当土层垂直深度为 0～10 cm 时，开裂宽度在 10 cm 以内的裂缝，其水平距离 20 cm、40 cm、60 cm、80 cm 处的土壤团聚状况比 CK 依次减少了 21.5%（$P<0.05$）、16.3%（$P<0.05$）、3.1%（$P>0.05$）、1.8%（$P>0.05$）。开裂宽度在 10～20 cm 之间的裂缝，其水平距离 20 cm、40 cm、60 cm、80 cm 处的土壤团聚状况比 CK 依次减少了 33.9%（$P<0.05$）、27.0%（$P<0.05$）、12.4%（$P<0.05$）、7.4%（$P>0.05$）。开裂宽度在 20～30 cm 之间的裂缝，其水平距离 20 cm、40 cm、60 cm、80 cm 处的土壤团聚状况比 CK 依次减少了 42.6%、31.8%、23.8%、19.4%，均有显著性差异（$P<0.05$）。

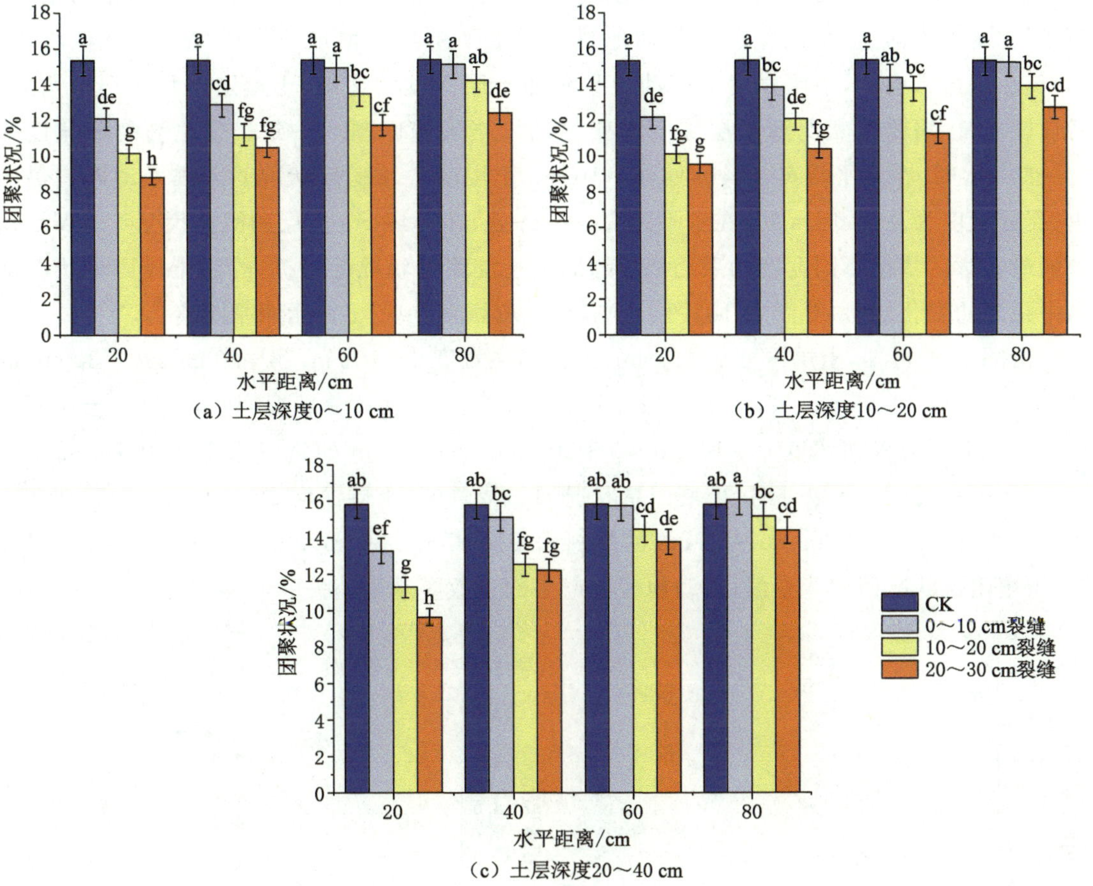

图 5-17　不同宽度采动地裂缝周围土壤团聚状况对比图

当土层垂直深度为 10～20 cm 时，开裂宽度在 10 cm 以内的裂缝，其水平距离 20 cm、40 cm、60 cm、80 cm 处的土壤团聚状况比 CK 依次减少了 20.6%($P<0.05$)、9.8%($P<0.05$)、6.3%($P>0.05$)、0.4%($P>0.05$)。开裂宽度在 10～20 cm 之间的裂缝，其水平距离 20 cm、40 cm、60 cm、80 cm 处的土壤团聚状况比 CK 依次减少了 33.9%、21.3%、10.2%、9.1%，均呈显著性差异($P<0.05$)。开裂宽度在 20～30 cm 之间的裂缝，其水平距离 20 cm、40 cm、60 cm、80 cm 处的土壤团聚状况比 CK 依次减少了 37.9%、32.3%、26.7%、17.2%，均呈显著性差异($P<0.05$)。

当土层垂直深度为 20～40 cm 时，开裂宽度在 10 cm 以内的裂缝，其水平距离 20 cm、40 cm、60 cm、80 cm 处的土壤团聚状况比 CK 依次减少了 16.3%($P<0.05$)、4.4%($P>0.05$)、0.5%($P>0.05$)，增加了 1.5%($P>0.05$)。开裂宽度在 10～20 cm 之间的裂缝，其水平距离 20 cm、40 cm、60 cm、80 cm 处的土壤团聚状况比 CK 依次减少了 28.7%($P<0.05$)、21.0%($P<0.05$)、8.5%($P<0.05$)、4.1%($P>0.05$)。开裂宽度在 20～30 cm 之间的裂缝，其水平距离 20 cm、40 cm、60 cm、80 cm 处的土壤团聚状况比 CK 依次减少了 39.1%、22.9%、13.1%、8.9%，均有显著性差异($P<0.05$)。

由此可知：第一，当采动地裂缝宽度增大时，土壤团聚状况逐渐减小，降幅逐渐增大。第二，在水平方向上，不同宽度的采动地裂缝随水平距离的增加土壤团聚状况逐渐增大。第三，在垂直方向上，不同宽度的采动地裂缝随土层深度的增加，土壤团聚状况逐渐增大；对照区内，土壤团聚状况随土层深度的变化规律与裂缝区基本一致。这说明裂缝宽度为20～30 cm时，在水平距离20 cm处，0～10 cm土层的土壤团聚状况受采煤活动影响最严重；裂缝宽度为0～10 cm时，在水平距离80 cm处，20～40 cm土层的团聚状况受采煤活动影响最轻微。依据不同宽度的采动地裂缝周边土壤团聚状况的数据，绘制土壤团聚状况随水平距离的变化趋势，见图5-18，图中y表示土壤团聚状况，x表示水平距离。

由图5-18可知，土层深度0～10 cm：当分别在宽度0～10 cm、10～20 cm、20～30 cm的裂缝水平距离79.55 cm、92.87 cm、125.61 cm以外时，土壤团聚状况回归背景值；土层深度10～20 cm：当分别在宽度0～10 cm、10～20 cm、20～30 cm的裂缝水平距离78.92 cm、93.63 cm、134.07 cm以外时，土壤团聚状况回归背景值；土层深度20～40 cm：当分别在宽度0～10 cm、10～20 cm、20～30 cm的裂缝水平距离67.29 cm、86.19 cm、91.76 cm以外时，土壤团聚状况回归背景值，采动地裂缝产生的负效应基本消失。

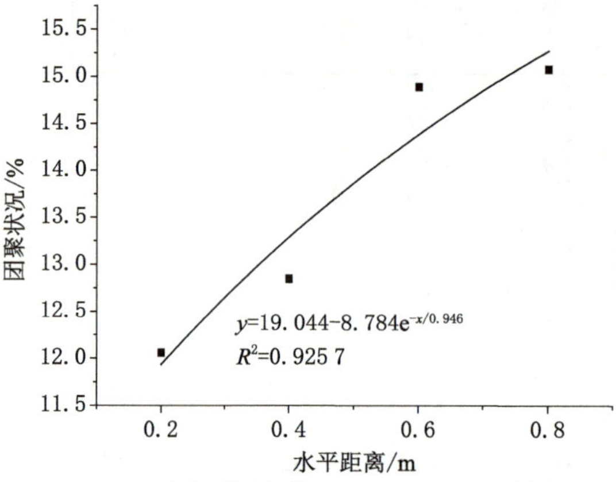

(a) 裂缝宽度0～10 cm+0～10 cm土层

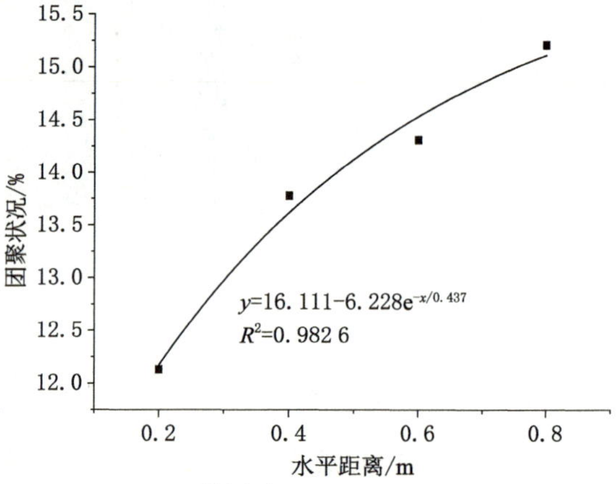

(b) 裂缝宽度0～10 cm+10～20 cm土层

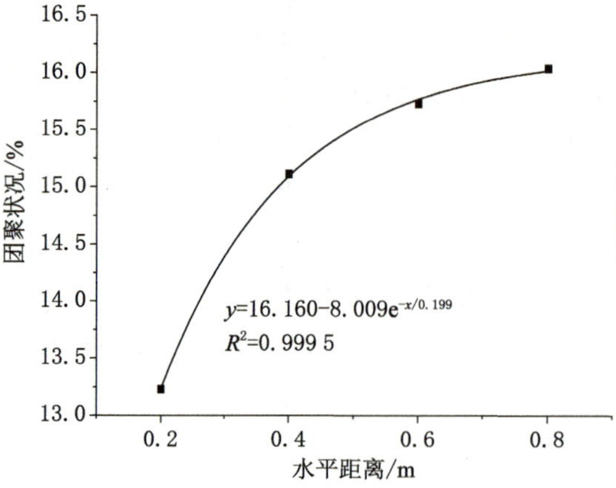

(c) 裂缝宽度0～10 cm+20～40 cm土层

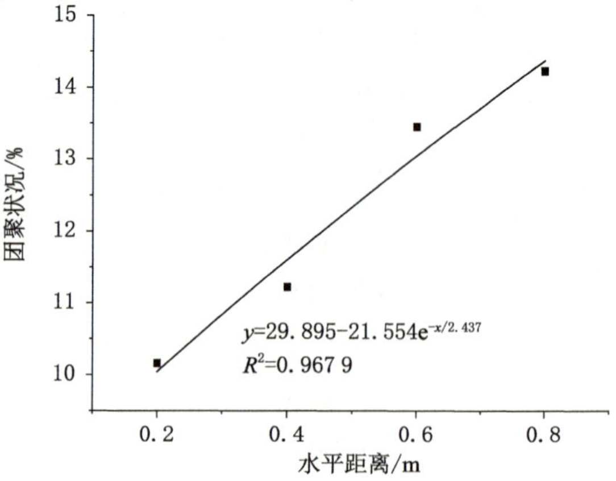

(d) 裂缝宽度10～20 cm+0～10 cm土层

图5-18　不同宽度采动地裂缝周围土壤团聚状况变化图

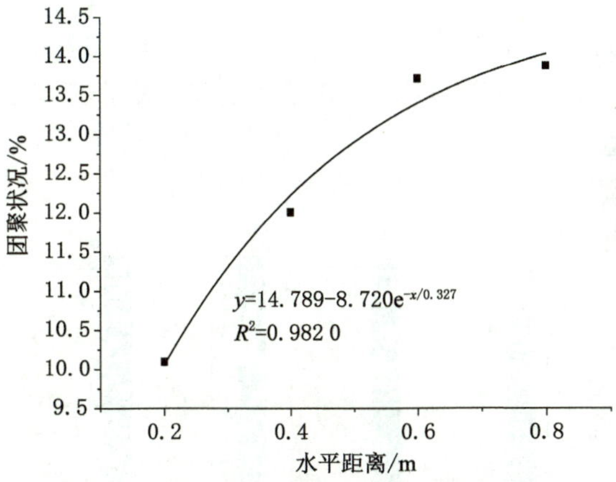

（e）裂缝宽度10～20 cm+10～20 cm土层

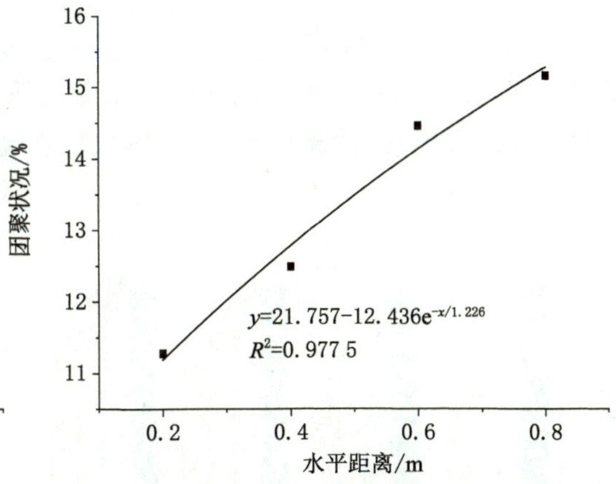

（f）裂缝宽度10～20 cm+20～40 cm土层

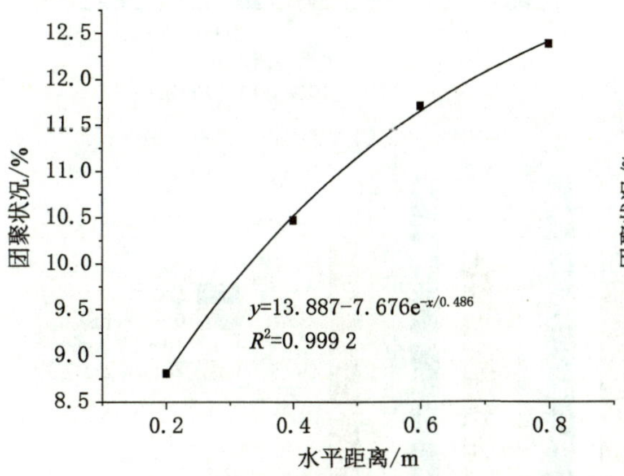

（g）裂缝宽度20～30 cm+0～10 cm土层

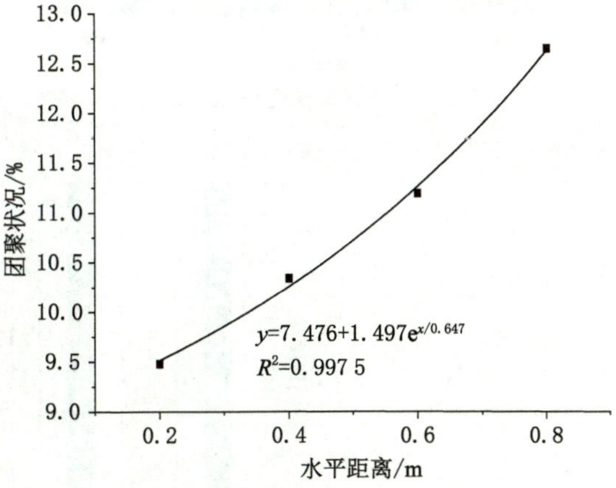

（h）裂缝宽度20～30 cm+10～20 cm土层

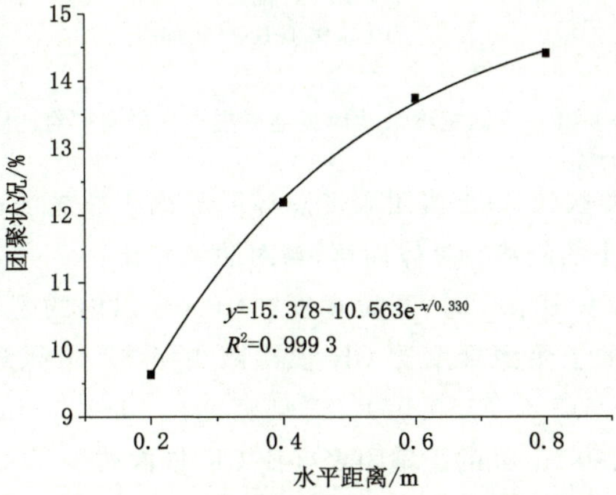

（i）裂缝宽度20～30 cm+20～40 cm土层

图 5-18 （续）

（十一）对土壤团聚度的影响

根据表 5-4，绘制了不同宽度的采动地裂缝周围不同水平距离及垂直深度下土壤团聚度变化图，见图 5-19。土壤团聚度与土壤团聚体含量和土壤黏粒含量均有关，表示的是土壤颗粒的团聚程度，团聚度越大，土壤抗蚀性越强。

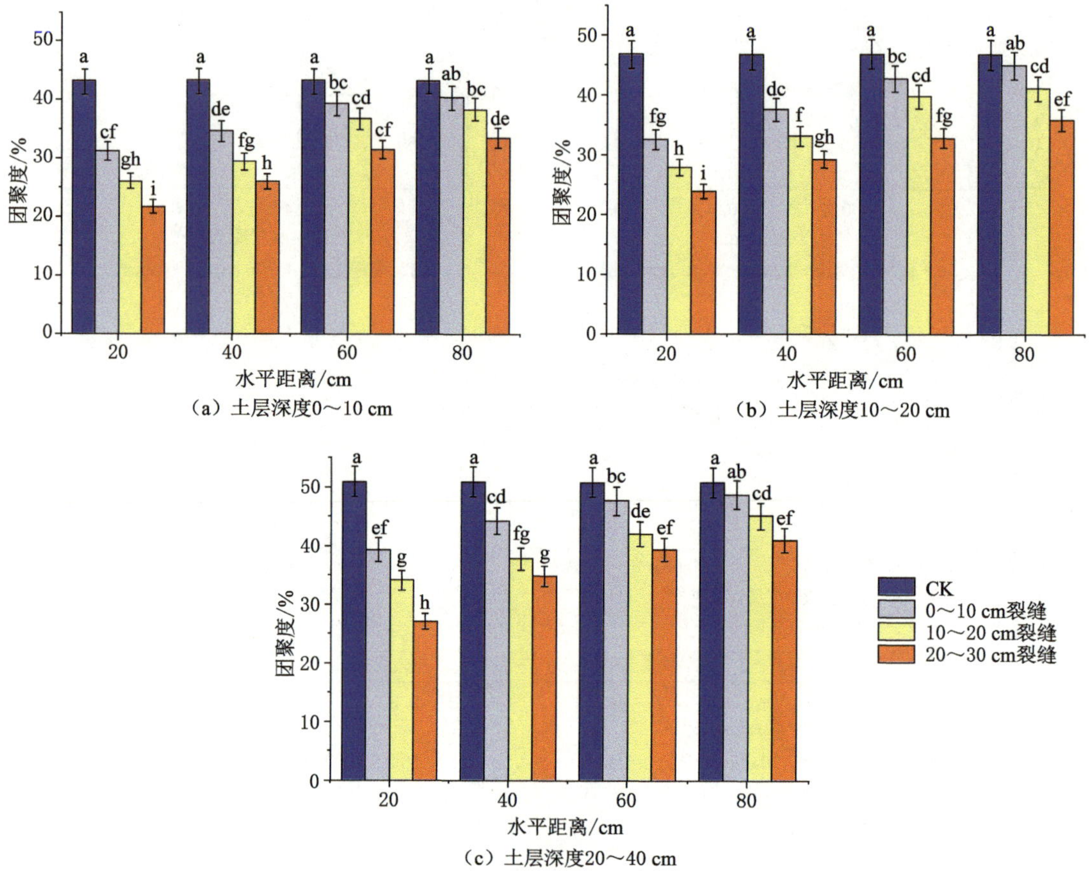

图 5-19　不同宽度采动地裂缝周围土壤团聚度对比图

由图 5-19 可知：对照区（CK）土壤团聚度总体明显高于裂缝区；随裂缝宽度的增加，土壤团聚度整体呈逐渐减小的趋势。具体而言，与对照组相比：

当土层垂直深度为 0～10 cm 时，开裂宽度在 10 cm 以内的裂缝，其水平距离 20 cm、40 cm、60 cm、80 cm 处的土壤团聚度比 CK 依次减少了 27.8%（$P<0.05$）、19.9%（$P<0.05$）、8.8%（$P<0.05$）、6.5%（$P>0.05$）。开裂宽度在 10～20 cm 之间的裂缝，其水平距离 20 cm、40 cm、60 cm、80 cm 处的土壤团聚度比 CK 依次减少了 39.6%、31.8%、14.7%、11.2%，均有显著性差异（$P<0.05$）。开裂宽度在 20～30 cm 之间的裂缝，其水平距离 20 cm、40 cm、60 cm、80 cm 处的土壤团聚度比 CK 依次减少了 49.6%、39.9%、27.2%、22.5%，均有显著性差异（$P<0.05$）。

当土层垂直深度为 10～20 cm 时，开裂宽度在 10 cm 以内的裂缝，其水平距离 20 cm、

40 cm、60 cm、80 cm 处的土壤团聚度比 CK 依次减少了 30.4%($P<0.05$)、19.6%($P<0.05$)、8.7%($P<0.05$)、4.0%($P>0.05$)。开裂宽度在 10～20 cm 之间的裂缝，其水平距离 20 cm、40 cm、60 cm、80 cm 处的土壤团聚度比 CK 依次减少了 40.5%、29.2%、15.1%、12.1%，均呈显著性差异($P<0.05$)。开裂宽度在 20～30 cm 之间的裂缝，其水平距离 20 cm、40 cm、60 cm、80 cm 处的土壤团聚度比 CK 依次减少了 48.9%、37.7%、29.9%、23.4%，均呈显著性差异($P<0.05$)。

当土层垂直深度为 20～40 cm 时，开裂宽度在 10 cm 以内的裂缝，其水平距离 20 cm、40 cm、60 cm、80 cm 处的土壤团聚度比 CK 依次减少了 22.7%($P<0.05$)、13.2%($P<0.05$)、6.0%($P<0.05$)、4.1%($P>0.05$)。开裂宽度在 10～20 cm 之间的裂缝，其水平距离 20 cm、40 cm、60 cm、80 cm 处的土壤团聚度比 CK 依次减少了 32.9%、25.7%、17.2%、11.0%，均有显著性差异($P<0.05$)。开裂宽度在 20～30 cm 之间的裂缝，其水平距离 20 cm、40 cm、60 cm、80 cm 处的土壤团聚度比 CK 依次减少了 46.6%、31.5%、22.5%、19.1%，均有显著性差异($P<0.05$)。

由此可知：第一，当采动地裂缝宽度增大时，土壤团聚度逐渐减小，降幅逐渐增大。第二，在水平方向上，不同宽度的采动地裂缝随水平距离的增加团聚度逐渐增大。第三，在垂直方向上，不同宽度的采动地裂缝随土层深度的增加，土壤团聚度逐渐增大；对照区内，土壤团聚度随土层深度的变化规律与裂缝区基本一致。这说明裂缝宽度为 20～30 cm 时，在水平距离 20 cm 处，0～10 cm 土层的土壤团聚度受采煤活动影响最严重；裂缝宽度为 0～10 cm时，在水平距离 80 cm 处，10～20 cm 土层的团聚度受采煤活动影响最轻微。依据不同宽度的采动地裂缝周边土壤团聚度的数据，绘制土壤团聚度随水平距离的变化趋势，见图 5-20，图中 y 表示土壤团聚度，x 表示水平距离。

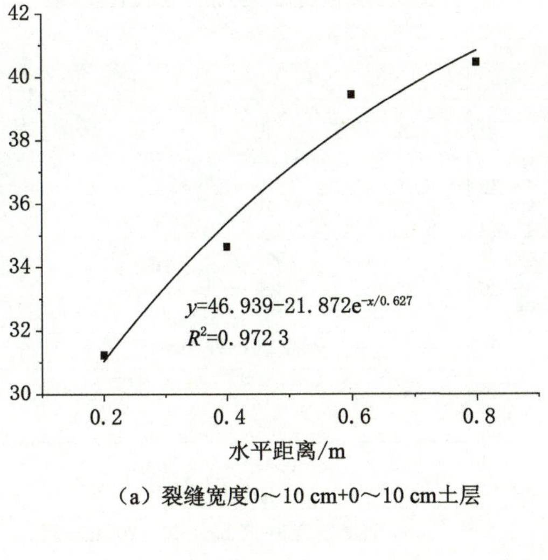

(a) 裂缝宽度0～10 cm+0～10 cm土层

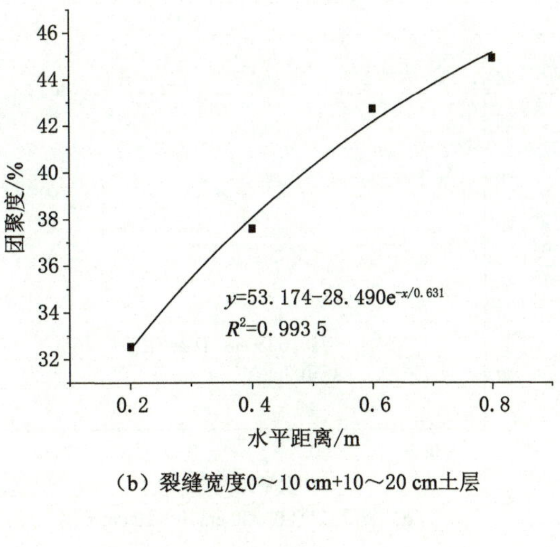

(b) 裂缝宽度0～10 cm+10～20 cm土层

图 5-20　不同宽度采动地裂缝周围土壤团聚度变化图

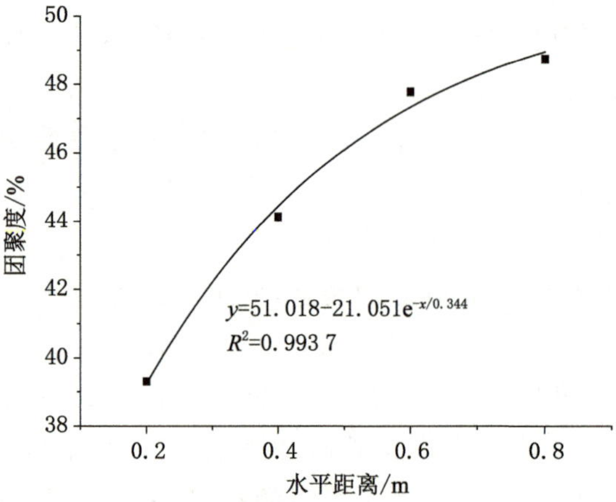

（c）裂缝宽度0～10 cm+20～40 cm土层

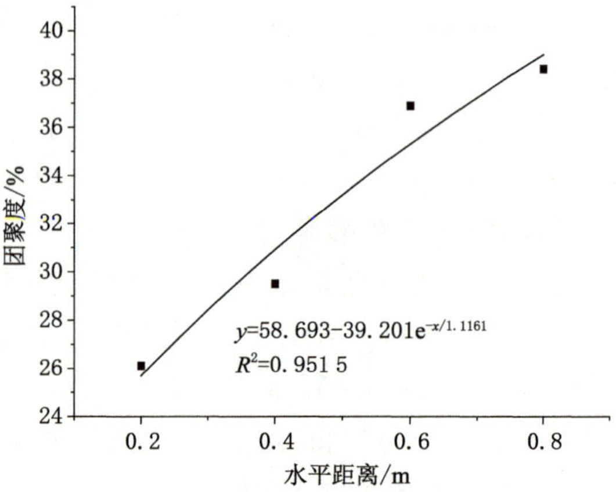

（d）裂缝宽度10～20 cm+0～10 cm土层

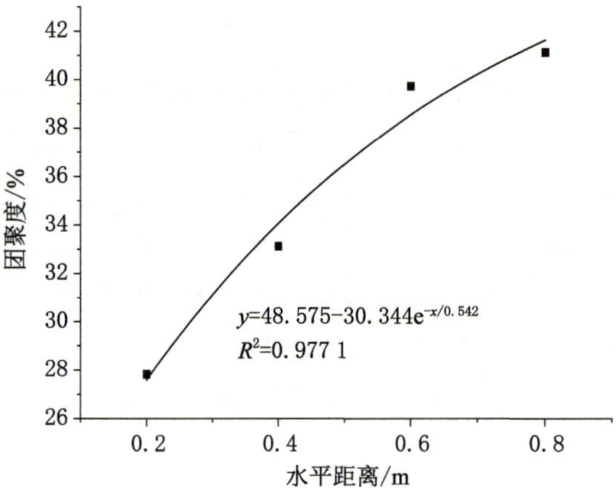

（e）裂缝宽度10～20 cm+10～20 cm土层

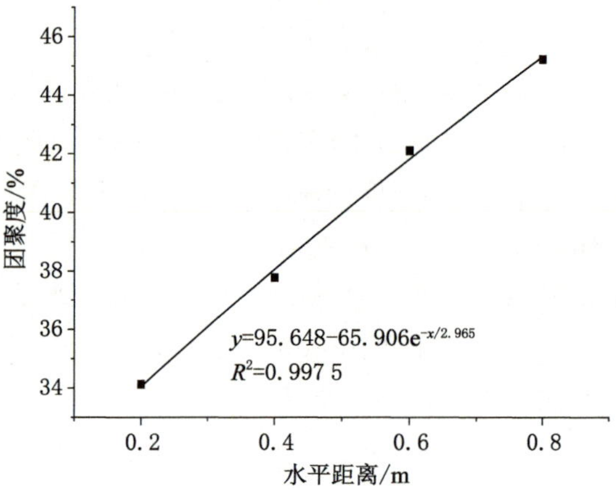

（f）裂缝宽度10～20 cm+20～40 cm土层

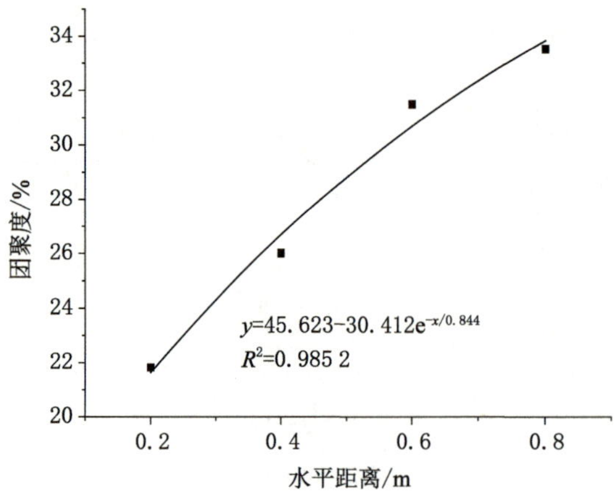

（g）裂缝宽度20～30 cm+0～10 cm土层

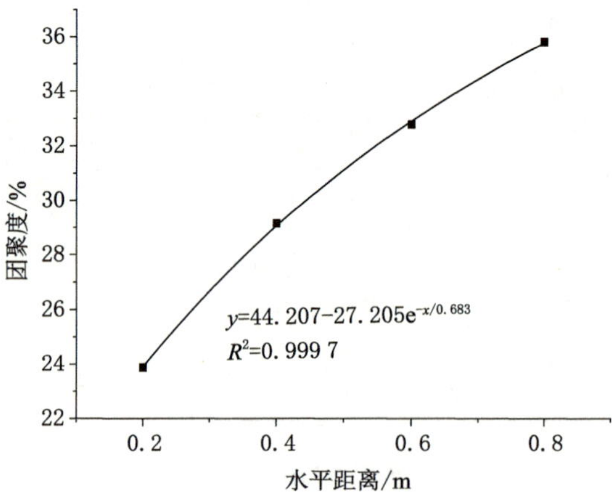

（h）裂缝宽度20～30 cm+10～20 cm土层

图 5-20 （续）

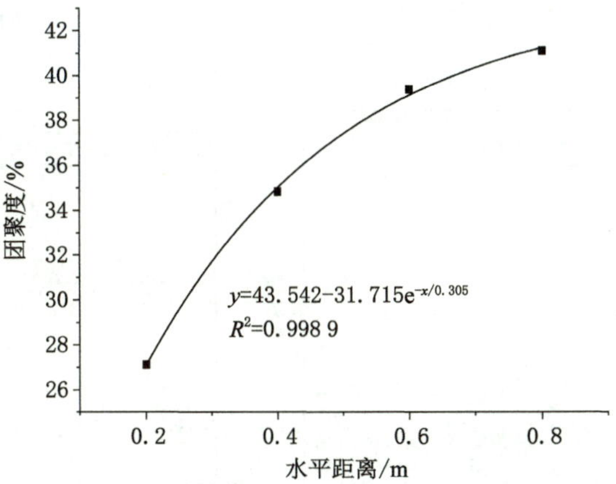

(i) 裂缝宽度20～30 cm+20～40 cm土层

图 5-20 (续)

由图 5-20 可知，土层深度 0～10 cm：当分别在宽度 0～10 cm、10～20 cm、20～30 cm 的裂缝水平距离 91.98 cm、97.55 cm、124.15 cm 以外时，土壤团聚度回归背景值；土层深度 10～20 cm：当分别在宽度 0～10 cm、10～20 cm、20～30 cm 的裂缝水平距离 84.68 cm、98.66 cm、132.98 cm 以外时，土壤团聚度回归背景值；土层深度 20～40 cm：当分别在宽度 0～10 cm、10～20 cm、20～30 cm 的裂缝水平距离 86.57 cm、108.62 cm、115.45 cm 以外时，土壤团聚度回归背景值，采动地裂缝产生的负效应基本消失。

（十二）对土壤有机质的影响

根据表 5-4，绘制了不同宽度的采动地裂缝周围不同水平距离及垂直深度下土壤有机质含量变化图，见图 5-21。

由图 5-21 可知：对照区(CK)土壤有机质含量总体高于裂缝区；随裂缝宽度的增加，土壤有机质含量整体呈逐渐减小的趋势。具体而言，与对照组相比：

当土层垂直深度为 0～10 cm 时，开裂宽度在 10 cm 以内的裂缝，其水平距离 20 cm、40 cm、60 cm、80 cm 处的土壤有机质含量比 CK 依次减少了 26.4%($P<0.05$)、23.6%($P<0.05$)、16.1%($P<0.05$)、6.3%($P>0.05$)。开裂宽度在 10～20 cm 之间的裂缝，其水平距离 20 cm、40 cm、60 cm、80 cm 处的土壤有机质含量比 CK 依次减少了 43.0%、39.6%、28.3%、23.2%，均有显著性差异($P<0.05$)。开裂宽度在 20～30 cm 之间的裂缝，其水平距离 20 cm、40 cm、60 cm、80 cm 处的土壤有机质含量比 CK 依次减少了 51.7%、46.7%、40.3%、29.6%，均有显著性差异($P<0.05$)。

当土层垂直深度为 10～20 cm 时，开裂宽度在 10 cm 以内的裂缝，其水平距离 20 cm、40 cm、60 cm、80 cm 处的土壤有机质含量比 CK 依次减少了 23.1%、20.5%、18.6%、13.4%，均呈显著性差异($P<0.05$)。开裂宽度在 10～20 cm 之间的裂缝，其水平距离 20 cm、40 cm、60 cm、80 cm 处的土壤有机质含量比 CK 依次减少了 33.9%、31.1%、28.6%、24.4%，均呈显著性差异($P<0.05$)。开裂宽度在 20～30 cm 之间的裂缝，其水平

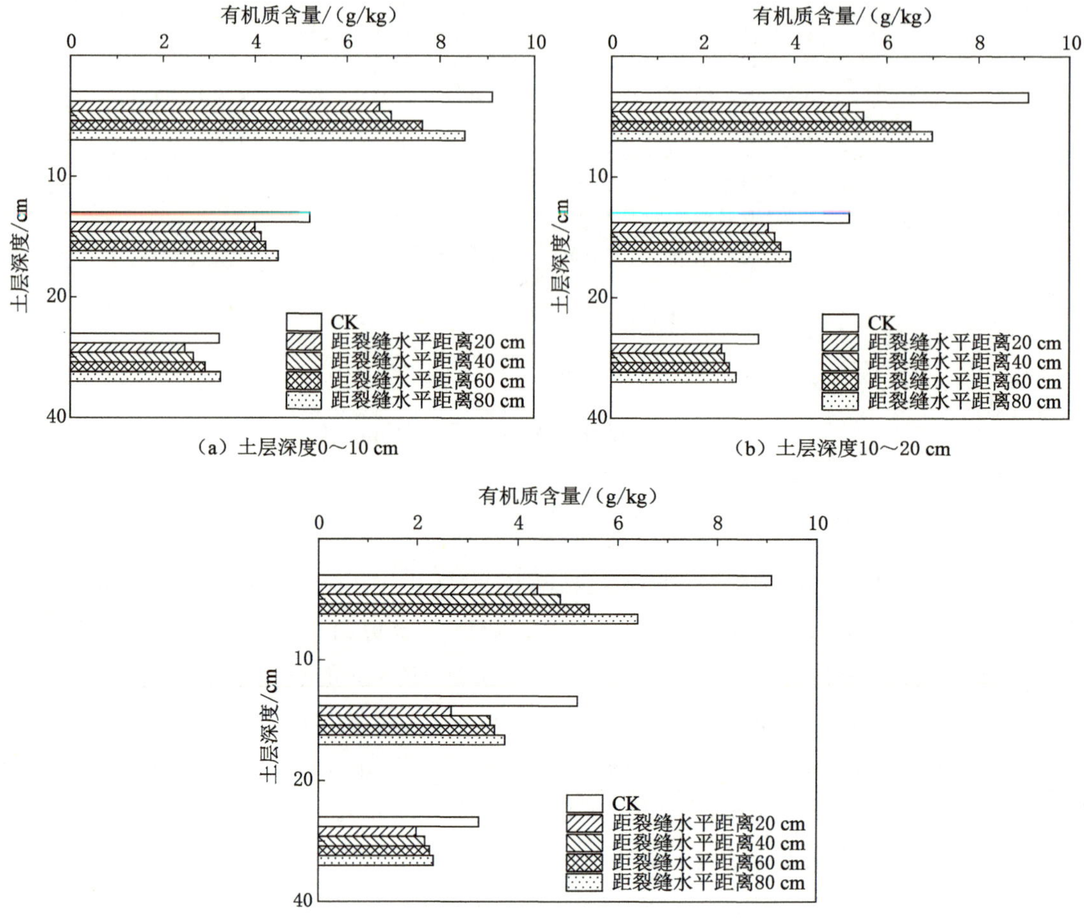

(a) 土层深度0～10 cm　　(b) 土层深度10～20 cm

(c) 土层深度20～40 cm

图 5-21　不同宽度采动地裂缝周围土壤有机质含量对比图

距离 20 cm、40 cm、60 cm、80 cm 处的土壤有机质含量比 CK 依次减少了 48.4%、33.7%、32.0%、28.0%，呈显著性差异($P<0.05$)。

当土层垂直深度为 20～40 cm 时，开裂宽度在 10 cm 以内的裂缝，其水平距离 20 cm、40 cm、60 cm 处的土壤有机质含量比 CK 依次减少了 23.2%、17.4%、9.6%，均有显著性差异($P<0.05$)；水平距离 80 cm 处的土壤有机质含量与 CK 相当。开裂宽度在 10～20 cm 之间的裂缝，其水平距离 20 cm、40 cm、60 cm、80 cm 处的土壤有机质含量比 CK 依次减少了 25.2%、23.2%、19.7%、15.1%，均有显著性差异($P<0.05$)。开裂宽度在 20～30 cm 之间的裂缝，其水平距离 20 cm、40 cm、60 cm、80 cm 处的土壤有机质含量比 CK 依次减少了 38.4%、33.0%、29.9%、27.6%，均有显著性差异($P<0.05$)。

由此可知：第一，当采动地裂缝宽度逐渐增大时，土壤有机质含量呈现逐渐减小的趋势，有机质含量降幅逐渐增大。第二，在水平方向上，不同宽度的采动地裂缝随水平距离的增加土壤有机质含量逐渐增大。第三，在垂直方向上，不同宽度的采动地裂缝周边 0～

10 cm土层深度的土壤有机质含量大于 10～20 cm、20～40 cm 土层深度的有机质含量，但随土层深度的增加，土壤有机质含量的降幅整体变化不大，变化幅度在 9%以内。对照区内，土壤有机质含量随土层深度的变化规律与裂缝区基本一致，即 0～10 cm 土层深度的土壤有机质含量大于 10～20 cm、20～40 cm 土层深度的有机质含量。这说明裂缝宽度为20～30 cm 时，在水平距离 20 cm 处，0～10 cm 土层的土壤有机质含量受采煤活动影响最严重；裂缝宽度为 0～10 cm 时，在水平距离 80 cm 处，0～10 cm 土层的土壤有机质含量受采煤活动影响最轻微。依据不同宽度的采动地裂缝周边土壤有机质含量数据，绘制土壤有机质含量随水平距离的变化趋势，见图 5-22，图中 y 表示土壤有机质含量，x 表示水平距离。

由图 5-22 可知，土层深度 0～10 cm：当分别在宽度 0～10 cm、10～20 cm、20～30 cm 的裂缝水平距离 103.40 cm、144.74 cm、165.76 cm 以外时，土壤有机质含量回归背景值；土层深度 10～20 cm：当分别在宽度 0～10 cm、10～20 cm、20～30 cm 的裂缝水平距离 172.01 cm、239.93 cm、163.23 cm 以外时，土壤有机质含量回归背景值；土层深度 20～40 cm：当分别在宽度 0～10 cm、10～20 cm、20～30 cm 的裂缝水平距离 80.87 cm、173.92 cm、232.17 cm 以外时，土壤有机质含量回归背景值，采动地裂缝产生的负效应基本消失。

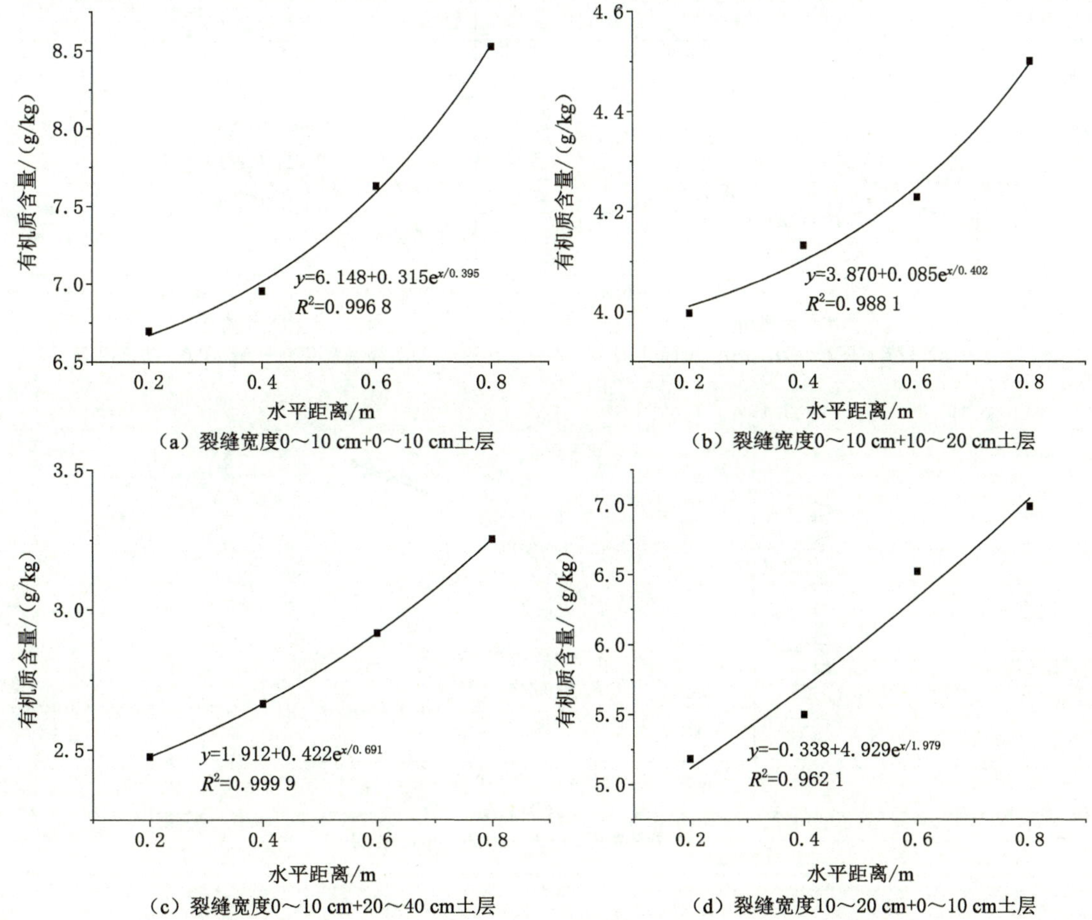

(a) 裂缝宽度0～10 cm+0～10 cm土层

(b) 裂缝宽度0～10 cm+10～20 cm土层

(c) 裂缝宽度0～10 cm+20～40 cm土层

(d) 裂缝宽度10～20 cm+0～10 cm土层

图 5-22　不同宽度采动地裂缝周围土壤有机质含量变化图

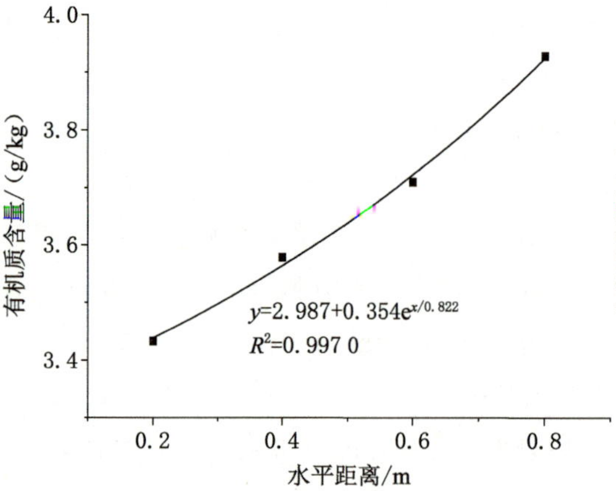

（e）裂缝宽度10～20 cm+10～20 cm土层

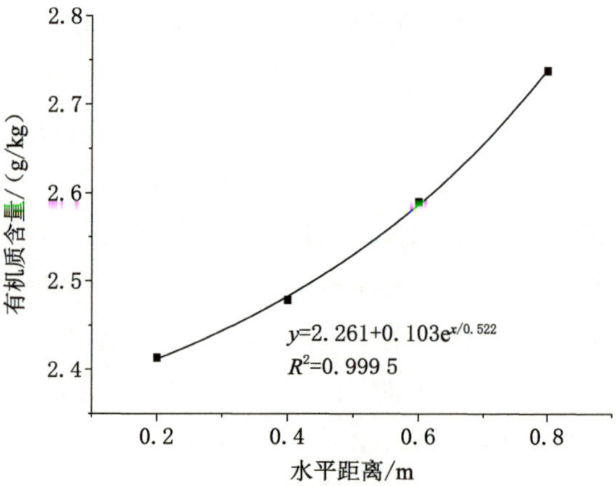

（f）裂缝宽度10～20 cm+20～40 cm土层

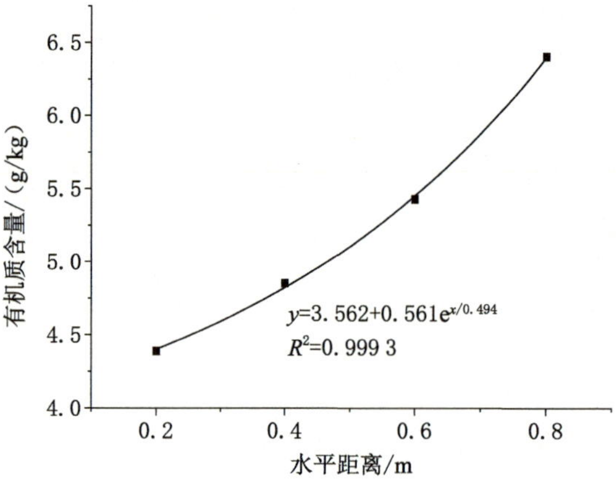

（g）裂缝宽度20～30 cm+0～10 cm土层

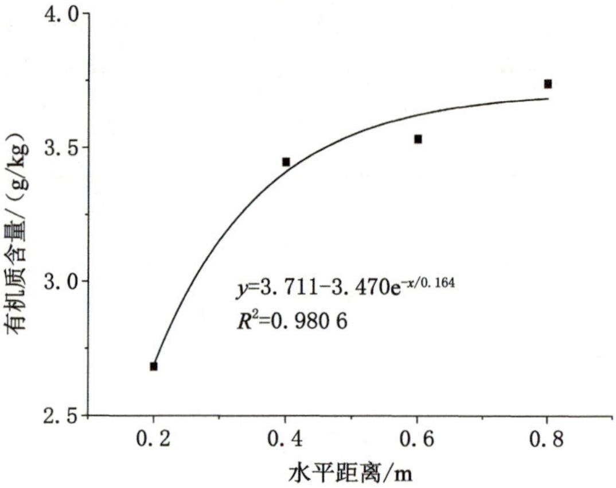

（h）裂缝宽度20～30 cm+10～20 cm土层

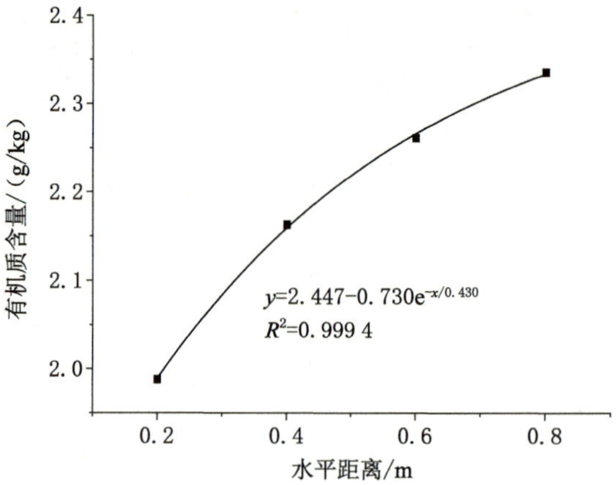

（i）裂缝宽度20～30 cm+20～40 cm土层

图 5-22 （续）

（十三）对土壤含水率的影响

根据表 5-4，绘制了不同宽度的采动地裂缝周围不同水平距离及垂直深度下土壤含水率变化图，见图 5-23。

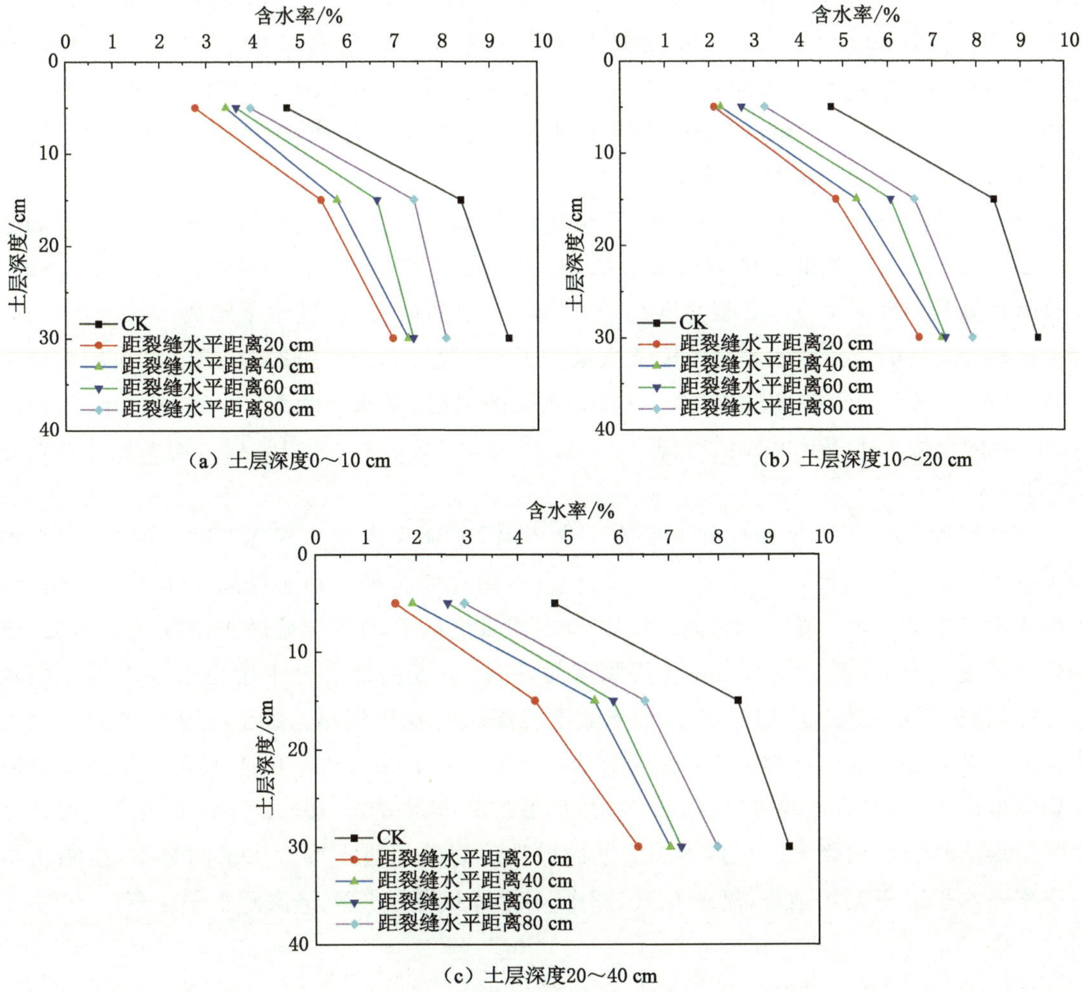

图 5-23 不同宽度采动地裂缝周围土壤含水率对比图

由图 5-23 可知：对照区（CK）土壤含水率明显高于裂缝区；随裂缝宽度的增加，土壤含水率整体呈逐渐减小的趋势。具体而言，与对照组相比：

当土层垂直深度为 0～10 cm 时，开裂宽度在 10 cm 以内的裂缝，其水平距离 20 cm、40 cm、60 cm、80 cm 处的土壤含水率比 CK 依次减少了 41.5%（$P<0.05$）、27.6%（$P<0.05$）、22.9%（$P<0.05$）、16.4%（$P>0.05$）。开裂宽度在 10～20 cm 之间的裂缝，其水平距离 20 cm、40 cm、60 cm、80 cm 处的土壤含水率比 CK 依次减少了 55.3%、52.2%、42.2%、31.5%，均呈显著性差异（$P<0.05$）。开裂宽度在 20～30 cm 之间的裂缝，其水平距离 20 cm、40 cm、60 cm、80 cm 处的土壤含水率比 CK 依次减少了 66.4%、59.3%、

44.6%、37.7%，均呈显著性差异($P<0.05$)。

当土层垂直深度为 10～20 cm 时，开裂宽度在 10 cm 以内的裂缝，其水平距离 20 cm、40 cm、60 cm、80 cm 处的土壤含水率比 CK 依次减少了 35.0%($P<0.05$)、31.0%($P<0.05$)、20.9%($P<0.05$)、11.7%($P>0.05$)。开裂宽度在 10～20 cm 之间的裂缝，其水平距离 20 cm、40 cm、60 cm、80 cm 处的土壤含水率比 CK 依次减少了 42.3%、36.8%、27.7%、21.3%，均呈显著性差异($P<0.05$)。开裂宽度在 20～30 cm 之间的裂缝，其水平距离 20 cm、40 cm、60 cm、80 cm 处的土壤含水率比 CK 依次减少了 48.3%、34.1%、29.7%、22.2%，均呈显著性差异($P<0.05$)。

当土层垂直深度为 20～40 cm 时，开裂宽度在 10 cm 以内的裂缝，其水平距离 20 cm、40 cm、60 cm、80 cm 处的土壤含水率比 CK 依次减少了 25.8%、22.4%、21.3%、14.0%，均无显著性差异($P>0.05$)。开裂宽度在 10～20 cm 之间的裂缝，其水平距离 20 cm、40 cm、60 cm、80 cm 处的土壤含水率比 CK 依次减少了 28.7%、23.3%、22.3%、15.8%，均无显著性差异($P>0.05$)。开裂宽度在 20～30 cm 之间的裂缝，其水平距离 20 cm、40 cm、60 cm、80 cm 处的土壤含水率比 CK 依次减少了 32.0%、25.1%、22.8%、15.1%，均无显著性差异($P>0.05$)。

由此可知：第一，当采动地裂缝的宽度增大时，土壤含水率呈现逐渐减小的趋势，土壤含水率损失量逐渐增大。第二，在水平方向上，不同宽度的采动地裂缝随水平距离的增加，土壤含水率逐渐增大。第三，在垂直方向上，不同宽度的采动地裂缝随土层深度的增加，土壤含水率逐渐增大；在 20～40 cm 土层深度时，三种宽度的地裂缝土壤含水率之间差距较小，基本趋于平稳；对照区内，土壤含水率随土层深度的变化规律与裂缝区基本一致。这说明裂缝宽度为 20～30 cm 时，在水平距离 20 cm 处，0～10 cm 土层的土壤含水率受采煤活动影响最严重；裂缝宽度为 0～10 cm 时，在水平距离 80 cm 处，10～20 cm 土层的土壤含水率受采煤活动影响最轻微。依据不同宽度的采动地裂缝周边土壤含水率的数据，绘制土壤含水率随水平距离变化趋势，见图 5-24，图中 y 表示土壤含水率，x 表示水平距离。

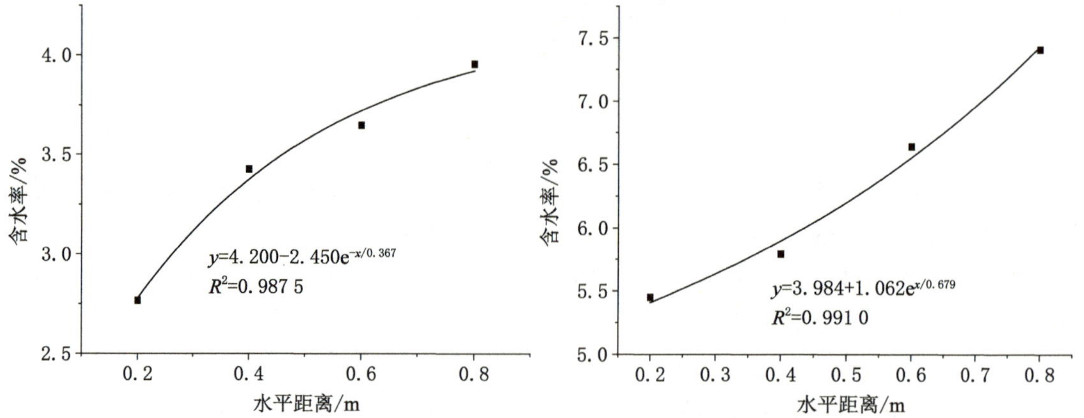

(a) 裂缝宽度0～10 cm+0～10 cm土层　(b) 裂缝宽度0～10 cm+10～20 cm土层

图 5-24　不同宽度采动地裂缝周围土壤含水率变化图

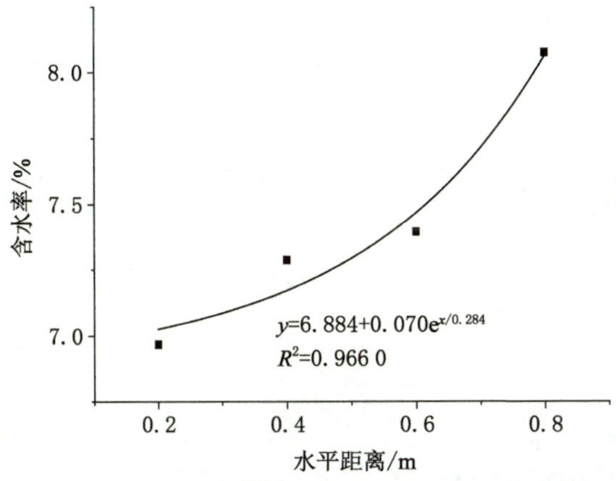

（c）裂缝宽度0～10 cm+20～40 cm土层

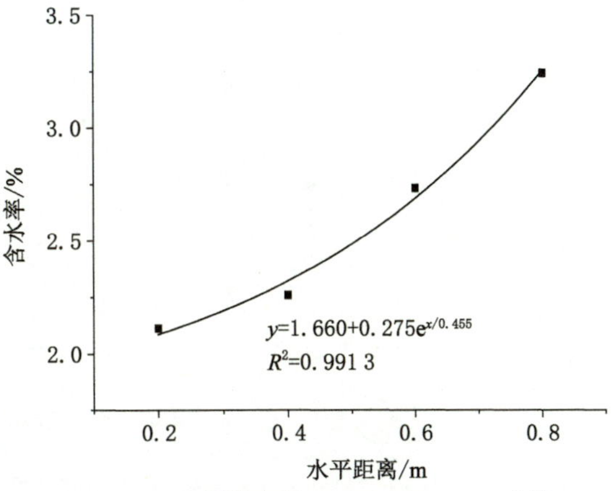

（d）裂缝宽度10～20 cm+0～10 cm土层

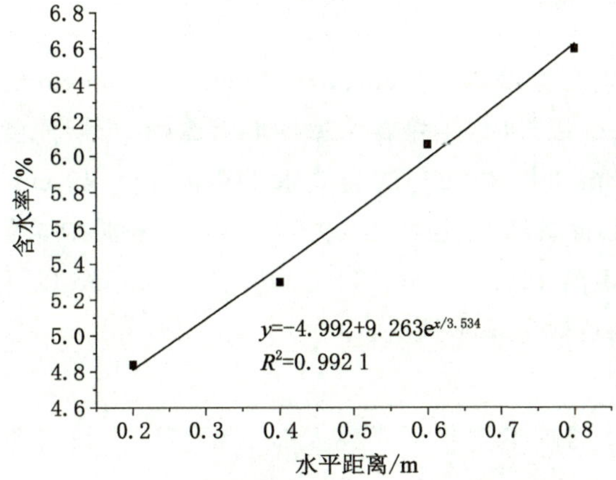

（e）裂缝宽度10～20 cm+10～20 cm土层

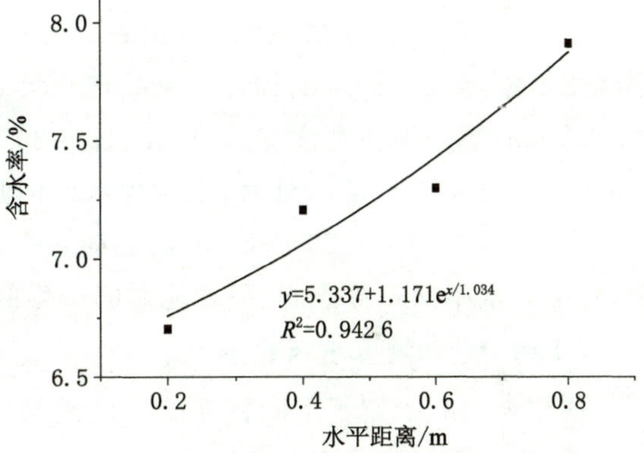

（f）裂缝宽度10～20 cm+20～40 cm土层

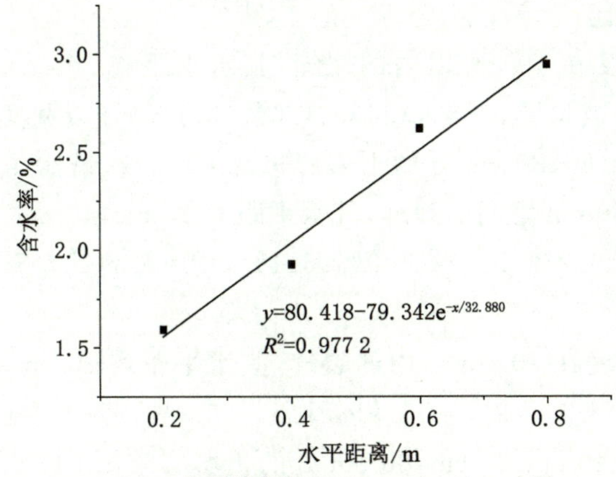

（g）裂缝宽度20～30 cm+0～10 cm土层

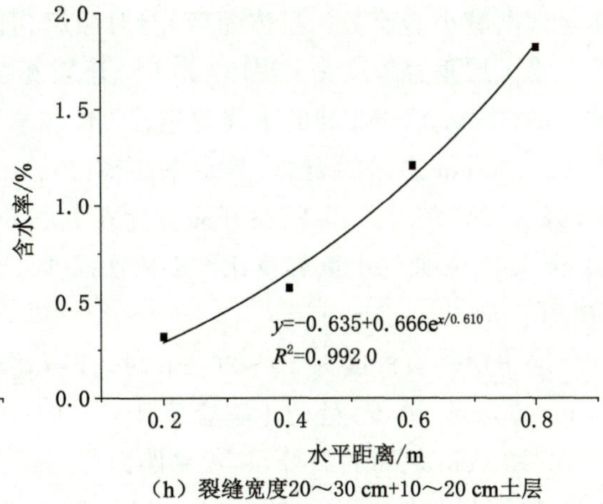

（h）裂缝宽度20～30 cm+10～20 cm土层

图 5-24　（续）

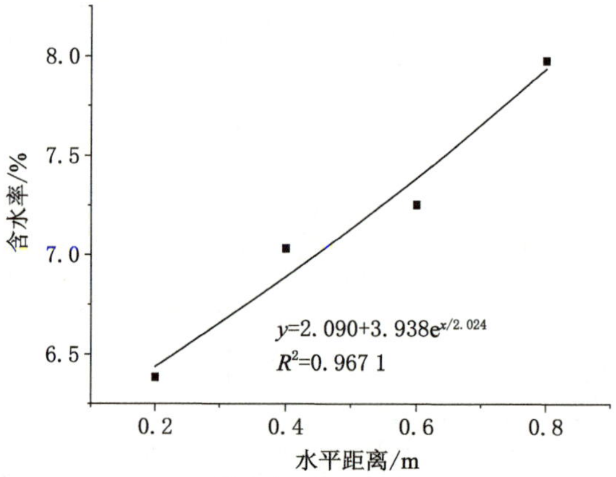

(i) 裂缝宽度20～30 cm+20～40 cm土层

图 5-24 (续)

由图 5-24 可知，土层深度 0～10 cm：当分别在宽度 0～10 cm、10～20 cm、20～30 cm 的裂缝水平距离 117.67 cm、160.97 cm、153.51 cm 以外时，土壤含水率回归背景值；土层深度 10～20 cm：当分别在宽度 0～10 cm、10～20 cm、20～30 cm 的裂缝水平距离 111.49 cm、138.99 cm、338.30 cm 以外时，土壤含水率回归背景值；土层深度 20～40 cm：当分别在宽度 0～10 cm、10～20 cm、20～30 cm 的裂缝水平距离 164.41 cm、163.63 cm、139.29 cm 以外时，土壤含水率回归背景值，采动地裂缝产生的负效应基本消失。

（十四）对土壤容重的影响

根据表 5-4，绘制了不同宽度的采动地裂缝周围不同水平距离及垂直深度下土壤容重变化图，见图 5-25。

由图 5-25 可知：对照区(CK)土壤容重略高于裂缝区；随裂缝宽度的增加，土壤容重整体呈逐渐减小的趋势。具体而言，与对照组相比：

当土层垂直深度为 0～10 cm 时，开裂宽度在 10 cm 以内的裂缝，其水平距离 20 cm、40 cm、60 cm、80 cm 处的土壤容重比 CK 依次减少了 6.6%、3.6%、1.0%、0.1%；开裂宽度在 10～20 cm 之间的裂缝，其水平距离 20、40、60、80 cm 处的土壤容重比 CK 依次减少了 8.6%、7.2%、6.1%、5.7%；开裂宽度在 20～30 cm 之间的裂缝，其水平距离 20 cm、40 cm、60 cm、80 cm 处的土壤容重比 CK 依次减少了 9.2%、7.7%、7.0%、6.4%，均无显著性差异($P>0.05$)。

当土层垂直深度为 10～20 cm 时，开裂宽度在 10 cm 以内的裂缝，其水平距离 20 cm、40 cm、60 cm、80 cm 处的土壤容重比 CK 依次减少了 2.7%、1.9%、1.5%、0.9%；开裂宽度在 10～20 cm 之间的裂缝，其水平距离 20 cm、40 cm、60 cm、80 cm 处的土壤容重比 CK 依次减少了 5.4%、3.2%、2.3%、1.8%；开裂宽度在 20～30 cm 之间的裂缝，其水平距离 20 cm、40 cm、60 cm、80 cm 处的土壤容重比 CK 依次减少了 8.9%、6.9%、5.8%、3.9%，均无显著性差异($P>0.05$)。

当土层垂直深度为 20～40 cm 时，开裂宽度在 10 cm 以内的裂缝，其水平距离 20 cm、

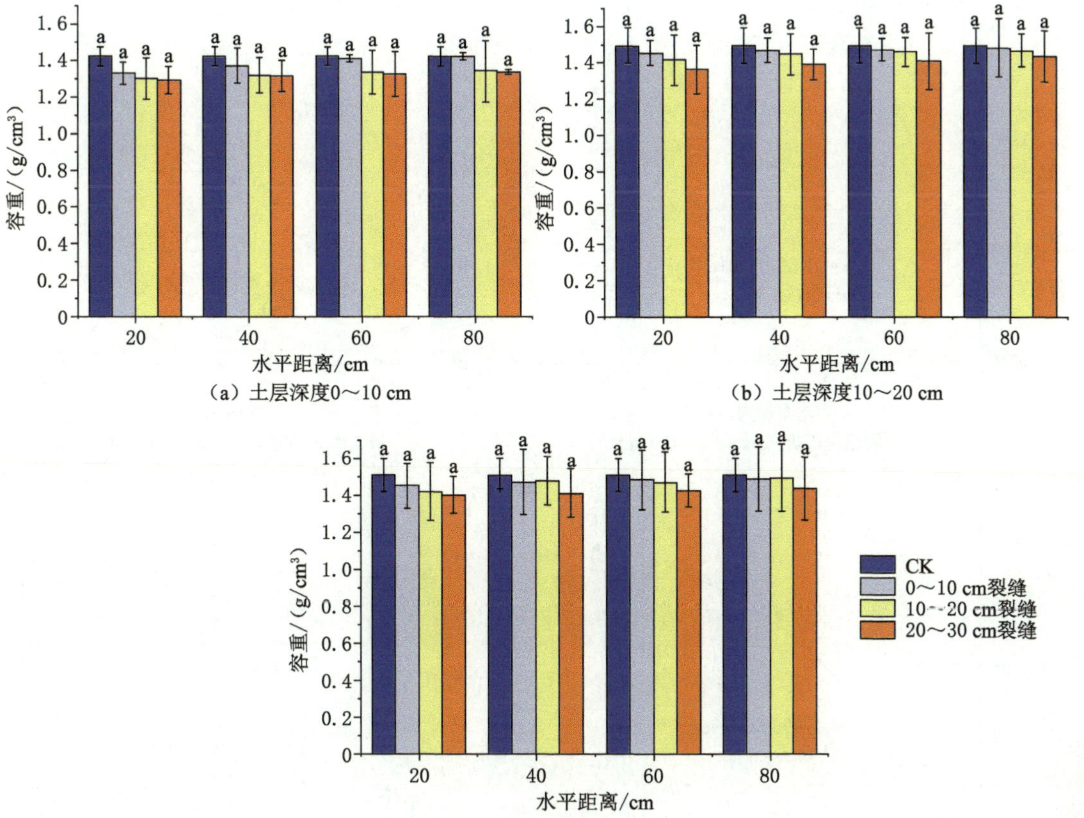

(a) 土层深度0～10 cm　(b) 土层深度10～20 cm　(c) 土层深度20～40 cm

图 5-25　不同宽度采动地裂缝周围土壤容重对比图

40 cm、60 cm、80 cm 处的土壤容重比 CK 依次减少了 4.0%、2.5%、1.7%、1.4%；开裂宽度在 10～20 cm 之间的裂缝，其水平距离 20 cm、40 cm、60 cm、80 cm 处的土壤容重比 CK 依次减少了 6.0%、2.1%、2.5%、0.9%；开裂宽度在 20～30 cm 之间的裂缝，其水平距离 20 cm、40 cm、60 cm、80 cm 处的土壤容重比 CK 依次减少了 7.1%、6.5%、5.6%、4.8%，均无显著性差异($P>0.05$)。

由此可知：第一，当采动地裂缝的宽度增大时，土壤容重呈现逐渐减小的趋势，土壤容重降幅逐渐增大。第二，在水平方向上，不同宽度的采动地裂缝随水平距离的增加，土壤容重逐渐增大。第三，在垂直方向上，不同宽度的采动地裂缝随土层深度的增加，土壤容重逐渐增大；对照区内，土壤容重含量随土层深度的变化规律与裂缝区基本一致。这说明裂缝宽度为 20～30 cm 时，在水平距离 20 cm 处，0～10 cm 土层的土壤容重受采煤活动影响相对严重；裂缝宽度为 0～10 cm 时，在水平距离 80 cm 处，0～10 cm 土层的土壤容重受采煤活动影响相对轻微。依据不同宽度的采动地裂缝周边土壤容重的数据，绘制土壤容重随水平距离的变化趋势，见图 5-26，图中 y 表示土壤容重，x 表示水平距离。

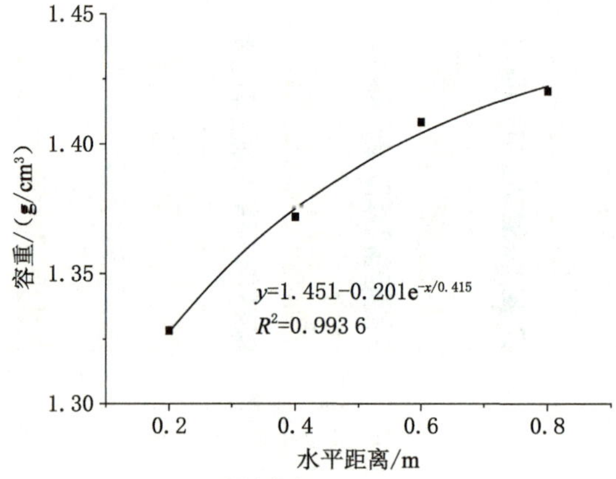

（a）裂缝宽度0～10 cm+0～10 cm土层

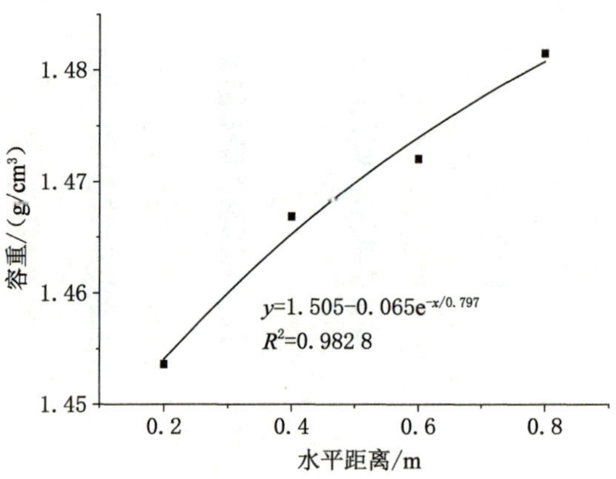

（b）裂缝宽度0～10 cm+10～20 cm土层

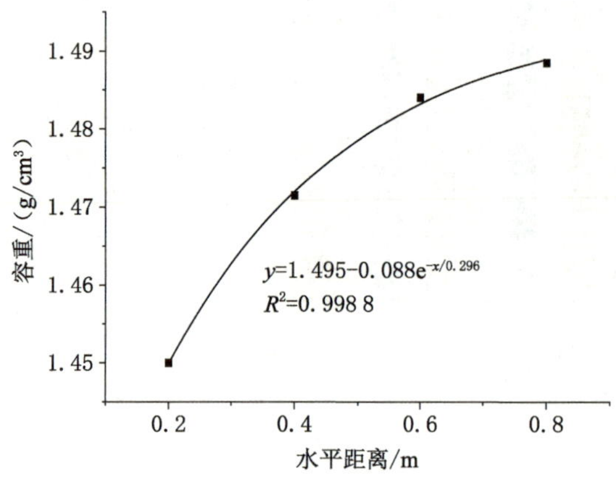

（c）裂缝宽度0～10 cm+20～40 cm土层

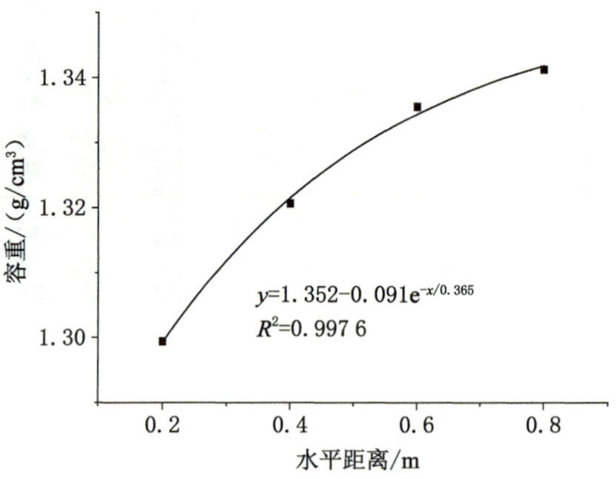

（d）裂缝宽度10～20 cm+0～10 cm土层

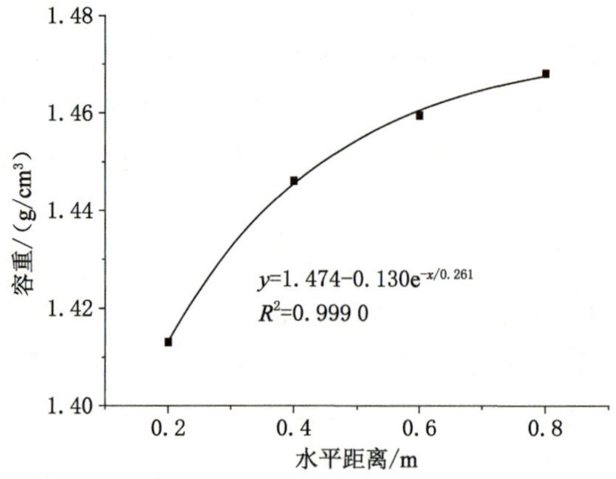

（e）裂缝宽度10～20 cm+10～20 cm土层

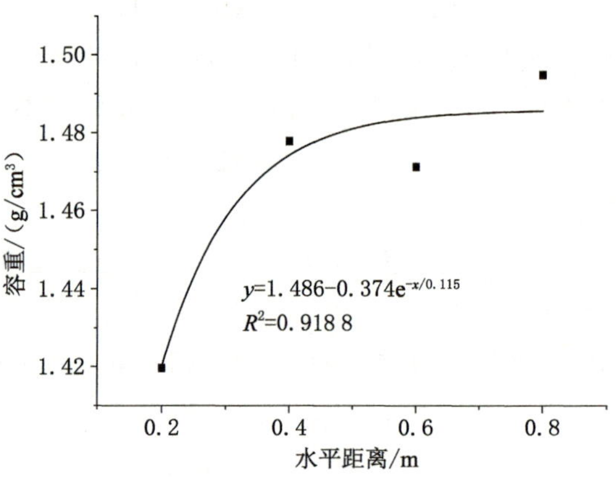

（f）裂缝宽度10～20 cm+20～40 cm土层

图 5-26　同宽度采动地裂缝周围土壤容重变化图

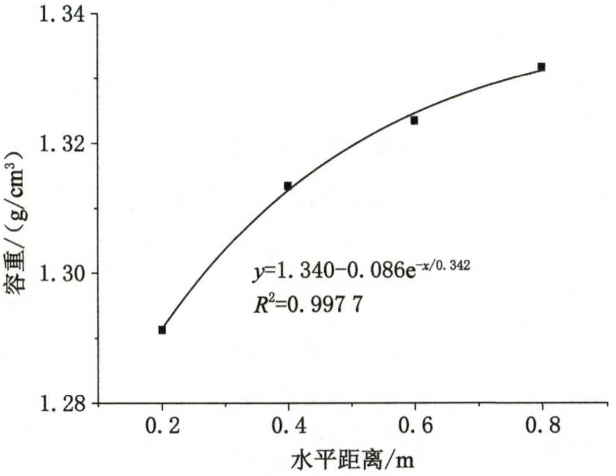

(g)裂缝宽度20～30 cm+0～10 cm土层

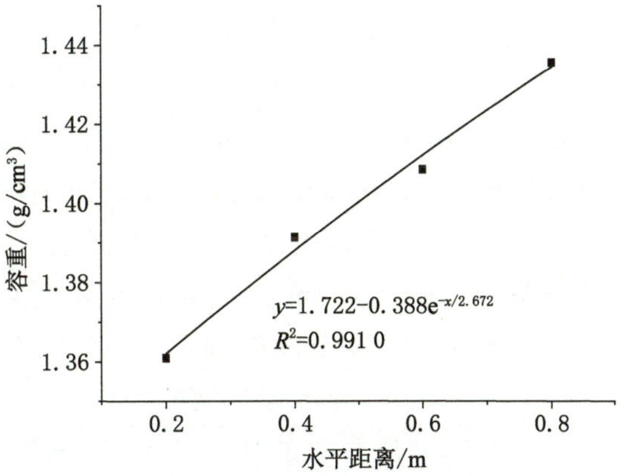

(h)裂缝宽度20～30 cm+10～20 cm土层

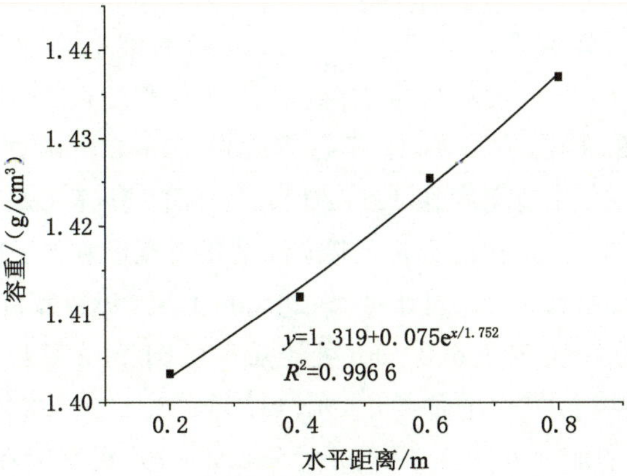

(i)裂缝宽度20～30 cm+20～40 cm土层

图 5-26 (续)

由图 5-26 可知，土层深度 0～10 cm：当分别在宽度 0～10 cm、10～20 cm、20～30 cm 的裂缝水平距离 75.88 cm、190.52 cm、212.68 cm 以外时，土壤容重回归背景值；土层深度 10～20 cm：当分别在宽度 0～10 cm、10～20 cm、20～30 cm 的裂缝水平距离 110.38 cm、104.01 cm、128.57 cm 以外时，土壤容重回归背景值；土层深度 20～40 cm：当分别在宽度 0～10 cm、10～20 cm、20～30 cm 的裂缝水平距离 107.40 cm、89.76 cm、208.30 cm 以外时，土壤容重回归背景值，采动地裂缝产生的负效应基本消失。

(十五)不同宽度采动地裂缝的影响对比

1. 不同宽度采动地裂缝对土壤机械组成的影响对比

对于 0～10 cm 土层，开裂宽度在 20～30 cm 之间的裂缝在水平距离 20 cm、40 cm、60 cm、80 cm 处土壤<0.05 mm 粉黏粒含量的降幅，比开裂宽度在 0～10 cm 之间的裂缝会依次增加 6.3%、7.0%、3.3%、3.0%，比开裂宽度在 10～20 cm 之间的裂缝会依次增加 3.5%、3.7%、3.1%、2.2%；开裂宽度在 10～20 cm 之间的裂缝在水平距离 20 cm、40 cm、60 cm、80 cm 处土壤<0.05 mm 粉黏粒含量的降幅，比开裂宽度在 0～10 cm 之间的裂缝会

依次增加2.8%、3.2%、0.2%、0.8%。对于10～20 cm土层，开裂宽度在20～30 cm之间的裂缝在水平距离20 cm、40 cm、60 cm、80 cm处土壤<0.05 mm粉黏粒含量的降幅，比开裂宽度在0～10 cm之间的裂缝会依次增加6.1%、2.7%、4.5%、4.9%，比开裂宽度在10～20 cm之间的裂缝会依次增加4.9%、1.1%、2.6%、3.4%；开裂宽度在10～20 cm之间的裂缝在水平距离20 cm、40 cm、60 cm、80 cm处土壤<0.05 mm粉黏粒含量的降幅，比开裂宽度在0～10 cm之间的裂缝会依次增加1.3%、1.7%、1.9%、1.5%。对于20～40 cm土层，开裂宽度在20～30 cm之间的裂缝在水平距离20 cm、40 cm、60 cm、80 cm处土壤<0.05 mm粉黏粒含量的降幅，比开裂宽度在0～10 cm之间的裂缝会依次增加6.4%、4.3%、4.7%、4.5%，比开裂宽度在10～20 cm之间的裂缝会依次增加4.8%、2.6%、1.5%、2.7%；开裂宽度在10～20 cm之间的裂缝在水平距离20 cm、40 cm、60 cm、80 cm处土壤<0.05 mm粉黏粒含量的降幅，比开裂宽度在0～10 cm之间的裂缝会依次增加1.6%、1.7%、3.2%、1.8%。

对于0～10 cm土层，开裂宽度在20～30 cm之间的裂缝在水平距离20 cm、40 cm、60 cm、80 cm处土壤<0.01 mm黏粒含量的降幅，比开裂宽度在0～10 cm之间的裂缝会依次增加12.3%、12.3%、8.9%、10.6%，比开裂宽度在10～20 cm之间的裂缝会依次增加4.2%、7.3%、5.5%、4.2%；开裂宽度在10～20 cm之间的裂缝在水平距离20 cm、40 cm、60 cm、80 cm处土壤<0.01 mm黏粒含量的降幅，比开裂宽度在0～10 cm之间的裂缝会依次增加8.0%、5.0%、3.4%、6.4%。对于10～20 cm土层，开裂宽度在20～30 cm之间的裂缝在水平距离20 cm、40 cm、60 cm、80 cm处土壤<0.01 mm黏粒含量的降幅，比开裂宽度在0～10 cm之间的裂缝会依次增加15.4%、11.4%、3.5%、7.4%，比开裂宽度在10～20 cm之间的裂缝会依次增加9.6%、5.1%、0.8%、4.5%；开裂宽度在10～20 cm之间的裂缝在水平距离20 cm、40 cm、60 cm、80 cm处土壤<0.01 mm黏粒含量的降幅，比开裂宽度在0～10 cm之间的裂缝会依次增加5.8%、6.3%、2.7%、2.9%。对于20～40 cm土层，开裂宽度在20～30 cm之间的裂缝在水平距离20 cm、40 cm、60 cm、80 cm处土壤<0.01 mm黏粒含量的降幅，比开裂宽度在0～10 cm之间的裂缝会依次增加6.8%、6.9%、6.1%、12.1%，比开裂宽度在10～20 cm之间的裂缝会依次增加2.2%、2.3%、3.4%、3.7%；开裂宽度在10～20 cm之间的裂缝在水平距离20 cm、40 cm、60 cm、80 cm处土壤<0.01 mm黏粒含量的降幅，比开裂宽度在0～10 cm之间的裂缝会依次增加4.6%、4.6%、2.7%、8.3%。

对于0～10 cm土层，开裂宽度在20～30 cm之间的裂缝在水平距离20 cm、40 cm、60 cm、80 cm处土壤<0.001 mm细黏粒含量的降幅，比开裂宽度在0～10 cm之间的裂缝会依次增加21.0%、10.5%、11.9%、6.4%，比开裂宽度在10～20 cm之间的裂缝会依次增加14.2%、5.6%、7.1%、3.9%；开裂宽度在10～20 cm之间的裂缝在水平距离20 cm、40 cm、60 cm、80 cm处土壤<0.001 mm细黏粒含量的降幅，比开裂宽度在0～10 cm之间的裂缝会依次增加6.9%、4.8%、4.8%、2.5%。对于10～20 cm土层，开裂宽度在20～30 cm之间的裂缝在水平距离20 cm、40 cm、60 cm、80 cm处土壤<0.001 mm细黏粒含量的降幅，比开裂宽度在0～10 cm之间的裂缝会依次增加15.7%、8.2%、14.3%、11.7%，比开

裂宽度在 10～20 cm 之间的裂缝会依次增加 13.5%、4.2%、9.8%、6.1%；开裂宽度在10～20 cm 之间的裂缝在水平距离 20 cm、40 cm、60 cm、80 cm 处土壤<0.001 mm 细黏粒含量的降幅，比开裂宽度在 0～10 cm 间的裂缝会依次增加 2.2%、4.1%、4.5%、5.5%。对于 20～40 cm 土层，开裂宽度在 20～30 cm 之间的裂缝在水平距离 20 cm、40 cm、60 cm、80 cm 处土壤<0.001 mm 细黏粒含量的降幅，比开裂宽度在 0～10 cm 之间的裂缝会依次增加 19.2%、10.9%、11.3%、10.8%，比开裂宽度在 10～20 cm 之间的裂缝会依次增加 15.6%、4.3%、5.7%、5.6%；开裂宽度在 10～20 cm 之间的裂缝在水平距离 20 cm、40 cm、60 cm、80 cm 处土壤<0.001 mm 细黏粒含量的降幅，比开裂宽度在 0～10 cm 之间的裂缝会依次增加 3.6%、6.6%、5.6%、5.3%。

对于 0～10 cm 土层，开裂宽度在 20～30 cm 之间的裂缝在水平距离 20 cm、40 cm、60 cm、80 cm 处土壤结构性颗粒指数的降幅，比开裂宽度在 0～10 cm 之间的裂缝会依次增加 19.1%、5.5%、9.9%、4.0%，比开裂宽度在 10～20 cm 之间的裂缝会依次增加 13.7%、3.1%、4.9%、2.1%；开裂宽度在 10～20 cm 之间的裂缝在水平距离 20 cm、40 cm、60 cm、80 cm 处土壤结构性颗粒指数的降幅，比开裂宽度在 0～10 cm 之间的裂缝会依次增加 5.4%、2.4%、5.0%、1.9%。对于 10～20 cm 土层，开裂宽度在 20～30 cm 之间的裂缝在水平距离 20 cm、40 cm、60 cm、80 cm 处土壤结构性颗粒指数的减少量，比开裂宽度在 0～10 cm之间的裂缝会依次增加 13.0%、6.7%、11.2%、7.8%，比开裂宽度在 10～20 cm 之间的裂缝会依次增加 11.6%、3.7%、8.3%、3.3%；开裂宽度在 10～20 cm 之间的裂缝在水平距离 20 cm、40 cm、60 cm、80 cm 处土壤结构性颗粒指数的降幅，比开裂宽度在 0～10 cm 之间的裂缝会依次增加 1.4%、3.0%、2.9%、4.4%。对于 20～40 cm 土层，开裂宽度在 20～30 cm 之间的裂缝在水平距离 20 cm、40 cm、60 cm、80 cm 处土壤结构性颗粒指数的减少量，比开裂宽度在 0～10 cm 之间的裂缝会依次增加 16.5%、8.3%、8.1%、7.7%，比开裂宽度在 10～20 cm 之间的裂缝会依次增加 13.8%、2.6%、4.9%、3.7%；开裂宽度在 10～20 cm之间的裂缝在水平距离 20 cm、40 cm、60 cm、80 cm 处土壤结构性颗粒指数的减少量，比开裂宽度在 0～10 cm 之间的裂缝会依次增加 2.6%、5.8%、3.2%、4.0%。

综上所述，采动地裂缝宽度越大，对土壤机械组成各项指标降幅影响越大。

2. 不同宽度采动地裂缝对土壤水稳性团聚体的影响对比

对于 0～10 cm 土层，开裂宽度在 20～30 cm 之间的裂缝在水平距离 20 cm、40 cm、60 cm、80 cm 处土壤>0.25 mm 水稳性团聚体含量的降幅，比开裂宽度在 0～10 cm 之间的裂缝会依次增加 14.3%、17.0%、20.1%、26.3%，比开裂宽度在 10～20 cm 之间的裂缝会依次增加 12.1%、12.6%、11.6%、12.3%；开裂宽度在 10～20 cm 之间的裂缝在水平距离 20 cm、40 cm、60 cm、80 cm 处土壤>0.25 mm 水稳性团聚体含量的降幅，比开裂宽度在0～10 cm 之间的裂缝会依次增加 2.2%、4.4%、8.5%、14.0%。对于 10～20 cm 土层，开裂宽度在 20～30 cm 之间的裂缝在水平距离 20 cm、40 cm、60 cm、80 cm 处土壤>0.25 mm 水稳性团聚体含量的降幅，比开裂宽度在 0～10 cm 之间的裂缝会依次增加 20.0%、25.7%、41.3%、48.7%，比开裂宽度在 10～20 cm 之间的裂缝会依次增加 10.5%、9.8%、14.8%、20.7%；开裂宽度在 10～20 cm 之间的裂缝在水平距离 20 cm、40 cm、60 cm、80 cm 处土壤

>0.25 mm水稳性团聚体含量的降幅，比开裂宽度在0～10 cm之间的裂缝会依次增加9.5%、15.9%、26.6%、28.0%。对于20～40 cm土层，开裂宽度在20～30 cm之间的裂缝在水平距离20 cm、40 cm、60 cm、80 cm处土壤>0.25 mm水稳性团聚体含量的降幅，比开裂宽度在0～10 cm之间的裂缝会依次增加0.9%、5.4%、14.8%、17.4%，比开裂宽度在10～20 cm之间的裂缝会依次增加0.4%、0.9%、3.9%、8.8%；开裂宽度在10～20 cm之间的裂缝在水平距离20 cm、40 cm、60 cm、80 cm处土壤>0.25 mm水稳性团聚体含量的降幅，比开裂宽度在0～10 cm之间的裂缝会依次增加0.5%、4.5%、10.9%、8.6%。

对于0～10 cm土层，开裂宽度在20～30 cm之间的裂缝在水平距离20 cm、40 cm、60 cm、80 cm处土壤>0.5 mm水稳性团聚体含量的降幅，比开裂宽度在0～10 cm之间的裂缝会依次增加19.0%、22.7%、28.8%、37.9%，比开裂宽度在10～20 cm之间的裂缝会依次增加15.3%、10.6%、13.1%、9.2%；开裂宽度在10～20 cm之间的裂缝在水平距离20 cm、40 cm、60 cm、80 cm处土壤>0.5 mm水稳性团聚体含量的降幅，比开裂宽度在0～10 cm之间的裂缝会依次增加3.7%、12.1%、15.8%、28.7%。对于10～20 cm土层，开裂宽度在20～30 cm之间的裂缝在水平距离20 cm、40 cm、60 cm、80 cm处土壤>0.5 mm水稳性团聚体含量的降幅，比开裂宽度在0～10 cm之间的裂缝会依次增加24.6%、26.3%、27.5%、51.3%，比开裂宽度在10～20 cm之间的裂缝会依次增加12.8%、9.9%、12.3%、14.4%；开裂宽度在10～20 cm之间的裂缝在水平距离20 cm、40 cm、60 cm、80 cm处土壤>0.5 mm水稳性团聚体含量的降幅，比开裂宽度在0～10 cm之间的裂缝会依次增加11.8%、16.4%、15.3%、36.9%。对于20～40 cm土层，开裂宽度在20～30 cm之间的裂缝在水平距离20 cm、40 cm、60 cm、80 cm处土壤>0.5 mm水稳性团聚体含量的降幅，比开裂宽度在0～10 cm之间的裂缝会依次增加9.7%、2.8%、10.8%、29.0%，比开裂宽度在10～20 cm之间的裂缝会依次增加3.3%、1.9%、1.2%、3.3%；开裂宽度在10～20 cm之间的裂缝在水平距离20 cm、40 cm、60 cm、80 cm处土壤>0.5 mm水稳性团聚体含量的降幅，比开裂宽度在0～10 cm之间的裂缝会依次增加6.4%、0.9%、9.6%、25.8%。

对于0～10 cm土层，开裂宽度在20～30 cm之间的裂缝在水平距离20 cm、40 cm、60 cm、80 cm处土壤平均重量直径的降幅，比开裂宽度在0～10 cm之间的裂缝会依次增加15.8%、19.1%、21.6%、23.9%，比开裂宽度在10～20 cm之间的裂缝会依次增加10.8%、11.5%、12.4%、11.6%；开裂宽度在10～20 cm之间的裂缝在水平距离20 cm、40 cm、60 cm、80 cm处土壤平均重量直径的降幅，比开裂宽度在0～10 cm之间的裂缝会依次增加5.0%、7.6%、9.2%、12.3%。对于10～20 cm土层，开裂宽度在20～30 cm之间的裂缝在水平距离20 cm、40 cm、60 cm、80 cm处土壤平均重量直径的降幅，比开裂宽度在0～10 cm之间的裂缝会依次增加11.4%、17.6%、16.6%、18.2%，比开裂宽度在10～20 cm之间的裂缝会依次增加5.0%、6.5%、6.6%、9.6%；开裂宽度在10～20 cm之间的裂缝在水平距离20 cm、40 cm、60 cm、80 cm处土壤平均重量直径的降幅，比开裂宽度在0～10 cm之间的裂缝会依次增加6.4%、11.1%、10.0%、8.6%。对于20～40 cm土层，开裂宽度在20～30 cm之间的裂缝在水平距离20 cm、40 cm、60 cm、80 cm处土壤平均重量直径的降幅，比开裂宽度在0～10 cm之间的裂缝会依次增加5.7%、8.4%、5.1%、9.6%，比开裂宽度在

10～20 cm 之间的裂缝会依次增加 5.6%、6.2%、1.2%、3.7%；开裂宽度在 10～20 cm 之间的裂缝在水平距离 20 cm、40 cm、60 cm、80 cm 处土壤平均重量直径的降幅，比开裂宽度在 0～10 cm 之间的裂缝会依次增加 0.1%、2.2%、3.9%、5.9%。

综上所述，采动地裂缝宽度越大，对土壤水稳性团聚体各项指标降幅影响越大。

3. 不同宽度采动地裂缝对土壤微团聚体的影响对比

对于 0～10 cm 土层，开裂宽度在 20～30 cm 之间的裂缝在水平距离 20 cm、40 cm、60 cm、80 cm 处土壤分散率的增幅，比开裂宽度在 0～10 cm 之间的裂缝会依次增加 12.8%、13.4%、10.5%、9.3%，比开裂宽度在 10～20 cm 之间的裂缝会依次增加 8.9%、8.2%、8.4%、8.0%；开裂宽度在 10～20 cm 之间的裂缝在水平距离 20 cm、40 cm、60 cm、80 cm 处土壤分散率的增幅，比开裂宽度在 0～10 cm 之间的裂缝会依次增加 3.9%、5.2%、2.1%、1.4%。对于 10～20 cm 土层，开裂宽度在 20～30 cm 之间的裂缝在水平距离20 cm、40 cm、60 cm、80 cm 处土壤分散率的增幅，比开裂宽度在 0～10 cm 之间的裂缝会依次增加 13.8%、13.6%、11.5%、7.1%，比开裂宽度在 10～20 cm 之间的裂缝会依次增加 12.5%、11.9%、10.8%、6.1%；开裂宽度在 10～20 cm 之间的裂缝在水平距离 20 cm、40 cm、60 cm、80 cm 处土壤分散率的增幅，比开裂宽度在 0～10 cm 之间的裂缝会依次增加 1.3%、1.7%、0.7%、1.0%。对于 20～40 cm 土层，开裂宽度在 20～30 cm 之间的裂缝在水平距离 20 cm、40 cm、60 cm、80 cm 处土壤分散率的增幅，比开裂宽度在 0～10 cm 之间的裂缝会依次增加 13.9%、14.5%、10.0%、6.4%，比开裂宽度在 10～20 cm 之间的裂缝会依次增加 11.3%、11.1%、6.8%、5.4%；开裂宽度在 10～20 cm 之间的裂缝在水平距离 20 cm、40 cm、60 cm、80 cm 处土壤分散率的增幅，比开裂宽度在 0～10 cm 之间的裂缝会依次增加 2.6%、3.4%、3.2%、1.0%。

对于 0～10 cm 土层，开裂宽度在 20～30 cm 之间的裂缝在水平距离 20 cm、40 cm、60 cm、80 cm 处土壤分散系数的增幅，比开裂宽度在 0～10 cm 之间的裂缝会依次增加 62.2%、59.5%、43.2%、40.5%，比开裂宽度在 10～20 cm 之间的裂缝会依次增加 21.6%、8.1%、13.5%、35.1%；开裂宽度在 10～20 cm 之间的裂缝在水平距离 20 cm、40 cm、60 cm、80 cm 处土壤分散系数的增幅，比开裂宽度在 0～10 cm 之间的裂缝会依次增加 40.5%、51.4%、29.7%、5.4%。对于 10～20 cm 土层，开裂宽度在 20～30 cm 之间的裂缝在水平距离 20 cm、40 cm、60 cm、80 cm 处土壤分散系数的增幅，比开裂宽度在 0～10 cm 之间的裂缝会依次增加 54.3%、74.3%、54.3%、25.7%，比开裂宽度在 10～20 cm 之间的裂缝会依次增加 54.3%、48.6%、37.1%、17.1%；开裂宽度在 10～20 cm 之间的裂缝在水平距离 20 cm、40 cm、60 cm、80 cm 处土壤分散系数的增幅，比开裂宽度在 0～10 cm 之间的裂缝会依次增加 0、25.7%、17.1%、8.6%。对于 20～40 cm 土层，开裂宽度在 20～30 cm 之间的裂缝在水平距离 20 cm、40 cm、60 cm、80 cm 处土壤分散系数的增幅，比开裂宽度在 0～10 cm 之间的裂缝会依次增加 74.3%、62.9%、51.4%、42.9%，比开裂宽度在 10～20 cm之间的裂缝会依次增加 42.9%、42.9%、17.1%、34.3%；开裂宽度在 10～20 cm 之间的裂缝在水平距离 20 cm、40 cm、60 cm、80 cm 处土壤分散系数的增幅，比开裂宽度在 0～10 cm 之间的裂缝会依次增加 31.4%、20.0%、34.3%、8.6%。

对于 0～10 cm 土层，开裂宽度在 20～30 cm 之间的裂缝在水平距离 20 cm、40 cm、60 cm、80 cm 处土壤团聚状况的降幅，比开裂宽度在 0～10 cm 之间的裂缝会依次增加 21.2%、15.5%、20.7%、17.6%，比开裂宽度在 10～20 cm 之间的裂缝会依次增加 8.8%、4.9%、11.3%、12.0%；开裂宽度在 10～20 cm 之间的裂缝在水平距离 20 cm、40 cm、60 cm、80 cm 处土壤团聚状况的降幅，比开裂宽度在 0～10 cm 之间的裂缝会依次增加 12.4%、10.6%、9.4%、5.5%。对于 10～20 cm 土层，开裂宽度在 20～30 cm 之间的裂缝在水平距离 20 cm、40 cm、60 cm、80 cm 处土壤团聚状况的降幅，比开裂宽度在 0～10 cm 之间的裂缝会依次增加 17.4%、22.5%、20.4%、16.8%，比开裂宽度在 10～20 cm 之间的裂缝会依次增加 4.1%、10.9%、16.5%、8.1%；开裂宽度在 10～20 cm 之间的裂缝在水平距离 20 cm、40 cm、60 cm、80 cm 处土壤团聚状况的降幅，比开裂宽度在 0～10 cm 之间的裂缝会依次增加 13.3%、11.6%、3.9%、8.7%。对于 20～40 cm 土层，开裂宽度在 20～30 cm 之间的裂缝在水平距离 20 cm、40 cm、60 cm、80 cm 处土壤团聚状况的降幅，比开裂宽度在0～10 cm 之间的裂缝会依次增加 22.8%、18.5%、12.6%、10.3%，比开裂宽度在 10～20 cm 之间的裂缝会依次增加 10.4%、1.9%、4.6%、4.7%；开裂宽度在 10～20 cm 之间的裂缝在水平距离 20 cm、40 cm、60 cm、80 cm 处土壤团聚状况的降幅，比开裂宽度在 0～10 cm 之间的裂缝会依次增加 12.3%、16.6%、8.0%、5.6%。

对于 0～10 cm 土层，开裂宽度在 20～30 cm 之间的裂缝在水平距离 20 cm、40 cm、60 cm、80 cm 处土壤团聚度的降幅，比开裂宽度在 0～10 cm 之间的裂缝会依次增加 21.8%、20.0%、18.4%、16.0%，比开裂宽度在 10～20 cm 之间的裂缝会依次增加 9.9%、8.1%、12.5%、11.3%；开裂宽度在 10～20 cm 之间的裂缝在水平距离 20 cm、40 cm、60 cm、80 cm 处土壤团聚度的降幅，比开裂宽度在 0～10 cm 之间的裂缝会依次增加 11.8%、11.9%、5.9%、4.7%。对于 10～20 cm 土层，开裂宽度在 20～30 cm 之间的裂缝在水平距离20 cm、40 cm、60 cm、80 cm 处土壤团聚度的降幅，比开裂宽度在 0～10 cm 之间的裂缝会依次增加 18.5%、18.1%、21.2%、19.5%，比开裂宽度在 10～20 cm 之间的裂缝会依次增加 8.4%、8.5%、14.9%、11.4%；开裂宽度在 10～20 cm 之间的裂缝在水平距离 20 cm、40 cm、60 cm、80 cm 处土壤团聚度的降幅，比开裂宽度在 0～10 cm 之间的裂缝会依次增加 10.1%、9.6%、6.4%、8.1%。对于 20～40 cm 土层，开裂宽度在 20～30 cm 之间的裂缝在水平距离 20、40、60、80 cm 处土壤团聚度的降幅，比开裂宽度在 0～10 cm 之间的裂缝会依次增加24.0%、18.3%、16.5%、15.0%，比开裂宽度在 10～20 cm 之间的裂缝会依次增加 13.8%、5.8%、5.3%、8.1%；开裂宽度在 10～20 cm 之间的裂缝在水平距离 20 cm、40 cm、60 cm、80 cm 处土壤团聚度的降幅，比开裂宽度在 0～10 cm 之间的裂缝会依次增加 10.2%、12.5%、11.2%、6.9%。

综上所述，采动地裂缝宽度越大，对土壤微团聚体各项指标降幅影响越大。

4. 不同宽度采动地裂缝对土壤有机质、含水率和容重的影响对比

对于 0～10 cm 土层，开裂宽度在 20～30 cm 之间的裂缝在水平距离 20 cm、40 cm、60 cm、80 cm 处土壤有机质含量的降幅，比开裂宽度在 0～10 cm 之间的裂缝会依次增加 25.4%、23.1%、24.2%、23.3%，比开裂宽度在 10～20 cm 之间的裂缝会依次增加 8.7%、

7.1%、12.0%、6.4%；开裂宽度在10～20 cm之间的裂缝在水平距离20 cm、40 cm、60 cm、80 cm处土壤有机质含量的降幅，比开裂宽度在0～10 cm之间的裂缝会依次增加16.6%、16.0%、12.2%、16.9%。对于10～20 cm土层，开裂宽度在20～30 cm之间的裂缝在水平距离20 cm、40 cm、60 cm、80 cm处土壤有机质含量的降幅，比开裂宽度在0～10 cm之间的裂缝会依次增加25.3%、13.2%、13.4%、14.6%，比开裂宽度在10～20 cm之间的裂缝会依次增加14.5%、2.5%、3.4%、3.6%；开裂宽度在10～20 cm之间的裂缝在水平距离20 cm、40 cm、60 cm、80 cm处土壤有机质含量的降幅，比开裂宽度在0～10 cm之间的裂缝会依次增加10.8%、10.7%、10.0%、11.0%。对于20～40 cm土层，开裂宽度在20～30 cm之间的裂缝在水平距离20 cm、40 cm、60 cm、80 cm处土壤有机质含量的降幅，比开裂宽度在0～10 cm之间的裂缝会依次增加15.1%、15.5%、20.3%、28.4%，比开裂宽度在10～20 cm之间的裂缝会依次增加13.2%、9.8%、10.2%、12.5%；开裂宽度在10～20 cm之间的裂缝在水平距离20 cm、40 cm、60 cm、80 cm处土壤有机质含量的降幅，比开裂宽度在0～10 cm之间的裂缝会依次增加1.9%、5.7%、10.1%、16.0%。

对于0～10 cm土层，开裂宽度在20～30 cm之间的裂缝在水平距离20 cm、40 cm、60 cm、80 cm处土壤含水率的降幅，比开裂宽度在0～10 cm之间的裂缝会依次增加24.9%、31.7%、21.7%、21.3%，比开裂宽度在10～20 cm之间的裂缝会依次增加11.0%、7.1%、2.4%、6.2%；开裂宽度在10～20 cm之间的裂缝在水平距离20 cm、40 cm、60 cm、80 cm处土壤含水率的降幅，比开裂宽度在0～10 cm之间的裂缝会依次增加13.8%、24.6%、19.3%、15.1%。对于10～20 cm土层，开裂宽度在20～30 cm之间的裂缝在水平距离20 cm、40 cm、60 cm、80 cm处土壤含水率的降幅，比开裂宽度在0～10 cm之间的裂缝会依次增加13.3%、3.1%、8.8%、10.5%，比开裂宽度在10～20 cm之间的裂缝会依次增加6.0%、0、2.0%、0.8%；开裂宽度在10～20 cm之间的裂缝在水平距离20 cm、40 cm、60 cm、80 cm处土壤含水率的降幅，比开裂宽度在0～10 cm之间的裂缝会依次增加7.3%、5.9%、6.9%、9.7%。对于20～40 cm土层，开裂宽度在20～30 cm之间的裂缝在水平距离20、40、60、80 cm处土壤含水率的降幅，比开裂宽度在0～10 cm之间的裂缝会依次增加6.2%、2.7%、1.5%、1.0%，比开裂宽度在10～20 cm之间的裂缝会依次增加3.3%、1.8%、0.5%、0；开裂宽度在10～20 cm之间的裂缝在水平距离20 cm、40 cm、60 cm、80 cm处土壤含水率的降幅，比开裂宽度在0～10 cm之间的裂缝会依次增加2.8%、0.9%、1.0%、1.7%。

对于0～10 cm土层，开裂宽度在20～30 cm之间的裂缝在水平距离20 cm、40 cm、60 cm、80 cm处土壤容重的降幅，比开裂宽度在0～10 cm之间的裂缝会依次增加2.6%、4.1%、6.0%、6.2%，比开裂宽度在10～20 cm之间的裂缝会依次增加0.6%、0.5%、0.9%、0.7%；开裂宽度在10～20 cm之间的裂缝在水平距离20 cm、40 cm、60 cm、80 cm处土壤容重的降幅，比开裂宽度在0～10 cm之间的裂缝会依次增加2.0%、3.6%、5.1%、5.6%。对于10～20 cm土层，开裂宽度在20～30 cm之间的裂缝在水平距离20 cm、40 cm、60 cm、80 cm处土壤容重的降幅，比开裂宽度在0～10 cm之间的裂缝会依次增加6.2%、5.0%、4.2%、3.1%，比开裂宽度在10～20 cm之间的裂缝会依次增加3.5%、3.7%、3.4%、2.2%；开裂宽度在10～20 cm之间的裂缝在水平距离20、40、60、80 cm处土壤容重的降幅，比开裂宽度在 0～10 cm 之间的裂缝会依次增加 2.7%、1.4%、0.8%、0.9%。对于 20～40 cm 土层，开裂宽度在 20～30 cm 之间的裂缝在水平距离 20 cm、40 cm、60 cm、80 cm 处土壤容重的降幅，比开裂宽度在 0～10 cm 之间的裂缝会依次增加 3.1%、3.9%、3.9%、3.4%，比开裂宽度在 10～20 cm 之间的裂缝会依次增加 1.1%、4.4%、3.0%、3.8%；开裂宽度在 10～20 cm 之间的裂缝周边水平距离 20 cm 处土壤容重的降幅，比开裂宽度在 0～10 cm 之间的裂缝增大 2.0%，在水平距离 40、60、80 cm 处，与开裂宽度在 0～10 cm 之间的裂缝土壤容重降幅差异不大。

综上所述，采动地裂缝宽度越大，对土壤有机质、含水率和容重含量降幅影响越大。

六、机理讨论

当采煤活动诱发地表裂缝产生之后（图 5-27），会导致土层松动，造成裂缝处土壤通气孔隙增多，土壤容重降低，土壤紧实度降低，结构性变差，漏水漏肥，加重土壤沙化[260]；相反，土壤孔隙小，则结构紧凑，容重高。而当距离裂缝一定水平距离时，土壤因受到挤压团粒间的大孔隙体积降低[261]，因此距裂缝水平距离越远，土壤的孔隙度会越小，土壤容重越大；且随采动地裂缝宽度的增加，土壤容重呈逐渐减小的趋势，这与马坤[235]的研究结果基本一致。

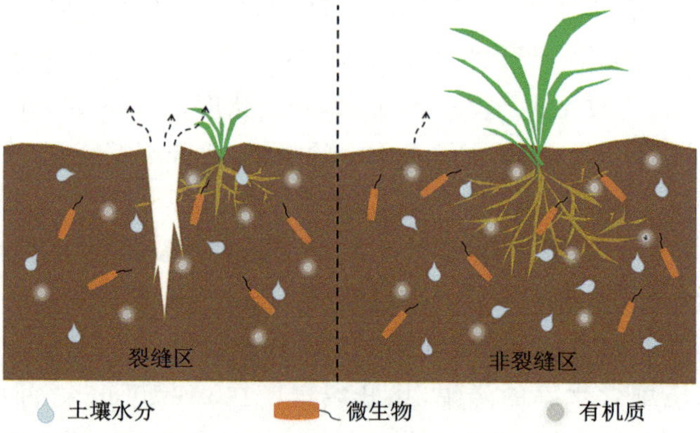

图 5-27　裂缝区与非裂缝区土壤表层示意图

由于土壤孔隙度明显变大，通气性增加，土壤中的氧气与大气中的氧气交换能力得到提升，因此土壤中的有机质分解速度变快，进一步导致了有机质含量减小[237]。另外，采动地裂缝的发育增加了进入土壤的外部空气和热量强度，导致土壤水、肥料、气体、热量等条件发生变化，使不能适应条件变化的土壤微生物出现停止繁殖，甚至死亡的现象[176]，已有研究发现采动地裂缝的发育使周围土壤微生物数量减少约 28.8%～70.2%[28]。而微生物数量减少，土壤有机质不易富集，又会影响土壤有机质含量大大降低[232]。另外，植物凋落物、根系等有机残体会附着在土壤表层，使得表层土壤受到的影响较大，有机质含量高于底层土壤。对于宽度越大的裂缝，周边土壤孔隙度越大，通气性越强，有机质分解速度越快，有机质含量的下降越明显。腐殖质等有机物、微生物分泌物和真菌菌丝等都是团聚体形成的重要胶结剂[262-263]，有机胶结物的减少会间接影响土壤团聚体的胶结复合[264]，进而造成土壤水稳性团聚体含量下降，土壤稳定性逐渐降低，土壤抗侵蚀能力减弱。宽度越大的采动地裂缝对土壤有机质、微生物的影响越严重，因此随裂缝宽度的增大，土壤中>0.25 mm水稳性团聚体、>0.5 mm水稳性团聚体的含量下降越明显。同时，某些微生物本身的菌丝会对土壤颗粒产生缠绕作用，且菌丝产生分泌物，这些均对团聚体的形成有促进作用[265-266]。还有研究发现，土壤有机质和土壤结构相互作用紧密，有机质能够与矿物颗粒形成稳定的团聚体，而稳定的团聚体又反过来对有机质产生物理保护[267]。然而采动地裂缝的产生会打破这种相互作用，造成土壤团聚化作用削弱，从而减弱了土壤团聚状况和团聚度，增强了土壤的分散率、分散系数，使得土壤稳定性变差，抗蚀性降低。

在开采沉陷裂缝发育区内，深部土壤还会因为地表开裂直接与空气接触，造成土壤水分蒸发速度加快，土壤含水率显著降低。另外，采煤塌陷明显增加了水分的垂直入渗深度，减少了表层土壤持水能力，土壤蒸发量增大，不利于水分的保持[232]。宽度越大的裂缝，其对土壤含水率的扰动程度和影响范围越大，越靠近裂缝土壤含水率下降越快，这与Zhang[268]、Blankinship[269]等的研究结果基本一致。

另外，由于表层土壤受到风蚀和水蚀作用影响较大，土壤中粒径小于0.05 mm颗粒在侵蚀作用下沿裂缝内部流入地下，从而造成表层土壤黏粒含量明显降低，沙化趋势上升。同时，土壤含水量减少会导致土壤溶液浓度显著增大，进而土壤黏粒的扩散层变薄，形成“聚沉效应”，促使黏粒聚合并转化为较大颗粒。宽度越大的裂缝，周边土壤紧实度越低，土壤结构越松散，黏粒等细小颗粒损失越严重，影响了土壤团聚体的形成及其稳定性，土壤抗侵蚀能力降低。

第二节　采动地裂缝发育区土壤抗蚀性综合指数模型

一、采动地裂缝发育区土壤抗蚀性关键指标筛选

（一）基于层次分析法的关键指标筛选

指标权重可以体现影响土壤抗蚀性的各指标重要程度。层次分析法是把与评价目标相关的指标元素分解为不同层次，并在此基础上进行定性和定量分析，得到各指标权重的方法。根据本书构建的土壤抗蚀性评价指标体系，建立层次结构图，由相关专家对该指标体系进行两两比较打分，得出土壤抗蚀性评价指标体系的判断比较，运用yaahp软件计算各指标权重，结果见表5-5。

以抗蚀性指标权重值≥0.03为筛选阈值，筛选出X_1、X_2、X_3、X_4、X_7、X_{11}、X_{12}、X_{13}等8个指标作为陕北采动地裂缝发育区土壤抗蚀性准关键指标。

表 5-5　层次分析法确定指标权重结果

代码	抗蚀性指标名称	权重
X_1	>0.25 mm 水稳性团聚体含量	0.288 2
X_2	>0.5 mm 水稳性团聚体含量	0.087 3
X_3	平均重量直径	0.158 6
X_4	<0.001 mm 细黏粒含量	0.071 9
X_5	<0.01 mm 物理性黏粒含量	0.019 8
X_6	<0.05 mm 粉黏粒含量	0.019 8
X_7	结构性颗粒指数	0.033 7
X_8	分散率	0.018 6
X_9	分散系数	0.024 9
X_{10}	团聚状况	0.020 1
X_{11}	团聚度	0.038 8
X_{12}	有机质	0.154 8
X_{13}	含水率	0.039 0
X_{14}	容重	0.024 6

(二) 基于敏感性分析的关键指标筛选

不同的土壤抗蚀性指标会因受到时空变化的影响而发生不同的变化，且差异显著，即具有不同程度的敏感特征。因此，采用变异系数和相对极差对 14 个抗蚀性指标进行敏感性分析，相对极差和变异系数越大，表示各指标对土壤抗蚀性的敏感程度越强。计算结果见表 5-6。

表 5-6　土壤抗蚀性指标敏感性分析结果

评价指标代码	单位	均值	极差	标准差	相对极差	变异系数/%
X_1	%	15.55	36.86	6.62	2.37	42.60
X_2	%	9.81	27.71	5.40	2.82	54.98
X_3	mm	0.36	0.64	0.10	1.79	27.71
X_4	%	2.63	2.08	0.35	0.79	13.16
X_5	%	27.26	12.97	2.50	0.48	9.16
X_6	%	77.59	15.60	3.38	0.20	4.35
X_7	%	3.50	2.14	0.34	0.61	9.59
X_8	%	76.56	17.16	4.34	0.22	5.67
X_9	%	0.52	0.43	0.12	0.83	22.08
X_{10}	%	12.98	6.89	1.93	0.53	14.89
X_{11}	%	36.85	27.98	6.80	0.76	18.44
X_{12}	g/kg	3.76	5.16	1.38	1.37	36.71

表 5-6(续)

评价指标代码	单位	均值	极差	标准差	相对极差	变异系数/%
X_{13}	%	5.80	6.43	1.61	1.11	27.73
X_{14}	g/cm^3	1.45	0.18	0.04	0.13	3.15

参考前人提出的敏感性评价方法[270]，对表 5-6 中各土壤抗蚀性指标的敏感性进行分析，得出：X_2 为强敏感指标，X_1、X_3、X_4、X_9、X_{10}、X_{11}、X_{12}、X_{13} 为中敏感指标。考虑到强敏感指标往往会产生较大的计算误差，而弱敏感指标又会带来迟钝效应[256]，因此中等敏感性指标能最大限度地兼顾准确性和灵敏性，故选取>0.25 mm 水稳性团聚体含量(X_1)、平均重量直径(X_3)、<0.001 mm 细黏粒含量(X_4)、分散系数(X_9)、团聚状况(X_{10})、团聚度(X_{11})、有机质(X_{12})、含水率(X_{13})8 个指标作为陕北采动地裂缝发育区土壤抗蚀性准关键指标。

(三) 基于因子分析的关键指标筛选

因子分析是筛选关键性因子或指标的重要方法之一。通过计算得出，KMO 检验值结果为 0.819，大于 0.8，Bartlett 球形检验结果 p 值小于 0.05，表明 14 个土壤抗蚀性指标及其实测数据符合因子分析要求。按照特征值大于 1 的原则，提取了两个公因子 F_1、F_2，累计贡献率达到 95.586%，见表 5-7。

表 5-7　土壤抗蚀性指标因子分析

抗蚀性指标代码	公因子	
	F_1	F_2
X_1	0.094	0.982
X_2	0.162	0.968
X_3	0.015	0.995
X_4	0.987	−0.01
X_5	0.965	−0.03
X_6	0.979	−0.15
X_7	0.971	0.07
X_8	−0.918	−0.23
X_9	−0.945	−0.27
X_{10}	0.963	0.145
X_{11}	0.989	0.028
X_{12}	−0.089	0.985
X_{13}	0.75	−0.61
X_{14}	0.928	−0.24

注：表中数字代表公因子在各抗蚀性指标上的因子载荷系数。

以因子载荷绝对值≥0.97 为筛选阈值，筛选出 X_1、X_3、X_4、X_6、X_7、X_{11}、X_{12} 等 7 个指标

作为陕北采动地裂缝发育区土壤抗蚀性准关键指标。同时分别构建了 F_1、F_2 两个公因子与 14 个土壤抗蚀性指标、土壤抗蚀性综合得分(F_K)的量化关系,见式(5-9)、式(5-10)、式(5-11)。

$$F_1 = 0.010X_1 + 0.018X_2 + 0.001X_3 + 0.111X_4 + 0.108X_5 + 0.110X_6 + 0.109X_7 - 0.103X_8 - 0.106X_9 + 0.108X_{10} + 0.111X_{11} - 0.011X_{12} + 0.085X_{13} + 0.104X_{14} \tag{5-9}$$

$$F_2 = 0.220X_1 + 0.217X_2 + 0.223X_3 - 0.002X_4 - 0.007X_5 - 0.035X_6 + 0.015X_7 - 0.052X_8 - 0.060X_9 + 0.032X_{10} + 0.006X_{11} + 0.221X_{12} - 0.136X_{13} - 0.055X_{14} \tag{5-10}$$

$$F_K = 0.666F_1 + 0.334F_2 \tag{5-11}$$

(四)综合结果

结合层次分析法、敏感性分析和因子分析,将三种方法筛选出的指标进行对比,结果见表 5-8。

表 5-8　土壤抗蚀性重要指标筛选表

排序	第 1	第 2	第 3	第 4	第 5	第 6	第 7	第 8
层次分析	X_1	X_3	X_{12}	X_2	X_4	X_{13}	X_{11}	X_7
敏感性分析	X_1	X_3	X_{12}	X_{13}	X_9	X_4	X_{11}	X_{10}
因子分析	X_3	X_{11}	X_4	X_{12}	X_1	X_6	X_7	—

根据表 5-8,综合考虑指标排序及重叠情况,最终确定>0.25 mm 团聚体含量(X_1)、平均重量直径(X_3)、<0.001 mm 细黏粒含量(X_4)、土壤团聚度(X_{11})和有机质(X_{12})5 个指标作为陕北黄土沉陷坡面浅层土壤抗蚀性关键指标。

二、采动地裂缝发育区土壤抗蚀性综合指数模型构建

将式(5-11)计算得到的各实测点位土壤 F_K 作为因变量,将 5 个土壤抗蚀性重要指标作为自变量,基于多元线性回归原理,构建了陕北采动地裂缝发育区土壤抗蚀性综合指数(Y_K)模型,见式(5-12)[271]。

$$\begin{cases} \text{当所有 } Y_K \geqslant 0 \text{ 时}, Y_K = 0.0180X_1 + 1.040X_3 + 0.769X_4 + 0.040X_{11} + 0.047X_{12} - 4.325 \\ \text{当存在 } Y_K < 0 \text{ 时}, Y_K = 0.0180X_1 + 1.040X_3 + 0.769X_4 + 0.040X_{11} + 0.047X_{12} - 4.325 + |\mathrm{Min}\ Y_{Ki}| \end{cases} \tag{5-12}$$

需要说明的是,第一,该模型 R^2 为 0.960,F 检验结果 $P<0.05$,达到显著;第二,为了更加准确体现计算结果正、负号的含义,设定当 Y_K 的计算结果中至少存在一个负值时,则所有 Y_K 统一加上最小 Y_K 的绝对值($|\mathrm{Min}Y_{Ki}|$),修正后所有计算结果即可保持原有的相互关系,又可免除负值带来的歧义。

第三节　采动地裂缝对土壤抗蚀性综合指数的影响

一、规律分析

根据土壤抗蚀性综合指数模型[式(5-12)]，计算了所有实验点位的土壤抗蚀性综合指数(Y_K)，并绘制了不同宽度采动地裂缝周围土壤抗蚀性综合指数对比图，见图 5-28。

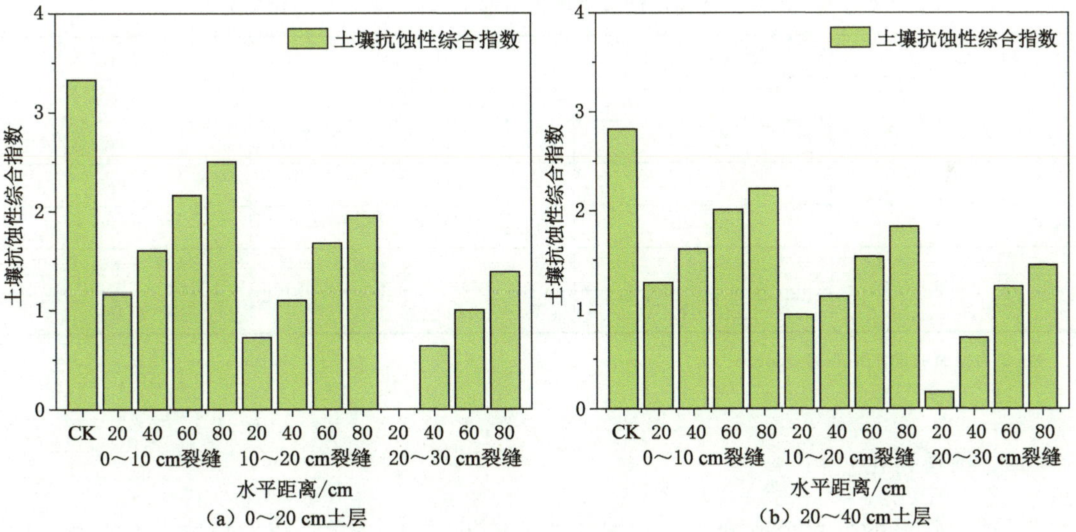

图 5-28　不同宽度采动地裂缝周边土壤抗蚀性综合指数对比图

由图 5-28 可知，相较于对照组：

第一，在 0～20 cm 土层土壤中，距离宽度为 0～10 cm 的采动地裂缝水平距离 20 cm、40 cm、60 cm、80 cm 处 Y_K 的降幅依次为 65.16%、51.97%、35.11%、24.69%；距离宽度为 10～20 cm 的采动地裂缝水平距离 20 cm、40 cm、60 cm、80 cm 处土壤 Y_K 的降幅依次为 78.39%、67.10%、49.57%、41.24%；距离宽度为 20～30 cm 的采动地裂缝水平距离 20 cm、40 cm、60 cm、80 cm 处土壤 Y_K 的降幅依次为 100.00%、81.08%、70.12%、58.28%，以上数据均达到显著性差异($p<0.05$)。

第二，在 20～40 cm 土层土壤中，距离宽度为 0～10 cm 的采动地裂缝水平距离 20 cm、40 cm、60 cm、80 cm 处 Y_K 的降幅依次为 55.15%、42.76%、28.89%、21.55%；距离宽度为 10～20 cm 的采动地裂缝水平距离 20 cm、40 cm、60 cm、80 cm 处土壤 Y_K 的降幅依次为 66.48%、60.03%、45.44%、34.91%；距离宽度为 20～30 cm 的采动地裂缝水平距离 20 cm、40 cm、60 cm、80 cm 处土壤 Y_K 的降幅依次为 93.97%、74.65%、56.28%、48.50%，以上数据均达到显著性差异($P<0.05$)。

由此可知：① 宽度为 0～10 cm、10～20 cm、20～30 cm 的 3 种采动地裂缝周围水平距离 80 cm 以内，垂直 0～40 cm 深度土壤 Y_K 平均降幅分别为 40.66％、55.40％、72.86 ％。② 无论发育何种宽度的采动地裂缝均会产生降低周围土壤 Y_K 的效应，这种效应随着采动地裂缝宽度的增大和水平距离的减小而增强；③ 基于指数函数模型，建立了土壤 Y_K 与距裂缝水平距离的量化关系式，见表 5-9，并得出当裂缝宽度分别为 0～10 cm、10～20 cm、20～30 cm 采动地裂缝的水平距离依次超过 125 cm、147 cm、167 cm 时，采动地裂缝降低周围 0～40 cm 土壤抗侵蚀综合能力的效应基本消失；④ 在任意宽度采动地裂缝影响下，水平距离 80 cm 内土壤 Y_K 随着土壤深度的增加而增加。

表 5-9　不同宽度采动地裂缝周围土壤 Y_K 与水平距离的量化关系

裂缝宽度/cm	土壤深度/cm	拟合公式	复相关系数
0～10	0～20	$Y_K=6.78-6.19e^{-d/213.64}$	0.99
	20～40	$Y_K=6.39-5.49e^{-d/283.70}$	0.99
10～20	0～20	$Y_K=16.69-16.43e^{-d/713.60}$	0.97
	20～40	$Y_K=-0.49+1.19e^{-d/713.60}$	0.96
20～30	0～20	$Y_K=39.41-38.80e^{-d/1661.51}$	0.98
	20～40	$Y_K=10.88-11.13e^{-d/454.54}$	0.96

注：d 为距裂缝的水平距离，cm。

二、机理讨论

采动地裂缝的发育会改变周边土壤的孔隙特征、微生物数量以及植物根系性状，并作用于土壤质地、有机质含量、团聚体含量及状态，最终对土壤抗蚀性产生影响。

(1) 采动地裂缝的发育使得周围土层松动、土壤容重下降和孔隙度增大[216]。采动地裂缝的发育一方面增强了大气与土壤的交换速率，提高了土壤空气中的氧气含量，加快了土壤有机质的氧化分解速度，直接导致土壤有机质含量降低[237]，土壤有机质胶结作用的减弱又会使土壤团聚体稳定性下降[244]；另一方面为降水和地表径流入渗提供了更多通道[272]，土壤中小粒径颗粒(例如＜0.001 mm 细黏粒)和可溶性有机质均会在地表径流和地表风的作用下沿地裂缝发生垂向流失[196,204]。此外，采动地裂缝引起周围土壤孔隙度的增大，也会扩大土壤的蒸发表面积，加速土壤水分的散失，降低土壤的持水能力，提高土壤溶液的浓度，进而导致土壤中小粒径颗粒在“聚沉效应”下向大粒径颗粒转化，进一步加剧土壤细黏粒含量的减少[170]。因此，采动地裂缝宽度越大或者越靠近采动地裂缝，土壤孔隙度增幅越大，土壤中黏粒和有机质损失量越大，土壤团聚体的稳定性越低，土壤抗侵蚀的能力越差。但随着时间的推移，在地表裂缝的自修复作用下，周边表层土壤的孔隙有所恢复，土壤的蒸发作用减弱，使得土壤含水率得到恢复。土壤有机质和黏粒含量，以及土壤抗侵蚀能力可能会在一定程度上有所回升[273-274]。

(2) 采动地裂缝的发育增加了土壤中外部空气和热量的交换强度，导致土壤水、肥、气、热等条件发生剧烈变化，部分土壤微生物会因为不能适应新的环境，出现活性下降甚至死亡的现象[176,180]。已有的研究表明采动地裂缝的发育会使周围土壤微生物数量显著减少，最大可减少70.2%[173]。微生物在土壤团聚体的形成与稳定过程中起着重要作用[201]，微生物细胞带有的电荷以及分泌的细胞外聚合物质（EPS）和真菌菌丝等物质，均是形成团聚体的重要胶结剂[262]。微生物数量减少不仅会直接影响土壤团聚体的胶结复合，造成土壤水稳性团聚体含量下降[264]，还会使土壤团聚体平均重量直径因为大团聚体的含量下降而减小[275]。此外，土壤微生物还是土壤有机质的活性部分和土壤养分的贮存库，植物凋落物等只有经过微生物的作用，才能腐烂分解形成腐殖质，微生物数量的减少也会导致有机质含量的减少[276]。因此，采动地裂缝的宽度越大以及距采动地裂缝的水平距离越小，对土壤微生物造成的影响越大，土壤中有机质含量、大团聚体含量和土壤平均重量直径越小，土壤的抗蚀性越差。随着地裂缝自修复过程的进行，土壤中的微生物含量受到的影响减弱[277]，土壤有机质及团聚体含量提升，土壤抗侵蚀能力可能会得到一定恢复。

（3）采动地裂缝的发育会使土层发生开裂和滑移，使附近植物根系拉伤甚至断裂，严重影响植物根系的活力与功能，导致裂缝周围植被枯萎、死亡[278]，削弱了植物根系在土壤中通过穿插包裹作用促进水稳性大团聚体形成的效应和植物根系通过机械缠结土壤提高土体水稳结构和抗蚀强度的固土功能[279-280]。植物根系受损，对土壤有机质的拦截保护作用减弱，同时分泌的根源有机质、渗出液和黏胶等根系分泌物随之减少，导致土壤有机质累积量的减少、根土复合体稳定性降低以及土壤团聚体含量减少[281-282]。已有的研究表明，沉陷区裂缝宽度是导致植物根系损伤的主要因素，采动地裂缝宽度越大，对植物根系的损害程度越大，植物根系的固土、分泌等能力均受到显著影响[229]。采动地裂缝宽度增大，距采动地裂缝距离越近，对植物根系的损害程度越大，土壤有机质、大团聚体含量越少，周边土壤抗侵蚀能力越低。但随着时间的迁移，采动地裂缝周边的植被会进行自我修复，且草本植物的自修复能力最强，土壤抗蚀性能力可能不再继续降低而是有所回升[274]。

（4）土壤中的黏粒和有机质会与土壤矿物颗粒及金属离子发生作用形成微团聚体[243]，微团聚体又与真菌菌丝以及根系、土壤分泌物在黏结力作用下形成土壤水稳性大团聚体[283]。采动地裂缝的发育通过影响周边土壤的物理、化学、微生物特性，导致细黏粒含量、有机质含量、土壤微团聚体含量和水稳性大团聚体含量减少，土壤团聚度和平均重量直径降低，使得土壤抗蚀性综合指数随之降低，土壤抗侵蚀能力减弱。采动地裂缝宽度越大或者越靠近采动地裂缝，土壤中的黏粒、有机质等含量越低，土壤团聚体越不稳定，抗侵蚀能力也就越差。但是，随着时间尺度的拉长，采动地裂缝周边土壤的抗侵蚀能力不会一直变差，受裂缝自修复作用的影响，周边土壤中的含水率、有机质、植物根系等得到一定修复，土壤抗侵蚀能力也可能得到恢复。

上述结果与郑慧慧等[284]在黄土沟壑区得出的结论基本一致，但也可能会因为研究对象区域地形、沉陷特征及类型不同，而使研究结果产生一定的区别。此外，研究区内还存在着垂直于等高线的采动地裂缝以及其他类型的黄土坡面，二者对土壤抗蚀性的影响规律尚需深入研究。

本章小结

本章针对陕北黄土采动地裂缝对土壤抗蚀性的影响作用，以柠条塔井田北翼主采煤层典型工作面范围作为采样区域，分别以0～10 cm、10～20 cm、20～30 cm的采动地裂缝为研究对象，采集周边水平距离80 cm以内、垂直深度40 cm以浅的土壤，测定了土壤水稳性团聚体、微团聚体、无机黏粒、有机黏粒、物理性质类等14个国内外学者普遍关注的用于量化表征土壤抗蚀性的指标，采用层次分析法、敏感性分析和因子分析相结合的方法甄选出陕北采动地裂缝发育区土壤抗蚀性的重要量化指标，构建了陕北采动地裂缝发育区土壤抗蚀性综合指数模型。研究结果发现：

(1) ＞0.25 mm水稳性团聚体含量、＞0.5 mm水稳性团聚体含量和平均重量直径均随采动地裂缝宽度的增大，呈现下降趋势；在水平方向上，随水平距离的增加，呈现上升趋势；在垂直方向上，随土层深度的增加，呈现下降趋势。对照区内，土壤水稳性团聚体各项指标随土层深度的变化规律与裂缝区基本相似。裂缝宽度为20～30 cm时，在水平距离20 cm处，0～10 cm土层的土壤水稳性团聚体含量受采煤活动影响最严重。基于非线性拟合可知，宽度为20～30 cm的裂缝对表层(0～10 cm)土壤＞0.25 mm水稳性团聚体含量、＞0.5 mm水稳性团聚体含量和平均重量直径的负效应影响较大，影响范围依次在水平距离5.36 m、3.08 m、8.56 m以内。

(2) ＜0.05 mm粉黏粒含量、＜0.01 mm黏粒含量、＜0.001 mm细黏粒含量和结构性颗粒指数均随采动地裂缝宽度的增大，呈现下降趋势；在水平方向上，随水平距离的增加，呈现上升趋势；在垂直方向上，随土层深度的增加，呈现上升趋势。对照区内，土壤机械组成各项指标随土层深度的变化规律与裂缝区基本相似。裂缝宽度为20～30 cm时，在水平距离20 cm处，0～20 cm土层的土壤机械组成含量受采煤活动影响较严重。基于非线性拟合可知，宽度为20～30 cm的裂缝对表层(0～10 cm)土壤＜0.05 mm粉黏粒含量、＜0.01 mm黏粒含量、＜0.001 mm细黏粒含量和结构性颗粒指数的负效应影响较大，影响范围依次在水平距离1.11 m、1.33 m、1.09 m、1.04 m以内。

(3) 分散率、分散系数随采动地裂缝宽度的增大，呈现上升趋势；在水平方向上，随水平距离的增加，呈现下降趋势；在垂直方向上，随土层深度的增加，呈现下降趋势。团聚状况、团聚度与分散率、分散系数的变化规律相反。对照区内，土壤微团聚体各项指标随土层深度的变化规律与裂缝区基本相似。裂缝宽度为20～30 cm时，在水平距离20 cm处，0～20 cm土层的土壤水稳性团聚体含量受采煤活动影响最严重。基于非线性拟合可知，宽度为20～30 cm的裂缝对表层(0～10 cm)土壤分散率、分散系数、团聚状况和团聚度影响较大，影响范围依次在水平距离1.39 m、1.11 m、1.26 m、1.24 m以内。

(4) 土壤有机质含量、含水率和容重均随采动地裂缝宽度的增大，呈现下降趋势；在水平方向上，随水平距离的增加，呈现上升趋势；在垂直方向上，随土层深度的增加，土壤有机质含量呈现下降趋势，含水率和容重则呈现小幅度的变化。对照区内，土壤有机质含量、含水率和容重随土层深度的变化规律与裂缝区基本相似。裂缝宽度为 20～30 cm 时，在水平距离 20 cm 处，0～10 cm 土层的土壤有机质含量、含水率和容重受采煤活动影响最严重。基于非线性拟合可知，宽度为 20～30 cm 的裂缝对表层（0～10 cm）土壤有机质含量、含水率和容重的负效应影响较大，影响范围依次在水平距离 1.66 m、1.54 m、2.13 m 以内。

（5）综合层次分析法、敏感性分析和因子分析，甄选确定＞0.25 mm 水稳性团聚体含量、平均重量直径、＜0.001 mm 细黏粒含量、土壤团聚度、土壤有机质含量 5 个指标作为量化表征陕北采动地裂缝发育区土壤抗蚀性的关键指标，并基于因子分析原理构建了陕北采动地裂缝发育区土壤抗蚀性综合指数模型。

（6）采动地裂缝会降低周围土壤的抗侵蚀综合能力，且该效应随着裂缝宽度的增大和水平距离的减小而增强，当距采动地裂缝的水平距离超过 170 cm 时，采动地裂缝对周围土壤抗侵蚀综合能力的负效应基本消失，其可作为陕北采动地裂缝发育区土壤侵蚀防控的关键区域。

第六章　陕北黄土沟壑区地表沉陷对土壤侵蚀模数的影响

第一节　采煤沉陷对地表坡面形态的影响

一、数值模拟试验

（一）数值模型设计与构建

1. 模型基本框架设计

根据对研究区钻孔资料总结整理，配合文献资料的梳理验证，发现研究区主采煤层（2^{-2}煤）的埋藏地层结构从下至上多为“底板-煤层-基岩层-黄土层”，其占比超过现已探明煤层埋藏结构的60%[285]。因此，以这种普遍存在的赋存结构作为数值模型的基本地层框架设计。

2. 覆岩层状结构设计

根据研究区多个代表性地质钻孔数据资料，将2^{-2}主采煤层的埋深设置为280 m。以地层特征区段、砂泥岩层数、岩土比（3∶1）、砂泥比为关键参数，进行覆岩层状结构设计：第一，根据地质钻孔资料，将2^{-2}主采煤层上覆基岩厚度设置为210 m，黄土层厚度设置为70 m，其中基岩上部为“粉砂岩与细砂岩互层”、中部为“粉砂岩与泥岩互层”，下部为“砂岩与粉砂岩互层”；第二，根据区域调查可知2^{-2}主采煤层上覆基岩中砂岩层数一般是5～15层，且基岩中砂岩和泥岩厚度比在60%～80%之间，因此设置覆岩砂泥比为6∶4、8∶2，砂岩层数为8、10、12层，固定泥岩层数4层，其对应砂层系数依次为67%、71%、75%，根据不同岩土比、砂泥比、砂层系数计算单层砂岩、泥岩厚度，见表6-1；第三，地表黄土层结构分为上下两段，黄土层上段为坡度段，厚度为60 m；下段为水平段，厚度为10 m。

表 6-1 不同覆岩层状结构的砂岩、泥岩厚度取值

砂泥比	砂层系数/%	砂岩厚度/m	泥岩厚度/m
6∶4	67	15.75	21.00
	71	12.60	21.00
	75	10.50	21.00
8∶2	67	21.00	10.50
	71	16.80	10.50
	75	14.00	10.50

3. 变量设置与模型类型

以实际研究目的为标靶，秉持“贴近原型、合理简化”的原则，以采厚、地表黄土坡面自然坡形和坡度作为建模变量。其中，采厚取值为 5 m、7 m、9 m 三个梯度；根据实际地貌调查统计与总结，将地表黄土坡面自然坡形设置为直线坡、凹形坡、凸形坡、复合坡 4 个类型；地表黄土坡面自然坡度设置为 5°、15°、25°、35°、45°等 5 类。基于上述采厚、砂泥比、砂层系数、坡形及坡度等变量，构建出了 120 个不同类型的数值模型，可完整真实地反映研究区的基本特征。

4. 模型物理力学参数

根据代表性地质钻孔及岩土力学测试数据，对模型中各岩土层的物理力学参数进行赋值，结果见表 6-2。

表 6-2 各岩土层的物理力学参数

岩性	弹性模量/MPa	抗拉强度/MPa	重度/(kN/m^3)	内摩擦角/(°)	泊松比	黏聚力/MPa
黄土层	69.5	0.20	18.60	33.2	0.30	0.60
细粒砂岩	3 270	1.28	24.11	40.0	0.28	2.16
泥岩	3 450	1.04	24.30	37.0	0.36	1.16
中粒砂岩	4 720	1.89	25.28	37.0	0.38	4.06
粉粒砂岩	4 430	1.31	24.50	40.0	0.35	3.20
2^{-2}煤层	2 570	0.24	13.60	38.5	0.36	0.61
底板	4 720	1.86	23.81	37.7	0.35	3.60

5. 三维地质数值模型

根据上述模型设计参数，构建对应的三维地质数值模型。结合实际的采矿条件，考虑到工作面的大小及预留煤柱，模型几何尺寸设计为：在 X 方向上长 800 m，在 Y 方向上宽 250 m，在 Z 方向上高 299 m(含底板厚度 10 m)，用于还原采煤过程中工作面推进的距离、工作面的宽度及煤层埋深。模型左右两面边界沿 X 方向约束，前后两面边界沿 Y 方向约束，底面设置为全约束边界，顶面设置为自由边界。以 25°复合坡三维地质数值模型为例，见图 6-1。

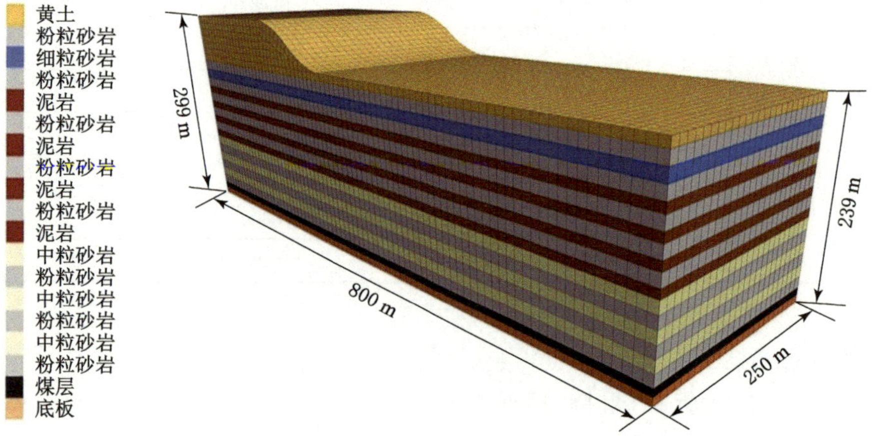

图 6-1　25°复合坡三维地质数值模型图[286]

6. 模型边界条件设置

在 FLAC3D 软件上定义三维地质数值模型的前、后、左、右界面为单向约束边界，下边界为全约束边界，上界面为自由边界。

（二）数值模拟试验过程

以 FLAC3D 软件为平台，在达到初始应力平衡的三维地质数值模型上沿 X 方向从左向右逐步开挖煤层进行模拟试验，每 20 m 开挖一次，待达到平衡后继续下一步开挖，直至达到充分采动。在模型顶面的坡面上每隔 10 m 布设一个监测点，每步开挖后均需提取坡面各监测点的下沉量和水平移动量并绘制模型剖面位移云图，见图 6-2。

将各类位移量转化为坐标，绘制下沉移动后的坡面形态，采用等效替代法[287]计算沉陷坡面的坡度、坡长，计算公式见式(6-1)、式(6-2)。

$$\frac{E_c}{E_s}=\frac{\int_0^x \rho(I_i-f_i)gf(x)\mathrm{d}x}{\int_0^x \rho(I_i-f_i)gxf_1(x)\mathrm{d}x}=1 \tag{6-1}$$

$$\int_0^x f(x)\mathrm{d}x=\int_0^x f_1(x)\mathrm{d}x \tag{6-2}$$

式中：E_c、E_s 分别为不规则坡和替代均匀坡在同一降雨过程中的径流势能；I_i、f_i 分别为单宽面曲线上任意一点的雨强和土壤下渗率；ρ 为雨水密度；g 为重力加速度；$f(x)$ 为不规则坡纵剖面的曲线方程；$f_1(x)$ 为替代均匀坡纵剖面的直线方程。

（三）数值模拟试验结果

提取各数值模型达到充分采动时的坡面位移数据，分别计算“地下采厚＋地表坡面自然形态”、“地下覆岩层状结构＋地表坡面自然形态”耦合下地表沉陷坡面形态特征及变化量，见表 6-3、表 6-4。

（a）自然坡度5°

（b）自然坡度15°

（c）自然坡度25°

（d）自然坡度35°

（e）自然坡度45°

图 6-2　采厚为 9 m 时复合坡达到充分采动状态位移云图[153]

表 6-3　“地下采厚＋地表坡面自然形态”耦合下沉陷坡面形态特征及变化量

自然坡形	自然坡度/(°)	自然坡长/m	采后坡度/(°)			采后坡长/m		
			5 m	7 m	9 m	5 m	7 m	9 m
直线坡	5	688.45	5.59	5.86	6.11	690.38	691.41	692.24
	15	231.82	16.3	16.85	17.76	233.00	233.97	234.19
	25	141.97	26.59	27.14	28.37	142.77	144.07	144.38
	35	104.61	36.70	37.37	38.54	104.47	105.48	106.02
	45	84.85	46.78	47.46	48.24	84.57	85.05	84.37
凸形坡	5	722.56	5.63	5.84	6.06	724.32	725.22	726.45
	15	257.37	16.22	16.72	17.61	258.73	259.73	260.04
	25	162.34	26.48	27.08	28.17	163.42	164.35	164.91
	35	116.97	36.66	37.22	38.31	117.72	118.61	119.38
	45	98.15	46.60	47.28	48.47	98.38	98.40	98.38

表 6-3(续)

自然坡形	自然坡度/(°)	自然坡长/m	采后坡度/(°)			采后坡长/m		
			5 m	7 m	9 m	5 m	7 m	9 m
凹形坡	5	613.05	5.55	5.97	6.21	615.06	615.87	616.54
	15	201.4	16.43	17.04	18.06	200.75	201.73	202.04
	25	117.15	26.82	27.49	28.69	118.72	119.71	120.70
	35	96.14	36.91	37.53	38.70	92.99	93.92	94.37
	45	78.88	46.92	47.69	48.61	78.40	78.98	78.79
复合坡	5	688.78	5.57	5.91	6.17	690.67	692.54	692.34
	15	233.27	16.30	16.85	17.79	234.30	235.18	235.61
	25	143.33	26.63	27.25	28.44	144.03	144.87	145.97
	35	106.57	36.70	37.42	38.56	106.23	107.05	107.73
	45	90.51	46.74	47.46	48.67	90.11	90.35	90.14

注:表中数据是在砂泥比为 8∶2、砂层系数为 75%条件下得到的。

表 6-4 “地下覆岩层状结构+地表坡面自然形态”耦合下沉陷坡面的坡度变化量

自然坡形	自然坡度/(°)	砂泥比 6∶4			砂泥比 8∶2		
		砂层系数 67%	砂层系数 71%	砂层系数 75%	砂层系数 67%	砂层系数 71%	砂层系数 75%
直线坡	5	10.89	12.16	11.94	10.40	11.40	11.80
	15	7.82	9.22	8.90	7.36	8.03	8.65
	25	5.71	6.81	6.45	5.21	5.64	6.36
	35	4.29	5.24	4.93	3.90	4.24	4.86
	45	3.59	4.14	4.0	3.14	3.47	3.95
凸形坡	5	10.35	11.45	11.24	9.40	10.40	11.00
	15	8.52	9.92	9.62	7.95	8.67	9.54
	25	6.44	7.36	7.32	5.76	6.42	7.27
	35	5.03	5.76	5.56	4.57	4.99	5.4
	45	4.25	4.84	4.39	3.82	4.14	4.27
凹形坡	5	11.24	12.87	12.72	10.60	12.00	12.60
	15	7.46	8.17	8.14	6.97	7.43	8.14
	25	5.34	6.26	5.98	4.81	5.27	5.92
	35	4.18	4.82	4.78	3.67	4.13	4.73
	45	3.17	3.11	3.71	2.75	3.05	3.57
复合坡	5	10.65	11.79	11.56	9.60	10.80	11.40
	15	7.81	8.87	8.80	7.43	7.92	8.68
	25	5.71	6.81	6.63	4.68	5.76	6.51
	35	4.61	5.55	4.95	4.19	4.48	4.85
	45	3.37	3.17	3.90	2.90	3.27	3.86

注:表中数据是在采厚为 5 m 条件下得到。

二、采煤沉陷对地表坡面坡度的影响

由表 6-2 可知，采煤引起的坡面沉陷会导致坡面坡度的增大，且采后不同的采厚及地表初始形态情况下的坡度变化均存在差异。因此，计算了 60 个模型开挖模拟后坡面坡度相较于自然坡度的增大量与增大幅度，分析了不同采厚、自然坡形、自然坡度、砂层系数、砂泥比对沉陷坡面坡度及坡形的影响特征及变化规律。

（一）采厚对沉陷坡面坡度的影响

综合不同采厚、坡度及坡形模型的数值模拟得到的坡面形态结果，绘制了采厚变化时各类地表黄土坡面坡度相对于开采前对应自然坡度的增量及增幅的变化图，见图 6-3。

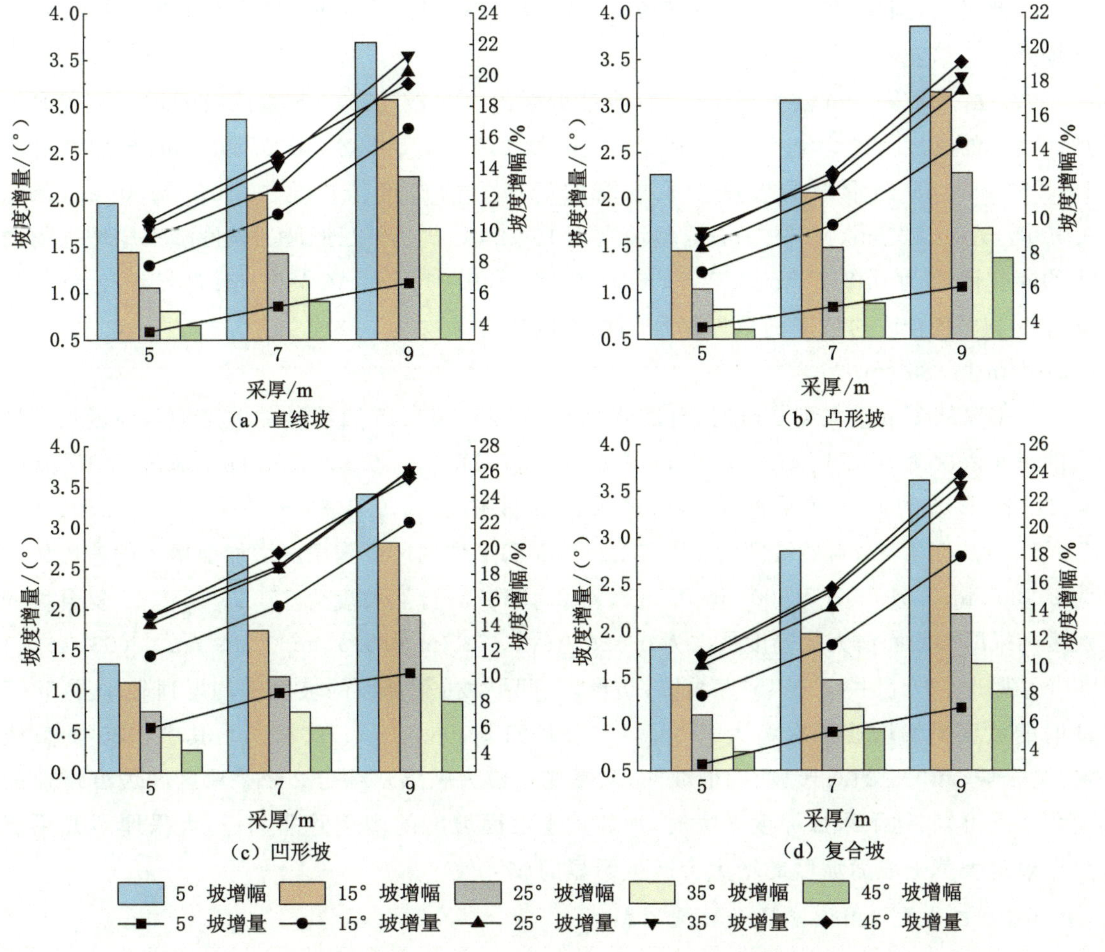

图 6-3 不同采厚影响下沉陷坡面坡度的增量与增幅对比图

由表 6-3、图 6-3 可知：无论何种自然坡形，采煤沉陷均会导致地表黄土坡面的坡度增大，且采厚越大，坡度增幅越大。具体而言：

（1）相对于自然坡面坡度，直线坡在煤层开采厚度为 5 m、7 m、9 m 时的坡度平均增大量依次为 1.39°、1.94°、2.80°，相应的平均增大幅度依次为 7.12%、10.07%、14.27%，煤层以 9 m 采厚开采时直线坡的坡度增大幅度依次是以 5 m、7 m 开采时的 2.00 倍和 1.42 倍。凸形坡在煤层开采厚度为 5 m、7 m、9 m 时的坡度平均增大量依次为 1.32°、1.83°、2.72°，相应的平均增大幅度依次为 6.99%、9.62%、13.68%，煤层以 9 m 采厚开采时凸线坡的坡度增大幅度依次是以 5 m、7 m 开采时的 1.96 倍 1.42 倍。凹形坡在煤层开采厚度为 5 m、7 m、9 m 时的坡度平均增大量依次为 1.42°、1.96°、2.85°，相应的平均增大幅度依次为 7.51%、11.25%、15.61%；煤层以 9 m 采厚开采时直线坡的坡度增大幅度依次是以 5 m、7 m开采时的 2.08 倍和 1.39 倍。复合坡在煤层开采厚度为 5 m、7 m、9 m 时的坡度平均增大量依次为 1.39°、1.98°、2.93°，相应的平均增大幅度依次为 7.06%、10.40%、14.82%；煤层以 9 m 采厚开采时直线坡的坡度增大幅度依次是以 5 m、7 m 开采时的 2.10 倍和 1.43 倍。由此可见，当采厚由 5 m 增大至 9 m，直线坡、凸形坡、凹形坡、复合坡的坡度增大幅度均提升了 1 倍左右。

(2) 当采厚从 5 m 增大到 7 m 时，自然坡度为 15°、25°、35°、45°直线坡的坡度随采厚增加而增大的速度依次为 0.135°/m、0.275°/m、0.274°/m、0.338°/m、0.342°/m；自然坡度为 15°、25°、35°、45°凸形坡的坡度随采厚增加而增大的速度依次为 0.107°/m、0.251°/m、0.300°/m、0.282°/m、0.339°/m；自然坡度为 15°、25°、35°、45°凹形坡的坡度随采厚增加而增大的速度依次为 0.212°/m、0.305°/m、0.338°/m、0.310°/m、0.386°/m；自然坡度为 15°、25°、35°、45°复合坡的坡度随采厚增加而增大的速度依次为 0.212°/m、0.305°/m、0.338°/m、0.310°/m、0.386°/m。

当采厚从 7 m 增大到 9 m 时，自然坡度为 15°、25°、35°、45°直线坡的坡度随采厚增加而增大的速度依次为 0.123°/m、0.457°/m、0.615°/m、0.585°/m、0.389°/m；自然坡度为 15°、25°、35°、45°凸形坡的坡度随采厚增加而增大的速度依次为 0.108°/m、0.441°/m、0.542°/m、0.545°/m、0.594°/m；自然坡度为 15°、25°、35°、45°凹形坡的坡度随采厚增加而增大的速度依次为 0.120°/m、0.510°/m、0.600°/m、0.585°/m、0.458°/m；自然坡度为 15°、25°、35°、45°复合坡的坡度随采厚增加而增大的速度依次为 0.128°/m、0.472°/m、0.595°/m、0.569°/m、0.608°/m。

采厚 7～9 m 时 15°～45°直线坡、凸形坡、凹形坡、复合坡的坡度平均增速较采厚 5～7 m 时的坡度平均增速依次增大了 69.32%、81.21%、63.02%、72.30%。其中，“25°的直线坡、复合坡”和“35°的凸形坡、凹形坡”对采厚变化最为敏感。综合 2 个采厚区间坡度增速的变化情况可知：地下采煤厚度增大时，地表黄土坡面坡度的增速并非匀速，大采厚对开采沉陷导致地表黄土坡面坡度的增大会产生明显的放大效应。

（二）自然坡形对沉陷坡面坡度的影响

综合不同采厚、坡度及坡形模型的数值模拟得到坡面坡度变化结果，绘制了不同坡形开采沉陷后坡度增幅的对比图，见图 6-4。

由表 6-3、图 6-4 可知：在采厚及自然坡度相同情况下，不同黄土坡面的自然坡形对采后坡度增幅的影响具有差异。具体而言：

(1) 当采厚为 5 m 时，自然坡度为 5°直线坡、凸形坡、凹形坡、复合坡在地表沉陷后的坡度依次为 5.59°、5.63°、5.55°、5.57°，采动后地表黄土坡面坡度相对于自然坡度的增幅依次

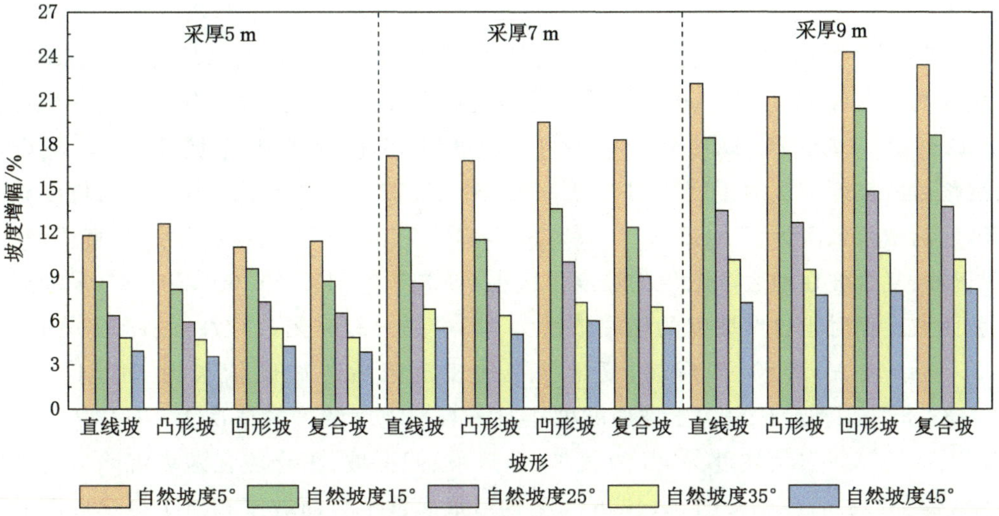

图 6-4　不同坡形下黄土坡面采后坡度增幅

为 11.80%、12.60%、11.00%、11.40%；自然坡度为 15°直线坡、凸形坡、凹形坡、复合坡在地表沉陷后的坡度依次为 16.30°、16.22°、16.43°、16.30°，采动后地表黄土坡面坡度相对于自然坡度的增幅依次为 8.65%、8.14%、9.54%、8.67%；自然坡度为 25°直线坡、凸形坡、凹形坡、复合坡在地表沉陷后的坡度依次为 26.59°、26.48°、26.82°、26.63°，采动后地表黄土坡面坡度相对于自然坡度的增幅依次为 6.36%、5.92%、7.27%、6.50%；自然坡度为 35°直线坡、凸形坡、凹形坡、复合坡在地表沉陷后的坡度依次为 36.70°、36.66°、36.91°、36.70°，采动后地表黄土坡面坡度相对于自然坡度的增幅依次为 4.86%、4.73%、5.46%、4.85%；自然坡度为 45°直线坡、凸形坡、凹形坡、复合坡在地表沉陷后的坡度依次为 46.78°、46.60°、46.92°、46.74°，采动后地表黄土坡面坡度相对于自然坡度的增幅依次为 3.95%、3.57%、4.27%、3.86%。由此可见，在采厚为 5 m 情况下，自然坡度为 5°时凸形坡坡度增幅最大；自然坡度为 15°～45°时凹形坡坡度增幅最大。

(2) 当采厚为 7 m 时，自然坡度为 5°直线坡、凸形坡、凹形坡、复合坡在地表沉陷后的坡度依次为 5.86°、5.84°、5.97°、5.91°，采动后地表黄土坡面坡度相对于自然坡度的增幅依次为 17.20%、16.88%、19.48%、18.29%；自然坡度为 15°直线坡、凸形坡、凹形坡、复合坡在地表沉陷后的坡度依次为 16.85°、16.72°、17.04°、16.85°，采动后地表黄土坡面坡度相对于自然坡度的增幅依次为 12.32%、11.49%、13.60%、12.32%；自然坡度为 25°直线坡、凸形坡、凹形坡、复合坡在地表沉陷后的坡度依次为 27.14°、27.08°、27.49°、27.25°，采动后地表黄土坡面坡度相对于自然坡度的增幅依次为 8.55%、8.33%、9.98%、9.00%；自然坡度为 35°直线坡、凸形坡、凹形坡、复合坡在地表沉陷后的坡度依次为 37.37°、37.22°、37.53°、37.42°，采动后地表黄土坡面坡度相对于自然坡度的增幅依次为 6.79%、6.35%、7.23%、6.92%；自然坡度为 45°直线坡、凸形坡、凹形坡、复合坡在地表沉陷后的坡度依次为47.46°、47.28°、47.69°、47.46°，采动后地表黄土坡面坡度相对于自然坡度的增幅依次为 5.47%、5.07%、5.98%、5.46%。由此可见，在采厚为 7 m 情况下，在任意自然坡度凹形坡的坡度增幅最大。

(3) 当采厚为 9 m 时，自然坡度为 5°直线坡、凸形坡、凹形坡、复合坡在地表沉陷后的坡度依次为 6.11°、6.06°、6.21°、6.17°，采动后地表黄土坡面坡度相对于自然坡度的增幅依次为 22.12%、21.19%、24.27%、23.40%；自然坡度为 15°直线坡、凸形坡、凹形坡、复合坡在地表沉陷后的坡度依次为 17.76°、17.61°、18.06°、17.79°，采动后地表黄土坡面坡度相对于自然坡度的增幅依次为 18.41%、17.37%、20.40%、18.62%；自然坡度为 25°直线坡、凸形坡、凹形坡、复合坡在地表沉陷后的坡度依次为 28.37°、28.17°、28.69°、28.44°，采动后地表黄土坡面坡度相对于自然坡度的增幅依次为 13.47%、12.66%、14.78%、13.77%；自然坡度为 35°直线坡、凸形坡、凹形坡、复合坡在地表沉陷后的坡度依次为 38.54°、38.31°、38.70°、38.56°，采动后地表黄土坡面坡度相对于自然坡度的增幅依次为 10.13%、9.46%、10.57%、10.17%；自然坡度为 45°直线坡、凸形坡、凹形坡、复合坡在地表沉陷后的坡度依次为 48.24%、48.47%、48.61%、48.67°，采动后地表黄土坡面坡度相对于自然坡度的增幅依次为 7.20%、7.71%、8.02%、8.16%。由此可见，在采厚为 9 m 情况下，自然坡度为 5°～35°时凹形坡坡度增幅最大；自然坡度为 45°时复合坡坡度增幅最大。

(4) 综上所述，“采厚为 5 m、自然坡度≤5°”凸形坡在采煤沉陷过程中的坡度增大幅度最明显；“采厚为 5 m、自然坡度＞5°”、“采厚为 7 m、自然坡度 5～45°”、“采厚为 9 m、自然坡度≤35°”凹形坡在采煤沉陷过程中的坡度增大幅度最明显；“采厚为 9 m、自然坡度＞35°”复合坡在采煤沉陷后的坡度增大幅度最明显；“任意采厚及自然坡度情况下”直线坡在采煤沉陷后的坡度增大幅度均不突出，且普遍与复合坡的坡度增幅变化相差较小，具有明显的同质性。由此可见，不同自然坡形对沉陷后坡面坡度增幅的影响程度广泛表现为：凹形坡坡度增幅＞复合坡坡度增幅≈直线坡坡度增幅＞凸形坡坡度增幅，凹形坡在开采沉陷变形过程中为敏感坡形。

（三）自然坡度对沉陷坡面坡度的影响

黄土坡面的自然坡度是典型的坡面形态特征参数，其对坡面的产流、产沙强度以及坡面结构的稳定性具有重要作用[288-289]。综合不同采厚、坡度及坡形模型的数值模拟得到的坡面坡度变化结果，绘制了坡度增量及增幅随自然坡度的变化图，见图 6-5。

由表 6-3、图 6-5 可知：任意采厚情况下，随着黄土坡面自然坡度的增大，达到充分采动后坡度的增大量也随之增大，坡度增大幅度则随之减小。具体而言，

(1) 在 5 m 采厚情况下，开采沉陷后直线坡自然坡度为 5°、15°、25°、35°、45°时的坡度增量依次为 0.59°、1.30°、1.59°、1.70°、1.78°，相较于对应自然坡度的增大幅度依次为：11.80%、8.65%、6.36%、4.86%、3.95%。凸形坡自然坡度为 5°、15°、25°、35°、45°时的坡度增量依次为 0.63°、1.22°、1.48°、1.66°、1.60°，相较于对应自然坡度的增大幅度依次为：12.60%、8.14%、5.92%、4.73%、3.57%。凹形坡自然坡度为 5°、15°、25°、35°、45°时的坡度增量依次为 0.63°、1.22°、1.48°、1.66°、1.60°，相较于对应自然坡度的增大幅度依次为：11.00%、9.54%、7.27%、5.46%、4.27%。复合坡自然坡度为 5°、15°、25°、35°、45°时的坡度增量依次为 0.57°、1.30°、1.63°、1.70°、1.74°，相较于对应自然坡度的增大幅度依次为：

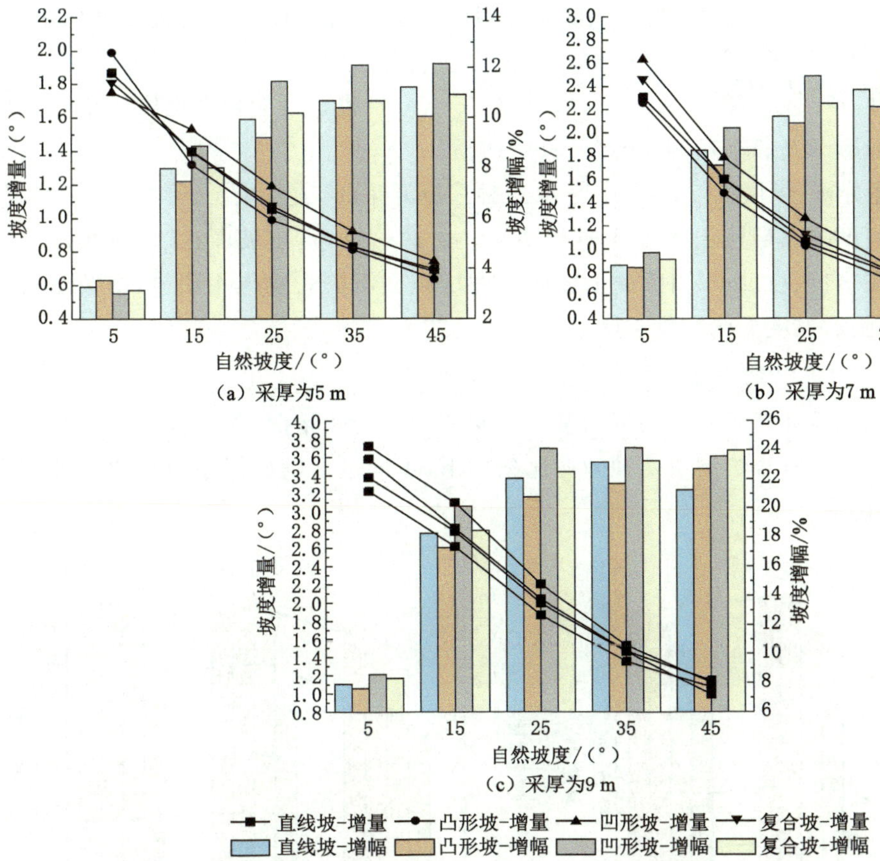

图 6-5　不同自然坡度下采后黄土坡面的坡度增量及增幅[286]

11.40%、8.67%、6.50%、4.85%、3.86%。

(2) 在 7 m 采厚情况下，开采沉陷后直线坡自然坡度为 5°、15°、25°、35°、45°时的坡度增量依次为 0.86°、1.85°、2.14°、2.37°、2.46°，相较于对应自然坡度的增大幅度依次为：17.20%、12.32%、8.55%、6.79%、5.47%。凸形坡自然坡度为 5°、15°、25°、35°、45°时的坡度增量依次为 0.84°、1.72°、2.08°、2.22°、2.28°，相较于对应自然坡度的增大幅度依次为：16.88%、11.49%、8.33%、6.35%、5.07%、9.62%。凹形坡自然坡度为 5°、15°、25°、35°、45°时的坡度增量依次为 0.97°、2.04°、2.49°、2.53°、2.69°，相较于对应自然坡度的增大幅度依次为：19.48%、13.60%、9.98%、7.23%、5.98%。复合坡自然坡度为 5°、15°、25°、35°、45°时的坡度增量依次为 0.91°、1.85°、2.25°、2.42°、2.46°，相较于对应自然坡度的增大幅度依次为：18.29%、12.32%、9.00%、6.92%、5.46%。

(3) 在 9 m 采厚情况下，开采沉陷后直线坡自然坡度为 5°、15°、25°、35°、45°时的坡度增量依次为 1.11°、2.76°、3.37°、3.54°、3.24°，相较于对应自然坡度的增大幅度依次为：22.12%、18.41%、13.47%、10.13%、7.20%。凸形坡自然坡度为 5°、15°、25°、35°、45°时的坡度增量依次为 1.06°、2.61°、3.17°、3.31°、3.47°，相较于对应自然坡度的增大幅度依次为：21.19%、17.37%、12.66%、9.46%、7.71%。凹形坡自然坡度为 5°、15°、25°、35°、45°时的坡

度增量依次为1.21°、3.06°、3.69°、3.70°、3.61°，相较于对应自然坡度的增大幅度依次为：24.27％、20.40％、14.78％、10.57％、8.02％。复合坡自然坡度为5°、15°、25°、35°、45°时的坡度增量依次为1.17％、2.79％、3.44％、3.56％、3.67°，相较于对应自然坡度的增大幅度依次为：23.40％、18.62％、13.77％、10.17％、8.16％。

（4）综合上述分析，煤层以5 m、7 m、9 m三种采厚开采时，直线坡、凸形坡、凹形坡、复合坡的坡度增大幅度均在自然坡度为5°时最明显。由此可见，黄土坡面在“任意采厚及自然坡形”条件下，在“自然坡度＜5°时”黄土坡面坡度增幅受沉陷影响作用明显，即黄土坡面自然坡度越小，沉陷后坡度变化幅度越明显。

（四）砂层系数对沉陷坡面坡度的影响

根据数值模拟试验计算后提取的不同情况坡面坡度的变化情况，将不同砂层系数下的坡度增量和增幅等数据整合绘制成两种砂泥比条件下，不同坡形随砂层系数变化的坡度变化曲线，见图6-6、图6-7。

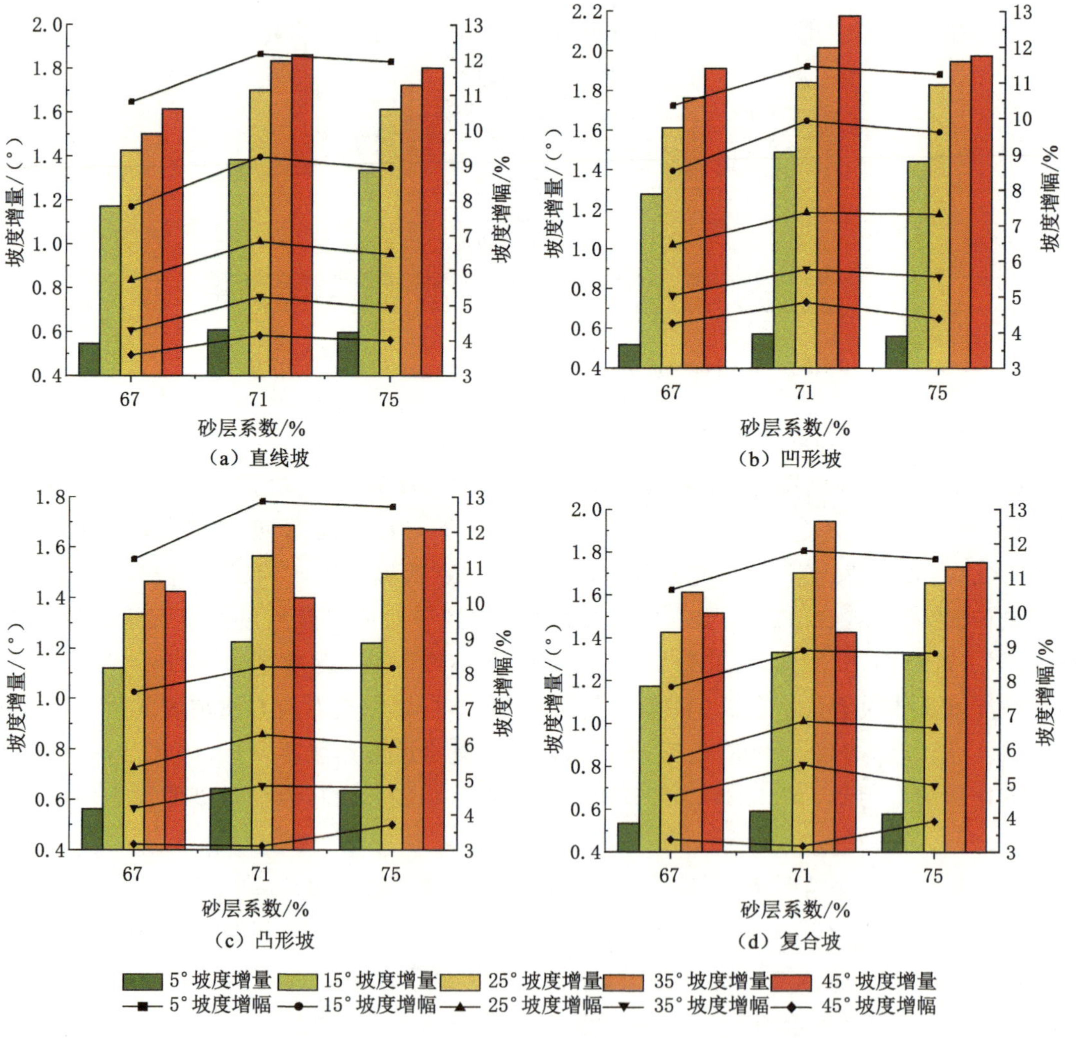

图6-6　砂泥比6：4时不同坡形、坡度对应的坡度增幅、增量图[290-292]

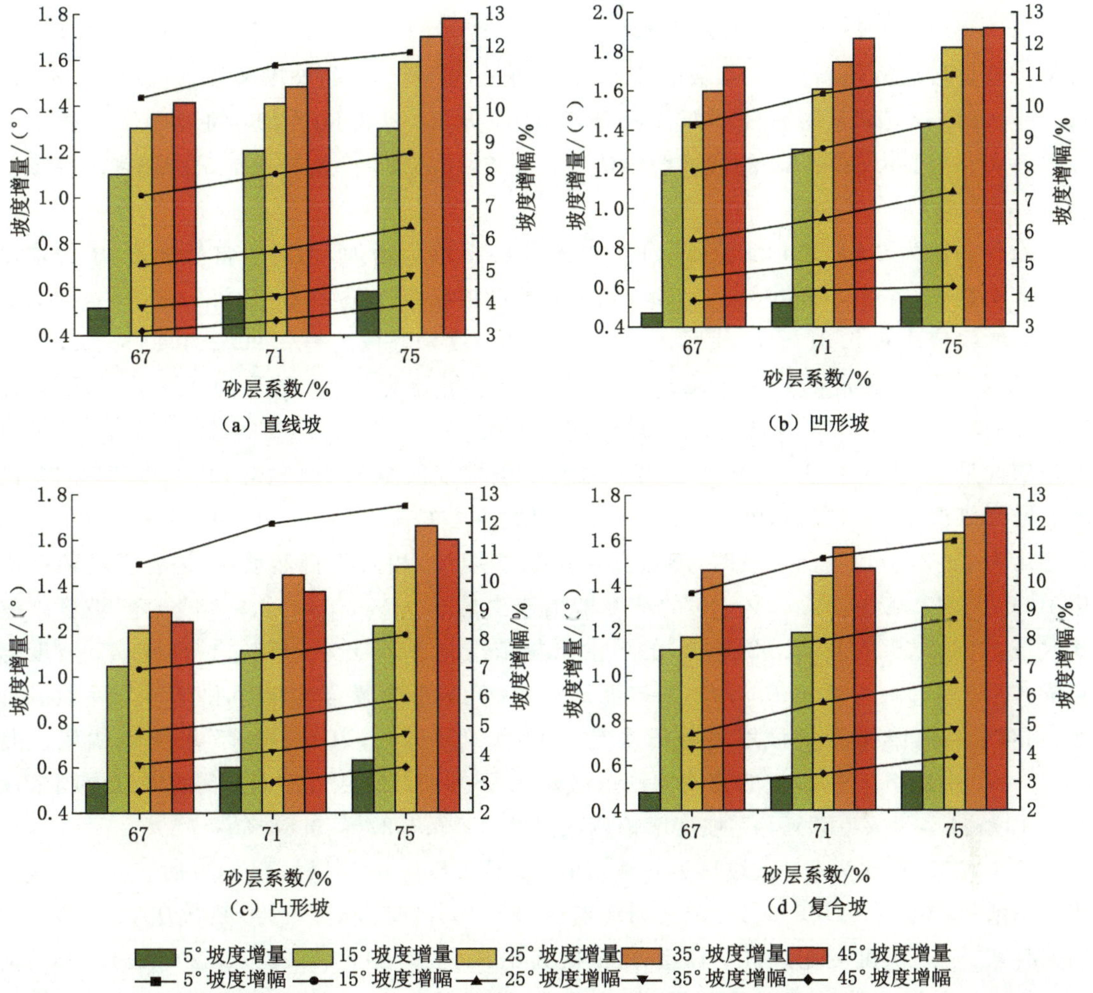

图 6-7 砂泥比 8∶2 时,不同坡形、坡度对应的坡度增幅、增量图[290-292]

由表 6-4、图 6-6、图 6-7 可知,在同种砂泥比、坡形、坡度条件下,随着砂层系数的增加,黄土坡面坡度增幅有着明显的差异,具体而言:

第一,当砂泥比为 6∶4、坡形为直线坡时,随着砂层系数的增加,相对于自然坡度,5°的坡度增幅依次是 10.89%、12.16%、11.94%,15°的坡度增幅依次是 7.82%、9.22%、8.90%,25°的坡度增幅依次是 5.71%、6.81%、6.45%,35°的坡度增幅依次是 4.29%、5.24%、4.93%,45°的坡度增幅依次是 3.59%、4.14%、4.0%;当砂泥比为 6∶4、坡形为凹形坡时,随着砂层系数的增加,相对于自然坡度,5°的坡度增幅依次是 10.35%、11.45%、11.24%,15°的坡度增幅依次是 8.52%、9.92%、9.62%,25°的坡度增幅依次是 6.44%、7.36%、7.32%,35°的坡度增幅依次是 5.03%、5.76%、5.56%,45°的坡度增幅依次是 4.25%、4.84%、4.39%;当砂泥比为 6∶4、坡形为凸形坡时,随着砂层系数的增加,相对于自然坡度,5°的坡度增幅依次是 11.24%、12.87%、12.72%,15°的坡度增幅依次是 7.46%、

8.17%、8.14%，25°的坡度增幅依次是5.34%、6.26%、5.98%，35°的坡度增幅依次是4.18%、4.82%、4.78%，45°的坡度增幅依次是3.17%、3.11%、3.71%；当砂泥比为6∶4、坡形为复合坡坡时，随着砂层系数的增加，相对于自然坡度，5°的坡度增幅依次是10.65%、11.79%、11.56%，15°的坡度增幅依次是7.81%、8.87%、8.80%，25°的坡度增幅依次是5.71%、6.81%、6.63%，35°的坡度增幅依次是4.61%、5.55%、4.95%，45°的坡度增幅依次是3.37%、3.17%、3.90%.

当砂泥比为8∶2、坡形为直线坡时，随着砂层系数的增加，相对于自然坡度，5°的坡度增幅依次是10.40%、11.40%、11.80%，15°的坡度增幅依次是7.36%、8.03%、8.65%，25°的坡度增幅依次是5.21%、5.64%、6.36%，35°的坡度增幅依次是3.90%、4.24%、4.86%，45°的坡度增幅依次是3.14%、3.47%、3.95%；当砂泥比为8∶2、坡形为凹形坡时，随着砂层系数的增加，相对于自然坡度，5°的坡度增幅依次是9.40%、10.40%、11.00%，15°的坡度增幅依次是7.95%、8.67%、9.54%，25°的坡度增幅依次是5.76%、6.42%、7.27%，35°的坡度增幅依次是4.57%、4.99%、5.46%，45°的坡度增幅依次是3.82%、4.14%、1.92%；当砂泥比为8∶2、坡形为凸形坡时，随着砂层系数的增加，相对于自然坡度，5°坡度增幅依次是10.60%、12.00%、12.60%，15°的坡度增幅依次是6.97%、7.43%、8.14%，25°坡度增幅依次是4.81%、5.27%、5.92%，35°的坡度增幅依次是3.67%、4.13%、4.73%，45°坡度增幅依次是2.75%、3.05%、3.57%；当砂泥比为8∶2、坡形为复合坡坡时，随着砂层系数的增加，相对于自然坡度，5°的坡度增幅依次是9.60%、10.80%、11.40%，15°坡度增幅依次是7.43%、7.92%、8.68%，25°的坡度增幅依次是4.68%、5.76%、6.51%，35°的坡度增幅依次是4.19%、4.48%、4.85%，45°坡度增幅依次是2.90%、3.27%、3.86%。

第二，当砂泥比为6∶4、坡形为直线坡时，砂层系数从67%增加到71%时，5°～45°坡度变化率增速依次为11.66%、18.01%、19.27%、22.10%、15.34%，砂层系数从71%增加到75%时，5°～45°坡度变化率有下降趋势，依次为1.81%、3.49%、5.25%、5.96%、3.22%，但整体相对于砂层系数为67%是显著增加的；当砂泥比为6∶4、坡形为凹形坡时，砂层系数从67%增加到71%时，5°～45°坡度变化率增速依次为10.63%、16.45%、14.18%、14.56%、13.91%，砂层系数从71%增加到75%时，5°～45°坡度变化率有下降趋势，依次为1.83%、3.02%、0.51%、3.44%、9.23%，但整体相对于砂层系数为67%是显著增加的；当砂泥比为6∶4、坡形为凸形坡时，砂层系数从67%增加到71%时，5°～45°坡度变化率增速依次为14.51%、9.45%、17.2%、15.13%、1.72%，砂层系数从71%增加到75%时，5°～45°坡度变化率有下降趋势，依次为1.17%、0.33%、4.48%、0.72%、8.68%，但整体相对于砂层系数为67%是显著增加的；当砂泥比为6∶4、坡形为复合坡时，砂层系数从67%增加到71%时，5°～45°坡度变化率增速依次为10.71%、13.57%、19.27%、20.52%、5.87%，砂层系数从71%增加到75%时，5°～45°坡度变化率有下降趋势，依次为1.95%、0.83%、2.65%、10.87%、10.28%，但整体相对于砂层系数为67%是显著增加。

当砂泥比为8∶2、坡形为直线坡时，砂层系数从67%增加到71%时，5°～45°坡度变化率增速依次为9.62%、9.12%、8.14%、8.72%、10.54%，砂层系数从71%增加到75%时，5°～45°坡度变化率增速依次为3.51%、7.77%、12.82%、14.63%、13.85%，在砂层系数变化的两个阶段整体显著增加；当砂泥比为 8：2、坡形为凹形坡时，砂层系数从 67%增加到 71%时，5°～45°坡度变化率增速依次为 10.64%、8.98%、11.45%、9.19%、8.48%，砂层系数从 71%增加到 75%时，5°～45°坡度变化率增速依次为 5.77%、10.03%、13.23%、9.53%、3.01%，在砂层系数变化的两个阶段整体显著增加；当砂泥比为 8：2、坡形为凸形坡时，砂层系数从 67%增加到 71%时，5°～45°坡度变化率增速依次为 13.21%、6.60%、9.57%、12.44%、10.83%，砂层系数从 71%增加到 75%时，5°～45°坡度变化率增速依次为 5.0%、9.59%、12.45%、14.59%、16.87%，在砂层系数变化的两个阶段整体显著增加；当砂泥比为 8：2、坡形为复合坡时，砂层系数从 67%增加到 71%时，5°～45°坡度变化率增速依次为 12.5%、6.64%、23.16%、6.82%、12.74%，砂层系数从 71%增加到 75%时，5°～45°坡度变化率增速依次为 5.56%、9.53%、12.85%、8.32%、17.81%，在砂层系数变化的两个阶段整体显著增加。

由此可见，当砂泥比为 6：4 时，无论在何种坡形、坡度下，随着砂层系数的增加，开采沉陷引起的黄土坡面的坡度增幅都呈现先增加后减小的趋势。当砂层系数小于 71%时，黄土坡面坡度增幅随着砂层系数的增大而增大，当砂层系数大于 71%时，黄土坡面坡度增幅会有小幅度下降，此时的砂层系数对黄土坡面坡度的影响减小；当砂泥比 8：2 时，无论在何种坡形、坡度条件下，随着砂层系数的增加，开采沉陷引起的黄土坡面的坡度增幅都呈现增加的趋势，但是相对于砂泥比从 67%增加到 71%，砂泥比从 71%增加到 75%时增速明显小于第一个阶段的增速。因此，无论何种砂泥比、坡度坡形条件下，当砂层系数小于 71%时，黄土坡面坡度增幅随着砂层系数的增加而增加，即砂层系数的变化对坡度变化影响明显，当砂层系数大于 71%时，黄土坡面坡度增幅变化较慢，即砂层系数对坡度影响程度随着砂层系数的增加而减弱。

（五）砂泥比对沉陷坡面坡度的影响

基于数值模拟结果，将不同砂泥比下同种坡形中不同坡度增幅绘制成曲线，见图 6-8。

由表 6-4、图 6-8 可知，无论在何种自然形态、砂层系数条件下，开采沉陷均会导致地表黄土坡面坡度增大，且砂泥比越小，坡度的增幅就越大。具体而言：

(1) 当采煤达到充分采动时，砂泥比 6：4 和砂泥比 8：2 对应的直线坡在砂层系数为 67%时的 5 种坡度平均增幅依次为 6.46%、6.01%，在砂层系数为 71%时的 5 种坡度平均增幅依次为 7.51%、6.56%，在砂层系数为 75%时的 5 种坡度平均增幅依次为 7.25%、7.12%；砂泥比 6：4 和砂泥比 8：2 对应的凹形坡在砂层系数为 67%时的 5 种坡度平均增幅依次为 6.92%、6.30%，在砂层系数为 71%时的 5 种坡度平均增幅依次为 7.87%、6.93%，在砂层系数为 75%时的 5 种坡度平均增幅依次为 7.63%、7.51%；砂泥比 6：4 和砂泥比 8：2 对应的凸形坡在砂层系数为 67%时的 5 种坡度平均增幅依次为 6.28%、5.76%，在砂层系数为 71%时的 5 种坡度平均增幅依次为 7.05%、6.38%，在砂层系数为 75%时的 5 种坡度平均增幅依次为 7.07%、6.99%；砂泥比 6：4 和砂泥比 8：2 对应的复合坡在砂层系数为 67%时的 5 种坡度平均增幅依次为 6.43%、5.76%，在砂层系数为 71%时的 5 种坡度平均增幅依次为 7.24%、6.45%，在砂层系数为 75%时的 5 种坡度平均增幅

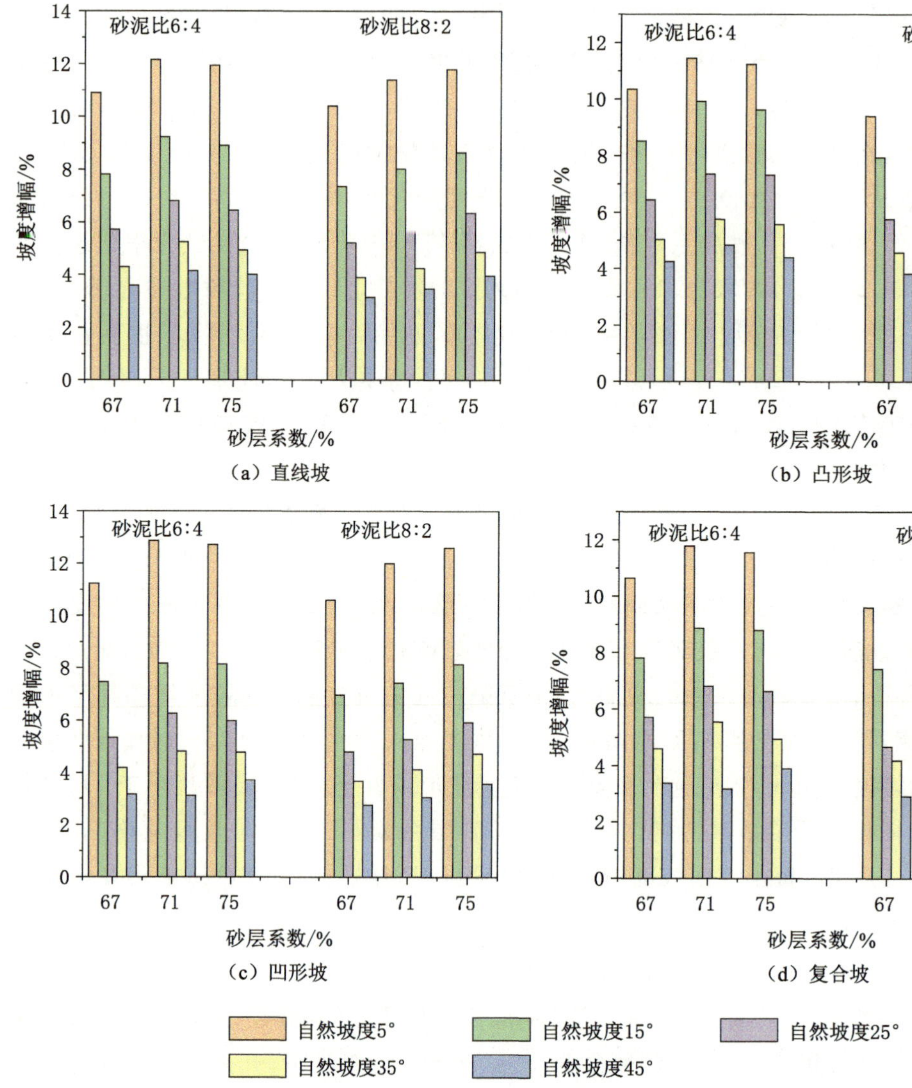

图 6-8 同种坡形在不同砂泥比条件下的坡度增幅对比图[290-292]

依次为 7.17%、7.06%。

(2) 相对于自然坡度，当砂层系数为 67%时，随着坡度梯度的增加，砂泥比 6∶4 对应的坡度增幅相对于砂泥比 8∶2 对应的坡度增幅，直线坡依次下降 4.5%、5.87%、8.72%、9.16%、12.41%，凹形坡依次下降 9.18%、6.64%、10.55%、9.20%、10.01%，凸形坡依次下降 5.69%、6.63%、9.99%、12.19%、13.03%，复合坡依次下降 9.85%、4.95%、18.01%、8.96%、13.80%；当砂层系数为 71%时，随着坡度梯度的增加，砂泥比 6∶4 对应的坡度增幅相对于砂泥比 8∶2 对应的坡度增幅，直线坡依次下降 6.25%、12.96%、17.23%、19.11%、16.06%，凹形坡依次下降 9.17%、12.63%、12.69%、13.45%、14.29%，凸形坡依次下降 6.76%、9.06%、15.85%、14.24%、1.93%，复合坡依次下降 8.39%、10.74%、15.35%、19.31%、3.25%；当砂层系数为 75%时，随着坡度梯度的增加，砂泥比 6∶4 对应的坡度增幅相对于砂泥比 8∶2 对应的坡度增幅，直线坡依次下降 1.17%、2.80%、1.45%、1.40%、1.25%，凹形坡依次下降 2.14%、0.88%、0.63%、1.83%、2.84%，凸形坡依次下降 0.94%、0.01%、0.94%、1.03%、3.92%，复合坡依次下降 1.38%、1.43%、1.86%、1.94%、0.98%。

由此可得，砂泥比越小，开采沉陷导致的黄土坡面坡度的增幅越大，即砂泥比 6∶4 相对于 8∶2 对于沉陷坡面增幅的影响更明显。

（六）"地下采厚＋地表坡面自然形态"耦合与坡面坡度变化的关系

根据"地下采厚＋地表坡面自然形态"耦合下的坡度增量结果，基于多元非线性拟合原理，建立了针对 4 种坡形采煤沉陷后坡度增量的预测方程，见表 6-5。

表 6-5　不同自然坡形坡面沉陷后坡度增量预测方程[153]

坡形	量化关系	相关系数 R^2
直线坡	$\Delta i=-0.001\,8i^2+0.040\,3h^2+0.089\,7i-0.352\,3h-0.005\,7ih+0.693\,6$	0.961 5
凸形坡	$\Delta i=-0.001\,5i^2+0.047\,5h^2+0.058\,9i-0.510\,1h-0.007\,9ih+1.486$	0.975 3
凹形坡	$\Delta i=-0.002\,1i^2+0.036\,1h^2+0.107\,8i-0.261\,6h-0.005\,5ih+0.270\,5$	0.965 3
复合坡	$\Delta i=-0.001\,7i^2+0.044\,6h^2+0.073\,2i-0.429\,1h-0.007\,6ih+1.054\,2$	0.977 4

注：其中 Δi 为坡度增量，单位为(°)；i 为黄土坡面的自然坡度，单位为(°)；h 为采厚，单位为 m。

三、采煤沉陷对地表坡面坡长的影响

表 6-3 给出了 5 m、7 m、9 m 采厚条件下沉陷坡面达到充分采动状态的坡长，由此可知：

(1) 在 5 m 采厚情况下，采煤沉陷停止后直线坡自然坡度为 5°、15°、25°、35°、45°的坡面坡长变化量依次为 1.93 m、1.18 m、0.80 m、−0.14 m、−0.28 m。凸形坡自然坡度为 5°、15°、25°、35°、45°的坡面坡长变化量依次为 1.76 m、1.36 m、1.08 m、0.75 m、0.23 m。凹形坡自然坡度为 5°、15°、25°、35°、45°的坡面坡长变化量依次为 2.01 m、−0.65 m、1.57 m、−3.15 m、−0.48 m。复合坡自然坡度为 5°、15°、25°、35°、45°的坡面坡长变化量依次为 1.89 m、1.03 m、0.70 m、−0.34 m、−0.4 m。

(2) 在 7 m 采厚情况下，采煤沉陷停止后直线坡自然坡度为 5°、15°、25°、35°、45°的坡面坡长变化量依次为 1.03 m、0.97 m、1.30 m、1.01 m、0.48 m；凸形坡自然坡度为 5°、15°、25°、35°、45°的坡面坡长变化量依次为 0.90 m、1.00 m、0.93 m、0.89 m、0.02 m；凹形坡自然坡度为 5°、15°、25°、35°、45°的坡面坡长变化量依次为 0.81 m、0.98 m、0.99 m、0.93 m、0.58 m；复合坡自然坡度为 5°、15°、25°、35°、45°的坡面坡长变化量依次为 1.87 m、0.88 m、0.84 m、0.82 m、0.24 m。

(3) 在 9 m 采厚情况下，采煤沉陷停止后直线坡自然坡度为 5°、15°、25°、35°、45°的坡面坡长变化量依次为 0.83 m、0.22 m、0.31 m、0.54 m、−0.68 m；凸形坡自然坡度为 5°、15°、25°、35°、45°的坡面坡长变化量依次为 1.23 m、0.31 m、0.56 m、0.77 m、−0.02 m；凹形坡自然坡度为 5°、15°、25°、35°、45°的坡面坡长变化量依次为 0.67 m、0.31 m、0.99 m、0.45 m、

−0.19 m；复合坡自然坡度为 5°、15°、25°、35°、45°的坡面坡长变化量依次为−0.20 m、0.43 m、1.10 m、0.68 m、−0.21 m。

(4) 根据上述分析可知，任意采厚、自然坡度及坡形情况下，黄土坡面的坡长发生了不同程度的改变，虽然各模型最终状态时的坡长变化量有所差异，均在−0.48～3.91 m 范围内，但无论是坡长的绝对变量还是变化范围均无明显规律，且相较于自然坡面的坡长变化幅度也较小，该结果与杨俊哲[293]等的研究相同。其次，从坡长对水土流失强度的影响视角来看，坡长变化对坡面的水土流失影响的研究在各方学者的论点中现存争议。如张新和等[294]通过室内模拟降雨研究得出，随着坡长的增加，侵蚀发育速率明显加快，侵蚀产沙量明显增加。但朱显谟[295]则认为，当坡长超过一定值时，随坡长增加土壤侵蚀量减小，会产生“径流退化”现象。刘冉等[296]的研究结果则认为坡面侵蚀强度随坡长的变化存在“递增型”、“递减型”和“波动型”3 种情况，且各情况坡长临界值不同。

四、机理讨论

黄土坡面的形态特征主要包括坡度、坡形等，在一定区域范围内黄土层厚度基本一致时，坡度与坡形决定了坡体各部位的基本厚度及样貌特征。煤炭被开采转运至地面后，地下形成了大面积的采空区，加之开采过程中人为对顶板的管理，导致上覆岩层应力失衡而弯曲、断裂[297]，随着采空区面积累积增大，岩层变形不断向上传递，直至波及地表黄土层，在地表形成沉陷盆地，与黄土坡面交错重叠，导致了坡面变形。当黄土坡面坡向与工作面推进方向基本一致时，坡面各部位发生不均匀沉降(坡脚部位下沉较大，而坡顶部位下沉较小)导致了黄土坡面坡度的增大，其主要原因是采煤形成的采空区导致顶板大面积的应力降低，在采空区边缘区域产生指向采空区中心的“环形拉应力场”，引起采空区边缘以外的岩土产生拉张变形[298]，因此煤炭开采导致的地表沉陷面积往往比工作面范围更大[299]，形成“漏斗状”的沉陷盆地[300]，即大幅度的沉降主要位于工作面中心地带，随着与工作面中心距离的增加，地表下沉值逐渐减小[301]，黄土坡面处于下沉值变化的范围内，沉陷后坡脚与坡顶处的高差更大，坡面更陡，坡度增大。其次，采空区边缘的拉应力导致地表坡面的拉伸变形，而采空区中心地带集中的应力又导致了坡面的压缩变形[302]，从而引起了黄土坡面坡长的变化，但在坡面变形中同时存在拉伸与压缩作用，可能是坡面坡长变化无规律性的原因。

采厚是控制地表下沉剧烈程度的最直接的控制因素[303]。当煤层开采厚度增大时，地下采空区厚度也随之增大，垮落带(甚至离层带)厚度增加，传递到地表的最大下沉值越大[304]。在本试验中，坡度的增幅随采厚增大而增大，是因为采厚增加时地表最大下沉增加，坡脚处下沉更大，导致坡面更加陡峭，从而引起更大的坡度增量和增幅。

自然坡度相同时，直线形、凸形、凹形、复合形坡体上相同水平距离处的黄土层厚度有所差异。因此，不同坡形坡体的自重有所差异，下部基岩所承受的荷载也同样有所差异[305]，再叠加沉陷时坡面形态的变形，导致下部荷载及应力变化更加复杂，从而导致采空区相同位置处地表的下沉值不同，从而不同坡形黄土坡面坡度的增量也逐渐分化。本试验中，凹形坡在沉陷后的坡度变化比较明显，是因为 4 种坡型在坡度相同时，凹形坡坡面上半部分陡峭，而下半部分较平缓，沉陷后较平缓的下半部分更接近沉陷区中心，坡面变陡，导致坡体原集中于坡中的应力转向集中于坡脚部位，从而出现了凹形坡的变形程度更大的现象。

坡面坡度反映的是地表黄土坡体的陡缓程度。自然坡形相同时，黄土坡体的自然坡度越大，坡体自身的稳定性就越差[306]。当受沉陷扰动时，自然坡度越大的坡面其产生应力与应变越集中在坡脚部位，坡脚处黄土荷载过大[307]，发生压缩形变。因此，自然坡度越大，坡脚荷载越大，自身变形越明显，在叠加采煤沉陷引起的坡面各部位的下沉时，自然坡度越大，坡度增量越大。但无论自然坡度多大，沉陷及自身变形对坡面坡度的影响有限；相对于自然坡面，缓坡与沉陷盆地重叠时其坡度变量较小，但变形明显，因此缓坡坡度增幅较大；陡坡自身坡度较大，相同范围内的坡度变化时其坡度增幅相对较小。

煤系覆岩层状结构作为控制开采沉陷过程中覆岩变形程度的重要参数，也决定着采煤沉陷在地表的最终表现形态。当砂层系数固定、砂泥比减小时，砂岩总厚度减小，抗压强度减弱，下沉系数增大，黄土坡面各部位沉降值加大，此时，若黄土坡面处于下沉值变化的范围内，距离工作面中心较近的坡脚处下沉量增大，相较于远处的坡顶位置更明显，坡顶与坡脚高差增大，黄土坡面坡度增大。

第二节 采煤沉陷对地表坡面土壤侵蚀模数的影响

在采煤沉陷区，黄土坡面受沉陷影响坡度增大，且坡长也会发生变化，使得坡面的径流势能随之增大，侵蚀加剧。而从采煤开始到沉陷稳定，往往降水、植被、水保措施等土壤侵蚀影响因素在这一期间不会发生明显变化，因此沉陷影响下的地形因子(即黄土坡面形态)以及土壤可蚀性成为采煤沉陷区土壤侵蚀强度的主控因子。根据沉陷坡面提取的坡度及坡长数据，应用中国土壤流失方程(CSLE)、经验模型，计算了坡面沉陷前后在“年侵蚀降雨”尺度下和“典型场次侵蚀降雨”尺度下的土壤侵蚀模数 M_1 和 M_2，分析了采煤沉陷影响下黄土坡面在两种尺度下的土壤侵蚀模数增幅的变化规律。

一、土壤侵蚀模数计算原理

(一) 中国土壤流失方程(CSLE)

中国通用土壤流失方程(CSLE)是用于中国地区评价、预测土壤侵蚀强度和水土保持效益的重要技术工具。它是由刘宝元等[308-309]在 Wischmeier[310]及 Renard 等[311]建立的 USLE 模型、RUSLE 模型的基础上，结合中国的水土流失特点以及土壤坡面特点，建立的适用于中国土壤流失预测的模型公式，见式(6-3)。

$$M_1 = R \times K \times L \times S \times B \times E \times T \tag{6-3}$$

式中：M_1 为土壤侵蚀模数，$t/(hm^2 \cdot a)$；R 为降雨侵蚀力因子，$(MJ \cdot mm)/(hm^2 \cdot h \cdot a)$；$K$ 为土壤可蚀性因子，$(t \cdot hm^2 \cdot h)/(hm^2 \cdot MJ \cdot mm)$；$L$ 和 S 分别为坡长因子和坡度因子，无量纲；B 为植被覆盖与生物措施因子，无量纲；E 为工程措施因子，无量纲；T 为耕作措施

因子，无量纲。

由于计算结果较为符合中国实际，因此 CSLE 方程也被《土壤侵蚀分类分级标准》(SL 190—2007)采纳，并作为年时间尺度下土壤水蚀模数的推荐计算方法。国内许多学者[312-313]都曾基于该方程开展中国不同类型区域的土壤侵蚀研究，其中也包括西北部煤矿区，例如王丽云等[314]通过该模型研究了神东矿区水土流失的动态变化。鉴于此，CSLE 方程较为适用于陕北采煤沉陷区的土壤侵蚀特征及变化规律的研究。根据胡琳等[315]研究，选取陕北降雨侵蚀力因子为 1 471.4(MJ·mm)/(hm^2·h·a)。土壤可蚀性 K 值主要由土壤的理化性质决定，可蚀性 K 值越大，抗侵蚀能力就减弱。根据 Williams 等[316]提出的土壤可蚀性因子计算方法，并结合采集的土样理化性质计算陕北黄土坡面原始土壤可蚀性 K 值。坡度和坡长是影响黄土坡面土壤侵蚀的地形因子。选用 Desmet 等[317]提出的坡长因子经典计算公式以及 Mccool 等[318-319]提出的坡度因子计算公式来计算。具体见式(6-4)、式(6-5)、式(6-6)。

$$S=\begin{cases}10.8\sin\theta+0.03 & (\theta<5^\circ)\\ 16.8\sin\theta+0.05 & (5^\circ\leqslant\theta<10^\circ)\\ 21.9\sin\theta-0.96 & (\theta\geqslant10^\circ)\end{cases}\tag{6-4}$$

$$L=(\lambda/22.13)^m\tag{6-5}$$

$$m=\begin{cases}0.2 & (\theta<0.5^\circ)\\ 0.3 & (0.5^\circ\leqslant\theta<1.5^\circ)\\ 0.4 & (1.5^\circ\leqslant\theta<3^\circ)\\ 0.5 & (\theta\geqslant3^\circ)\end{cases}\tag{6-6}$$

式中：θ 为坡度，(°)；λ 为坡长，m；m 为坡长指数。

对于植被覆盖与生物措施因子 B 的计算则采用蔡崇法等[320]提出的植被覆盖度方程，通过计算得到植被覆盖度因子。具体见式(6-7)、式(6-8)。

$$B=\begin{cases}1 & (c=0)\\ 0.6058-0.34361\lg c & (0<c\leqslant78.3\%)\\ 0 & (c>78.3\%)\end{cases}\tag{6-7}$$

$$c=\frac{\mathrm{NDVI}-\mathrm{NDVI}_{min}}{\mathrm{NDVI}_{max}-\mathrm{NDVI}_{min}}\tag{6-8}$$

式中：c 为植被覆盖度，%；NDVI 为植被归一化指数；NDVI_{min}、NDVI_{max} 分别为植被归一化指数最小值、最大值。

水土保持工程措施因子 E 的取值范围为 0～1(无量纲)，E 值的大小表示植被覆盖与水土保持措施对土壤侵蚀的抑制作用强弱，E 值取 0.9。矿区采空区地表为撂荒地，无需考虑耕地措施因子，因此 T 值取 1。

根据上述公式及表 6-3 中采后坡度、坡长数据，计算出充分采动后黄土坡面在“年侵蚀降雨”尺度下的土壤侵蚀模数(M_1)。

(二) 区域典型场次土壤侵蚀强度经验计算模型

吴发启等[321]通过研究侵蚀性降雨特征、坡面形态与土壤侵蚀间的相互关系，建立了不同降雨特征下坡度、坡长与土壤侵蚀的量化关系。陕北黄土高原主要侵蚀降雨量在 15～45 mm范围内，且 15～45 mm 侵蚀性降雨的发生次数占同期全年降水次数的 50%～65%，所产生的径流量占总量的 81.7%[321]。因此，选取吴启发等经验模型中三种典型场次的降雨量为 16.6 mm、26.9 mm、39.7 mm 的典型侵蚀降雨条件，不同降雨量对应的经验模型公式见表 6-6。

表 6-6　黄土高原地区典型降雨条件下综合因素与土壤侵蚀的关系[321]

降雨量/mm	降雨强度/(mm/h)	降雨能量/(J/m²)	坡度 S、坡长 L 与 M_2 的关系	相关指数 R^2
16.6	12.73	255.64	$M_2=39.727S^{0.741}L^{-0.577}$	0.970
26.9	122.28	766.11	$M_2=213.955S^{0.992}L^{-0.310}$	0.997
39.7	14.44	634.80	$M_2=40.333S^{0.847}L^{-0.432}$	0.990

注：表中 M_2 为经验模型计算的土壤侵蚀模数，t/hm²；S 为坡度，°；L 为坡长，m。

二、沉陷坡面变形的土壤侵蚀效应

在黄土沟壑区，黄土坡面的形态（坡度、坡长）是影响降雨径流在坡面上侵蚀能力大小的重要因素。采煤沉陷引起黄土坡面坡度增加、坡长变化，也必然伴随着坡面土壤侵蚀强度的变化，研究沉陷后坡面形变对应的土壤侵蚀模数的变化特征，即可揭示黄土矿区受沉陷影响后的水土流失规律。因此，根据本章第一节得到的开采沉陷后坡度、坡长数据，运用中国通用土壤流失方程，计算出“年侵蚀降雨”尺度下沉陷坡面的土壤侵蚀模数（M_1），再应用表 6-6 中的经验公式计算 3 种典型降雨量下的土壤侵蚀模数，求其平均值，得到“典型场次侵蚀降雨”尺度下的土壤侵蚀模数（M_2），计算结果见表 6-7。

（一）采厚对沉陷坡面土壤侵蚀的影响

根据表 6-7，绘制了不同采厚条件下年侵蚀降雨尺度、典型场次侵蚀降雨尺度的沉陷坡面土壤侵蚀模数增幅变化曲线图，见图 6-9。

由图 6-9 可知，在任意自然坡形情况下，采煤沉陷均会导致地表黄土坡面的土壤侵蚀模数增大，且采厚越大，土壤侵蚀模数增幅越大。具体而言：

(1) 年侵蚀降雨尺度下，相对于自然坡面的 M_1，采厚分别为 5 m、7 m、9 m 时引起的采煤沉陷导致直线坡 M_1 的平均增幅依次为 7.28%、10.56%、14.85%，凸形坡的 M_1 平均增幅依次为 7.29%、10.14%、14.37%，凹形坡的 M_1 平均增幅依次为 7.32%、11.40%、15.97%，复合坡的 M_1 平均增幅依次为 7.18%、10.76%、15.36%；当采高从 5 m 增加到 9 m 时，M_1 增大了 1 倍左右。其中，“自然坡度 25°的凸形坡”与“自然坡度 35°的直线坡、凹形坡、复合坡”在年降雨尺度下的 M_1 对采厚变化最为敏感。

(2) 典型场次侵蚀降雨尺度下，相对于自然坡面的 M_2，采厚分别为 5 m、7 m、9 m 时引起的采煤沉陷导致直线坡 M_2 的平均增幅依次为 6.10%、8.46%、12.04%，凸形坡的 M_2 平均增幅依次为 5.92%、8.07%、11.45%，凹形坡的 M_2 平均增幅依次为 6.61%、9.63%、13.28%，复合坡的 M_2 平均增幅依次为 6.07%、8.79%、12.47%；当采高从 5 m 增加到 9 m

时，M_2增大了1倍左右。其中，“自然坡度45°的凸形坡”、“自然坡度5°的凹形坡”和“自然坡度15°的直线坡、复合坡”在典型场次侵蚀降雨尺度下的M_2对采厚变化最为敏感。

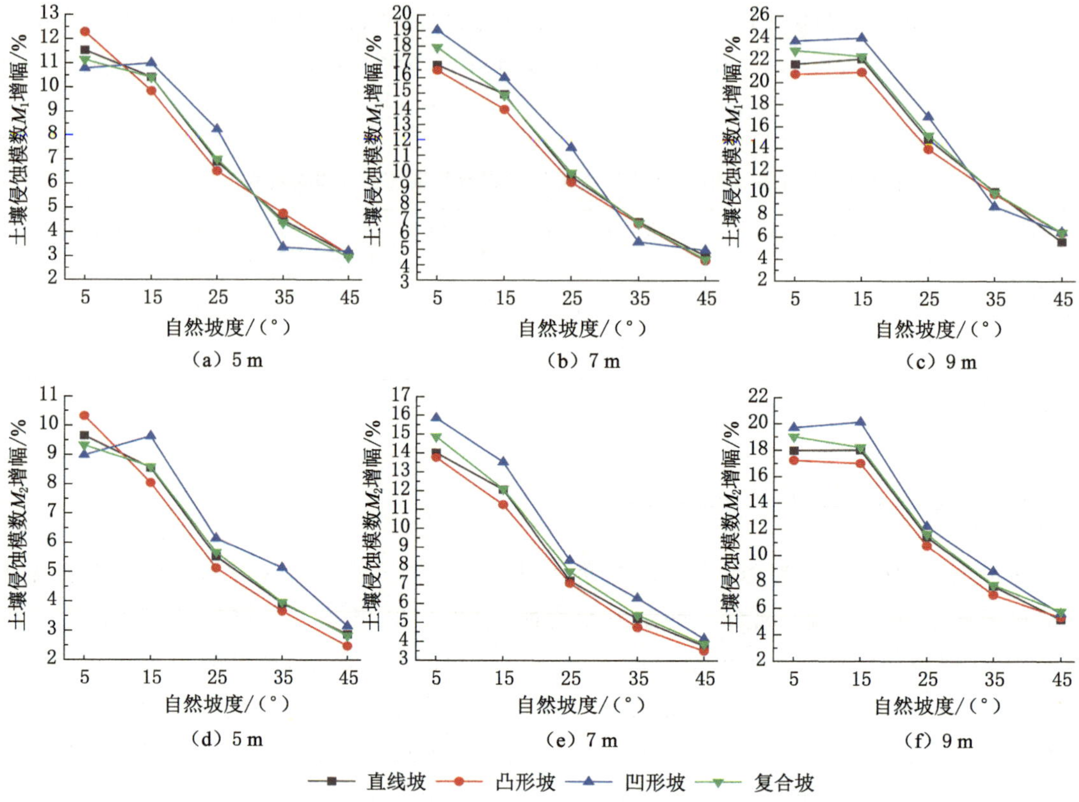

图 6-9 不同采厚条件下沉陷坡面土壤侵蚀模数的增幅对比图

由此可见，大采厚对采煤沉陷引起的地表坡面土壤侵蚀增大会产生明显的放大效应。

表 6-7 黄土坡面开采沉陷前后土壤侵蚀模数计算结果

自然坡形	自然坡度/(°)	自然坡面M_1	沉陷后M_1			自然坡面M_2	沉陷后M_2		
			5 m	7 m	9 m		5 m	7 m	9 m
直线坡	5	325.47	363.01	380.25	395.94	78.95	87.46	91.33	94.85
	15	587.24	648.46	675.05	717.17	281.69	308.74	320.00	338.91
	25	809.70	865.52	887.87	929.77	527.23	560.02	570.50	595.51
	35	972.03	1 015.47	1 037.71	1 070.11	766.38	799.96	811.67	833.22
	45	1 096.12	1 129.97	1 146.63	1 157.06	985.59	1 017.02	1 027.62	1 042.03
凸形坡	5	333.44	374.40	388.40	402.60	78.29	87.31	90.35	93.40
	15	618.76	679.61	705.24	748.21	276.69	301.67	311.79	329.72
	25	865.85	922.12	946.24	986.46	515.31	545.07	556.70	578.13
	35	1 027.89	1 076.77	1 096.21	1 129.27	751.95	783.06	792.76	812.26
	45	1 178.88	1 215.03	1 229.50	1 254.11	961.54	988.34	999.57	1 018.95

表 6-7(续)

自然坡形	自然坡度/(°)	自然坡面 M_1	沉陷后 M_1			自然坡面 M_2	沉陷后 M_2		
			5 m	7 m	9 m		5 m	7 m	9 m
凹形坡	5	307.13	340.26	365.64	380.04	80.55	88.63	94.85	98.35
	15	547.35	607.56	635.03	678.79	288.58	319.57	332.34	353.90
	25	735.54	796.24	820.15	859.98	544.82	582.82	596.38	620.80
	35	931.87	963.20	982.96	1 013.33	777.47	820.13	830.89	852.87
	45	1 056.85	1 090.67	1 109.21	1 124.86	997.89	1 032.62	1 044.51	1 060.33
复合坡	5	325.55	361.83	383.99	399.99	78.94	87.16	92.09	95.77
	15	589.07	650.42	676.82	720.79	281.39	308.52	319.73	339.21
	25	813.57	870.57	894.09	937.30	526.38	559.94	572.28	595.88
	35	981.09	1 023.97	1 046.62	1 079.08	763.97	797.65	810.54	831.23
	45	1 132.08	1 165.52	1 181.64	1 204.47	974.85	1 005.39	1 017.05	1 037.46

注：M_1 单位：t/(hm² · a)，M_2 单位：t/hm²。

（二）自然坡形对沉陷坡面土壤侵蚀的影响

由图 6-9 可知，任意采厚及自然坡度下，开采沉陷引起的不同坡形坡面 M_1 与 M_2 的增幅均存在差异。具体而言：

1. 年侵蚀降雨尺度

采厚为 5 m 时，相对于自然坡面，自然坡度 5°时直线坡、凸形坡、凹形坡、复合坡在开采沉陷后 M_1 的增幅依次为 11.53%、12.28%、10.79%、11.14%，自然坡度 15°时 M_1 的增幅依次为 10.42%、9.83%、11.00%、10.41%，自然坡度 25°时 M_1 的增幅依次为 6.89%、6.50%、8.25%、7.01%，自然坡度 35°时 M_1 的增幅依次为 4.47%、4.76%、3.36%、4.37%，自然坡度 45°时 M_1 的增幅依次为 3.09%、3.07%、3.20%、2.95%。

采厚为 7 m 时，相对于自然坡面，自然坡度 5°时直线坡、凸形坡、凹形坡、复合坡在开采沉陷后 M_1 的增幅依次为 16.83%、16.48%、19.05%、17.95%，自然坡度 15°时 M_1 的增幅依次为 14.95%、13.98%、16.02%、14.90%，自然坡度 25°时 M_1 的增幅依次为 9.65%、9.28%、11.50%、9.90%。自然坡度 35°时 M_1 的增幅依次为 6.76%、6.65%、5.48%、6.68%，自然坡度 45°时 M_1 的增幅依次为 4.61%、4.29%、4.95%、4.38%。

采厚为 9 m 时，相对于自然坡面，自然坡度 5°时直线坡、凸形坡、凹形坡、复合坡在开采沉陷后 M_1 的增幅依次为 21.65%、20.74%、23.74%、22.86%，自然坡度 15°时 M_1 的增幅依次为 22.13%、20.92%、24.01%、22.36%，自然坡度 25°时 M_1 的增幅依次为 14.83%、13.93%、16.92%、15.21%，自然坡度 35°时 M_1 的增幅依次为 10.09%、9.86%、8.74%、9.99%，自然坡度 45°时 M_1 的增幅依次为 5.56%、6.38%、6.44%、6.39%。

其中，“采厚 9 m、自然坡度 35°”下直线坡对开采沉陷引起的 dM_1 影响最大；“采厚 5 m、自然坡度 5°、自然坡度 35°”下凸形坡对开采沉陷引起的 dM_1 影响最大；“采厚 5 m、自然坡度 15°～25°、自然坡度 45°”、“采厚 7 m、自然坡度 5°～25°、自然坡度 45°”、“采厚 9 m、自然坡度

5°～25°、自然坡度 45°"下凹形坡对开采沉陷引起的 dM_1 影响最大；"采厚 7 m、自然坡度 35°"下复合坡对开采沉陷引起的 dM_1 影响最大。

2. 典型场次侵蚀降雨尺度

采厚为 5 m 时，相对于自然坡面，自然坡度 5°时直线坡、凸形坡、凹形坡、复合坡在开采沉陷后 M_2 的增幅依次为 9.65%、10.31%、8.98%、9.32%，自然坡度 15°时 M_2 的增幅依次为 8.55%、8.04%、9.62%、8.59%，自然坡度 25°时 M_2 的增幅依次为 5.52%、5.11%、6.14%、5.66%，自然坡度 35°时 M_2 的增幅依次为 3.92%、3.65%、5.14%、3.96%，自然坡度 45°时 M_2 的增幅依次为 2.87%、2.47%、3.15%、2.83%。

采厚为 7 m 时，相对于自然坡面，自然坡度 5°时直线坡、凸形坡、凹形坡、复合坡在开采沉陷后 M_2 的增幅依次为 14.01%、13.76%、15.85%、14.86%，自然坡度 15°时 M_2 的增幅依次为 12.07%、11.26%、13.52%、12.10%，自然坡度 25°时 M_2 的增幅依次为 7.22%、7.08%、8.30%、7.71%，自然坡度 35°时 M_2 的增幅依次为 5.22%、4.75%、6.30%、5.41%，自然坡度 45°时 M_2 的增幅依次为 3.79%、3.51%、4.16%、3.88%。

采厚为 9 m 时，相对于自然坡面，自然坡度 5°时直线坡、凸形坡、凹形坡、复合坡在开采沉陷后 M_2 的增幅依次为 17.96%、17.21%、19.69%、19.00%，自然坡度 15°时 M_2 的增幅依次为 18.00%、16.98%、20.11%、18.21%，自然坡度 25°时 M_2 的增幅依次为 11.41%、10.75%、12.21%、11.63%，自然坡度 35°时 M_2 的增幅依次为 7.68%、7.00%、8.78%、7.77%，自然坡度 45°时 M_2 的增幅依次为 5.15%、5.31%、5.59%、5.76%。

其中，"采厚 5 m，自然坡度 5°"凸形坡对沉陷坡面的 M_2 影响最大；"采厚 5 m，自然坡度 15°～45°"、"采厚 7 m，自然坡度 5°～45°"、"采厚 9 m，自然坡度 5°～35°"凹形坡对沉陷坡面的 M_2 影响最大；"采厚 9 m，自然坡度 45°"复合坡对沉陷坡面的土壤侵蚀模数 M_2 影响最大；任意采厚及自然坡度下直线坡对坡面侵蚀模数的影响不突出，且与复合坡普遍具有同质性。

综上所述，无论是年侵蚀降雨尺度还是典型侵蚀场次降雨尺度情况下，4 种坡形开采沉陷后的土壤侵蚀模数增幅普遍存在凹形坡＞复合坡≈直线坡＞凸形坡的现象。

（三）自然坡度对沉陷坡面土壤侵蚀的影响

由图 6-9 可知：不同自然坡度的黄土坡面在开采沉陷后侵蚀模数变化幅度不同，且随自然坡度的变化，坡面侵蚀模数的增幅呈现不同变化趋势。具体而言：

1. 年侵蚀降雨尺度

采厚为 5 m 时，相对于自然坡面，直线坡在 5°、15°、25°、35°、45°自然坡度开采沉陷后 M_1 的增幅依次为 11.53%、10.42%、6.89%、4.47%、3.09%，凸形坡 M_1 的增幅依次为 12.28%、9.83%、6.50%、4.76%、3.07%，凹形坡 M_1 的增幅依次为 10.79%、11.00%、8.25%、3.36%、3.20%，复合坡 M_1 的增幅依次为 11.14%、10.41%、7.01%、4.37%、2.95%。

采厚为 7 m 时，相对于自然坡面，直线坡在 5°、15°、25°、35°、45°自然坡度开采沉陷后 M_1 的增幅依次为 16.83%、14.95%、9.65%、6.76%、4.61%，凸形坡 M_1 的增幅依次为

16.48%、13.98%、9.28%、6.65%、4.29%，凹形坡 M_1 的增幅依次为 19.05%、16.02%、11.50%、5.48%、4.95%，复合坡 M_1 的增幅依次为 17.95%、14.90%、9.90%、6.68%、4.38%。

采厚为 9 m 时，相对于自然坡面，直线坡在 5°、15°、25°、35°、45°自然坡度开采沉陷后 M_1 的增幅依次为 21.65%、22.13%、14.83%、10.09%、5.56%，凸形坡 M_1 的增幅依次为20.74%、20.92%、13.93%、9.86%、6.38%，凹形坡 M_1 的增幅依次为 23.74%、24.01%、16.92%、8.74%、6.44%，复合坡 M_1 的增幅依次为 22.86%、22.36%、15.21%、9.99%、6.39%。

其中，“采厚 5 m，直线坡、凸形坡、复合坡”、“采厚 7 m，任意坡形”、“采厚 9 m，复合坡”下 5°自然坡度对沉陷坡面 M_1 的影响最大；“采厚 5 m，凹形坡”、“采厚 9 m，直线坡、凸形坡、凹形坡”下 15°自然坡度对沉陷坡面 M_1 的影响最大。

2. 典型场次侵蚀降雨尺度

采厚为 5 m 时，相对于自然坡面，直线坡在 5°、15°、25°、35°、45°自然坡度开采沉陷后 M_2 的增幅依次为 9.65%、8.55%、5.52%、3.92%、2.87%，凸形坡 M_2 的增幅依次为 10.31%、8.04%、5.11%、3.65%、2.47%，凹形坡 M_2 的增幅依次为 8.98%、9.62%、6.14%、5.14%、3.15%，复合坡 M_2 的增幅依次为 9.32%、8.59%、5.66%、3.96%、2.83%。

采厚为 7 m 时，相对于自然坡面，直线坡在 5°、15°、25°、35°、45°自然坡度开采沉陷后 M_2 的增幅依次为 14.01%、12.07%、7.22%、5.22%、3.79%，凸形坡 M_2 的增幅依次为13.76%、11.26%、7.08%、4.75%、3.51%，凹形坡 M_2 的增幅依次为 15.85%、13.52%、8.30%、6.30%、4.16%，复合坡 M_2 的增幅依次为 14.86%、12.10%、7.71%、5.41%、3.88%。

采厚为 9 m 时，相对于自然坡面，直线坡在 5°、15°、25°、35°、45°自然坡度开采沉陷后 M_2 的增幅依次为 17.96%、18.00%、11.41%、7.68%、5.15%，凸形坡 M_2 的增幅依次为17.21%、16.98%、10.75%、7.00%、5.31%，凹形坡 M_2 的增幅依次为 19.69%、20.11%、12.21%、8.78%、5.59%，复合坡 M_2 的增幅依次为 19.00%、18.21%、11.63%、7.77%、5.76%。

其中，“采厚 5 m，直线坡、凸形坡、复合坡”、“采厚 7 m，任意坡形”、“采厚 9 m，凸形坡、复合坡”下 5°自然坡度对坡面的土壤侵蚀模数 M_2 的影响最大；“采厚 5 m，凹形坡”、“采厚 9 m，直线坡、凹形坡”下 15°自然坡度对坡面的土壤侵蚀模数 M_2 的影响最大。由此可见，小坡度坡面的侵蚀模数受开采沉陷影响变化明显。

（四）“地下采厚＋地表坡面自然形态”耦合与坡面土壤侵蚀模数变化的关系

以“地下采厚、地表黄土坡面自然坡形及坡度”耦合作用下土壤侵蚀模数的增幅结果为基础，运用非线性曲面拟合方法，针对 4 种坡形建立了土壤侵蚀模数增幅与采厚、自然坡度的关系式，见表 6-8。

表 6-8　不同坡形沉陷坡面 dM 与采厚、自然坡度量化关系式

坡形	量化关系	相关系数 R^2
直线坡	$dM=-0.001\,2i^2+0.126\,5h^2+0.101\,6i+1.456\,6h-0.053\,4ih+1.961\,6$	0.968 4
凸形坡	$dM=0.000\,3i^2+0.172\,6h^2-0.044\,8i+0.369\,4h-0.040\,7ih+7.116\,9$	0.973 2
凹形坡	$dM=-0.001\,3i^2+0.060\,8h^2+0.169\,5i+3.002\,2h-0.067\,7ih-3.881\,6$	0.950 2

表 6-8(续)

坡形	量化关系	相关系数 R^2
复合坡	$dM=-0.0004i^2+0.1276h^2+0.0755i+1.6912h-0.0572ih+1.1043$	0.9770

注：dM 为中国土壤流失方程计算的土壤侵蚀模数 M_1 的增幅，%；i 为黄土坡面的自然坡度，°；h 为采厚，m。

（五）机理讨论

上述研究结果与赵令等[322]的研究结果基本一致，但也有一定的区别，这主要是研究对象区域地形、沉陷特征及类型不同所致。对于我国东部矿区，地势平坦、起伏均匀，该区域形成的采煤沉陷区内部地表变形连续性好、地表裂缝发育疏而浅，往往能够成为周围区域的水土流入洼地，具有“汇水”、“聚土”的水保特征[284]。沉陷虽然破坏了土壤原本的形态及理化特性，导致沉陷坡面土壤侵蚀加剧，但被侵蚀的泥沙多向沉陷区内部汇集，而且平坦地区降雨产生的地表径流动能较小，经沉陷区分布疏散的裂缝缓冲径流动能进一步减小，侵蚀能力减弱。综上所述，可能会产生一定的水土保持效果。而对于本研究区所在的西部矿区，地势陡峻、沟壑纵横，该区域形成的采煤沉陷区内部地表变形连续性差，地表裂缝发育密而深（甚至连通地下采空区），一般很难成为周围区域的水土富集区，具有“跑水”、“失土”的侵蚀特征[323]。沉陷区内部黄土坡面及外部一定范围内侵蚀的土壤要么沿着沉陷区黄土坡面向沟道沟谷迁移，直至进入周边地表径流而流失，要么顺着沉陷区黄土坡面上的裂缝向下迁移流失[324-325]。因此，无论是沉陷区内部还是外部一定范围，土壤侵蚀模数都会在黄土坡面沉陷变陡的影响下而增大，表现出不利于水土保持的结果。

第三节　采煤沉陷区坡面土壤侵蚀效应精准防治思路

采煤沉陷对矿区水土流失的影响因地区不同具有明显差异。在我国东部及南部平原矿区，采煤沉陷形成的盆地会成为沉陷区水土堆存与富集的区域[284]。但本书研究区为陕北黄土沟壑区，与平原地域不同，地形起伏明显，沉陷后黄土坡面的坡度明显增大，导致降雨径流势能增大，坡面土壤侵蚀强度增加[323]；而且坡面受侵蚀移动的土壤并不会在沉陷区某处堆积，而是从坡面剥离后汇集至黄土沟道及地表径流中流失。

采煤沉陷区是“地下人类采矿活动”与“地表自然生态效应”高度耦合的特殊区域，特别是根据前文“沉陷＋冻融”共同作用对地表坡面土壤侵蚀的影响结果，证明了地下采矿条件与地表自然形态对沉陷区土壤侵蚀的重要影响作用。因此，在陕北采煤沉陷区坡面土壤侵蚀效应精准防治工作中应秉持“1＋2＋3”策略；其中，“1”指“地下联合地表”的一条思路，“2”指从“地表”与“地下”两个维度，“3”指“采前、采中、采后”三个阶段，相应措施及内容见图 6-10、图 6-11。

(1) 地表维度。采前阶段，对于沉陷区水土保持应重点考虑人为活动对地表形态的影响，首先是做好采前阶段的微地形识别调查，对工作面上方地表的坡度及坡形进行标记，并识别敏感坡面（凹形坡及≤15°的坡面），划分重点监测及防治区域；并结合矿区地质及采矿

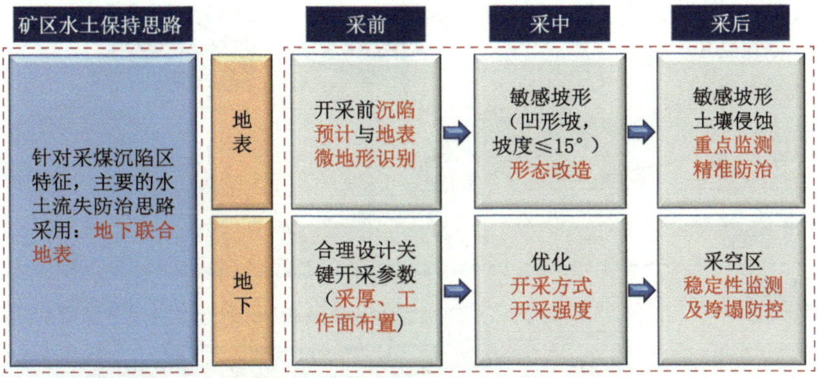

图 6-10　采煤沉陷区坡面土壤侵蚀效应精准防治思路

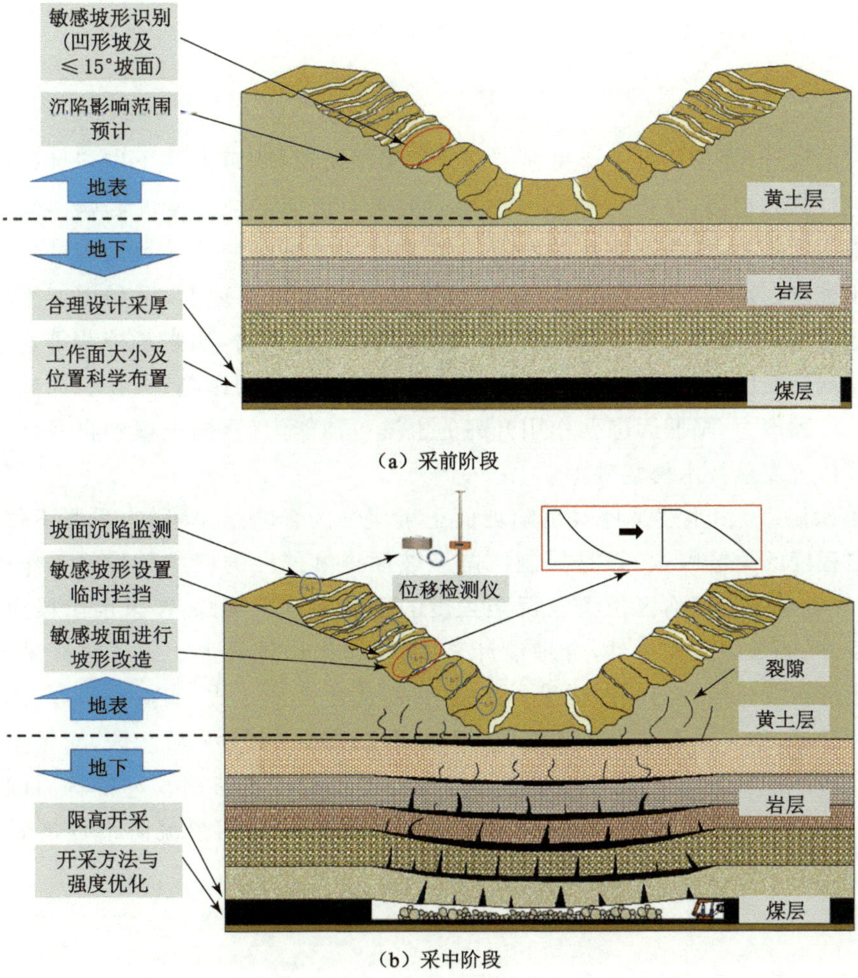

图 6-11　采煤沉陷坡面全过程水土保持措施示意图

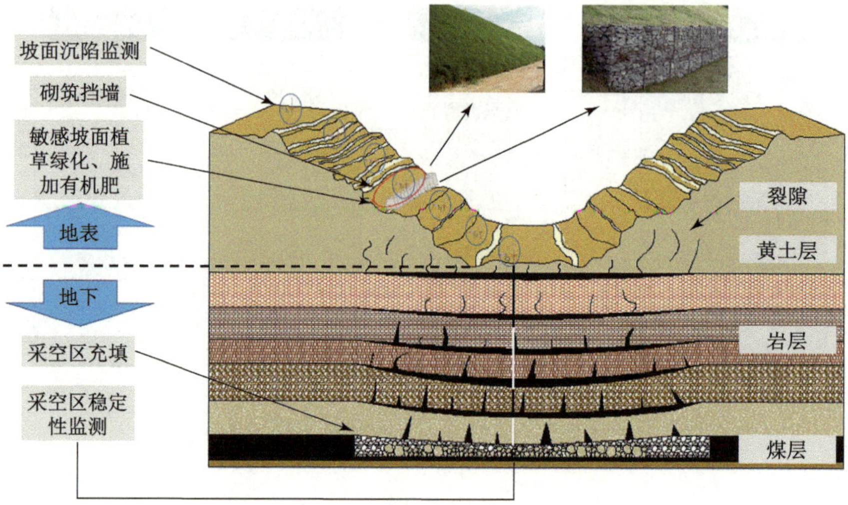

(c) 采后阶段

图 6-11　续

条件进行沉陷预计,并预估水土流失强度变化。采中阶段,侧重点在土壤侵蚀的阻控,对于敏感坡面进行临时拦挡,并进行形态改造减弱沉陷对坡面侵蚀强度的影响。采后阶段,此时煤炭开采活动停止,地表形态基本稳定,但为防止采空区的垮落导致地表的进一步变形,因此该阶段重点在地表敏感区域形态及土壤侵蚀的监控与治理上,可利用工程措施,如采取传统土地复垦技术,增加植被覆盖率,增强生态稳定性;其次,如修筑挡墙等,拦截坡面流失泥沙。在地表维度,还应关注冻融等自然因素对土壤性质的影响,可在坡面施加有机肥,一是增加土壤黏聚力,降低因冻融作用升高的土壤可蚀能力,重构土壤的自我恢复能力,二是可以提高传统复垦技术修复效率。

(2) 地下维度。由上述采厚对沉陷坡面土壤侵蚀的影响结果可知,采厚不仅是直接影响地表沉陷程度的关键因素,更是控制沉陷区坡面土壤侵蚀的根本条件。工作面的位置、方向、大小等也是控制沉陷区位置及沉陷程度的重要因素。因此,在采前阶段应结合矿区煤炭赋存条件、地表地形等条件,合理设计采厚、工作面位置及大小等关键开采参数,从源头减弱地表形态变化导致的侵蚀增量。采中阶段,优化开采方式,如减小采厚、大厚度煤层采用分层开采等,结合地表水土流失情况,智能调控开采强度。采后阶段,对采空区进行填充,并持续进行采空区稳定性监测,监测可能的经过地裂缝下渗雨水冲刷等原因造成的失稳垮塌、地表已沉陷区域的变形,并对垮塌风险高的区域采用渗流防治等措施进行垮塌防控。

本章小结

(1) 无论何种自然坡形，采煤沉陷均会导致地表黄土坡面的坡度增大，且采厚越大，坡度增幅越大；其中“25°的直线坡、复合坡”、“35°的凸形坡、凹形坡”对采厚变化最为敏感。当采厚7～9 m时15°～45°直线坡、凸形坡、凹形坡、复合坡的坡度平均增速均大于采厚5～7 m时的坡度平均增速，大采厚会明显放大采煤沉陷导致的坡度增大效应。

(2) 采厚及自然坡度相同时，黄土坡面的自然坡形对采后坡度的影响具有差异。“采厚5 m、自然坡度≤5°”凸形坡对开采沉陷后的坡度影响最大；“采厚5 m、自然坡度>5°”、“采厚7 m、任意自然坡度”、“采厚9 m、自然坡度≤35°”凹形坡对开采沉陷后的坡度影响最大；“采厚9 m、自然坡度>35°”复合坡对开采沉陷的坡度影响最大；直线坡在任何采厚及自然坡度条件下对沉陷后坡度的影响均不突出，且普遍与复合坡的坡度变化具有同质性。不同坡型在采后的坡度增幅普遍存在凹形坡>复合坡≈直线坡>凸形坡。

(3) 不同自然坡度的黄土坡面在达到充分采动后坡度变化表现出差异，表现为自然坡度越大，开采沉陷后坡度增幅越小。在5 m、7 m、9 m三种采厚情况下，直线破、凸形坡、凹形坡、复合坡均在“自然坡度<5°时”受沉陷影响坡度增幅明显。

(4) 无论何种自然坡形及坡度，采煤沉陷均会导致地表黄土坡面的坡长改变，但所有坡长变化量均在－0.48～3.91 m之间，相对于自然坡长变化不明显，且无论是坡长的绝对变量还是变化幅度均无明显规律。

(5) 不同砂层系数下沉陷坡面坡度变化规律不同，表现为当砂泥比、坡形、坡度一定时，坡度增幅会随砂层系数的增加出现分化。当砂层系数小于71％时，黄土坡面坡度增幅随着砂层系数的增加而增加，此时的砂层系数下坡度变化明显，当砂层系数大于71％时，黄土坡面坡度增幅变化较慢，即坡度的变化幅度随着砂层系数的增加而减弱。

(6) 不同砂泥比下沉陷坡面坡度变化规律不同，表现为当砂层系数、坡形、坡度一定时，砂泥比越小，对应的坡度增幅越大，坡度变化越明显。充分采动后，砂泥比6∶4和8∶2在砂层系数为67％时对应的4种坡形和5种坡度的平均增幅分别为6.53％、5.96％；砂泥比6∶4和砂泥比8∶2在砂层系数为71％时对应的4种坡形和5种坡度的平均增幅分别为7.42％、6.58％；砂泥比6∶4和砂泥比8∶2在砂层系数为75％时对应的4种坡形和5种坡度的平均增幅分别为7.28％、7.17％。

(9) 任意采厚、坡形及坡度下，采煤沉陷会导致地表黄土坡面的土壤侵蚀模数增大，且采厚越大，土壤侵蚀模数增幅越大；同时大采厚对采煤沉陷导致地表黄土坡面的土壤模数增幅会产生明显的放大效应。当采厚变化时，年侵蚀降雨尺度下“自然坡度25°的凸形坡”与“自然坡度35°的直线坡、凹形坡、复合坡”的M_1对采厚变化最为敏感，典型场次侵蚀降雨尺度下“自然坡度45°的凸形坡”、“自然坡度5°的凹形坡”和“自然坡度15°的直线坡、复合坡”的M_2对采厚变化最为敏感。在两种降雨尺度下凹形坡普遍对开采沉陷的影响显著，特别是“采厚5 m、自然坡度15°～25°”、“采厚7 m、自然坡度5°～25°”、“采厚9 m、自然坡度

5°～25°”条件下，直线坡与复合坡对开采沉陷后土壤侵蚀模数的影响普遍具有同质性。小自然坡度对坡面的侵蚀模数影响较大，在年侵蚀降雨与场次侵蚀降雨尺度下，“采厚5 m，直线坡、凸形坡、复合坡”、“采厚7 m，任意坡形”、“采厚9 m，复合坡”条件下5°自然坡度对沉陷坡面侵蚀模数的影响最大，“采厚5 m，凹形坡”、“采厚9 m，直线坡、凹形坡”下15°自然坡度对沉陷坡面侵蚀模数的影响最大。

第七章 结　论

第一节 主要结论

(1) 研究并揭示了小空间尺度下采煤沉陷区不同采动损害类型对土壤微生物和土壤酶的影响规律,形成如下结论:

① 地表沉陷会导致沉陷坡面土壤微生物数量和酶活性显著降低,土壤微生物数量的降幅分别达到 8.27%～42.39%和 11.53%～45.95%,土壤酶活性的降幅分别达到 6.52%～39.83%和 9.09%～42.42%;随坡面部位由坡顶到坡中再到坡脚的转换,该效应对于土壤细菌、放线菌、真菌数量和土壤脲酶、磷酸酶活性均呈现出先增大后减小的变化特征,对于黄土沉陷坡面土壤中的过氧化氢酶活性呈现持续增大的变化特征。

② 地表沉陷对"坡中部位+0～10 cm 土层+各类土壤微生物数量和酶活性"的降低效应最为显著,其可作为陕北采煤沉陷区坡面土壤微生物修复的靶向区域。

③ 土壤真菌数量和脲酶活性对地表沉陷最为敏感,其降幅分别达到 23.28%～45.95%和 22.78%～42.42%,二者可作为分析陕北矿区采煤沉陷损害土壤微生物特性的标志物。

④ 黄土沉陷坡面土壤有机质、速效氮、速效磷、速效钾含量的平均降幅分别为22.21%、21.71%、19.23%、23.61%,与土壤微生物数量及酶活性在坡面尺度上存在高度的一致性,相关系数分别超过 0.8 和 0.7,达到极显著正相关水平($P<0.01$),其中速效磷、有机质含量与土壤微生物和酶活性的相关系数最高,可作为地表沉陷影响土壤微生物特性的关键指示性因素。

⑤ 采动地裂缝对土壤微生物和酶活性的负效应主要表现为水平差异特征,且随着水平距离的增加而明显减弱,当水平距离分别超过 75 cm、79 cm、91 cm、72 cm、82 cm、89 cm、96 cm 时,采动地裂缝对土壤细菌、放线菌、真菌、磷酸酶、蔗糖酶、过氧化氢酶、脲酶的负影响

基本消失，土壤微生物特性的损害主要集中在水平距离 1 m 以内，可作为陕北煤炭开采损害区土壤微生物精准修复的靶向区域；土壤微生物特性的损害主要集中在水平距离 1 m 以内，可作为陕北煤炭开采损害区土壤微生物精准修复的靶向区域。

⑥ 采动地裂缝周围土壤中有机质、铵态氮、有效磷、有效钾、黏粒、含水率、pH 的平均降幅依次为 9.51%～28.46%、24.31%～29.31%、12.61%～19.86%、4.11%～6.51%、4.93%～6.46%、2.36%～4.26%、1.98%～3.14%，而土壤有机质、黏粒、铵态氮、有效磷等指标与土壤微生物数量、酶活性在小空间尺度上都存在高度的一致性，相关系数分别超过 0.8 和 0.6，均达到极显著正相关水平（$P<0.01$），土壤有机质含量也应作为陕北煤矿区采动地裂缝影响土壤微生物和酶活性的重要指示性因素。

⑦ 越靠近采动地裂缝，土壤微生物和养分的自我恢复潜力越小，修复时应着重考虑人工方式，反之应着重考虑自然方式。

⑧ 基于相关性分析和灰色关联分析两种方法得出，对于地表沉陷坡面土壤和采动地裂缝周围土壤而言，黏粒、速效氮、有机质、速效磷是土壤微生物和酶活性变化的重要指示因素。

(2) 研究并揭示了小空间尺度下采煤沉陷区不同采动损害类型对土壤可蚀性的影响规律，形成如下结论：

① 陕北煤矿区黄土坡面的沉陷虽然不会改变坡面浅层土壤的质地类型，但会对坡面浅层土壤产生减小黏粒含量、增大砂粒含量的效应。该效应使得黄土沉陷坡面的坡顶、坡中部位浅层土壤出现明显的砂化特征。黄土沉陷坡面上浅层土壤砂化程度由大到小的排序为：坡顶＞坡中＞坡脚。坡面部位是控制陕北煤矿区黄土沉陷坡面浅层土壤砂化的第一主因。

② 陕北煤矿区黄土坡面的沉陷会导致坡面各部位浅层土壤有机质含量均出现不同程度下降的效应。该效应使得黄土沉陷坡面表现出明显的全坡面浅层土壤肥力贫化特征，坡顶、坡中部位尤甚，但坡脚部位非裂缝区浅层土壤却出现一定程度的肥力富集现象。黄土沉陷坡面上浅层土壤肥力贫化程度由大到小的排序为：坡顶＞坡中＞坡脚。

③ 陕北煤矿区黄土沉陷坡面的浅层土壤可蚀性 K 值在坡面尺度变化特征上与土壤黏粒含量、有机质含量存在高度的一致性，负相关系数均超过 0.6，达到显著水平。

④ 陕北煤矿区黄土坡面的沉陷会产生提升坡面各部位浅层土壤可蚀性的效应。该效应使得黄土沉陷坡面表现出明显的全坡面浅层土壤易蚀化特征，坡顶、坡中部位尤甚。沉陷也显著分化了坡顶与坡中部位 0～10 cm、10～20 cm 土壤的侵蚀潜力，但坡脚部位浅层土壤却出现一定程度的抗蚀强化现象。黄土沉陷坡面上浅层土壤易蚀化程度由大到小的排序与浅层土壤肥力贫化程度高度一致。

⑤ 揭示了 3 种形态采动地裂缝对土壤机械组成的影响规律。不同宽度的“平开式”裂缝、不同台阶高度的“台阶式”裂缝以及“组合式”裂缝周围土壤的质地类型与对照组（CK）相同，均为粉质壤土，但土壤黏粒含量显著降低，分别减少约 22.6%、39.6%、59.4%，且周围土壤黏粒含量的降幅随裂缝宽度和台阶高度的增大而增大。在相同水平距离及垂直深度下，不同形态采动地裂缝导致土壤黏粒含量损失程度的排序为“组合式”＞“台阶式”＞“平

开式”。“组合式”裂缝相较于“平开式”裂缝和台阶高度＜60 cm 的“台阶式”裂缝，其降低周围土壤黏粒含量的效应显著增强，增幅分别为 47.6%、37.0%。台阶高度＞30 cm 的“台阶式”裂缝相较于“平开式”裂缝降低周围土壤黏粒含量的效应显著增强，其增幅为 31.3%。“平开式”、“台阶式”、“组合式”等 3 种形态的采动地裂缝降低周围土壤黏粒含量的效应均表现为水平方向的差异，即随水平距离的增加而减弱。基于线性回归原理预测了宽度分别为 0～20 cm、20～40 cm、40～60 cm 的“平开式”裂缝降低周围土壤黏粒含量的范围分别在水平距离 101.7 cm、109.4 cm、204.8 cm 以内；宽度为 20～40 cm、台阶高度分别为＜30 cm、30～60 cm、＞60 cm 的“台阶式”裂缝降低周围土壤黏粒含量的范围分别在水平距离 95.9 cm、157.4 cm、345.4 cm 以内；“组合式”裂缝降低周围土壤黏粒含量的范围在水平距离 602.1 cm 以内。

⑥ 揭示了不同形态采动地裂缝对土壤有机质含量的影响规律。不同宽度的“平开式”裂缝、不同台阶高度的“台阶式”裂缝以及“组合式”裂缝周围土壤的有机质含量显著降低，分别减少约 41.3%、57.2%、74.7%，且周围土壤有机质含量的降幅随裂缝宽度和台阶高度的增大而增大。在相同水平距离及垂直深度下，不同形态采动地裂缝导致土壤有机质含量损失程度的排序为“组合式”＞“台阶式”＞“平开式”。“组合式”裂缝相较于“平开式”裂缝和“台阶式”裂缝降低周围土壤有机质含量的效应显著增强，其增幅分别为 58.0%、41.8%。台阶高度＞30 cm 的“台阶式”裂缝相较于“平开式”裂缝降低周围土壤有机质含量的效应显著增强，其增幅为 33.0%。“平开式”、“台阶式”、“组合式”等 3 种形态的采动地裂缝降低周围土壤有机质含量的效应均表现为水平方向的差异，即随水平距离的增加而减弱。基于线性回归原理预测了宽度分别为 0～20 cm、20～40 cm、40～60 cm 的“平开式”裂缝降低周围土壤有机质含量的范围分别在水平距离 91.6 cm、124.3 cm、178.6 cm 以内；宽度为 20～40 cm、台阶高度分别为＜30 cm、30～60 cm、＞60 cm 的“台阶式”裂缝降低周围土壤有机质含量的范围分别在水平距离 143.6 cm、174.3 cm、196.4 cm 以内；“组合式”裂缝降低周围土壤有机质含量的范围在水平距离 297.8 cm 以内。

⑦ 揭示了不同形态采动地裂缝对土壤可蚀性 K 值的影响规律。不同宽度的“平开式”裂缝、不同台阶高度的“台阶式”裂缝以及“组合式”裂缝周围土壤的可蚀性 K 值明显增大，分别增大约 12.2%、17.7%、29.7%，且周围土壤可蚀性 K 值的增幅随裂缝宽度和台阶高度的增大而增大。在相同水平距离及垂直深度下，不同形态采动地裂缝导致土壤可蚀性 K 值增大程度的排序为“组合式”＞“台阶式”＞“平开式”。“组合式”裂缝相较于“平开式”裂缝和台阶高度＜60 cm 的“台阶式”裂缝，其增大周围土壤可蚀性 K 值的效应显著增强，增幅分别为 15.3%、12.1%。“平开式”、“台阶式”、“组合式”等 3 种形态的采动地裂缝增大周围土壤可蚀性 K 值的效应均表现为水平方向的差异，即随水平距离的增加而减弱。基于线性回归原理预测了宽度分别为 0～20 cm、20～40 cm、40～60 cm 的“平开式”裂缝增大周围土壤可蚀性 K 值的范围分别在水平距离 89.9 cm、95.7 cm、101.7 cm 以内；宽度为 20～40 cm、台阶高度分别为＜30 cm、30～60 cm、＞60 cm 的“台阶式”裂缝增大周围土壤可蚀性 K 值的范围分别在水平距离 98.4 cm、100.5m、109.4 cm 以内；“组合式”裂缝增大周围土壤可蚀性 K 值的范围在水平距离 204.8 cm 以内，其可作为陕北煤炭开采损害区水土流失精准防控

的靶向区域。

⑧ 从精准修复的角度看，水平方向上距采动地裂缝水平距离越小，土壤可蚀性 K 值越高，越容易发生土壤侵蚀。因此对于“平开式”、“台阶式”、“组合式”裂缝依次在水平距离 40 cm、60 cm、100 cm 内，在进行水土流失精准防控时应着重考虑人工措施，反之则应着重考虑自然措施。垂直方向上，在相同水平距离下 3 种形态的采动地裂缝周围土壤可蚀性 K 值的增幅随垂直深度的增加而减小，表明表层土壤抗侵蚀能力更差，其应作为水土流失精准防控的重点对象。

(3) 研究并揭示了小空间尺度下采动地裂缝对土壤抗蚀性的影响规律，形成如下结论：

① ＞0.25 mm 水稳性团聚体含量、＞0.5 mm 水稳性团聚体含量和平均重量直径均随采动地裂缝宽度的增大，呈现下降趋势；在水平方向上，随水平距离的增加，呈现上升趋势；在垂直方向上，随土层深度的增加，呈现下降趋势。对照区内，土壤水稳性团聚体各项指标随土层深度的变化规律与裂缝区基本相似。裂缝宽度为 20～30 cm 时，在水平距离 20 cm 处，0～10 cm 土层的土壤水稳性团聚体含量受采煤活动影响最严重。基于非线性拟合可知，宽度为 20～30 cm 的裂缝对表层(0～10 cm)土壤＞0.25 mm 水稳性团聚体含量、＞0.5 mm 水稳性团聚体含量和平均重量直径的负效应影响较大，影响范围依次在水平距离 5.36 m、3.08 m、8.56 m 以内。

② ＜0.05 mm 粉黏粒含量、＜0.01 mm 黏粒含量、＜0.001 mm 细黏粒含量和结构性颗粒指数均随采动地裂缝宽度的增大，呈现下降趋势；在水平方向上，随水平距离的增加，呈现上升趋势；在垂直方向上，随土层深度的增加，呈现上升趋势。对照区内，土壤机械组成各项指标随土层深度的变化规律与裂缝区基本相似。裂缝宽度为 20～30 cm 时，在水平距离 20 cm 处，0～20 cm 土层的土壤机械组成含量受采煤活动影响较严重。基于非线性拟合可知，宽度为 20～30 cm 的裂缝对表层(0～10 cm)土壤＜0.05 mm 粉黏粒含量、＜0.01 mm 黏粒含量、＜0.001 mm 细黏粒含量和结构性颗粒指数的负效应影响较大，影响范围依次在水平距离 1.11 m、1.33 m、1.09 m、1.04 m 以内。

③ 分散率、分散系数随采动地裂缝宽度的增大，呈现上升趋势；在水平方向上，随水平距离的增加，呈现下降趋势；在垂直方向上，随土层深度的增加，呈现下降趋势。团聚状况、团聚度与分散率、分散系数的变化规律相反。对照区内，土壤微团聚体各项指标随土层深度的变化规律与裂缝区基本相似。裂缝宽度为 20～30 cm 时，在水平距离 20 cm 处，0～20 cm 土层的土壤水稳性团聚体含量受采煤活动影响最严重。基于非线性拟合可知，宽度为 20～30 cm的裂缝对表层(0～10 cm)土壤分散率、分散系数、团聚状况和团聚度影响较大，影响范围依次在水平距离 1.39 m、1.11 m、1.26 m、1.24 m 以内。

④ 土壤有机质含量、含水率和容重均随采动地裂缝宽度的增大，呈现下降趋势；在水平方向上，随水平距离的增加，呈现上升趋势；在垂直方向上，随土层深度的增加，土壤有机质含量呈现下降趋势，含水率和容重则呈现小幅度的变化。对照区内，土壤有机质含量、含水率和容重随土层深度的变化规律与裂缝区基本相似。裂缝宽度为 20～30 cm 时，在水平距离 20 cm 处，0～10 cm 土层的土壤有机质含量、含水率和容重受采煤活动影响最严重。基于非线性拟合可知，宽度为 20～30 cm 的裂缝对表层(0～10 cm)土壤有机质含量、含水率和

容重的负效应影响较大，影响范围依次在水平距离 1.66 m、1.54 m、2.13 m 以内。

⑤ 综合层次分析、敏感性分析和因子分析，甄选确定＞0.25 mm 水稳性团聚体含量、平均重量直径、＜0.001 mm 细黏粒含量、土壤团聚度、土壤有机质含量 5 个指标作为量化表征陕北采动地裂缝发育区土壤抗蚀性的关键指标，并基于因子分析原理构建了陕北采动地裂缝发育区土壤抗蚀性综合指数模型。

⑥ 采动地裂缝会降低周围土壤的抗侵蚀综合能力，且该效应随着裂缝宽度的增大和水平距离的减小而增强，当距采动地裂缝的水平距离超过 170 cm 时，采动地裂缝对周围土壤抗侵蚀综合能力的负效应基本消失，其可作为陕北采动地裂缝发育区土壤侵蚀防控的关键区域。

（4）研究并揭示了地表黄土坡面自然形态、地下覆岩层状结构、地下采厚双因素耦合作用下采煤沉陷区地表坡面形态的变化规律及其土壤侵蚀效应，形成如下结论：

① 无论何种自然坡形，采煤沉陷均会导致地表黄土坡面的坡度增大，且采厚越大，坡度增幅越大；其中“25°的直线坡、复合坡”、“35°的凸形坡、凹形坡”对采厚变化最为敏感。当采厚 7～9 m 时 15°～45°直线坡、凸形坡、凹形坡、复合坡的坡度平均增速均大于采厚 5～7 m 时的坡度平均增速，大采厚会明显放大采煤沉陷导致的坡度增大效应。

② 采厚及自然坡度相同时，黄土坡面的自然坡形对采后坡度的影响具有差异。“采厚 5 m、自然坡度≤5°”凸形坡对开采沉陷后的坡度影响最大；“采厚 5 m、自然坡度＞5°”、“采厚 7 m、任意自然坡度”、“采厚 9 m、自然坡度≤35°”凹形坡对开采沉陷后的坡度影响最大；“采厚 9 m、自然坡度＞35°”复合坡对开采沉陷的坡度影响最大；直线坡在任何采厚及自然坡度条件下对沉陷后坡度的影响均不突出，且普遍与复合坡的坡度变化具有同质性。不同坡型的在采后的坡度增幅普遍存在凹形坡＞复合坡≈直线坡＞凸形坡。

③ 不同自然坡度的黄土坡面在达到充分采动后坡度变化表现出差异，表现为自然坡度越大，开采沉陷后坡度增幅越小。在 5 m、7 m、9 m 三种采厚情况下，直线破、凸形坡、凹形坡、复合坡均在“自然坡度＜5°时”受沉陷影响坡度增幅明显。

④ 无论何种自然坡形及坡度，采煤沉陷均会导致地表黄土坡面的坡长改变，但所有坡长变化量均在－0.48～3.91 m 之间，相对于自然坡长变化不明显，且无论是坡长的绝对变量还是变化幅度均无明显规律。

⑤ 不同砂层系数下沉陷坡面坡度变化规律不同，表现为当砂泥比、坡形、坡度一定时，坡度增幅会随砂层系数的增加出现分化。当砂层系数小于 71％时，黄土坡面坡度增幅随着砂层系数的增加而增加，此时的砂层系数下坡度变化明显，当砂层系数大于 71％时，黄土坡面坡度增幅变化较慢，即坡度的变化幅度随着砂层系数的增加而减弱。

⑥ 不同砂泥比下沉陷坡面坡度变化规律不同，表现为当砂层系数、坡形、坡度一定时，砂泥比越小，对应的坡度增幅越大，坡度变化越明显。充分采动后，砂泥比 6∶4 和 8∶2 在砂层系数为 67％时对应的 4 种坡形和 5 种坡度的平均增幅分别为 6.53％、5.96％；砂泥比 6∶4 和砂泥比 8∶2 在砂层系数为 71％时对应的 4 种坡形和 5 种坡度的平均增幅分别为 7.42％、6.58％；砂泥比 6∶4 和砂泥比 8∶2 在砂层系数为 75％时对应的 4 种坡形和 5 种坡度的平均增幅分别为 7.28％、7.17％。

⑦ 任意采厚、坡形及坡度下，采煤沉陷会导致地表黄土坡面的土壤侵蚀模数增大，且采厚越大，土壤侵蚀模数增幅越大；同时大采厚对采煤沉陷导致地表黄土坡面的土壤模数增幅会产生明显的放大效应，当采厚变化时，年侵蚀降雨尺度下“自然坡度 25°的凸形坡”与“35°的直线坡、凹形坡、复合坡”的 M_1 对采厚变化最为敏感，典型场次侵蚀降雨尺度下“45°的凸形坡”、“5°的凹形坡”和“15°的直线坡、复合坡”的 M_2 对采厚变化最为敏感。在两种降雨尺度下凹形坡普遍对开采沉陷的影响显著，特别是“采厚 5 m、自然坡度 15°～25°”、“采厚 7 m、自然坡度 5°～25°”、“采厚 9 m、自然坡度 5°～25°”条件下，直线坡与复合坡对开采沉陷后土壤侵蚀模数的影响普遍具有同质性。小自然坡度对坡面的侵蚀模数影响较大，在年侵蚀降雨与场次侵蚀降雨尺度下，“采厚 5 m，直线坡、凸形坡、复合坡”、“采厚 7 m，任意坡形”、“采厚 9 m，复合坡”条件下 5°自然坡度对沉陷坡面侵蚀模数的影响最大，“采厚 5 m，凹形坡”、“采厚 9 m，直线坡、凹形坡”下 15°自然坡度对沉陷坡面侵蚀模数的影响最大。

第二节　创　新　点

通过系统研究，得出如下创新点：

第一，揭示了地表黄土坡面自然形态、地下覆岩层状结构、地下采厚双因素耦合作用下采煤沉陷区地表坡面形态的变化过程和规律；

第二，揭示了小空间尺度下采煤沉陷区不同采动损害类型对土壤微生物和土壤酶的影响规律；

第三，阐明了采煤沉陷致因下地表黄土坡面形变的土壤侵蚀效应，提出了考虑地下采厚、地表自然坡面形态的坡面土壤侵蚀模数增幅测算方法；

第四，揭示了小空间尺度下采煤沉陷区不同采动损害类型对土壤可蚀性的影响规律，构建了采动地裂缝周围土壤可蚀性变化的预测模型，厘定了采动地裂缝影响土壤可蚀性的作用范围；

第五，筛选了采动地裂缝发育区土壤抗蚀性的关键指标，构建了采动地裂缝发育区土壤抗蚀性综合指数计算模型；揭示了小空间尺度下采动地裂缝对土壤抗蚀性的影响规律。

参考文献

[1] 习近平. 在黄河流域生态保护和高质量发展座谈会上的讲话[J]. 求是,2019(20):1-3.

[2] 习近平主持召开深入推动黄河流域生态保护和高质量发展座谈会并发表重要讲话[EB/OL]. (2021-10-22)[2024-10-22]. https://www.gov.cn/xinwen/2021-10/22/content_5644331.htm.

[3] 习近平主持召开全面推动黄河流域生态保护和高质量发展座谈会强调:以进一步全面深化改革为动力 开创黄河流域生态保护和高质量发展新局面[EB/OL]. (2024-09-12)[2024-12-22]. https://www.gov.cn/yaowen/liebiao/202409/content_6974190.htm.

[4] 黄河流域生态保护和高质量发展规划纲要[EB/OL]. (2021-10-08)[2024-11-22]. https://www.gov.cn/zhengce/2021-10/08/content_5641438.htm.

[5] 生态环境部,国家发展和改革委员会,自然资源部,等. 黄河流域生态环境保护规划[EB/OL]. (2022-06-15)[2024-10-20]. https://sthjt.yn.gov.cn/zwxx/xxyw/zcjd/202302/W020230704673491803577.pdf.

[6] 生态环境部,最高人民法院,最高人民检察院,等. 黄河生态保护治理攻坚战行动方案[EB/OL]. (2022-08-05)[2024-12-20]. https://www.gov.cn/zhengce/zhengceku/2022-09/07/content_5708710.htm.

[7] 科技部. 黄河流域生态保护和高质量发展科技创新实施方案[EB/OL]. (2022-10-08)[2024-12-22]. https://www.gov.cn/zhengce/zhengceku/2022-11/02/content_5723782.htm.

[8] 陕西省人民政府. 陕西省黄河流域生态保护和高质量发展规划[R]. 2021.

[9] 王双明,孙强,乔军伟,等. 论煤炭绿色开采的地质保障[J]. 煤炭学报,2020,45(1):8-15.

[10] 中国工程院项目组. 中国能源中长期(2030、2050)发展战略研究:节能·煤炭卷[M]. 北京:科学出版社,2011.

[11] 中国煤炭工业协会. 2023 煤炭行业发展年度报告[EB/OL]. (2024-03-28)[2024-12-

20]. https://www.coalchina.org.cn/index.php?m=content&c=index&a=show&catid=464&id=152581.
[12] 匡立春,邹才能,黄维和,等.碳达峰碳中和愿景下中国能源需求预测与转型发展趋势[J].石油科技论坛,2022,41(1):9-17.
[13] 王双明,申艳军,宋世杰,等."双碳"目标下煤炭能源地位变化与绿色低碳开发[J].煤炭学报,2023,48(7):2599-2612.
[14] 霍超,刘天绩,樊斌,等.双碳背景下我国煤炭资源勘查开发布局研究[J].地质论评,2022,68(3):938-944.
[15] 彭苏萍,毕银丽.黄河流域煤矿区生态环境修复关键技术与战略思考[J].煤炭学报,2020,45(4):1211-1221.
[16] 申艳军,杨博涵,王双明,等.黄河几字弯区煤炭基地地质灾害与生态环境典型特征[J].煤田地质与勘探,2022,50(6):104-117.
[17] 宋世杰,张家杰,杨帅,等.黄河上中游采煤沉陷区水土流失效应的探索与思考[J].绿色矿山,2024(2):169-182.
[18] 2023年榆林市国民经济和社会发展统计公报[EB/OL].(2024-04-24)[2024-12-20].http://www.shaanxi.gov.cn/zfxxgk/fdzdgknr/tjxx/tjgb_240/sqgb/202404/t20240424_2327165_wap.html.
[19] 程静霞,聂小军,刘昌华.煤炭开采沉陷区土壤有机碳空间变化[J].煤炭学报,2014,39(12):2495-2500.
[20] 田惠文,张欣欣,毕如田,等.煤炭开采导致的农田生态系统固碳损失评估[J].煤炭学报,2020,45(4):1499-1509.
[21] 宋世杰.基于关键地矿因子的开采沉陷分层传递预计理论与实践[M].北京:地质出版社,2019.
[22] 毕银丽,胡晶晶,刘京.煤矿微生物复垦区灌木林下土壤养分的空间异质性[J].煤炭学报,2020,45(8):2908-2917.
[23] 胡振琪,王新静,贺安民.风积沙区采煤沉陷地裂缝分布特征与发生发育规律[J].煤炭学报,2014,39(1):11-18.
[24] 水利部.全国水土保持规划国家级水土流失重点预防区和重点治理区复核划分成果(办水保〔2013〕188号)[R].(2023-04-27)[2024-10-21].https://www.ahqimen.gov.cn/zwgk/public/6615904/11299865.html.
[25] 郭文兵,白二虎,赵高博.高强度开采覆岩地表破坏及防控技术现状与进展[J].煤炭学报,2020,45(2):509-523.
[26] 郭广礼,李怀展,查剑锋,等.无井式煤炭地下气化岩层及地表移动与控制[J].煤炭学报,2019,44(8):2539-2546.
[27] 许家林,尤琪,朱卫兵,等.条带充填控制开采沉陷的理论研究[J].煤炭学报,2007,32(2):119-122.
[28] 王旭春,岳著文,管晓明.深部走向长壁开采地表移动数值模拟[J].水文地质工程地

质,2012,39(6):108-113.

[29] 叶伟,徐良骥.重复采动地表移动变形规律分析[J].金属矿山,2020(8):188-194.

[30] 胡青峰,崔希民,刘文锴,等.特厚煤层重复开采覆岩与地表移动变形规律研究[J].采矿与岩层控制工程学报,2020,2(2):31-39.

[31] 李明,李琰庆,王红梅.任意形状工作面开采沉陷预计系统开发[J].矿业安全与环保,2008,35(5):18-21.

[32] 刘瑾,孙占法,张永波.采深和松散层厚度对开采沉陷地表移动变形影响的数值模拟研究[J].水文地质工程地质,2007,34(4):88-93.

[33] 夏玉成.构造环境对煤矿区采动损害的控制机理研究[D].西安:西安科技大学,2003.

[34] 赵海军,马凤山,李国庆,等.断层上下盘开挖引起岩移的断层效应[J].岩土工程学报,2008,30(9):1372-1375.

[35] 于广明,张春会,赵建锋.初始节理对岩体内部沉陷范围的影响研究与实验验证[J].岩石力学与工程学报,2002,21(10):1478-1482.

[36] 郭延辉,侯克鹏,李克钢,等.不同原岩应力下厚度对急倾斜矿体开采岩移规律的影响[J].昆明理工大学学报(自然科学版),2020,45(2):31-37.

[37] 胡海峰.不同土岩比复合介质地表沉陷规律及预测研究[D].太原:太原理工大学,2012.

[38] 宋世杰,赵晓光,王双明,等.覆岩岩土比对开采沉陷的影响分析与数值模拟[J].中国煤炭,2015,41(6):63-67.

[39] SONG S J,ZHAO X G,XIE J,et al. Grey correlation analysis and regression estimation of mining subsidence in yu-Shen-fu mining area[J]. Procedia Environmental Sciences,2011,10:1747-1752.

[40] SINGH R,SINGH T N,DHAR B B. Coal pillar loading in shallow mining conditions[J]. International Journal of Rock Mechanics and Mining Sciences & Geomechanics Abstracts,1996,33(8):757-768.

[41] DONNELLY L J,CRUZ H D L,ASMAR I,et al. The monitoring and prediction of mining subsidence in the Amaga,Angelopolis,Venecia and Bolombolo Regions,Antioquia,Colombia[J]. Engineering Geology,2001,59(1/2):103-114.

[42] 宋世杰,赵晓光,王双明,等.覆岩内砂岩层数对开采沉陷的影响分析与数值模拟[J].矿业安全与环保,2014,41(5):9-12.

[43] SONG S J,WANG S M. Principle and application of stratification transfer prediction method of mining subsidence in coal mining area[J]. IOP Conference Series:Earth and Environmental Science,2018,186:1-6.

[44] DÍEZ R R,ÁLVAREZ J T. Hypothesis of the multiple subsidence trough related to very steep and vertical coal seams and its prediction through profile functions[J]. Geotechnical & Geological Engineering,2000,18(4):289-311.

[45] TORAÑO J,RODRÍGUEZ R,RAMÍREZ-OYANGUREN P. Probabilistic analysis of

subsidence-induced strains at the surface above steep seam mining[J]. International Journal of Rock Mechanics and Mining Sciences,2000,37(7):1161-1167.

[46] M IÁ F,GONZÁLEZ-NICIEZA C,MENÉNDEZ-DÍAZ A,et al. Generalization of the n-k influence function to predict mining subsidence[J]. Engineering Geology,2005,80(1/2):1-36.

[47] 龙四春,杨光锐,袁英,等. 基于 GIS 与概率积分的矿山"三下"开采沉陷预测研究[J]. 工程勘察,2015,43(7):55-59.

[48] 卢克东,徐良骥,牛亚超. 基于 GA-PSO 融合算法的开采沉陷 Richards 预计模型参数优化[J]. 金属矿山,2021(2):155-160.

[49] 杨帆,徐猛,谢佳君. 基于模糊聚类的开采沉陷参数预计模型[J]. 测绘与空间地理信息,2019,42(12):17-21.

[50] 张子月,邹友峰,陈俊杰,等. 采煤塌陷区土地动态沉降预测模型[J]. 农业工程学报,2016,32(21):246-251.

[51] 郭文兵,吴财芳,邓喀中. 开采影响下建筑物损害程度的人工神经网络预测模型[J]. 岩石力学与工程学报,2004,23(4):583-587.

[52] KIM K D,LEE S,OH H J. Prediction of ground subsidence in Samcheok City,Korea using artificial neural networks and GIS[J]. Environmental Geology,2009,58(1):61-70.

[53] 尹光志,谭钦文,魏作安. 基于混沌优化神经网络的冲击地压预测模型[J]. 煤炭学报,2008,33(8):871-875.

[54] 曹丽文,姜振泉. 人工神经网络在煤矿开采沉陷预计中的应用研究[J]. 中国矿业大学学报,2002,31(1):23-26.

[55] 朱建军,杨泽发,李志伟. InSAR 矿区地表三维形变监测与预计研究进展[J]. 测绘学报,2019,48(2):135-144.

[56] 李春意,马爱阳,丁来中,等. 厚黄土层下采动地表沉陷规律研究[J]. 金属矿山,2019(10):14-22.

[57] 张志鹏,余洋,孙伟,等. 黄土节理力学性质对地表开采沉陷的影响研究[J]. 金属矿山,2017(8):181-187.

[58] 汤伏全,董龙凯,王宗良,等. 基于沉陷对称特征的近水平煤层开采 InSAR 三维位移反演模型[J]. 煤炭学报,2019,44(1):210-220.

[59] 芦家欣,汤伏全,赵军仪,等. 黄土矿区开采沉陷与地表损害研究述评[J]. 西安科技大学学报,2019,39(5):859-866.

[60] 白光宇,张德强,张进德,等. 山区开采沉陷地表移动变形规律[J]. 辽宁工程技术大学学报(自然科学版),2017,36(7):684-688.

[61] 余学义,李邦帮,李瑞斌,等. 西部巨厚湿陷性黄土层开采损害程度分析[J]. 中国矿业大学学报,2008,37(1):43-47.

[62] 刘辉,邓喀中,雷少刚,等. 采动地裂缝动态发育规律及治理标准探讨[J]. 采矿与安全

工程学报,2017,34(5):884-890.

[63] 廉旭刚,胡海峰,郭博婷.山区开采地表动态移动变形规律[J].金属矿山,2016(9):151-156.

[64] 余学义,郭文彬,赵兵朝,等.厚黄土层煤层开采沉陷规律研究[J].煤炭科学技术,2015,43(7):6-10.

[65] 宋世杰,王双明,赵晓光,等.基于覆岩层状结构特征的开采沉陷分层传递预计方法[J].煤炭学报,2018,43(B06):87-95.

[66] 顾伟,谭志祥,邓喀中.基于双重介质力学耦合相关的沉陷模型研究[J].采矿与安全工程学报,2013,30(4):589-594.

[67] 胡晋山,康建荣,孙富强,等.山区采动地表数字地面模型及应用[J].矿业研究与开发,2017,37(9):66-70.

[68] 王文波,余学祥,方新建,等.高原沟壑地区煤层开采地表变形监测与数据处理[J].合肥工业大学学报(自然科学版),2018,41(9):1224-1230.

[69] MUMMEY D L,STAHL P D,BUYER J S. Soil microbiological properties 20 years after surface mine reclamation:spatial analysis of reclaimed and undisturbed sites[J]. Soil Biology and Biochemistry,2002,34(11):1717-1725.

[70] ANDERSON J D,INGRAM L J,STAHL P D. Influence of reclamation management practices on microbial biomass carbon and soil organic carbon accumulation in semiarid mined lands of Wyoming[J]. Applied Soil Ecology,2008,40(2):387-397.

[71] HELINGEROVÁ M,FROUZ J,HANA Š. Microbial activity in reclaimed and unreclaimed post-mining sites near Sokolov (Czech Republic)[J]. Ecological Engineering,2010,36(6):768-776.

[72] 郭晓明,赵同谦.采煤沉陷区耕地土壤微生物数量及酶活性的空间特征[J].环境工程学报,2010,4(12):2837-2842.

[73] WANG Y C,BIAN Z F,LEI S G,et al. Investigating spatial and temporal variations of soil moisture content in an arid mining area using an improved thermal inertia model[J]. Journal of Arid Land,2017,9(5):712-726.

[74] 侯颖,丁锦平,裴冬丽.施肥方式对采煤塌陷地复垦土壤微生物群落的影响[J].广东农业科学,2018,45(6):63-67.

[75] 王瑾.西部煤矿区开采扰动对根际微生态影响及微生物复垦效应[D].北京:中国矿业大学(北京),2015.

[76] 张振佳,曹银贵,耿冰瑾,等.黄土露天矿区不同复垦年限重构土壤微生物数量差异及其影响因素分析[J].中国土地科学,2020,34(11):103-112.

[77] 尹宁宁,王丽萍.复垦矿区土壤有机碳和微生物活性变化及其解析[J].环境科技,2014,27(6):5-8.

[78] FINKENBEIN P, KRETSCHMER K, KUKA K, et al. Soil enzyme activities as bioindicators for substrate quality in revegetation of a subtropical coal mining dump

[J]. Soil Biology and Biochemistry,2013,56:87-89.
[79] 许传阳,马守臣,张合兵,等.煤矿沉陷区沉陷裂缝对土壤特性和作物生长的影响[J].中国生态农业学报,2015,23(5):597-604.
[80] ZHANG H B. Effects of the surface cracks caused by coal mining on soil characteristics and wheat growth in Huang-Huai-Hai plain,China[J]. Applied Ecology and Environmental Research,2017,15(4):1777-1790.
[81] QIU L,BI Y L,JIANG B,et al. Arbuscular mycorrhizal fungi ameliorate the chemical properties and enzyme activities of rhizosphere soil in reclaimed mining subsidence in northwestern China[J]. Journal of Arid Land,2019,11(1):135-147.
[82] 范书凯,徐华山,赵同谦.煤矿沉陷区土壤酶活性研究:以林地为例[J].能源环境保护,2007,21(6):20-24.
[83] 张发旺,侯新伟,韩占涛,等.采煤塌陷对土壤质量的影响效应及保护技术[J].地理与地理信息科学,2003,19(3):67-70.
[84] 张丽娟,王海邻,胡斌,等.煤矿塌陷区土壤酶活性与养分分布及相关研究:以焦作韩王庄矿塌陷区为例[J].环境科学与管理,2007,32(1):126-129.
[85] 冯颖雪.黄土缓坡丘陵区采煤塌陷对土壤侵蚀与土地利用的影响[D].北京:中国地质大学(北京),2017.
[86] VALENTIN C,RAJOT J L,MITJA D. Responses of soil crusting,runoff and erosion to fallowing in the sub-humid and semi-arid regions of West Africa[J]. Agriculture, Ecosystems & Environment,2004,104(2):287-302.
[87] HOUSMAN D C,POWERS H H,COLLINS A D,et al. Carbon and nitrogen fixation differ between successional stages of biological soil crusts in the Colorado Plateau and Chihuahuan Desert[J]. Journal of Arid Environments,2006,66(4):620-634.
[88] MATHYS N,KLOTZ S,ESTEVES M,et al. Runoff and erosion in the black marls of the French Alps:observations and measurements at the plot scale[J]. CATENA,2005,63(2/3):261-281.
[89] 汪炜,汪云甲,张业,等.基于 GIS 和 RS 的矿区土壤侵蚀动态研究[J].煤炭工程,2011,43(11):120-122.
[90] 白中科,段永红,杨红云,等.采煤沉陷对土壤侵蚀与土地利用的影响预测[J].农业工程学报,2006,22(6):67-70.
[91] 周伟,白中科,袁春,等.东露天煤矿区采矿对土地利用和土壤侵蚀的影响预测[J].农业工程学报,2007,23(3):55-60.
[92] 黄翌,汪云甲,王猛,等.黄土高原山地采煤沉陷对土壤侵蚀的影响[J].农业工程学报,2014,30(1):228-235.
[93] 李云鹏.基于 GeoWEPP 的西部矿区水土流失模拟研究[D].徐州:中国矿业大学,2018.
[94] 尘福艳,郭仲皓,张英海,等.基于遥感与 GIS 技术的陕北煤矿区生态环境质量评价:以

杨伙盘矿区为例[J].中国煤炭,2020,46(6):45-51.
[95] 刘英,魏嘉莉,岳辉,等.神东矿区土壤侵蚀时空特征及驱动力分析[J].测绘科学,2022,47(1):142-153.
[96] 倪含斌,张丽萍,张登荣.模拟降雨试验研究神东矿区不同阶段堆积弃土的水土流失[J].环境科学学报,2006,26(12):2065-2071.
[97] 郭明明,王文龙,李建明,等.神府矿区弃土弃渣体侵蚀特征及预测[J].土壤学报,2015,52(5):1044-1057.
[98] 李建明,王文龙,王贞,等.神府煤田废弃堆积体新增水土流失研究[J].自然灾害学报,2014,23(2):239-249.
[99] 何金军.黄土丘陵区土壤水分时空变化特征对采煤沉陷的响应[D].呼和浩特:内蒙古农业大学,2008.
[100] 张发旺,侯新伟,韩占涛,等.采煤塌陷对土壤质量的影响效应及保护技术[J].地理与地理信息科学,2003,19(3):67-70.
[101] 陈孝杨,王芳,王长垒,等.砂姜黑土区采煤塌陷坡耕地水蚀输沙过程研究[J].水土保持学报,2015,29(1):32-35.
[102] 张耀方,江东,史东梅,等.重庆市煤矿开采区土壤侵蚀特征及水土保持模式研究[J].水土保持研究,2011,18(6):94-99.
[103] 张合兵,聂小军,程静霞.^{137}Cs示踪采煤沉陷坡土壤侵蚀及其对土壤养分的影响[J].农业工程学报,2015,31(4):137 -143.
[104] 宋世杰,赵晓光,张勇,等.井下采煤影响矿区坡面形态及侵蚀的数值模拟分析[J].安全与环境学报,2016,16(4):368-373.
[105] 宋世杰,赵晓光,张勇,等.采深对煤矿沉陷区坡面形态及侵蚀的影响分析[J].环境科学与技术,2016,39(8):178-184.
[106] MIDDLETON H E. Properties of soils which influence soil erosion[J]. Soil Science Society of America Journal,1930,B11(2001):119-121.
[107] BAVER L D. Some factors effecting erosion[J]. AgriEngineering,1933,14:51-52.
[108] BOUYOUCOS G J. The clay ratio as a criterion of susceptibility of soils to Erosion[1][J]. Agronomy Journal,1935,27(9):738-741.
[109] WISCHMEIER W H,MANNERING J V. Relation of soil properties to its erodibility[J]. Soil Science Society of America Journal,1969,33(1):131-137.
[110] WISEHNLEIER W H,JOHNSON C B,CROSS B. A soil erodibility nomogarph of land and construction sites[J]. Journal of Soil and Water Conversation,1971,26:189-192.
[111] AMEZKETA E,SINGER M J,LE BISSONNAIS Y. Testing a new procedure for measuring water-stable aggregation[J]. Soil Science Society of America Journal,1996,60(3):888-894.
[112] BOWKER M A,BELNAP J,BALA CHAUDHARY V,et al. Revisiting classic wa-

ter erosion models in drylands:The strong impact of biological soil crusts[J]. Soil Biology and Biochemistry,2008,40(9):2309-2316.

[113] 朱显谟.泾河流域土壤侵蚀现象及其演变[J].土壤学报,1954,2 (4):209-222.

[114] 杨玉盛.不同利用方式下紫色土可蚀性的研究[J].水土保持学报,1992,6(3):52-58.

[115] 赵晓光,石辉.水蚀作用下土壤抗蚀能力的表征[J].干旱区地理,2003,26(1):12-16.

[116] 王彬,郑粉莉,R(O)MKENS M J M.水蚀过程的土壤可蚀性研究述评[J].水土保持研究,2013,20(1):277-286.

[117] 宋阳,刘连友,严平,等.土壤可蚀性研究述评[J].干旱区地理,2006,29(1):124-131.

[118] 缪驰远,刘宝元,刘刚,等.东北典型黑土区剖面粒径分布特征及其可蚀性研究[J].水土保持学报,2008,22(3):18-23.

[119] 史长婷,王恩姮,陈祥伟.典型黑土区水土保持林对土壤可蚀性的影响[J].水土保持学报,2009,23(3):25-28.

[120] 朱冰冰,李占斌,李鹏,等.土地退化/恢复中土壤可蚀性动态变化[J].农业工程学报,2009,25(2):56-61.

[121] 朱明勇,谭淑端,顾胜,等.湖北丹江口水库库区小流域土壤可蚀性特征[J].土壤通报,2010,41(2):434-436.

[122] 郑海金,杨洁,喻荣岗,等.红壤坡地土壤可蚀性 *K* 值研究[J].土壤通报,2010,41(2):425-428.

[123] 张孝存,郑粉莉,安娟,等.典型黑土区坡耕地土壤侵蚀对土壤有机质和氮的影响[J].干旱地区农业研究,2013,31(4):182-186.

[124] 胡克志.丹江鹦鹉沟小流域土壤可蚀性空间分异特征研究[J].中国水土保持,2016(7):44-47.

[125] 林芳,朱兆龙,曾全超,等.延河流域三种土壤可蚀性 *K* 值估算方法比较[J].土壤学报,2017,54(5):1136-1146.

[126] 饶良懿,徐也钦,胡剑汝,等.砒砂岩覆土区小流域土壤可蚀性 *K* 值研究[J].应用基础与工程科学学报,2020,28(4):763-773.

[127] SHARPLEY A,WILLIAMS J R. EPIC-erosion/productivity impact calculator:1. Model documentation[J]. Technical Bulletin-United States Department of Agriculture,2010,4(4):206-207.

[128] RENARD K G,FOSTER G R,WEESIES G A,et al. A guide to conservation planning with the Revised Universal Soil Loss Equation (RUSLE)[J]. USDA agriculture handbook,1997,703:65-100.

[129] TORRI D,POESEN J,BORSELLI L. Predictability and uncertainty of the soil erodibility factor using a global dataset[J]. CATENA,1997,31(1/2):1-22.

[130] SHIRAZI M A,BOERSMA L. A unifying quantitative analysis of soil texture[J]. Soil Science Society of America Journal,1984,48(1):142-147.

[131] 卜兆宏,李全英.土壤可蚀性(*K*)值图编制方法的初步研究[J].遥感技术与应用,

1994,9(4):22-27.

[132] 蒋定生.黄土高原水土流失与治理模式[M].北京:中国水利水电出版社,1997.

[133] 丁文峰,丁登山.黄土高原植被破坏前后土壤团粒结构分形特征[J].地理研究,2002,21(6):700-706.

[134] 王玉杰,王云琦,夏一平.重庆缙云山典型林分的林地土壤抗蚀抗冲性能[J].中国水土保持科学,2006,4(1):20-26.

[135] 于大炮,刘明国,邓红兵,等.辽西地区林地土壤抗蚀性分析[J].生态学杂志,2003,22(5):10-14.

[136] 杨玉梅.不同土地利用方式下土壤抗蚀与抗冲性研究[D].雅安:四川农业大学,2010.

[137] 朱显谟.黄土高原水蚀的主要类型及其有关因素[J].水土保持通报,1982(1):25-30.

[138] WOODBURN R,KOZACHYN J. A study of relative erodibility of a group of Mississippi gully soils[J]. Transactions,American Geophysical Union,1956,37(6):749-753.

[139] WIESMEIER M,STEFFENS M,MUELLER C W,et al. Aggregate stability and physical protection of soil organic carbon in semi-arid steppe soils[J]. European Journal of Soil Science,2012,63(1):22-31.

[140] DENEF K,SIX J. Clay mineralogy determines the importance of biological versus abiotic processes for macroaggregate formation and stabilization[J]. European Journal of Soil Science,2005,56(4):469-479.

[141] PLAZA-BONILLA D,ÁLVARO-FUENTES J,CANTERO-MARTÍNEZ C. Soil aggregate stability as affected by fertilization type under semiarid No-tillage conditions[J]. Soil Science Society of America Journal,2013,77(1):284-292.

[142] MIDDLETON H E. Properties of soils which influence soil erosion[M]. Washington:U. S. Dept. of Agriculture,1930.

[143] BOUYOUCOS G J. A method for making mechanical analysis of the ultimate natural structure of soils[J]. Soil Science,1935,40(6):481-486.

[144] ZHANG H L,ZHAO Z F,MA G F,et al. Quantitative evaluation of soil anti-erodibility in riverbank slope remediated with nature-based soil bioengineering in Liaohe River,NorthEast China[J]. Ecological Engineering,2020,151:105840.

[145] 吕宸,宫渊波,车明轩,等.川西高寒山地灌丛草甸土壤抗蚀性研究[J].水土保持学报,2020,34(2):9-17.

[146] 王针针,刘枭宏,谌芸,等.紫色土区植物篱篱前淤积带与篱下土坎土壤抗蚀性研究[J].水土保持学报,2020,34(5):61-67.

[147] 成艳红,黄欠如,钟义军,等.种植苎麻对南方坡耕地土壤抗蚀性的影响[J].水土保持通报,2014,34(5):1-5.

[148] 谈正鑫,万福绪,张波.盱眙火山岩丘陵区不同林地土壤抗蚀性评价[J].水土保持研

究,2015,22(2):7-11.
[149] 王珊珊,毕华兴,崔艳红,等.晋西黄土区不同密度刺槐林土壤抗蚀性关键指标及特征研究[J].北京林业大学学报,2022,44(5):94-104.
[150] 温晓兰,宋福如,石温慧,等.有机硅功能肥对不同利用方式下土壤团聚性和抗蚀性的影响[J].江苏农业科学,2022,50(5):218-224.
[151] 刘旦旦,张鹏辉,王健,等.黄土坡面不同土地利用类型土壤抗蚀性对比[J].林业科学,2013,49(9):102-106.
[152] 杨超,苏正安,马菁,等.不同近地表水文条件下矿山弃土对土壤细沟可蚀性的影响:以攀枝花盐边县龙蟒矿山为例[J].水土保持学报,2016,30(6):67-72.
[153] 孙涛.采煤沉陷黄土坡面形变规律及其考虑冻融作用的土壤侵蚀效应[D].西安:西安科技大学,2023.
[154] 王双明,黄庆享,范立民,等.生态脆弱区煤炭开发与生态水位保护[M].北京:科学出版社,2010.
[155] 陕西省地质调查院.陕北煤炭开采区采动损害调查报告[R].2016.
[156] 魏江波.陕北侏罗纪煤田北部煤层上覆厚硬砂岩对覆岩采动裂隙发育影响规律研究[D].西安:西安科技大学,2023.
[157] 陕西省地质调查院.榆神矿区三期规划区煤炭开采对水资源影响评价[R].2012.
[158] 宋世杰.榆神府矿区煤炭开采对生态环境损害的定量化评价[D].西安:西安科技大学,2009.
[159] 宋世杰.基于关键地矿因子的开采沉陷分层传递预计方法研究[D].西安:西安科技大学,2013.
[160] 范立民,向茂西,彭捷,等.毛乌素沙漠与黄土高原接壤区泉的演化分析[J].煤炭学报,2018,43(1):207-218.
[161] 聂文杰.煤层覆岩结构对采动裂隙的影响及地表生态环境响应[D].西安:西安科技大学,2021.
[162] 陕西省水利厅.2022年陕西省水土保持公报[R/OL].(2024-03-20)[2024-10-26].https://slt.shaanxi.gov.cn/bmcs/sxstbc/ggfw_2043/stbcgb/202403/t20240320_2323528.html.
[163] 榆林市统计局,国家统计局榆林调查队.2023年榆林市国民经济和社会发展统计公报[R/OL].(2024-04-24)[2024-10-20].https://www.shaanxi.gov.cn/zfxxgk/fdzdgknr/tjxx/tjgb_240/sqgb/202404/t20240424_2327165_wap.html.
[164] 榆林市榆阳区统计局.榆阳区2023年国民经济和社会发展统计公报[R/OL].(2024-03-26)[2024-10-26].https://www.yuyang.gov.cn/zfxxgk/fdzdgknr/tjxx/ndtjxx/202403/t20240326_1556583.html.
[165] 神木市统计局.2023神木市年国民经济和社会发展统计公报[R/OL].(2024-04-12)[2024-10-26].https://www.sxsm.gov.cn/zfxxgk/fdzdgknr/tjxx/tjgb/202404/t20240412_1635681.html.

[166] 府谷县统计局. 二零二三年府谷县年国民经济和社会发展统计公报[R/OL].(2024-04-30)[2024-10-26]. https://www.fg.gov.cn/zfxxgk/fdzdgknr/tjsj/202404/t20240430_1552211.html.
[167] 榆林市横山区统计局. 横山区 2023 年国民经济和社会发展统计公报[R/OL].(2024-04-11)[2024-10-26]. https://www.hszf.gov.cn/xxgk/fdzdgknr/tjxx/202412/t20241204_1934190.html.
[168] 浮耀坤. 风沙区无煤柱开采覆岩变形规律与地表破坏自修复研究[D]. 北京:中国矿业大学(北京),2022.
[169] 申涛,朱占荣. 陕北矿区煤炭开采沉陷实测参数分析[J]. 煤炭科学技术,2019,47(12):207-213.
[170] 宋世杰,王艺,彭芮思,等. 陕北不同地貌类型区采煤沉陷对土壤微生物和酶活性的影响[J]. 煤炭科学技术,2023,51(12):110-124.
[171] 张玉玲. 陕北煤矿区不同采动损害类型对土壤微生物及酶活性的影响[D]. 西安:西安科技大学,2021.
[172] 宋世杰,张玉玲,王双明,等. 陕北煤矿区采动地裂缝对土壤微生物和酶活性的影响[J]. 煤炭学报,2021,46(5):1630-1640.
[173] 王锐,马守臣,张合兵,等. 干旱区高强度开采地表裂缝对土壤微生物学特性和植物群落的影响[J]. 环境科学研究,2016,29(9):1249-1255.
[174] 许传阳,张合兵,王锐,等. 煤矿沉陷区沉陷裂缝对土壤特性和作物生长的影响[J]. 中国生态农业学报,2015,23(5):597-604.
[175] 郑武扬,王艳霞,王月江,等. 石漠化治理区不同优势树种根际土壤酶活性与土壤理化性质和微生物数量的关系[J]. 东北林业大学学报,2021,49(1):96-100.
[176] 杜涛,毕银丽,邹慧,等. 地表裂缝对沙柳根际微生物和酶活性的影响[J]. 煤炭学报,2013,38(12):2221-2226.
[177] 宋世杰,杜麟,王双明,等. 陕北采煤沉陷区不同沉陷年限黄土坡面土壤可蚀性的变化规律[J]. 煤炭科学技术,2022,50(2):289-299.
[178] 李娜,张利敏,张雪萍. 土壤微生物群落结构影响因素的探讨[J]. 哈尔滨师范大学自然科学学报,2012,28(6):70-74.
[179] 万忠梅,吴景贵. 土壤酶活性影响因子研究进展[J]. 西北农林科技大学学报(自然科学版),2005,33(6):87-92.
[180] 朱义族,李雅颖,韩继刚,等. 水分条件变化对土壤微生物的影响及其响应机制研究进展[J]. 应用生态学报,2019,30(12):4323-4332.
[181] 王彦峰,肖波,王兵,等. 黄土高原水蚀风蚀交错区藓结皮对土壤酶活性的影响[J]. 应用生态学报,2017,28(11):3553-3561.
[182] 刘远,张辉,熊明华,等. 气候变化对土壤微生物多样性及其功能的影响[J]. 中国环境科学,2016,36(12):3793-3799.
[183] 林娜,刘勇,李国雷,等. 森林土壤酶研究进展[J]. 世界林业研究,2010,23(4):21-25.

[184] 史沛丽，张玉秀，胡振琪，等．采煤塌陷对中国西部风沙区土壤质量的影响机制及修复措施[J]．中国科学院大学学报，2017，34(3)：318-328.
[185] 黄雪琳，杨静，贺宇纯．土壤酶活性的主要影响因素分析[J]．现代园艺，2018，359(11)：92-93.
[186] DU L L，WANG R，GAO X，et al. Divergent responses of soil bacterial communities in erosion-deposition plots on the Loess Plateau[J]. Geoderma，2020，358：113995.
[187] 彭铁双．磷添加对闽楠人工幼林土壤养分元素及微生物的影响[D]．长沙：中南林业科技大学，2022.
[188] 刘雅淑，孟春凤，刘延鹏，等．森林土壤磷酸酶活性变化特征及其影响因素[J]．湖北农业科学，2016，55(4)：850-854.
[189] 于建光，常志州，黄红英，等．秸秆腐熟剂对土壤微生物及养分的影响[J]．农业环境科学学报，2010，29(3)：563-570.
[190] 董莉丽．不同土地利用类型下土壤水稳性团聚体的特征[J]．林业科学，2011，47(4)：95-100.
[191] SCHUTTER M E，DICK R P. Microbial community profiles and activities among aggregates of winter fallow and cover-cropped soil[J]. Soil Science Society of America Journal，2002，66(1)：142.
[192] 李忠佩，李德成，张桃林，等．红壤水稻土肥力性状的演变特征[J]．土壤学报，2003，40(6)：870-878.
[193] 吴发启，赵西宁，佘雕．坡耕地土壤水分入渗影响因素分析[J]．水土保持通报，2003，23(1)：16-18.
[194] 李冬洁．植物根系分泌物与根际微生物的相互作用[J]．广东蚕业，2018，52(4)：21.
[195] 毕银丽，邹慧，彭超，等．采煤沉陷对沙地土壤水分运移的影响[J]．煤炭学报，2014，39(增刊)：490-496.
[196] 杜华栋，赵晓光，张勇，等．榆神府覆沙矿区采煤塌陷地表层土壤理化性质演变[J]．土壤，2017，49(4)：770-775.
[197] 孙迎韬．我国森林土壤细菌群落地理分布及其驱动机制研究[D]．北京：中国科学院大学，2020：5-8.
[198] 赵轻舟，王艳芬，崔骁勇，等．草地土壤微生物多样性影响因素研究进展[J]．生态科学，2018，37(3)：204-212.
[199] 殷陶刚，李玉泽．土壤酶活性影响因素及测定方法的研究进展[J]．矿产勘查，2019，10(6)：1523-1528.
[200] 王秋君，马艳，常志州．土壤团聚体对微生物及土传病原菌的影响[J]．江苏农业学报，2015，31(4)：946-950.
[201] 李娜，韩晓增，尤孟阳，等．土壤团聚体与微生物相互作用研究[J]．生态环境学报，2013，22(9)：1625-1632.
[202] 罗磊．区分土壤中不同状态酶方法的初步探讨[D]．杨凌：西北农林科技大学，2012.

[203] WARING B G,WEINTRAUB S A,SINSABAUGH R. Relationships among climate,soil nutrients,and enzyme stoichimetry in low-latitude ecosystems:A pantropical analysis[C]. Minneapolis:98th ESA Annual Meeting,2013.

[204] 王双明,杜华栋,王生全. 神木北部采煤塌陷区土壤与植被损害过程及机理分析[J]. 煤炭学报,2017,42(1):17-26.

[205] 孔德杰. 秸秆还田和施肥对麦豆轮作土壤碳氮及微生物群落的影响[D]. 杨凌:西北农林科技大学,2020:78-85.

[206] 赵莉. 氮添加对紫花苜蓿根区土壤养分及土壤微生物量的影响[J]. 水土保持研究,2014,21(6):35-40.

[207] DU L L,WANG R,GAO X,et al. Divergent responses of soil bacterial communities in erosion-deposition plots on the Loess Plateau[J]. Geoderma,2020,358:1-11.

[208] 吴杨潇影. 种植模式及氮肥分配对稻田根际与非根际土壤氮素及微生物影响的研究[D]. 杭州:浙江大学,2019:43-45.

[209] 张慧敏,李希来,杨帆. 增温和氮添加对高寒草甸土壤微生物氮素生理群的影响[J]. 草地学报,2020,28(3):606-612.

[210] HUANGL,GAO X,LIU M,et al. Correlation among soil microorganisms,soil enzyme activities,and removal rates of pollutants in three constructed wetlands purifying micro-polluted river water[J]. Ecological Engineering,2012,46:98-106.

[211] 刘京伟,李香真,姚敏杰. 植物根际微生物群落构建的研究进展[J]. 微生物学报,2021,61(2):231-248.

[212] FEDERICA G,CHIARA V,RODOLFO G,et al. Root characteristics of herbaceous species for topsoil stabilization in restoration projects[J]. Land Degradation & Development,2017,28(7):2074-2085.

[213] WANG B,ZHANG G H. Quantifying the binding and bonding effects of plant roots on soil detachment by overland flow in 10 typical grasslands on the Loess Plateau[J]. Soil Science Society of America Journal,2017,81(6):1567-1576.

[214] BURYLO M,REY F,MATHYS N,et al. Plant root traits affecting the resistance of soils to concentrated flow erosion[J]. Earth Surface Processes and Landforms,2012,37(14):1463-1470.

[215] SONG S J,ZHENG B B,SUN T,et al. Influence of different mining damage types on soil erodibility in coal mining areas of northern Shaanxi in the middle reaches of the Yellow River in China[J]. Sustainability,2023,15(6):5434.

[216] 栗丽,王曰鑫,王卫斌. 采煤塌陷对黄土丘陵区坡耕地土壤理化性质的影响[J]. 土壤通报,2010,41(5):1237-1240.

[217] 孟红旗,熊仁鹏,王崇,等. 采煤沉陷区不同土地利用类型土壤水分、有机质和质地的空间变异性[J]. 土壤学报,2018,55(4):911-922.

[218] 冯军,谭志祥,邓喀中. 黄土沟壑区沟谷坡度对采动裂缝发育规律的影响[J]. 煤矿安

全,2015,46(5):216-219.

[219] MI J X,YANG Y J,HOU H P,et al. Impacts of ground fissures on soil properties in an underground mining area on the Loess Plateau,China[J]. Land,2022,11(2):162.

[220] LECHNER A M,BAUMGARTL T,MATTHEW P,et al. The impact of underground longwall mining on prime agricultural land:a review and research agenda [J]. Land Degradation & Development,2016,27(6):1650-1663.

[221] CARROLL C,MERTON L,BURGER P. Impact of vegetative cover and slope on runoff,erosion,and water quality for field plots on a range of soil and spoil materials on central Queensland coal mines[J]. Soil Research,2000,38(2):313.

[222] 邹慧,毕银丽,朱郴韦,等. 采煤沉陷对沙地土壤水分分布的影响[J]. 中国矿业大学学报,2014,43(3):496-501.

[223] 张庆玮. 黄土坡面细沟间侵蚀粒径分选动力学过程试验研究[D]. 杨凌:西北农林科技大学,2020:52-56.

[224] 胡金鑫,郑刘根,孔令健,等. 淮南采煤沉陷区土壤中汞的时空分布特征[J]. 煤田地质与勘探,2018,46(6):115-120.

[225] 王琦,全占军,韩煜,等. 风沙区采煤塌陷不同恢复年限土壤理化性质变化[J]. 水土保持学报,2014,28(2):118-122.

[226] DUNBABIN V M,POSTMA J A,SCHNEPF A,et al. Modelling root-soil interactions using three-dimensional models of root growth,architecture and function[J]. Plant and Soil,2013,372(1):93-124.

[227] 郝好鑫. 侵蚀环境下根系功能性状对土壤保持的影响及机制[D]. 武汉:华中农业大学,2020.

[228] 占海歌. 3 种草本植物根系特征对土壤抗侵蚀性能影响[D]. 武汉:华中农业大学,2017.

[229] 蒙仲举,任晓萌,陈晓燕,等. 采煤塌陷对沙柳根系损伤机理研究[J]. 北方园艺,2014(1):66-68.

[230] KOTROCZÓ Z,VERES Z,FEKETE I,et al. Soil enzyme activity in response to long-term organic matter manipulation[J]. Soil Biology and Biochemistry,2014,70:237-243.

[231] MANN C,LYNCH D,FILLMORE S,et al. Relationships between field management,soil health,and microbial community composition[J]. Applied Soil Ecology,2019,144:12-21.

[232] KALLENBACH C M,FREY S D,STUART GRANDY A. Direct evidence for microbial-derived soil organic matter formation and its ecophysiological controls[J]. Nature Communications,2016,7:13630.

[233] ZHU B B,LI Z B,LI P,et al. Soil erodibility,microbial biomass,and physical-chemical property changes during long-term natural vegetation restoration:a case study in

the Loess Plateau,China[J]. Ecological Research,2010,25(3):531-541.
[234] 杜麟. 陕北黄土矿区采动地裂缝对土壤可蚀性的影响规律研究[D]. 西安:西安科技大学,2022.
[235] 马坤. 榆神矿区采动地裂缝对土壤质量影响与损害评价[D]. 西安:西安科技大学,2019.
[236] WANG J M,WANG P,QIN Q,et al. The effects of land subsidence and rehabilitation on soil hydraulic properties in a mining area in the Loess Plateau of China[J]. CATENA,2017,159:51-59.
[237] 夏玉成,冀伟珍,孙学阳,等. 渭北煤田井工开采对土壤理化性质的影响[J]. 西安科技大学学报,2010,30(6):677-681.
[238] 杨明莉,徐龙君,鲜学福. 煤开采中的环境保护途径[J]. 煤炭学报,2003,28(2):199-204.
[239] 岳辉. 采煤沉陷区受损根系菌根修复机理及其生态效应研究[D]. 北京:中国矿业大学(北京),2013.
[240] 马康,杨帆,张玉秀. 西北干旱半干旱区煤炭井工开采对土壤肥力质量的影响研究进展[J]. 中国科学院大学学报,2020,37(4):442-449.
[241] 王清奎,汪思龙. 土壤团聚体形成与稳定机制及影响因素[J]. 土壤通报,2005,36(3):415-421.
[242] 张庆玮. 黄土坡面细沟间侵蚀粒径分选动力学过程试验研究[D]. 杨凌:西北农林科技大学,2020.
[243] 张旭冉,张卫青. 土壤团聚体研究进展[J]. 北方园艺,2020(21):131-137.
[244] SHI P L,ZHANG Y X,HU Z Q,et al. The response of soil bacterial communities to mining subsidence in the West China aeolian sand area[J]. Applied Soil Ecology,2017,121:1-10.
[245] 张雅馥,王金满,祝宇成. 黄土区采煤塌陷对土壤全氮和有机质含量空间变异性的影响[J]. 生态学杂志,2018,37(6):1676-1684.
[246] 高维森. 土壤抗蚀性指标及其适用性初步研究[J]. 水土保持学报,1991,(2):60-65.
[247] 王佑民,郭培才,高维森. 黄土高原土壤抗蚀性研究[J]. 水土保持学报,1994,(4):11-16.
[248] 张振国,范变娥,白文娟,等. 黄土丘陵沟壑区退耕地植物群落土壤抗蚀性研究[J]. 中国水土保持科学,2007,5(1):7-13.
[249] 刘思璇,高建恩,李文证,等. 黄土丘陵区边坡开挖对土壤抗蚀性影响[J]. 水土保持研究,2022,29(2):23-30.
[250] 刘梦云,吴健利,刘丽雯,等. 黄土台塬土地利用方式对土壤水稳性团聚体稳定性影响[J]. 自然资源学报,2016,31(9):1564-1576.
[251] 肖盛杨,舒英格,陈梦军. 喀斯特高原峡谷区不同植被类型的土壤抗蚀性[J]. 水土保持通报,2019,39(4):30-35.

[252] 朱元皓.赣南丘陵区代表性经济林土壤抗侵蚀性研究[D].南昌:南昌大学,2021.
[253] SANTOS F L,REIS J L,MARTINS O C,et al. Comparative assessment of infiltration,runoff and erosion of sprinkler irrigated soils[J]. Biosystems Engineering,2003,86(3):355-364.
[254] 钱倬珺.采煤塌陷区地表裂隙对土壤质量的影响[D].徐州:中国矿业大学,2021.
[255] 左靖.陕北煤矿区采动地裂缝对土壤抗蚀性的影响规律研究[D].西安:西安科技大学,2023.
[256] 刘鹏,蒋忠诚,李衍青,等.岩溶断陷盆地高原面洼地不同坡位土壤抗蚀性研究[J].地球学报,2021,42(3):373-381.
[257] 钱婧,张丽萍,王文艳.红壤坡面土壤团聚体特性与侵蚀泥沙的相关性[J].生态学报,2018,38(5):1590-1599.
[258] 王勇,张建辉,李富程.耕作侵蚀对坡耕地土壤水稳定性团聚体和水分特征的影响[J].水土保持学报,2015,29(1):180-185.
[259] 李霄云,王益权,孙慧敏,等.有机污染型灌溉水对土壤团聚体的影响[J].土壤学报,2011,48(6):1125-1132.
[260] 韩振英.风沙区采煤塌陷裂缝对土壤物理及水分特性影响研究[D].焦作:河南理工大学,2017.
[261] 陆音,肖昕,徐蕾,等.煤矿开采裂缝对土壤中重金属分布的影响[J].环境科技,2022,35(6):1-5.
[262] BLANKINSHIP J C,FONTE S J,SIX J,et al. Plant versus microbial controls on soil aggregate stability in a seasonally dry ecosystem[J]. Geoderma,2016,272:39-50.
[263] CAESAR-TONTHAT T C,STEVENS W B,SAINJU U M,et al. Soil-aggregating bacterial community as affected by irrigation,tillage,and cropping system in the northern great Plains[J]. Soil Science,2014,179(1):11-20.
[264] ZHENG W S,MORRIS E K,RILLIG M C. Ectomycorrhizal fungi in association with Pinus sylvestris seedlings promote soil aggregation and soil water repellency[J]. Soil Biology and Biochemistry,2014,78:326-331.
[265] PULLEMAN M M,MARINISSEN J C Y. Physical protection of mineralizable C in aggregates from long-term pasture and arable soil[J]. Geoderma,2004,120(3/4):273-282.
[266] 毕银丽,伍越,张健,等.采用 HYDRUS 模拟采煤沉陷地裂缝区土壤水盐运移规律[J].煤炭学报,2020,45(1):360-367.
[267] 王强民,董书宁,王皓,等.西部风沙区采煤塌陷地裂缝影响下的土壤水分运移规律及调控方法[J].煤炭学报,2021,46(5):1532-1540.
[268] ZHANG S L,WANG R J,YANG X Y,et al. Soil aggregation and aggregating agents as affected by long term contrasting management of an Anthrosol[J]. Scientif-

ic Reports,2016,6:39107.
[269] BLANKINSHIP J C,FONTE S J,SIX J,et al. Plant versus microbial controls on soil aggregate stability in a seasonally dry ecosystem[J]. Geoderma,2016,272:39-50.
[270] 王彬. 土壤可蚀性动态变化机制与土壤可蚀性估算模型[D]. 杨凌:西北农林科技大学,2014,46-48.
[271] 宋世杰,彭芮思,左靖,等. 陕北煤矿区采动地裂缝对土壤抗蚀性的影响规律研究[J]. 煤炭科学技术,2024,52(2):378-393.
[272] 毕银丽,刘京,尚建选,等. 陕北采煤沉陷区土壤水分入渗和蒸发特征研究[J]. 中国矿业大学学报,2022,51(5):839-849.
[273] 李全生,贺安民,曹志国. 神东矿区现代煤炭开采技术下地表生态自修复研究[J]. 煤炭工程,2012,44(12):120-122.
[274] 胡振琪,龙精华,王新静. 论煤矿区生态环境的自修复、自然修复和人工修复[J]. 煤炭学报,2014,39(8):1751-1757.
[275] 赵红,袁培民,吕贻忠,等. 施用有机肥对土壤团聚体稳定性的影响[J]. 土壤,2011,43(2):306-311.
[276] 薛菁芳,高艳梅,汪景宽,等. 土壤微生物量碳氮作为土壤肥力指标的探讨[J]. 土壤通报,2007,38(2):247-250.
[277] 杜涛,毕银丽,张姣,等. 地表裂缝对青杨根际环境的影响[J]. 科技导报,2013,31(2):45-49.
[278] 王文龙,李占斌,张平仓. 神府东胜煤田开发中诱发的环境灾害问题研究[J]. 生态学杂志,2004,23(1):34-38.
[279] 王库. 植物根系对土壤抗侵蚀能力的影响[J]. 土壤与环境,2001,10(3):250-252.
[280] 刘定辉,李勇. 植物根系提高土壤抗侵蚀性机理研究[J]. 水土保持学报,2003,17(3):34-37.
[281] 刘均阳,周正朝,苏雪萌. 植物根系对土壤团聚体形成作用机制研究回顾[J]. 水土保持学报,2020,34(3):267-273.
[282] 彭新华,张斌,赵其国. 土壤有机碳库与土壤结构稳定性关系的研究进展[J]. 土壤学报,2004,41(4):618-623.
[283] 刘亚龙,王萍,汪景宽. 土壤团聚体的形成和稳定机制:研究进展与展望[J]. 土壤学报,2023,60(3):627-643.
[284] 郑慧慧,秦佳星,桑之婷,等. 基于区域特征的煤炭开采沉陷对土壤特性影响研究进展[J]. 土壤通报,2022,53(6):1481-1491.
[285] 王双明,黄庆享,范立民,等. 生态脆弱矿区含(隔)水层特征及保水开采分区研究[J]. 煤炭学报,2010,35(1):7-14.
[286] 宋世杰,孙涛,郑贝贝,等. 陕北黄土沟壑区采煤沉陷对黄土坡面形态的影响及土壤侵蚀效应[J]. 煤炭科学技术,2023,51(2):422-435.

[287] 宋世杰，张艳杰，张勇，等. 黄河中游典型煤矿区开采沉陷对地表坡面形态的影响及其水土流失效应[M]. 北京：地质出版社，2020.

[288] 朱高立，肖泽干，刘晓静，等. 模拟降雨条件下崩积体坡面产流产沙特征及其响应关系[J]. 水土保持通报，2016，36(6)：1-7.

[289] 程圣东，杭朋磊，李鹏，等. 陕南土石山区坡改梯对坡面稳定性的影响[J]. 水土保持研究，2018，25(5)：157-161.

[290] 冯泽煦. 陕北煤矿区开采沉陷对黄土坡面形变影响研究[D]. 西安：西安科技大学，2023.

[291] ZHENG B B，SONG S J，CHENG X，et al. The influence of coal mining subsidence on the movement and deformation of loess slope in the loess gully area of Northern Shaanxi[J]. Frontiers in Earth Science，2023，11：1273389.

[292] 宋世杰，冯泽煦，孙涛，等. 陕北采煤沉陷区黄土坡面形变与土壤侵蚀效应[J]. 西安科技大学学报，2023，43(2)：301-311.

[293] 杨俊哲，雷少刚. 工作面开采强度对 RUSLE 坡度坡长因子的影响规律[J]. 煤炭科学技术，2021，49(1)：192-197.

[294] 张新和，郑粉莉，张鹏，等. 黄土坡面侵蚀方式演变过程中汇水坡长的侵蚀产沙作用分析[J]. 干旱地区农业研究，2007，25(6)：126-131.

[295] 朱显谟. 黄土高原水蚀的主要类型及其有关因素[J]. 水土保持通报，1982(3)：40-44.

[296] 刘冉，余新晓，蔡强国，等. 坡长对坡面侵蚀、搬运、沉积过程影响的研究进展[J]. 中国水土保持科学，2020，18(6)：140-146.

[297] 郭晓强，窦林名，陆菜平，等. 覆岩主关键层断裂规律研究[J]. 矿业安全与环保，2011，38(1)：23-26.

[298] 黄庆享，杜君武，侯恩科，等. 浅埋煤层群覆岩与地表裂隙发育规律和形成机理研究[J]. 采矿与安全工程学报，2019，36(1)：7-15.

[299] 赵明宣，靳月文. 采煤沉陷对生态环境破坏范围的划定研究[J]. 环境科学与管理，2021，46(4)：155-158.

[300] 王文，任建东，李小军，等. 开采沉陷区天然气井避让距离控制预测方法研究[J]. 中国矿业大学学报，2021，50(5)：943-954.

[301] 杨俊哲，张广伟，杨新林，等. 上湾煤矿超大采高工作面开采地表移动规律[J]. 辽宁工程技术大学学报(自然科学版)，2022，41(2)：109-113.

[302] 侯志鹰，张英华. 大同矿区采煤沉陷地表移动特征[J]. 煤炭科学技术，2004，32(2)：50-53.

[303] 樊克松，申宝宏，张风达. 厚煤层开采地表移动变形规律的深厚效应研究[J]. 煤炭科学技术，2018，46(3)：194-199.

[304] 张文泉，刘海林，赵凯. 厚松散层薄基岩条带开采地表沉陷影响因素研究[J]. 采矿与安全工程学报，2016，33(6)：1065-1071.

[305] 汤伏全，原一哲. 西部黄土矿区开采沉陷中的土岩耦合效应研究[J]. 煤炭工程，2018，

50(2):87-90.
[306] 张宝龙,范文.临空条件对边坡稳定性的影响[J].公路交通科技,2018,35(7):35-41.
[307] 郑颖人.岩土材料的破坏与极限分析方法的发展[C]//塑性力学新进展:2011年全国塑性力学会议论文集,2011:238-247.
[308] 刘宝元,郭索彦,李智广,等.中国水力侵蚀抽样调查[J].中国水土保持,2013(10):26-34.
[309] LIU B Y,ZHANG K L,XIE Y. An empirical soil loss equation[C]. Beijing:Tsinghua Press,2022:143-139.
[310] WISCHMEIER W H,SMITH D D. Pewdicting rainfall erosion losses from cropland east of the Rocky Mountains:A guide for soil and water conservation planning[M]. Washington D C:United States Department of Agriculture,1978.
[311] RENARD K G,FOSTER G R,WEESIES G A,et al. Predicting rainfall erosion by water:A guide to conservation planning with the Revised Universal Soil Loss Equation (RUSLE)[M]. Washington D C:United States Department of Agriculture,1997.
[312] 苏新宁,吴镇宇,刘霞,等.基于CSLE模型的区域水土流失风险分析[J].中国水土保持科学,2021,19(5):27-36.
[313] 廖元群,廖富强,万小星,等.山区地形因子尺度依赖性及其对水土流失评价的影响研究:以江西省崇义县为例[J].中国水土保持,2021(10):51-55.
[314] 王丽云,王小燕,王义,等.神东矿区2005—2018年水土流失动态变化研究[J].中国水土保持,2021(1):60-62.
[315] 胡琳,苏静,桑永枝,等.陕西省降雨侵蚀力时空分布特征[J].干旱区地理,2014,37(6):1101-1107.
[316] WILLIAMS J R,ARNOLD J G. Asystem of erosion:sediment yield models[J]. Soil Technology,1997,11(1):43-55.
[317] DESMET P J J,GOVERS G. GIS Procedure for automatically caalculating the USLE LS factor on topographically complex landscape units[J]. Journal of Soil and Water Conservation,1996,51(5):427-433.
[318] MCCOOL D K,FOSTER G R,WEESIES G A. Slope Length and Steepness Factors (LS)[M]. Washington:United States Department of Agriculture,1997:101-104.
[319] LIU B Y,NEARING M A,RISSE L M. Slopegradient effects on soil loss for steep slopes[J]. Transactions of the ASAE,1994,37(6):1835-1840.
[320] 蔡崇法,丁树文,史志华,等.应用USLE模型与地理信息系统IDRISI预测小流域土壤侵蚀量的研究[J].水土保持学报,2000,14(2):19-24.
[321] 吴发启,赵晓光,刘秉正.缓坡耕地侵蚀环境及动力机制分析[M].西安:陕西科学技术出版社,2001.
[322] 赵令,苏涛,李杰卫,等.采煤沉陷区地表水土流失时空演化研究[J].煤矿安全,2019,50(4):37-40.

[323] 白玉川，张慧茜，张金良. 晋西北典型黄土陡坡急流冲刷调查研究[J]. 水利水电技术，2020，51(7)：186-200.

[324] 王惠泽. 榆神府矿区水土流失防治模式仿真研究[D]. 西安：陕西师范大学，2017.

[325] 徐树媛，张永波，时红，等. 采空区冒落带内破碎岩体的渗流特征与渗透性试验研究[J]. 安全与环境工程，2022，29(1)：128-134.